Martin Werner

Information und Codierung

Martin Werner

Information
und Codierung

Grundlagen und Anwendungen

2., vollständig überarbeitete und erweiterte Auflage

Mit 162 Abbildungen und 72 Tabellen

STUDIUM

**VIEWEG+
TEUBNER**

Bibliografische Information der Deutschen Nationalbibliothek
Die Deutsche Nationalbibliothek verzeichnet diese Publikation in der
Deutschen Nationalbibliografie; detaillierte bibliografische Daten sind im Internet über
<http://dnb.d-nb.de> abrufbar.

1. Auflage 2002
2., vollständig überarbeitete und erweiterte Auflage 2008

Alle Rechte vorbehalten
© Vieweg+Teubner | GWV Fachverlage GmbH, Wiesbaden 2008

Lektorat: Reinhard Dapper | Andrea Broßler

Vieweg+Teubner ist Teil der Fachverlagsgruppe Springer Science+Business Media.
www.viewegteubner.de

Umschlaggestaltung: KünkelLopka Medienentwicklung, Heidelberg
Druck und buchbinderische Verarbeitung: Wilhelm & Adam, Heusenstamm
Gedruckt auf säurefreiem und chlorfrei gebleichtem Papier.
Printed in Germany

ISBN 978-3-8348-0232-3

Vorwort

Information im technischen Sinne und ihr Schutz gegen Übertragungsfehler gehören heute zur Grundbildung von Ingenieuren und Informatikern. „Information und Codierung" will dazu wichtige Grundlagen und Methoden in kompakter Form vorstellen.

Im ersten Teil steht der Begriff Information im Mittelpunkt. Der Ansatz, dass Information Ungewissheit auflöst, führt vom Zufallsexperiment zur Entropie. Informationsquellen werden zu Zufallsexperimenten und Information wird zur messbaren Größe. Wichtige Fragen zur Optimierung des Informationsflusses in technischen Systemen werden formuliert und beantwortet.

Im zweiten Teil wird die Information durch die Kanalcodierung gegen Übertragungsfehler geschützt. Ohne Hinzufügen von Prüfzeichen wäre die Kommunikation mit Mobiltelefonen oder das Laden von Software für den PC über das Internet nicht denkbar. So werden fehlerhafte Daten im Empfänger erkannt und/oder korrigiert.

Beide Teile sind so organisiert, dass sie unabhängig voneinander gelesen werden können.

Das Buch begleitet eine vierstündige Lehrveranstaltung an der Hochschule Fulda im vierten Fachsemester des Bachelor-Studienganges Elektrotechnik und Informationstechnik. Viele Jahre Erfahrung in der Lehre zeigen, dass sich die Studierenden in die zunächst ungewohnte Art des Stoffes hineindenken müssen. Ist die Hürde erst mal genommen, fallen die weiteren Schritte leichter. Allen Leserinnen und Lesern wünsche ich deshalb ein offenes Herangehen an „Information und Codierung".

Zur 2. Auflage

Die 2. Auflage bot Gelegenheit, das Buch vollständig zu überarbeiten und zu ergänzen. So ist der Umfang des Buches um die Hälfte gewachsen. Der erste Teil wurde vor allem durch Anwendungen ergänzt, wie die Golomb- und Rice-Codes und ein Programmbeispiel für die arithmetische Codierung in der Integer-Arithmetik. Im zweiten Teil wurde besonders das Thema Faltungscodes vertieft, unter anderem wird den Turbo-Codes und dem Viterbi-Entzerrer größerer Platz eingeräumt.

Neue Beispiele und Aufgaben mit ausführlichen Lösungen bieten zusätzliche Unterstützung bei der Einarbeitung und Anwendung des Lehrstoffes. Einige Programmbeispiele mit MATLAB®[1] weisen auf die Umsetzung in die Praxis hin.

Mein Dank gilt dem Vieweg+Teubner Verlag für die Bereitschaft, die Erweiterung des Buches mitzutragen, und den Mitarbeitern des Verlages für die gute Zusammenarbeit.

Fulda, im August 2008 *Martin Werner*

---

[1] MATLAB® ist ein eingetragenes Wahrenzeichen der Firma The MathWorks, Inc., USA. Für mehr Informationen siehe www.mathworks.com oder www.mathworks.de.

Inhaltsverzeichnis

Teil I: ENTROPIE UND QUELLENCODIERUNG

TEIL I: ENTROPIE UND QUELLENCODIERUNG

1 Einführung

Die Informationstheorie beschreibt mit den Mitteln der Wahrscheinlichkeitsrechnung die Darstellung, Codierung und Übertragung von Information, um ihren Fluss in technischen Systemen zu analysieren und zu optimieren. Wichtig dabei ist die Abgrenzung des naturwissenschaftlich-technischen Begriffs der Information vom alltäglichen Sprachgebrauch.

Als Beispiel sei eine zufällig ausgewählte Datenleitung genannt, bei der wir einen Bitstrom, einen Fluss aus den logischen Symbolen „0" und „1", beobachten können. Wir wissen nicht, woher die Daten ursprünglich kommen und letzten Endes gehen. Eine Interpretation der Daten ist somit nicht möglich. Welche Möglichkeiten zur Beschreibung des Bitstromes stehen noch zur Verfügung?

Zur Abgrenzung des technischen Informationsbegriffs von unserem alltäglichen Sprachgebrauch helfen die in der Linguistik verwendeten Begriffe *Syntax*, *Semantik* und *Pragmatik*[1]. Vereinfacht gesprochen können die Syntax und Semantik als Daten im technischen Sinne verstanden werden. Dabei legt die Syntax die zugelassenen Zeichen und Zeichenfolgen fest. Die Semantik beschreibt die Bedeutung der Zeichen und Zeichenfolgen. Die eigentliche Bedeutung in der Anwendung wird durch die Pragmatik beschrieben. Erst der Sinnzusammenhang der Pragmatik macht aus den Daten der technischen Information die Information im üblichen Sinne. Letzteres unterstreicht das deutsche Wort für Information die „*Nachricht*", eine „Mitteilung, um sich danach zu richten".

- Syntax + Semantik ☞ Daten, Information im technischen Sinn

- Daten + Pragmatik ☞ Nachricht, Information für „Menschen"

Grundlage der weiteren Überlegungen ist ein Informationsbegriff, der *Information* zu einer experimentell erfassbaren Größe macht, wie wir es auch in der Physik voraussetzen. Claude E. Shannon[2] hat in „*The Mathematical Theory of Communication*" 1948 den Anstoß dazu gegeben [Sha48]. Darin definiert er den Informationsbegriff der modernen Informationstheorie und skizziert die begrifflichen Grundlagen der heutigen Informationstechnik.

Shannon führte als Beispiel die damals weit verbreiteten Lochkarten an. Eine Lochkarte mit N möglichen Positionen für ein bzw. kein Loch kann genau 2^N verschiedene Nachrichten aufnehmen. Nimmt man zwei Lochkarten, so gibt es bereits $2^{2 \cdot N}$ Möglichkeiten. Die Zahl der möglichen Nachrichten steigt also quadratisch an. Andererseits sollte man erwarten, dass zwei Lochkarten zusammen doppelt soviel Information speichern können als eine.

Hier drängt sich die Kombination aus der Zahl der Möglichkeiten und der Logarithmusfunktion zur Beschreibung des Informationsgehaltes auf.

---

[1] Siehe Semiotik, zu griechisch sema für Zeichen.
[2] *Claude E. Shannon:* *1916/†2001, U.S.-amerikanischer Mathematiker und Ingenieur, grundlegende Arbeiten zur Informationstheorie und Codierung.

Mit

$$\log 2^N = N \cdot \log 2 \quad \text{und} \quad \log 2^{2 \cdot N} = 2N \cdot \log 2$$

ergibt sich genau die erwartete Verdoppelung des Zahlenwertes.

Seine grundsätzlichen Überlegungen bettete Shannon in das allgemeine Kommunikationsmodell in Bild 1-1 ein. Den Ausgangspunkt bildet die Informationsquelle (Information Source), die ihre Nachricht (Message) an den Sender (Transmitter) abgibt. Hierbei kann es sich um eine Folge von Zeichen eines Textes, um eine Funktion, wie der Spannungsverlauf an einem Mikrofon oder ein Fernsehfarbbildsignal usw., handeln. Der Sender passt die Nachricht auf die physikalischen Eigenschaften des Kanals (Channel) an und erzeugt das (Sende-)Signal. Der Kanal wird im Bild durch die Rauschquelle (Noise Source) dargestellt, die einen störenden Einfluss auf das übertragene Signal ausübt. Das gestörte Signal kommt als Empfangssignal (Received Signal) im Empfänger an. Der Empfänger hat die im Allgemeinen schwierigste Aufgabe. Er soll aus dem gestörten Empfangssignal die Nachricht wiedergewinnen und in geeigneter Form an ihr Ziel (Destination, Sink) weiterleiten.

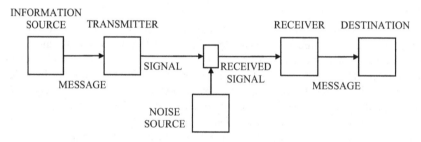

Bild 1-1 Übertragungsmodell nach Shannon ([Sha48], Fig. 1)

Das Kommunikationsmodell lehnt sich noch stark an die physikalische Übertragung an. Es kann bzgl. der Information weiter verdichtet werden. Bild 1-2 beschreibt den Fluss der Information. Eine Quelle liefert Information an den Kanal. Der Kanal sei gestört. Ein Teil der Information wird zur Sinke übertragen, ein Teil geht verloren und neue Information wird durch die Kanalstörung hinzugefügt.

Soll Bild 1-2 sinnvoll anwendbar sein, müssen die Informationsgrößen, wie physikalische Größen, messbar sein.

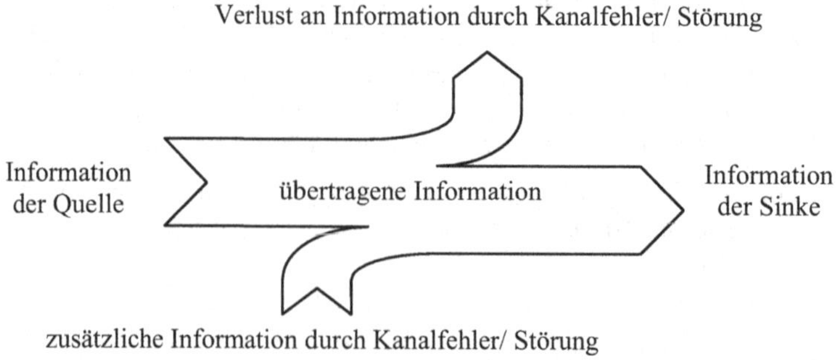

Verlust an Information durch Kanalfehler/ Störung

Information der Quelle   übertragene Information   Information der Sinke

zusätzliche Information durch Kanalfehler/ Störung

Bild 1-2 Informationsfluss über den Kanal

2 Information, Entropie und Redundanz

2.1 Information als messbare Größe

Der Austausch von Information ist – obwohl nicht stofflich greifbar – allgegenwärtig in unserem Leben. Norbert Wiener[1], einer der Gründer der modernen Informationstheorie, stellt die Information als neues Element in eine Reihe mit Stoff und Energie [Wie48]:

„Information is information not matter or energy."

So wichtig die Information für uns Menschen auch ist, so schwierig scheint es, den Begriff in eine naturwissenschaftlich-technisch anwendbare Form zu fassen. Wir sagen beispielsweise „das ist eine wichtige Information für mich" und schließen damit eine konkrete Situation mit ein. Diese subjektive Wahrnehmung ist für einen technischen Informationsbegriff ungeeignet. Wie physikalische Größen, z. B. die Länge in Metern (m) oder die Spannung in Volt (V), so muss auch Information in der Technik als messbare Größe eingeführt werden.

Betrachten wir dazu das Beispiel einer Datenleitung. Wir können sie als eine Quelle ansehen, die einen Strom binärer Zeichen abgibt

0001110101010111000110100110001010000111010101001001001001010101....

Was kann beobachtet werden?

Wir greifen zur Statistik:

– Welche Zeichen treten auf?	☞	Zeichenvorrat, Alphabet der Quelle, hier „0" und „1"
– Wie häufig treten die Zeichen auf?	☞	Schätzwerte für die Wahrscheinlichkeiten, hier $P(0)$ und $P(1)$
– Wie häufig treten Kombinationen von Zeichen, z. B. „00" oder „010", auf?	☞	Schätzwerte für die Verbundwahrscheinlichkeiten, z. B. $P(0,0)$, $P(0,1,0)$ usw.

Unserer Erfahrung im Alltag gemäß löst der Empfang einer Information eine Ungewissheit auf. Etwas, was vorher offen war, wird durch sie geklärt. Dies ist ähnlich einem *Zufallsexperiment*. Der Versuchsausgang ist offen. Erst das Versuchsergebnis löst die *Ungewissheit* auf.

Mit der Idee, die Informationsquellen als Zufallsexperimente aufzufassen, sind die Werkzeuge und die Materialien, die Wahrscheinlichkeitsrechnung und die Wahrscheinlichkeiten, bereitgelegt – es fehlt noch der Bauplan.

2.2 Informationsgehalt eines Zeichens

Wir gehen im Folgenden im Sinne der Informationstheorie vor. Zunächst definieren wir, was unter einer (einfachen) Informationsquelle verstanden werden soll. Danach fassen wir den Begriff Information in eine messbare Größe, um anschließend mit ihr die Informationsquelle zu charakterisieren.

---

[1] *Norbert Wiener:* *1884/†1964, U.S.-amerikanischer Mathematiker, grundlegende Arbeiten zur Informationstheorie und Kybernetik.

Diskrete gedächtnislose Quelle

Eine diskrete gedächtnislose Quelle X setzt in jedem Zeittakt ein Zeichen x_i aus dem *Zeichenvorrat*, dem *Alphabet*, $X = \{x_1, x_2,..., x_N\}$ mit der Wahrscheinlichkeit $P(x_i) = p_i$ ab. Die Auswahl der Zeichen geschieht unabhängig voneinander.

Das einfachste Beispiel ist die *gedächtnislose Binärquelle* mit dem Zeichenvorrat $X = \{x_1, x_2\}$ mit den Wahrscheinlichkeiten $0 \le p_1 \le 1$ und $p_2 = 1 - p_1$. Die Auswahl der Zeichen erfolgt unabhängig von den bereits gesendeten und noch zu sendenden Zeichen. Die symbolische Darstellung einer diskreten Quelle ist in Bild 2-1 zu sehen.

Wir betrachten zunächst die einzelnen Zeichen. Es entspricht der alltäglichen Erfahrung, dass häufig vorkommende Ereignisse, also wahrscheinliche Ereignisse, uns wenig Information liefern. Wir schließen daraus: Häufig auftretende Zeichen liefern einen geringen und selten auftretende einen hohen Informationsgehalt. Wahrscheinlichkeit und Informationsgehalt stehen in umgekehrtem Verhältnis.

Bild 2-1 Symbolische Darstellung einer Informationsquelle mit Alphabet X

Darauf aufbauend wird der Informationsgehalt eines Zeichens als messbare Größe durch die folgenden drei Axiome eingeführt [Ham86]:

Axiome zur Definition des Informationsgehaltes eines Zeichens

(I1) Der Informationsgehalt eines Zeichens $x_i \in X$ mit der Wahrscheinlichkeit p_i ist ein nicht-negatives Maß, das nur von der Wahrscheinlichkeit des Zeichens abhängt.

$$I(p_i) \ge 0 \qquad (2.1)$$

(I2) Die jeweiligen Informationsgehalte eines unabhängigen Zeichenpaares (x_i, x_j) mit der Verbundwahrscheinlichkeit $P(x_i, x_j) = p_i \cdot p_j$ addieren sich.

$$I(p_i, p_j) = I(p_i) + I(p_j) \qquad (2.2)$$

(I3) Der Informationsgehalt ist eine stetige Funktion der Wahrscheinlichkeiten der Zeichen.

Die Axiome I1 und I2 stellen sicher, dass sich Information – im Sinne des Auflösens von Ungewissheit – nicht gegenseitig auslöschen kann. Das Axiom I2 entspricht insbesondere der Vorstellung der Unabhängigkeit von Ereignissen. Das Axiom I3 bedeutet, dass eine kleine Änderung der Wahrscheinlichkeit nur zu einer kleinen Änderung des Informationsgehaltes führt.

Im Axiom I2 wird aus dem Produkt der Wahrscheinlichkeiten die Summe der Informationsgehalte. Dies führt direkt zur Logarithmus-Funktion, die die Multiplikation in die Addition abbildet. Man definiert deshalb:

Der *Informationsgehalt eines Zeichens* mit der Wahrscheinlichkeit p ist

$$I(p) = -\mathrm{ld}(p) \text{ mit } [I] = \text{bit} \qquad (2.3)$$

Es wird in der Regel der Zweier-Logarithmus in Verbindung mit der Pseudoeinheit bit verwendet. Übliche Schreibweisen sind auch $\log_2(x) = ld(x) = lb(x)$ mit ld für Logarithmus dualis und lb für binary logarithm. Die Verwendung des natürlichen Logarithmus wird durch die Pseudoeinheit nat für Logarithmus naturalis kenntlich gemacht.[1]

Das Akronym bit steht in der Informationstechnik für *Binärzeichen*, engl. binary digit. Wie im nächsten Abschnitt gezeigt wird, ist im Sinne der Informationstheorie auch der Gedanke an eine Binärentscheidung, eine Ja-oder-Nein-Entscheidung, zutreffend. Von Shannon wird mit binary indissoluble information als nicht mehr weiter auflösbare Grundeinheit der Information eine weitere anschauliche Interpretation gegeben.

Der Informationsgehalt hängt nur von der Wahrscheinlichkeit des Zeichens ab (2.3). Bild 2-2 zeigt den Funktionsverlauf[2]. Der Informationsgehalt des *sicheren Ereignisses* ($p = 1$) ist null. Mit abnehmender Wahrscheinlichkeit nimmt die Unsicherheit und damit der Informationsgehalt stetig zu, bis er schließlich im Grenzfall des *unmöglichen Ereignisses* ($p = 0$) gegen unendlich strebt. Der Informationsgehalt spiegelt die eingangs gemachten Überlegungen wider und erfüllt die Axiome I1, I2 und I3.

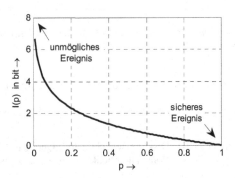

Bild 2-2 Informationsgehalt $I(p)$ eines Zeichens mit der Auftrittswahrscheinlichkeit p

Man beachte, Zeichen mit der Wahrscheinlichkeit null werden vorab aus dem Alphabet entfernt.

Im Sinne der Wahrscheinlichkeitsrechnung ist die Definition des Informationsgehaltes als Abbildung von Ereignissen auf nichtnegative reelle Zahlen zu deuten. Eine solche Abbildung stellt eine stochastische Variable dar, wie im nächsten Abschnitt beispielhaft verdeutlicht wird.

2.3 Entropie und Redundanz

Nachdem der Informationsgehalt der Zeichen definiert ist, betrachten wir die Quelle. Für ihre Beschreibung bietet sich der mittlere Informationsgehalt ihrer Zeichen an. In Anlehnung an die Thermodynamik spricht man von der Entropie der Quelle.

In der Thermodynamik ist die Entropie ein Maß für die Unordnung eines Systems. In der Informationstheorie wird sie entsprechend als Maß für die Ungewissheit gedeutet, die im Mittel durch die Zeichen der Quelle aufgelöst wird.

Man stelle sich ein Wettspiel vor, bei dem das nächste Zeichen vorhergesagt werden soll. Liefert die Quelle bevorzugt ein bestimmtes Zeichen, wird auf dieses gesetzt und meistens gewonnen. Die Ungewissheit ist relativ gering. Sind jedoch alle Zeichen gleichwahrscheinlich, kann

---

[1] Die Umrechnung der Logarithmus-Funktion zu verschiedenen Basen erfolgt mit

$$\log_a(x) = \log_b(x) / \log_b(a) = \log_b(x) \cdot \log_a(b)$$

[2] Die Grafik wurde mit dem Programm MATLAB® erstellt. Der Einfachheit halber wird der Dezimalpunkt verwendet und auf den kursiven Druck der Formelbuchstaben verzichtet. Bei den folgenden MATLAB-Bildern wird ebenso verfahren.

mit gleichen Gewinnchancen auf ein beliebiges Zeichen gesetzt werden. Die Ungewissheit ist maximal, die Chance zu gewinnen minimal.

Eine diskrete gedächtnislose Quelle X mit dem Zeichenvorrat $X = \{x_1, x_2, ..., x_N\}$ und den zugehörigen Wahrscheinlichkeiten $p_1, p_2, ..., p_N$ besitzt den mittleren Informationsgehalt, die *Entropie*

$$H(X) = -\sum_{i=1}^{N} p_i \cdot \mathrm{ld}(p_i) \quad \text{bit} \tag{2.4}$$

Anmerkung: Der Übersichtlichkeit halber werden in den folgenden Beispielen die Zeichen des Alphabets a, b, c, ... statt $x_1, x_2, x_3, ...$ verwendet.

Beispiel   Entropie einer diskreten gedächtnislosen Quelle

Das Beispiel ist in Tabelle 2-1 zusammengefasst.

Tabelle 2-1   Diskrete gedächtnislose Quelle mit dem Zeichenvorrat $X = \{a, b, c, d\}$, den Wahrscheinlichkeiten p_i und Informationsgehalten $I(p_i)$

Zeichen	a	b	c	d
p_i	1/2	1/4	1/8	1/8
$I(p_i)$	1 bit	2 bit	3 bit	3 bit
$H(X)$	$0{,}5 \cdot 1$ bit $+ 0{,}25 \cdot 2$ bit $+ 0{,}125 \cdot 3$ bit $+ 0{,}125 \cdot 3$ bit $= 1{,}75$ bit			

Beispiel   Entropie als messbare Größe

Wir machen uns den Zusammenhang zwischen den Ereignissen und dem Informationsgehalt als stochastische Variable am Beispiel der diskreten gedächtnislosen Quelle in Tabelle 2-1 deutlich. Die Quelle stellt ein Zufallsexperiment dar; dessen Wiederholungen könnten die folgenden Ergebnisse liefern

a, b, a, d, a, a, c, d, b, a, a, b, ...

Wir gehen davon aus, dass die Wahrscheinlichkeiten, beispielsweise durch Modellüberlegungen zur Quelle, bekannt sind. Durch die stochastische Variable des Informationsgehalts wird den Zeichen jeweils ihr Informationsgehalt als Zahl zugeordnet. Es entsteht die Musterfunktion eines stochastischen Prozesses

$$I[n] \,/\, \text{bit} = \{1, 2, 1, 3, 1, 1, 3, 3, 2, 1, 1, 2, ... \}$$

Setzt man die Ergodizität voraus – was bei einer gedächtnislosen Quelle gegeben ist, vgl. Münzwurf- oder Würfelexperiment – so kann der Erwartungswert des Informationsgehaltes der Zeichen der Quelle sowohl als *Zeitmittelwert*

$$\overline{I} = \lim_{N \to \infty} \frac{1}{N} \sum_{n=0}^{N-1} I[n] \tag{2.5}$$

als auch als *Scharmittelwert* (Erwartungswert) bestimmt werden.

$$E(I) = -\sum_{i=1}^{4} p_i \cdot \mathrm{ld}(p_i) \ \ \mathrm{bit} \qquad (2.6)$$

Unter Beachtung der Aussagen der Wahrscheinlichkeitsrechnung zur Konvergenz von Zeitmittelwerten erhält man mit (2.5) eine praktikable Messvorschrift (Schätzung) für den mittleren Informationsgehalt der Zeichen der Quelle, die Entropie der Quelle.

———————————————————————————————————— Ende des Beispiels

Von prinzipiell ähnlichen Überlegungen ausgehend, hat Shannon mit den folgenden drei Axiomen für die Entropie die Grundlagen der Informationstheorie gelegt [Sha48]. Den Informationsgehalt eines Zeichens (2.3) hat Shannon von der Entropie abgeleitet.

Axiomatische Definition der Entropie

(H1)   Die Entropie $H(X) = f(p_1, p_2, ..., p_N)$ ist stetig in den Wahrscheinlichkeiten p_1, p_2, ..., p_N.

(H2)   Bei Quellen mit gleichwahrscheinlichen Zeichen $p_i = 1/N$ ($i = 1, 2, ..., N$) nimmt die Entropie $H(X)$ zu, wenn die Zahl der Zeichen N zunimmt. (Die Entropie wächst mit steigender Ungewissheit.)

(H3)   Die Zerlegung eines Auswahlvorgangs ändert die Entropie nicht. (Auswahlvorgänge lassen sich äquivalent auf binäre Entscheidungen zurückführen – es kann so codiert werden, dass keine Information verloren geht.)

Beispiel   Zerlegung eines Auswahlvorgangs

Ein Beispiel erläutert das Axiom H3. Wir betrachten drei Ereignisse a, b und c, die mit den Wahrscheinlichkeiten 1/2, 1/3 bzw. 1/6 auftreten. Um das eingetretene Ereignis in einem *Auswahlvorgang* zu Erfragen, können wir, wie in Bild 2-3 illustriert, einzeln nach den drei Alternativen fragen oder als „Ja-oder-Nein-Fragespiel" in zwei unabhängige Fragen zerlegen.

Anmerkung: Die Überlegungen sind äquivalent zu dem eingangs diskutierten Fall zweier Lochkarten. Es sollte keinen Unterschied geben, ob man die Nachricht anhand einer oder zwei Lochkarten codiert.

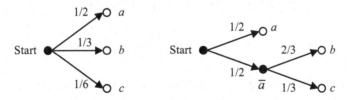

Bild 2-3 Zerlegung des Auswahlvorgangs

Für die Entropie ergibt sich nach Axiom H3 die Forderung

$$H\left(\frac{1}{2}, \frac{1}{3}, \frac{1}{6}\right) \overset{!}{=} H_1\left(\frac{1}{2}, \frac{1}{2}\right) + \frac{1}{2} \cdot H_2\left(\frac{2}{3}, \frac{1}{3}\right) \qquad (2.7)$$

wobei die zweite Frage nur mit der Wahrscheinlichkeit 1/2 auftritt. Wir zeigen am Beispiel einer Aufspaltung in allgemeiner Form in Bild 2-4, dass die Definition der Entropie (2.3) die Forderung des Axioms 3 erfüllt.

Anmerkung: Die Wahrscheinlichkeiten in Bild 2-4 erschließen sich aus der Vorstellung eines Zufallsexperimentes. Nehmen wir an, wir führen den Auswahlvorgang jeweils 6000-mal durch. Dann erhalten wir im Mittel 3000-mal *a*, 2000-mal *b* und 1000-mal *c*. So ergeben die relativen Häufigkeiten genau die angenommenen Wahrscheinlichkeiten. Sortiert man jetzt alle Ergebnisse *a* aus, bleiben 3000 Stichproben mit obigen Häufigkeiten für *b* und *c*. Die relativen Häufigkeiten von *b* und *c* haben sich verdoppelt, aber das Verhältnis zueinander ist mit 2:1 geblieben.

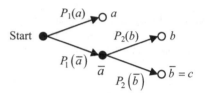

Bild 2-4 Aufspaltung der Entscheidung

Für die Entropie nach der Aufspaltung erhalten wir

$$\frac{H(X)}{\text{bit}} = -P_1(a) \cdot \text{ld}\left(P_1(a)\right) - P_1(\overline{a}) \cdot \text{ld}\left(P_1(\overline{a})\right) +$$
$$+ P_1(\overline{a}) \cdot \left[-P_2(b) \cdot \text{ld}\left(P_2(b)\right) - P_2\left(\overline{b}\right) \cdot \text{ld}\left(P_2\left(\overline{b}\right)\right) \right] \qquad (2.8)$$

mit den Zusammenhängen für die Wahrscheinlichkeiten

$$P_1(a) = P(a), \quad P_1(\overline{a}) = P(b) + P(c), \quad P_2(b) + P_2\left(\overline{b}\right) = 1 \quad \text{und} \quad \frac{P_2(b)}{P_2\left(\overline{b}\right)} = \frac{P(b)}{P(c)} \qquad (2.9)$$

Daraus resultiert für die Wahrscheinlichkeiten im zweiten Schritt

$$P_2(b) = \frac{P(b)}{P(b) + P(c)} = \frac{P(b)}{P(\overline{a})} \quad \text{und} \quad P_2(\overline{b}) = \frac{P(c)}{P(b) + P(c)} = \frac{P(c)}{P(\overline{a})} \qquad (2.10)$$

Das in die Entropieformel eingesetzt

$$\frac{H(X)}{\text{bit}} = -P_1(a) \cdot \text{ld}\left(P_1(a)\right) - P_1(\overline{a}) \cdot \text{ld}\left(P_1(\overline{a})\right) + \qquad (2.11)$$
$$+ P_1(\overline{a}) \cdot \left[-\frac{P(b)}{P_1(\overline{a})} \cdot \text{ld}\left(\frac{P(b)}{P_1(\overline{a})}\right) - \frac{P(c)}{P_1(\overline{a})} \cdot \text{ld}\left(\frac{P(c)}{P_1(\overline{a})}\right) \right]$$

liefert nach kurzer Zwischenrechnung die Entropie wie vor der Aufspaltung.

$$\frac{H(X)}{\text{bit}} = -P(a) \cdot \text{ld}\left(P(a)\right) - P(b) \cdot \text{ld}\left(P(b)\right) - P(c) \cdot \text{ld}\left(P(c)\right) \qquad (2.12)$$

_____ Ende des Beispiels

Im Beispiel wurde die charakteristische Eigenschaft der *Logarithmusfunktion* benutzt, Produkte in Summen abzubilden. Die Definition (2.4) ist auch die einzige Lösung, die die Axiome erfüllt. Man beachte auch, dass ein Auswahlvorgang stets auf äquivalente binäre Entscheidungen Ja-oder-Nein zurückgeführt werden kann.

Gemäß der Definition der Entropie als Maß für die aufgelöste Ungewissheit, stellt sich die größtmögliche Entropie bei maximaler Ungewissheit ein.

> Die Entropie einer diskreten gedächtnislosen Quelle wird maximal, wenn alle N Zeichen des Zeichenvorrats gleichwahrscheinlich sind. Der Maximalwert der Entropie ist gleich dem *Entscheidungsgehalt* des Zeichenvorrats
>
> $$H_0 = \mathrm{ld}\, N \text{ bit} \tag{2.13}$$

Anmerkung: Der nachfolgende Beweis des Satzes zeigt die typische Vorgehensweise in der Informationstheorie auf. Dabei werden Abschätzungen und Grenzübergänge verwendet, die die Richtigkeit der Sätze jeweils zeigen, jedoch keine Konstruktionsvorschriften für die Praxis liefern.

Beweis Maximale Entropie

Zum Beweis der Aussage betrachten wir zwei diskrete gedächtnislose Quellen P und Q mit je N Zeichen mit den Wahrscheinlichkeiten p_i bzw. q_i. Im Weiteren schätzen wir die Logarithmus-Funktion von oben ab, siehe auch Bild 2-5.

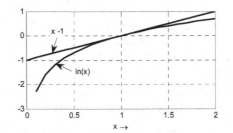

$$\ln x \leq x - 1 \tag{2.14}$$

Der Ansatz

Bild 2-5 Abschätzung der Logarithmus-Funktion

$$\underbrace{\ln q_i - \ln p_i}_{I(p_i)\,/\,\mathrm{nat}} = \ln \frac{q_i}{p_i} \leq \frac{q_i}{p_i} - 1 \tag{2.15}$$

führt nach Multiplizieren mit p_i und Bilden der Summe über alle Zeichen auf

$$\sum_{i=1}^{N} p_i \cdot \left[\ln q_i - \ln p_i \right] \leq \sum_{i=1}^{N} p_i \cdot \left[\frac{q_i}{p_i} - 1 \right] \tag{2.16}$$

Nach kurzer Zwischenrechnung erhält man mit der Entropie der Quelle P einfacher

$$\frac{H(P)}{\mathrm{nat}} + \sum_{i=1}^{N} p_i \cdot \ln q_i \leq \underbrace{\sum_{i=1}^{N} q_i}_{1} - \underbrace{\sum_{i=1}^{N} p_i}_{1} = 0 \tag{2.17}$$

und damit

$$\frac{H(P)}{\text{nat}} \leq -\sum_{i=1}^{N} p_i \cdot \ln q_i \tag{2.18}$$

Nimmt man an, dass die Quelle Q nur gleichwahrscheinliche Zeichen besitzt, folgt

$$\frac{H(P)}{\text{nat}} \leq -\sum_{i=1}^{N} p_i \cdot \ln\left(\frac{1}{N}\right) = \ln N \cdot \underbrace{\sum_{i=1}^{N} p_i}_{1} = \ln N \tag{2.19}$$

Da für die Quelle P keine speziellen Vorgaben gemacht wurden, gilt konsequenterweise für die Entropie einer beliebigen diskreten gedächtnislosen Quelle X mit N Zeichen

$$H(X) \leq \text{ld} N \quad \text{bit} \tag{2.20}$$

Der Maximalwert wird genau dann erreicht, wenn die Zeichen der Quelle gleichwahrscheinlich sind.

_____ Ende des Beweises

Eine Quelle mit nicht gleichwahrscheinlichen Zeichen besitzt folglich eine Entropie, die kleiner als der Entscheidungsgehalt des verwendeten Zeichenvorrates ist. Betrachtet man die Zeichen als Behälter, die Information transportieren, so sind die Behälter nicht vollständig gefüllt.

Die Differenz zwischen Entropie einer Quelle und dem Entscheidungsgehalt ihres Zeichenvorrats nennt man Redundanz der Quelle.

Redundanz

$$R = H_0 - H(X) \tag{2.21}$$

und *relative Redundanz* einer Quelle X mit Entscheidungsgehalt H_0

$$r = \frac{R}{H_0} = 1 - \frac{H(X)}{H_0} \tag{2.22}$$

Beispiel Entropie einer diskreten gedächtnislosen Quelle mit 6 Zeichen

Wir konkretisieren die Überlegungen anhand eines Zahlenwertbeispiels. Gegeben ist eine diskrete gedächtnislose Quelle X mit dem Zeichenvorrat und den Wahrscheinlichkeiten in Tabelle 2-2. Gemäß (2.3) ergeben sich die Informationsgehalte der Zeichen in der Zeile darunter.

Tabelle 2-2 Diskrete gedächtnislose Quelle mit dem Zeichenvorrat $X = \{a, b, c, d, e, f\}$, den zugeordneten Wahrscheinlichkeiten p_i und Informationsgehalten $I(p_i)$

x_i	a	b	c	d	e	f
p_i	0,05	0,15	0,05	0,4	0,2	0,15
$I(p_i)$	4,32 bit	2,74 bit	4,32 bit	1,32 bit	2,32 bit	2,74 bit

Für die Entropie der Quelle ergibt sich

$$H(X) = 2,25 \ \text{bit} \tag{2.23}$$

Mit einem Zeichenvorrat von 6 Zeichen folgt für den Entscheidungsgehalt

$$H_0 = \text{ld}\,6 \ \text{bit} = 2,585 \ \text{bit} \tag{2.24}$$

und weiter für die Redundanz

$$R = \left(\text{ld}\,6 - 2,25\right) \ \text{bit} = 0,335 \ \text{bit} \tag{2.25}$$

bzw. die relative Redundanz

$$r = 1 - \frac{2,25}{\text{ld}\,6} = 0,130 \cong 13\% \tag{2.26}$$

_____ Ende des Beispiels

Der wichtigste Sonderfall einer diskreten Quelle ist die gedächtnislose Binärquelle, da sie in vielen praktischen Fällen der Datenübertragung als Modell verwendet wird.

Gegeben sei die gedächtnislose Binärquelle mit dem Zeichenvorrat $X = \{x_1, x_2\}$, kurz $\{0, 1\}$, mit den Wahrscheinlichkeiten $p_0 = p$ und $p_1 = 1 - p$ für die Zeichen 0 bzw. 1. Die Auswahl der Zeichen erfolgt unabhängig von den bereits gesendeten und noch zu sendenden Zeichen. Ihre Entropie, auch *Shannon-Funktion* genannt, hängt nur von der Wahrscheinlichkeit p ab.

Entropie der Binärquelle (Shannon-Funktion)

$$\frac{H_b(p)}{\text{bit}} = -p \cdot \text{ld}\,p - (1 - p) \cdot \text{ld}(1 - p) \tag{2.27}$$

In Bild 2-6 wird der Funktionsverlauf gezeigt. Die Entropie der Binärquelle ist nicht negativ, symmetrisch um $p = 1/2$ und erreicht ihr Maximum bei gleichwahrscheinlichen Zeichen.

Das Maximum von 1 bit entspricht genau einer Binärentscheidung. Das heißt, es ist genau eine Antwort auf eine Ja-oder-Nein-Frage notwendig, um jeweils das abgegebene Zeichen zu erfragen.

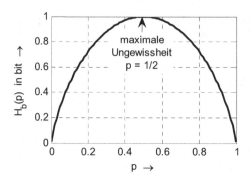

Bild 2-6 Entropie der Binärquelle

Beispiel   Entropie einer diskreten gedächtnislosen Quelle mit unendlich vielen Zeichen

Die bisherigen Beispiele waren auf Quellen mit wenigen Zeichen beschränkt. Die Erweiterung auf viele, im Grenzfall unendlich viele Zeichen hat große praktische Relevanz, wie in Abschnitt 3.3 noch gezeigt wird.

Mit etwas Fantasie können wir uns eine Quelle X mit unendlich vielen Zeichen x_i vorstellen, wobei die Wahrscheinlichkeit der Zeichen jeweils halbiert wird, also $p_1 = 1/2$, $p_2 = 1/4$, $p_3 = 1/8$ usw.

$$x_i \in X \quad \text{mit} \quad p_i = 2^{-i} \quad \text{und} \quad i = 1, 2, 3, \ldots \tag{2.28}$$

Wir prüfen zunächst, ob die Normbedingung für die Wahrscheinlichkeiten erfüllt ist.

$$\sum_{i=1}^{\infty} p_i = \sum_{i=1}^{\infty} 2^{-i} = \frac{1}{2} + \frac{1}{4} + \frac{1}{8} + \cdots = 1 \tag{2.29}$$

Da die Normbedingung erfüllt ist, dürfen wir mit der Frage fortfahren, welche Entropie hat die Quelle, wenn die Zeichen unabhängig sind?

$$\frac{H(X)}{\text{bit}} = -\sum_{i=1}^{\infty} p_i \cdot \text{ld}(p_i) = \sum_{i=1}^{\infty} 2^{-i} \cdot \text{ld}(2^i) = \sum_{i=0}^{\infty} i \cdot 2^{-i} = \frac{2}{(1-2)^2} = 2 \tag{2.30}$$

Anmerkung: Die Berechnung der Summe (2.30) gelingt z. B. mit der z-Transformation [Wer08].

Die Entropie der diskreten gedächtnislosen Quelle mit unendlich vielen Zeichen und jeweils halbierten Wahrscheinlichkeiten ist 2 bit pro Zeichen. Wie wir im nächsten Abschnitt Quellencodierung sehen werden, sollten für die Darstellung eines Zeichens der Quelle im Mittel 2 Bits ausreichend sein.

3 Codierung für diskrete gedächtnislose Quellen

3.1 Quellencodierungstheorem 1

In Abschnitt 2.2 wurde die Entropie (2.4) als der mittlere Informationsgehalt einer diskreten gedächtnislosen Quelle eingeführt. Darüber hinaus wurde gezeigt, dass die von einer Quelle abgegebenen Zeichen ohne Informationsverlust durch binäre Auswahlvorgänge, also Ja-oder-Nein-Entscheidungen, rekonstruiert werden können. Damit kann der Zeichenvorrat einer diskreten Quelle stets ohne Informationsverlust durch die Binärzeichen eines Codes dargestellt werden. Bei einem eindeutig umkehrbaren Code geht keine Information verloren, denn die Zeichen können aus den Codewörtern eindeutig wieder gewonnen werden.

Interessant ist die Frage, wie viele Binärzeichen, kurz Bits, man im Mittel benötigt, um die Information einer Quelle darzustellen. Also um beispielsweise für eine Datei die Frage zu beantworten: wie viel Speicherplatz wird auf der Festplatte benötigt oder wie lange dauert die Modemübertragung?

Die Antwort darauf gibt das Quellencodierungstheorem von Shannon. Zu dessen Vorbereitung betrachten wir das Beispiel einer Binärcodierung mit dem *Codebaum* in Bild 3-1. Angefangen bei der Wurzel werden den Kanten die Codeziffern 0 und 1 bei einer Verzweigung nach rechts bzw. links zugeordnet. Bis zu den Endknoten werden vier Kanten durchlaufen, so dass sich im Beispiel das Codewort 1011 ergibt.

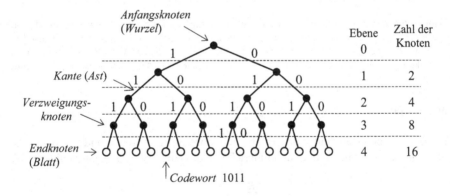

Bild 3-1 Codebaum

Geht man allgemein von N Ebenen aus, so resultieren 2^N Endknoten mit Codewörtern der Länge $\mathrm{ld}(2^N) = N$ Bit. Damit lassen sich genau 2^N Zeichen eindeutig codieren. Nimmt man weiter an, dass diese durch eine Quelle mit genau 2^N gleichwahrscheinlichen Zeichen geliefert werden, so steht dem mittleren Codierungsaufwand von N Bits pro Zeichen eine Entropie von $H(X) = H_0 = N$ bit gegenüber.

Der sich im Beispiel andeutende Zusammenhang zwischen mittlerer Codewortlänge und Entropie der Quelle wird im Quellencodierungstheorem von Shannon verallgemeinert.

Quellencodierungstheorem 1

Für jede diskrete gedächtnislose Quelle X mit endlichem Zeichenvorrat und der Entropie $H(X)$ existiert ein Präfix-Code mit einem Codealphabet aus D Zeichen so, dass für die mittlere Codewortlänge $\bar{n}$ gilt

$$\frac{H(X)}{\log D} \leq \bar{n} \leq \frac{H(X)}{\log D} + 1 \tag{3.1}$$

Der Ausdruck Präfix-Code bedeutet, dass kein Codewort Anfang eines anderen Codewortes ist. Dann ist eine eindeutige Codierung eines Zeichenstromes ohne Trennzeichen möglich. Im Falle $D = 2$ wird ein binärer Code verwendet. Wird die Entropie in bit angegeben, so ist die Dimension der mittleren Codewortlänge ebenfalls bit und als Angabe in Binärzeichen (Bit) zu verstehen.

Das Quellencodierungstheorem sagt zum einen, dass die mittlere Codewortlänge die Entropie der Quelle nicht unterschreitet. Zum anderen kann durch Blockbildung der Zeichen, wie in Abschnitt 5.2 und 5.5 noch gezeigt wird, eine Quellencodierung durchgeführt werden, deren mittlere Codewortlänge beliebig nahe an die Entropie heran kommt. Damit wird die Bedeutung der Entropie nochmals hervorgehoben. Sie ist das Maß für den minimalen mittleren Aufwand. Eine praktische Realisierung liefert der Huffman-Code im nächsten Abschnitt.

Beweis   Quellencodierungstheorem 1

Anmerkung: Der Beweis führt wieder auf eine Abschätzung, die kraftsche Ungleichung, und leider nicht direkt auf eine Konstruktionsvorschrift für den aufwandsgünstigsten Code. Der Beweis [Gal68] ist etwas umfangreich, gibt aber einen guten Einblick in die Methodik der Informationstheorie. Eilige Leserinnen und Leser können den Beweis ohne Verlust an Verständlichkeit der nachfolgenden Abschnitte überspringen.

1. Schritt – Kraftsche Ungleichung

Für die Existenz eines eindeutig decodierbaren Codes mit D Zeichen und K Codewörtern der Längen $n_1, n_2, ..., n_K$ ist notwendig und hinreichend, dass die *kraftsche Ungleichung* erfüllt ist.

$$\sum_{k=1}^{K} D^{-n_k} \leq 1 \tag{3.2}$$

Zum Beweis der Behauptung wird der binäre Codebaum in Bild 3-2 herangezogen. Wir erkennen drei charakteristische Eigenschaften:

1. Es gibt D^i Knoten der i-ten Ordnung (i-ten Ebene).

2. Zu jedem Knoten der i-ten Ordnung gehören genau D^{n-i} Knoten in der letzten, der n-ten Ebene.

3. Der Codebaum liefert einen Präfixcode. Das heißt, kein Codewort ist der Anfang eines anderen Codewortes, da die Codewörter nur durch Endknoten dargestellt werden.

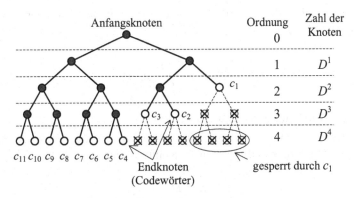

Bild 3-2 Codebaum für $D = 2$ und $n = 4$

Der Einfachheit halber ordnen wir die Codewortlängen der Größe nach

$$n_1 \leq n_2 \leq \cdots \leq n_K = n \tag{3.3}$$

Nun beginnt ein Abzählen. Das Codewort c_1 mit der Codewortlänge n_1 sperrt genau D^{n-n_1} mögliche Endknoten in der letzen, der n-ten Ebene. Da die Codewörter des Präfixcodes nicht interferieren, werden insgesamt

$$\sum_{k=1}^{K} D^{n-n_k} \tag{3.4}$$

Knoten in der letzten Ebene gesperrt bzw. belegt. Da nicht mehr Knoten gesperrt bzw. belegt werden können, als in der n-ten Stufe vorhanden sind, gilt

$$\sum_{k=1}^{K} D^{n-n_k} \leq D^n \tag{3.5}$$

Die Division mit D^n liefert die kraftsche Ungleichung (3.2).

2. Schritt – Satz von Mc Millan

„Jeder eindeutig decodierbare Code erfüllt die kraftsche Ungleichung."

Bei der Herleitung der kraftschen Ungleichung wurde die Präfixeigenschaft des Codes benutzt. Diese ist aber nicht notwendig. Es reicht die eindeutige Decodierbarkeit aus, wie die folgenden Überlegungen zeigen. Wir machen den zweckdienlichen Ansatz und erheben dazu die Summe in der kraftschen Ungleichung in die L-te Potenz.

$$\left[\sum_{k=1}^{K} D^{-n_k} \right]^L = \sum_{k_1=1}^{K} \sum_{k_2=1}^{K} \cdots \sum_{k_L=1}^{K} D^{-\left[n_{k_1} + n_{k_2} + \cdots + n_{k_L} \right]} \tag{3.6}$$

Auf der rechten Seite erhalten wir im Exponenten die Summe der Codewortlängen jeder denkbaren Kombination von L Codewörtern.

Sei A_i die Zahl der Kombinationen von L Codewörtern mit Summe der Codewortlängen i, so schreibt sich kompakter

$$\left[\sum_{k=1}^{K} D^{-n_k} \right]^L = \sum_{i=1}^{L_{n,\max}} A_i \cdot D^{-i} \tag{3.7}$$

$L_{n,\max}$ zeigt die maximale Summe der Codewortlängen an.

Ist der Code eindeutig decodierbar, so sind alle Folgen von L Codewörtern der Länge i verschieden. Da es jedoch nur maximal D^i mögliche Kombinationen der Zeichen gibt, gilt

$$A_i \leq D^i \tag{3.8}$$

und somit

$$\left[\sum_{k=1}^{K} D^{-n_k} \right]^L \leq \sum_{i=1}^{L_{n,\max}} 1 = L_{n,\max} \tag{3.9}$$

Ziehen wir nun die L-te Wurzel, resultiert für den Summenterm der kraftschen Ungleichung die Abschätzung von oben

$$\sum_{k=1}^{K} D^{-n_k} \leq \left(L_{n,\max} \right)^{1/L} \tag{3.10}$$

für alle natürlichen Zahlen L.

Man beachte die Bedeutung der Zahl L. Es werden aus den Codewörtern für je ein Zeichen neue Codewörter für Kombinationen von L Zeichen gebildet. Dies entspricht der direkten Codierung von Blöcken zu je L Zeichen.

Fassen wir immer mehr Zeichen zu einem Block zusammen, so erhalten wir im Grenzfall $L \to \infty$ wieder die kraftsche Ungleichung.

$$\sum_{k=1}^{K} D^{-n_k} \leq \lim_{L \to \infty} \left(L_{n,\max} \right)^{1/L} = 1 \tag{3.11}$$

Da wir dies für jeden eindeutig decodierbaren Code durchführen können, muss jeder decodierbare Code die kraftsche Ungleichung erfüllen.

3. Schritt – Linke Seite des Quellencodierungstheorems

$$H(X) - \overline{n} \log D \leq 0 \tag{3.12}$$

Mit den Auftrittswahrscheinlichkeiten p_k der Zeichen und zugehörigen Codewortlängen n_k gilt

$$H(X) - \overline{n} \log D = \sum_{k=1}^{K} p_k \log \frac{1}{p_k} - \sum_{k=1}^{K} p_k n_k \log D = \sum_{k=1}^{K} p_k \log \frac{D^{-n_k}}{p_k} \qquad (3.13)$$

Schätzen wir, wie zum Beweis der maximalen Entropie, die Logarithmusfunktion nach (2.14) ab, so erhalten wir

$$\sum_{k=1}^{K} p_k \log \frac{D^{-n_k}}{p_k} \leq \log e \cdot \left(\sum_{k=1}^{K} p_k \left[\frac{D^{-n_k}}{p_k} - 1 \right] \right) = \log e \cdot \left(\underbrace{\sum_{k=1}^{K} D^{-n_k}}_{\leq 1} - \underbrace{\sum_{k=1}^{K} p_k}_{1} \right) \leq 0 \qquad (3.14)$$

wobei die kraftsche Ungleichung und die Normbedingung für die Wahrscheinlichkeiten benutzt wurden. Damit ist die Richtigkeit der linken Seite des Quellencodierungstheorems bewiesen.

4. Schritt – Rechte Seite des Quellencodierungstheorems

$$\overline{n} \leq \frac{H(X)}{\log D} + 1 \qquad (3.15)$$

Wir gehen von der kraftschen Ungleichung aus, dann existiert auch ein Code mit entsprechenden Codewortlängen n_k, und wir benutzen die Normbedingung der Wahrscheinlichkeiten.

$$\sum_{k=1}^{K} D^{-n_k} \leq \sum_{k=1}^{K} p_k \qquad (3.16)$$

Da wir, solange die kraftsche Ungleichung gilt, in der Wahl der Längen $n_k \in \mathbb{N}$ frei sind, machen wir den Ansatz für jeden Summanden

$$D^{-n_k} \leq p_k \qquad (3.17)$$

wobei n_k die kleinste natürliche Zahl ist, die jeweils die Ungleichung erfüllt. Daraus folgt unmittelbar, dass für $n_k - 1$ gilt

$$p_k < D^{-(n_k-1)} \qquad (3.18)$$

Der Rest des Beweises ist jetzt nur noch Formsache. Wir wenden auf die Gleichung den Logarithmus an und multiplizieren mit der Wahrscheinlichkeit p_k

$$p_k \log p_k < p_k \cdot \log D^{-(n_k-1)} = p_k \cdot (-n_k + 1) \cdot \log D \qquad (3.19)$$

Nun fassen wir alle k Gleichungen wieder zusammen.

$$\underbrace{\sum_{k=1}^{K} p_k \log p_k}_{-H(X)} < \log D \cdot \underbrace{\sum_{k=1}^{K} p_k \cdot (-n_k)}_{-\overline{n}} + \log D \cdot \underbrace{\sum_{k=1}^{K} p_k}_{1} \qquad (3.20)$$

Umstellen, Division mit $\log D$ und Multiplikation mit -1 liefert den gesuchten Beweis, wobei das Ungleichheitszeichen wegen der Multiplikation mit -1 gedreht werden musste.

3.2 Huffman-Codierung

Die Huffman-Codierung[1] gehört zur Familie der Codierungen mit variabler Codelänge. Ein bekanntes Beispiel ist das *Morsealphabet*[2] in Tabelle 3-1. Die zugrundeliegende Idee ist, häufige Zeichen mit kurzen Codewörtern und seltene Zeichen gegebenenfalls mit längeren Codewörtern zu belegen, um so den mittleren Aufwand klein zu halten. Derartige Codierverfahren bezeichnet man auch als *redundanzmindernde Codierung* oder *Entropiecodierung*.

Im Beispiel des Morsealphabetes wird der häufige Buchstabe E mit dem einzelnen Zeichen „•" und der seltene Buchstabe X mit den 4 Zeichen „– • • –" codiert.

Anmerkungen: (i) In seiner bekanntesten Form geht das Morsealphabet auf das Alphabet von Gerke (1844) und die Standardisierung durch den internationalen Telegrafenverein 1865 (heute ITU) zurück. (ii) Zur eindeutigen Decodierung, vgl. „A" und „ET", erfordert das Morsealphabet ein Trennzeichen. Es handelt sich um einen Ternären Code.

Tabelle 3-1 Buchstaben, Morsezeichen [Obe82] und relative Häufigkeiten in der deutschen Schriftsprache [Küp54]

Buchstaben	Morsezeichen	rel. Häufig-keiten	Buchstaben	Morsezeichen	rel. Häufig-keiten
A	• –	0,0651	N	– •	0,0992
B	– • • •	0,0257	O	– – –	0,0229
C	– • – •	0,0284	P	• – – •	0,0094
D	– • •	0,0541	Q	– – • –	0,0007
E	•	0,1669	R	• – •	0,0654
F	• • – •	0,0204	S	• • •	0,0678
G	– – •	0,0365	T	–	0,0674
H	• • • •	0,0406	U	• • –	0,0370
I	• •	0,0782	V	• • • –	0,0107
J	• – – –	0,0019	W	• – –	0,0140
K	– • –	0,0188	X	– • • –	0,0002
L	• – • •	0,0283	Y	– • – –	0,0003
M	– –	0,0301	Z	– – • •	0,0100

---

[1] *David Huffman:* *1925/†1999, U.S.-amerikanischer Ingenieur.
[2] *Samuel Morse:* *1791/†1872, U.S.-amerikanischer Maler, Erfinder und Unternehmer. Ihm zu Ehren wird vom Morsealphabet gesprochen.

Huffman hat für diskrete gedächtnislose Quellen 1952 gezeigt, dass die von ihm angegebene Codierung mit variabler Wortlänge einen optimalen Präfixcode liefert [Huf52]. Das heißt, der Huffman-Code liefert die kleinste mittlere Codewortlänge und er ist ohne Komma-Zeichen zur Trennung der Codewörter eindeutig decodierbar.

> Bei einem *Präfixcode* ist kein Codewort Anfang eines anderen Codewortes.

Anmerkungen: (i) Die Huffman-Codierung spielt in der Bildcodierung ein wichtige Rolle. Sie ist Bestandteil des JPEG-, MPEG- und H.261-Standards [Rei05], [Str05]. Auch zur Codierung von digitalen Audio-Signalen wird die Huffman-Codierung eingesetzt. (ii) In der Literatur sind der Shannon-Code und der Fano-Code als weitere Beispiele für Entropiecodes zu finden. Da sie nicht notwendiger Weise einen optimalen Code liefern, verzichten wir hier der Kürze halber auf ihre Darstellung.

Die Huffman-Codierung geschieht in drei Schritten. Wir veranschaulichen sie anschließend mit einem kleinen Beispiel.

Huffman-Codierung

1. Ordnen : Ordne die Zeichen nach fallenden Wahrscheinlichkeiten.

2. Reduzieren: Fasse die beiden Zeichen mit den kleinsten Wahrscheinlichkeiten zu einem neuen (Verbund-)Zeichen zusammen; ordne die Liste neu wie in Schritt 1 und fahre fort bis alle Zeichen zusammengefasst sind.

3. Codieren : Beginne bei der letzten Zusammenfassung; ordne jeder ersten Ziffer des Codewortes eines Zeichens der ersten Komponente des (Verbund-)Zeichens eine 0 und der zweiten Komponente eine 1 zu. Fahre sinngemäß fort, bis alle Zeichen codiert sind.

Im Falle mehrerer Zeichen mit denselben Wahrscheinlichkeiten werden die Zeichen kombiniert, die am wenigsten bereits zusammengefasste Zeichen beinhalten. Damit erreicht man bei gleicher mittlerer Codewortlänge eine in der Übertragungstechnik günstigere, weil gleichmäßigere Verteilung der Codewortlängen. Letzteres wirkt sich auch bei der Decodierung vorteilhaft aus.

Beispiel Huffman-Codierung von Hand – ohne Umsortieren

Am Beispiel der Quelle in der Tabelle 3-2 wird das Verfahren vorgeführt. Dabei vereinfachen wir es etwas, indem wir auf das explizite Umordnen verzichten. Bei den von Hand durchgeführten kleinen Beispielen kann auf das explizite Sortieren verzichtet werden. Man erhält ein einfacheres Verfahren, dessen Code allerdings nicht mehr bitkompatibel mit dem Code mit Umsortieren sein muss.

Tabelle 3-2 Diskrete gedächtnislose Quelle mit dem Zeichenvorrat $X = \{a, b, c, d, e, f\}$, den Wahrscheinlichkeiten p_i, den Informationsgehalten $I(p_i)$ und der Entropie $H(X)$

x_i	a	b	c	d	e	f
p_i	0,05	0,15	0,05	0,4	0,2	0,15
$I(p_i)$	4,32 bit	2,74 bit	4,32 bit	1,32 bit	2,32 bit	2,74 bit
$H(X)$	$\approx 2{,}25$ bit					

Im Beispiel erhält man im ersten Schritt die in Bild 3-3 angegebene Reihenfolge der Zeichen in der ersten Spalte mit den Wahrscheinlichkeiten p_i in der zweiten Spalte.

Im zweiten Schritt werden die beiden Zeichen mit kleinsten Wahrscheinlichkeiten c und a kombiniert. Die neuen beiden Zeichen mit den kleinsten Wahrscheinlichkeiten, ca und e werden jetzt zusammengefasst. Für das zusammengesetzte (Verbund-)Zeichen erhält man die Wahrscheinlichkeit 0,25. Damit ist sie größer als die Wahrscheinlichkeiten für b und f. Letztere sind nun die beiden kleinsten Wahrscheinlichkeiten. Es werden b und f zusammengefasst. Die zugehörige Wahrscheinlichkeit hat den Wert 0,35. Die nunmehr beiden kleinsten Wahrscheinlichkeiten, für die (Verbund-)Zeichen bf und cae, ergeben zusammen die Wahrscheinlichkeit 0,6. Die beiden verbleibenden Wahrscheinlichkeiten für d und caebf müssen zusammen den Wert 1 ergeben.

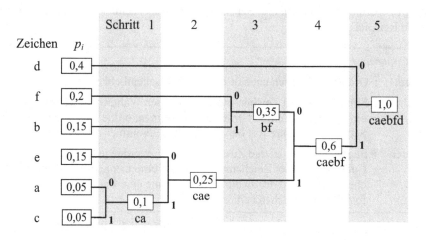

Bild 3-3 Huffman-Codierung ohne Umsortierung

Im dritten Schritt werden den Zeichen die Codewörter zugewiesen. Hierbei beginnt man ganz rechts und schreitet nach links fort. Bei jeder Weggabelung, Zusammenfassung von Zeichen, wird dem Pfad nach oben 0 und dem Pfad nach unten 1 (oder jeweils umgekehrt) zugewiesen. Man erhält schließlich den Huffman-Code in Tabelle 3-3.

Tabelle 3-3 Huffman-Code zu Bild 3-3

Zeichen x_i	d	f	b	e	a	c
Wahrscheinlichkeit p_i	0,4	0,2	0,15	0,15	0,05	0,05
Codewort	0	100	101	110	1110	1111
Codewortlänge n_i in bit	1	3	3	3	4	4

Beispiel Huffman-Codierung – mit Umsortieren

Setzt man für die Huffman-Codierung einen Computer ein, so liefert die explizite Umsortierung, wie sie im Algorithmus angegeben ist, ein relativ einfaches Programm. Im Vergleich zu Bild 3-3 und Tabelle 3-3 ergeben sich allerdings andere Codewörter, siehe Tabelle 3-4.

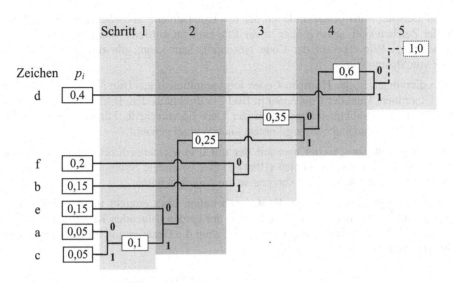

Bild 3-4 Huffman-Codierung mit Umsortieren

Tabelle 3-4 Huffman-Code zu Bild 3-4

Zeichen x_i	d	f	b	e	a	c
Wahrscheinlichkeit p_i	0,4	0,2	0,15	0,15	0,05	0,05
Codewort	1	000	001	010	0110	0111
Codewortlänge n_i in bit	1	3	3	3	4	4

_____ Ende des Beispiels

Ein Code ist umso effizienter, je kürzer seine mittlere Codewortlänge ist.

> Die *mittlere Codewortlänge* bestimmt sich aus der Länge n_i der Codewörter gewichtet mit ihren Wahrscheinlichkeiten p_i.
>
> $$\bar{n} = \sum_{i=1}^{N} p_i \cdot n_i \tag{3.21}$$

Im Beispiel ist die mittlere Codewortlänge $\bar{n} \approx 2{,}3$ bit nahe an der Entropie $H(X) \approx 2{,}25$ bit. Eine wichtige Kenngröße ist das Verhältnis von Entropie zu mittlerer Codewortlänge, die Effizienz des Codes. Sie erreicht im Beispiel den Wert $\eta \approx 0{,}976$.

> *Effizienz des Codes* $$\eta = \frac{H(X)}{\bar{n}} \tag{3.22}$$

Aus dem Beispiel wird deutlich: Je größer die Unterschiede zwischen den Wahrscheinlich-keiten der Zeichen sind, umso größer ist die Ersparnis an mittlerer Wortlänge durch die Huff-man-Codierung. Wie effizient der Code bestenfalls sein kann, gibt das *Quellencodierungs-theorem* von Shannon an.

Die Decodiervorschrift des Huffman-Codes folgt unmittelbar aus Bild 3-3. Durch den Verzicht auf das Umordnen, kann der *Codebaum* in Bild 3-5 direkt aus dem Bild 3-3 abgelesen werden. Er liefert die anschauliche Interpretation der Decodiervorschrift. Für jedes neue Codewort beginnt die Decodierung am Anfangsknoten, auch Wurzel genannt.

Wird 0 empfangen, so schreitet man auf der mit 0 gewichteten Kante (Ast) nach oben. Im Beispiel erreicht man den Endknoten (Blatt) d. Das gesendete Symbol ist demzufolge d und man beginnt mit dem nächsten Bit von neuem am Anfangsknoten.

Wird 1 empfangen, wählt man die Kante nach unten. Man erreicht im Beispiel einen Ver-zweigungsknoten. Das nächste Bit wählt einen der beiden folgenden Kanten aus. So verfährt man, bis ein Endknoten erreicht wird. Danach beginnt die Decodierung für das nächste Zeichen wieder am Anfangsknoten.

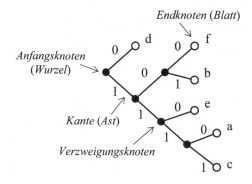

Bild 3-5 Codebaum zum Huffman-Code in Bild 3-3

Programmbeispiel Huffman-Codierung mit MATLAB

Um die Wirksamkeit der Huffman-Codierung an realistischeren Beispielen zu testen, wurde ein MATLAB-Programm erstellt. Das Programm liest Textdateien im erweiterten ASCII-Format Latin-1 ein, bestimmt die Häufigkeiten der Zeichen und davon ausgehend den Huffman-Code. Es werden die Entropie des Quelltextes geschätzt und die mittlere Codewortlänge und Effi-zienz bestimmt. Schließlich wird der eingelesene Text codiert und der entstandene Bitstrom decodiert.

Als Textbeispiel wurden die ersten drei Absätze der Einführung auf Seite 1 gewählt.

„Die Informationstheorie beschreibt … danach zu richten."

Tabelle 3-5 zeigt das Ergebnis der Textauswertung und den erstellten Huffman-Code. Im Latin-1-Format werden die Zeichen durch je ein Byte dargestellt, welches als vorzeichenlose Integerzahl interpretiert werden kann. In der 1. Spalte # sind die jeweiligen Integerzahlen zu den Zeichen in der 2. Spalte aufgelistet. Es werden nur die im Text vorkommenden 51 Zeichen verwendet. Die 3. Spalte gibt die relativen Häufigkeiten (relative Frequency) zu den Zeichen (Characters) an, vgl. Tabelle 3-1. Der Huffman-Code ordnet den Zeichen die Codewörter (Codeword) in der 5. Spalte mit den Längen in der 4. Spalte zu.

Anmerkung: Soll der Code auch auf andere Texte des gleichen Formates angewendet werden, so kann man alle Zeichen mit der Häufigkeit eins vor besetzen. Dann steht zumindest für jedes Zeichen ein Codewort zur Verfügung.

Tabelle 3-5 Textauswertung mit Huffman-Codierung der Zeichen

#	Ch.	rF	L	Codeword	#	Ch.	rF	L	Codeword
32	' '	0.1278	3	011					
101	'e'	0.1242	3	100	73	'I'	0.0044	8	00110110
110	'n'	0.0972	3	110	112	'p'	0.0044	8	00110111
105	'i'	0.0767	4	0010	121	'y'	0.0044	8	00110100
116	't'	0.0548	4	1010	90	'Z'	0.0037	8	01011001
114	'r'	0.0489	4	1110	118	'v'	0.0037	8	10110010
104	'h'	0.0424	5	00000	65	'A'	0.0029	8	11111100
115	's'	0.0424	5	00001	228	'ä'	0.0029	8	11111101
97	'a'	0.0387	5	00011	69	'E'	0.0022	8	11111111
99	'c'	0.0351	5	00111	77	'M'	0.0022	9	010110000
100	'd'	0.0343	5	01000	80	'P'	0.0022	9	010110001
117	'u'	0.0343	5	01001	87	'W'	0.0022	9	001101010
103	'g'	0.0321	5	01010	120	'x'	0.0022	9	001101011
108	'l'	0.0256	5	10111	246	'ö'	0.0022	9	101100110
109	'm'	0.0212	6	000100	70	'F'	0.0015	9	101100111
111	'o'	0.0205	6	000101	86	'V'	0.0015	9	111111100
98	'b'	0.0139	6	101101	252	'ü'	0.0015	9	111111101
102	'f'	0.0139	6	111100	45	'-'	0.0007	10	1111011010
46	'.'	0.0095	7	0011000	48	'0'	0.0007	10	1111011011
83	'S'	0.0088	7	0011001	49	'1'	0.0007	10	1111011000
107	'k'	0.0080	7	0101101	63	'?'	0.0007	10	1111011001
122	'z'	0.0080	7	0101110	67	'C'	0.0007	10	1111011110
68	'D'	0.0073	7	0101111	76	'L'	0.0007	10	1111011111
119	'w'	0.0073	7	1011000	78	'N'	0.0007	10	1111011100
34	'"'	0.0058	7	1111100	220	'Ü'	0.0007	10	1111011101
44	','	0.0058	7	1111101					
66	'B'	0.0058	7	1111010					

Anhand der Ergebnisse in Tabelle 3-1 werden die Entropie des Textes, die mittlere Codewortlänge und die sich daraus ergebende Effizienz geschätzt.

```
Estimated entropy        H(X) = 4.4756 bit
Mean codeword length  l    = 4.4996 bit
Efficiency                  0.9947
```

Die Entropie beträgt ca. 4,5 bit, was für deutsche Schriftsprache ohne Berücksichtigung des Gedächtnisses typisch ist [Küp54]. Codierte man die 51 Zeichen mit gleicher Wortlänge, benötigte man 6 Bits pro Zeichen. Der Huffman-Code ereicht fast optimale Effizienz.

Die ersten und letzten Zeichen des huffman-codierten Textes sind

```
010111100101000110011011011011110000010111000010000011
101000100001011100000110l ...

011100100101111100010001110000010101001101111000011000
```

Insgesamt werden 1369 Zeichen im Byte Format mit 6160 Bits codiert. Die Kompressionsrate ist $1369 \cdot 8 / 6160 \approx 1,8$.

Die Decodierung erfordert besondere Aufmerksamkeit. Mit dem Codebaum, vgl. Bild 3-5, ist eine optimale Decodierung im Sinne von Ja-oder-Nein-Entscheidungen durch bitweise Vergleiche möglich. Berücksichtigt man jedoch die typischen Eigenschaften digitaler Mikroprozessoren, so werden durch die Vergleichsoperationen relative viele Prozessorzyklen verbraucht. Kann Speicher zur Verfügung gestellt werden, lässt sich für gewöhnlich die Decodierung durch Tabellen beschleunigen. Der Gewinn wird umso größer, je größer die Alphabete sind. Allerdings steigt damit auch der Speicheraufwand.

Im Beispiel wird ein zweistufiges Decodierverfahren mit Nachschlagen in Tabellen (Table Look-up) verwendet. Es werden jeweils einige Bits des Bitstromes zu Blöcken zusammengefasst und daraus Indizes für Tabellen bestimmt, die die Codewortlängen und die Zeichen enthalten.

Da im Beispiel die minimale Codewortlänge 3 beträgt, wird eine Wurzeltabelle mit $2^3 = 8$ Zeilen verwendet, siehe Tabelle 3-6.

Zur Veranschaulichung enthält die 1. Spalte den Index 1 bis 8 und die Zweite das Codewort bzw. das Fortsetzungszeichen +.

Aus dem Bitstrom werden für jedes neue Codewort jeweils 3 Bits zusammengefasst und ein Index für die Wurzeltabelle bestimmt. Das zugeordnete Bitmuster ist in der 2. Spalte zu finden. Im Programm wird, falls kein entsprechendes Codewort der Länge 3 existiert das Fortsetzungszeichen + eingetragen. Die Bitmuster in eckigen Klammern sind zur Verdeutlichung eingefügt. Da die Indexnummer eineindeutig mit der dreistelligen Bitkombination verbunden ist, kann die Spalte in der Praxis weggelassen werden.

Tabelle 3-6 Wurzeltabelle zur Decodierung mit Ergänzungen [ ]

Index	Codeword	L	Character
1	+ [000]	0	non
2	+ [001]	0	non
3	+ [010]	0	non
4	011	3	' '
5	100	3	'e'
6	+ [101]	0	non
7	110	3	'n'
8	+ [111]	0	non

Anmerkung: Um den Index 0 für die MATLAB-Realisierung zu vermeiden, wird ein Offset von 1 verwendet.

Die 3. Spalte enthält die Codewortlängen L bzw. wenn kein Codewort vorhanden, einen Füll-Eintrag. Da die minimale Codewortlänge für die Tabelle zugrunde liegt, dient auch diese Spalte nur der Veranschaulichung und kann im Prinzip weggelassen werden, wenn die minimale Codewortlänge anderweitig verfügbar ist.

Die 4. Spalte gibt die zugehörigen Zeichen an bzw. hält einen Füll-Eintrag. Das Leer-Zeichen und die beiden Zeichen e und n werden bei der Decodierung benutzt.

Bei der Decodierung wird vom Programm der Index für die Wurzeltabelle bestimmt und die 2. Spalte auf das Fortsetzungszeichen + abgefragt. Ist das Zeichen ungleich +, wurde ein Codewort der Länge 3 gefunden. Das Zeichen in der Spalte 4 kann ausgegeben werden und die nächsten 3 Bits im Bitstrom zur Indexberechnung herangezogen werden.

Ist das Zeichen gleich + muss die Decodierung des Codewortes fortgesetzt werden. Dazu wurden im Beispiel 5 Fortsetzungstabellen zu den Indizes 1, 2, 3, 6 und 8 bestimmt.

Eine Fortsetzungestabelle enthält alle Informationen die für die Decodierung eines Codewortes benötigt werden, das mit der Bitkombination zum Index in der Tabelle 3-6 beginnt. Es müssen also noch jeweils die fehlenden Bits ausgewertet werden. Um zu einem einfachen und schnellen Verfahren zu gelangen, werden Fortsetzungsblöcke fester Länge verwendet. Damit alle Bits eines Codewortes sicher erfasst werden, wird die Länge im Beispiel auf 7 festgelegt, d. h. maximale Codewortlänge (10) minus minimaler Codewortlänge (3), siehe Bild 3-6.

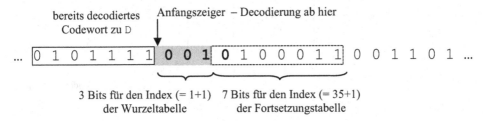

Bild 3-6 Decodierung des Bitstroms zum Huffman-Code mit Tabellen

In Bild 3-6 liegt das gültige Codewort 0010 für das Zeichen i vor. Es werden also im Fortsetzungsblock weitere 6 zufällige Bits eines oder mehrerer folgender Codewörter mit eingelesen. Dieser Effekt wird in den Fortsetzungstabellen berücksichtigt. Die Fortsetzungstabellen enthalten jeweils 128 Einträge für alle Kombinationen aus 7 Bits, siehe Tabelle 3-7 und Tabelle 3-8.

Die Idee besteht darin, alle Zeilen zu einem Codewort gleich zu besetzen. Im Beispiel des Zeichens i hat das Codewort die Länge 4. Im Fortsetzungsblock ist nur die führende 0 festgelegt. Alle Indizes von 1 bis 64 gehören zu einem Fortsetzungsblock der mit 0 beginnt. Deshalb werden alle Zeilen 1 bis 64 in Tabelle 3-8 mit dem Zeichen i und der Codewortlänge 4 vor besetzt. Die Auswertung des Fortsetzungsblockes führt unabhängig von den 6 zusätzlichen Zeichen stets zum richtigen Zeichen und seiner Codewortlänge. Damit kann das Zeichen ausgegeben werden und der Zeiger auf den Bitstrom um die Codewortlänge weitergeschoben werden.

Anmerkung: Die Codewörter in den Fortsetzungstabellen dienen nur der Veranschaulichung und können in der Praxis weggelassen werden.

Die Methode des Nachschlagens in Tabellen liefert ein einfaches und schnelles Verfahren zur Decodierung. Im Beispiel werden für die Decodierung der 51 Zeichen im Wesentlichen fünf Tabellen mit insgesamt $5 \cdot 2 \cdot 128 = 1280$ Speicherplätzen benötigt.

Tabelle 3-7 Fortsetzungstabelle für Wurzeltabellenindex = 1

Index	Character	L	Codeword
01 … 32	'h'	5	00000
33 … 64	's'	5	00001
65 … 80	'm'	6	000100
81 … 96	'o'	6	000101
97 … 128	'a'	5	00011

Tabelle 3-8 Fortsetzungstabelle für Wurzeltabellenindex = 2

Index	Character	L	Codeword
01 … 64	'i'	4	0010
65 … 72	'.'	7	0011000
73 … 80	'S'	7	0011001
81 … 84	'y'	8	00110100
85 … 86	'W'	9	001101010
87 … 88	'x'	9	001101011
89 … 92	'I'	8	00110110
93 … 96	'p'	8	00110111
97 … 128	'c'	5	00111

_Ende des Beispiels

So einfach die Huffman-Codierung und Decodierung sind, sie besitzen drei Nachteile:

- Die unterschiedlichen Codewortlängen führen zu einer ungleichmäßigen Bitrate und Decodierverzögerung.

- Datenkompressionsverfahren reduzieren die Redundanz und erhöhen deshalb die Fehleranfälligkeit. Im Falle der Huffman-Codierung bedeutet dies, dass durch ein falsch erkanntes Bit alle nachfolgenden Zeichen falsch detektiert werden können.

- Die Huffman-Codierung setzt die Kenntnis der Wahrscheinlichkeiten der Zeichen oder zumindest geeigneter Schätzwerte voraus. Diese sind jedoch oft nicht bekannt bzw. ihre Schätzung ist relativ aufwändig.

Für die Komprimierung von großen Dateien werden deshalb heute oft _universelle Codierverfahren_ wie der Lempel-Ziv-Algorithmus in Abschnitt 7.3 eingesetzt. Sie beginnen die Komprimierung ohne a priori Wissen über die Statistik der Daten.

3.3   Golomb- und Rice-Code

Obwohl der Huffman-Code den optimalen Präfix-Code liefert, ist es in manchen Fällen aus praktischen Gründen günstiger, eine andere Form der Entropie-Codierung zu wählen. Wir entwickeln ein alternatives Codierverfahren schrittweise anhand eines Beispiels.

Beispiel Lauflängencodierung für die Faxübertragung

Bei der Faxübertragung eines Bildes werden zunächst die Dokumentvorlage zeilenweise abgetastet und weiße (w) und schwarze (s) Bildelemente gewonnen. Üblicherweise sind Textseiten so gestaltet, dass die Zahl der weißen Bildelemente die der schwarzen bei weitem übersteigt, z. B. wenn zwischen zwei Textzeilen abgetastet wird.

Wir nehmen für das Beispiel die Wahrscheinlichkeiten an

$$P(s) = 0{,}1597 \quad \text{und} \quad P(w) = 1 - P(s) \tag{3.23}$$

Die Entropie der binären Quelle (2.27) für die Bildelemente beträgt somit

$$\frac{H_b(p)}{\text{bit}} = -P(s) \cdot \text{ld} \, P(s) - (1 - P(s)) \cdot \text{ld}(1 - P(s)) \approx 0{,}6322 \tag{3.24}$$

Bei entsprechender Codierung sollte eine mittlere Codewortlänge von etwa 0,64 erreichbar sein. Die Anwendung der Huffman-Codierung ist jedoch zunächst nicht möglich, da nur zwei Zeichen verwendet werden. Abhilfe bringt die Zusammenfassung von Bildelementen, z. B. zu Zeichen aus 2 Bildelementen ww, ws, sw und ss. Um die gewünschte Effizienz zu erzielen, müssen unter Umständen viele Zeichen zusammengefasst werden, so dass der Code und seine Anwendung relativ aufwändig werden können.

In der Bildcodierung für Fax- und Video-Anwendungen greift man deshalb auf eine spezielle Art der Zusammenfassung zurück, die Lauflängencodierung.

Nehmen wir der Einfachheit halber an, dass die Bildpunkte unabhängig sind, so ergibt sich die Wahrscheinlichkeit für einen Block aus l aufeinanderfolgenden weißen Bildpunkten und einem schwarzen Bildpunkt am Schluss

$$p_l = P(w^l s) = P^l(w) \cdot P(s) \tag{3.25}$$

Es biete sich an, statt der Zeichen bzw. Zeichenblöcke, die Zahl der weißen Bildelemente zwischen zwei schwarzen zu codieren. Man spricht von einem *Lauf* der Länge l und einer *Lauflängencodierung*. Die Lauflänge l gehorcht einer geometrischen Verteilung (3.25) mit abnehmenden Wahrscheinlichkeiten. Die Zahl der Codewörter ist theoretisch unbegrenzt.

Anmerkung: Für $P(s) = 0{,}5$ resultiert das Beispiel in Abschnitt 2.3.

Wie man in Tabelle 3-9 sieht, ergibt sich eine Spreizung in den Wahrscheinlichkeiten der Codewörter, so dass durch eine geschickte Codierung ein Spareffekt zu erwarten ist.

Eine einfache und effektive Codierstrategie für diskrete gedächtnislose Quellen ist die *Shannon-Fano-Codierung* [Fan49]. Sie liefert einen Präfixcode, der im Sinne der Entropiecodierung aber nicht notwendigerweise optimal ist. Die Shannon-Fano-Codierung fußt auf der Idee den Aufwand für ein Zeichen, d. h. die Zahl der Bits im Codewort, und die Häufigkeit des Zeichens in der Nachricht, d. h. die Wahrscheinlichkeit des Auftretens, auszubalancieren.

Tabelle 3-9 Lauflängen

l	Bildelemente	p_l
0	s	0,1591
1	ws	0,1388
2	wws	0,1125
3	wwws	0,0946
4	wwwws	0,0796
5	wwwwws	0,0669

Wir machen uns das Verfahren am Beispiel deutlich:

Zunächst werden die Zeichen nach absteigender Wahrscheinlichkeit geordnet, siehe Tabelle 3-9. Dann werden die Lauflängen l in zwei Gruppen mit annähernd gleicher Gruppen-Wahrscheinlichkeit geteilt. Tabelle 3-10 zeigt die erste Gruppe oben grau hinterlegt. Die Summe der Wahrscheinlichkeiten beträgt 0,5 – von Rundungsfehlern abgesehen. Jeder Lauflänge der oberen Gruppe wird als erstes Codewortbit 0 und jeder der unteren Gruppe 1 zugeordnet. Danach werden die vier Lauflängen der oberen Gruppe durch je ein Bitpaar codiert. Dann wird mit der unteren Gruppe entsprechend weiter verfahren: wieder aufgeteilt usw.

_____ Ende des Beispiels

Tabelle 3-10 Lauflängencodierung

l	p_l	Codewort
0	0,1591	0 00
1	0,1388	0 01
2	0,1125	0 10
3	0,0946	0 11
4	0,0796	10 00
5	0,0669	10 01
6	0,0563	10 10
7	0,0473	10 11
8	0,0398	110 00
9	0,0334	110 01
10	0,0281	110 10
11	0,0237	110 11
12	0,0199	1110 00
usw.		

Aufwändiges Ausrechnen, Addieren und Vergleichen der Wahrscheinlichkeiten sind im Beispiel für die Codierung nicht erforderlich.

Um dies allgemein zu zeigen, betrachten wir nochmals die Wahrscheinlichkeiten der Lauflängen. Mit p_0 für das seltene Ereignis und p_1 für das häufige Ereignis erhalten wir aus der geometrischen Verteilung für die Lauflängen

$$p_l = p_1^{\,l} \cdot p_0 = p_1^{\,r+m} \cdot p_0 \tag{3.26}$$

wobei wir die Lauflänge in zwei Teillängen r und m zerlegen dürfen. Gilt für die Teillänge m

$$p_1^{\,m} = 0{,}5 \tag{3.27}$$

folgt für die Wahrscheinlichkeiten der Lauflängen l und r die Abhängigkeit

$$p_l = 0{,}5 \cdot p_r \tag{3.28}$$

Man beachte, die Teillänge m ist eine natürliche Zahl und mit (3.27) fest an die Wahrscheinlichkeit p_1 gekoppelt. Nun betrachten wird die Gruppen-Wahrscheinlichkeit für die obersten m Lauflängen. Mit (3.28) wird die Summe der Wahrscheinlichkeiten

$$\sum_{l=0}^{m-1} p_l = p_0 \cdot \sum_{l=0}^{m-1} p_1^{\,l} = p_0 \cdot \frac{1-p_1^{\,m}}{1-p_1} = \frac{1}{2} \tag{3.29}$$

Damit wird die erste Teilung der Shannon-Fano-Codierung stets nach m Lauflängen durchgeführt, siehe auch Tabelle 3-10.

Für die darauffolgenden m Lauflängen gilt

$$\sum_{l=m}^{2m-1} p_l = \sum_{l=m}^{2m-1} p_1^{\,l} \cdot p_0 = \sum_{r=0}^{r-1} p_1^{\,m} \cdot p_1^{\,r} \cdot p_0 = \underbrace{p_1^{\,m}}_{1/2} \cdot \underbrace{\sum_{r=0}^{r-1} p_1^{\,l} \cdot p_0}_{1/2} = \frac{1}{4} \tag{3.30}$$

Sie bilden also die zweite Gruppe der Shannon-Fano-Codierung. Entsprechendes gilt für die nächste Gruppe usw.

Wegen des allgemeinen Zusammenhangs, kann die Lauflängen-Codierung in Tabelle 3-10 ohne Berechnung der Wahrscheinlichkeiten durchgeführt werden. Es ergibt sich im Sonderfall einer Zweierpotenz für m ein besonders einfaches Verfahren. Man spricht in diesem Fall von einem *Rice-Code* [Ric79]. Er wird beispielsweise in der Bildcodierung nach JPEG (Joint Photographic Expert Group) eingesetzt.

Der Rice-Code ist ein Sonderfall des *Golomb-Code*. Das beschriebene Verfahren kann grundsätzlich für jedes $m = 1, 2, 3,...$ vorgenommen werden [Gol66]. Im Golomb-Code ergeben sich Gruppen zu je m Zeichen (Lauflängen). Wichtig ist die feste Verkopplung von m mit der Wahrscheinlichkeit p_1 nach (3.27). Für die Anwendung ist wichtig, dass das Codierverfahren auch dann brauchbare Ergebnisse liefert, wenn m groß ist und (3.27) nur näherungsweise erfüllt wird.

Abschließend gehen wir der Frage nach, welche Entropie besitzt die Quelle mit der Lauflängencodierung?

Die Entropie der Quelle der Lauflängen Y bestimmt sich, wie im Beispiel des unendlich langen Codes in Abschnitt 2.3

$$H(Y) = -\sum_{l=0}^{\infty} p_l \cdot \mathrm{ld}(p_l)\,\mathrm{bit} = -\sum_{l=0}^{\infty} p_0 p_1^l \cdot \mathrm{ld}(p_0 \cdot p_1^l)\,\mathrm{bit} \tag{3.31}$$

Das Produkt im Argument des Logarithmus kann in eine Summe zweier Logarithmen zerlegt werden, so dass sich weitere Vereinfachungen ergeben.

$$\frac{H(Y)}{\mathrm{bit}} = -\sum_{l=0}^{\infty} p_0 p_1^l \cdot \left[\mathrm{ld}\,p_0 + l \cdot \mathrm{ld}\,p_1\right] = -\mathrm{ld}(p_0) \cdot \underbrace{\sum_{l=0}^{\infty} p_0 p_1^l}_{1} - p_0 \cdot \mathrm{ld}(p_1) \cdot \underbrace{\sum_{l=0}^{\infty} l \cdot p_1^l}_{\frac{p_1}{(1-p_1)^2} = \frac{p_1}{p_0^2}} \tag{3.32}$$

Nach kurzer Zwischenrechnung folgt

$$H(Y) = \frac{1}{p_0} \cdot \left[-p_0 \cdot \mathrm{ld}\,p_0 - p_1 \cdot \mathrm{ld}\,p_1\right]\mathrm{bit} = \frac{1}{p_0} \cdot H(X) \tag{3.33}$$

Die Lauflängencodierung führt auf eine Quelle Y deren Entropie größer als die der ursprüngliche Binärquelle X ist. Das ist zunächst überraschend, sollte doch der Informationsgehalt der Quellen identisch sein, solange die Symbolfolgen der Quellen eindeutig ineinander umcodiert werden könne.

Der scheinbare Widerspruch löst sich auf, wenn die Entropie als Entropie pro Zeichen, bei Shannon „pro channel use", verstanden wird. Bei der direkten Codierung der Binärquelle X wird jedes Zeichen einzeln codiert. Man erhält die Entropie $H(X)$ pro Zeichen der Binärquelle X. Bei der Lauflängencodierung werden die Zeichen der Quelle Y erzeugt und dabei Zeichen der Binärquelle X zusammengefasst.

Zum Vergleich muss deshalb die mittlere Codewortlänge der Quelle Y bezogen auf die Zahl der erfassten Binärsymbole von X betrachtet werden.

$$\overline{n}_* = \sum_{l=0}^{\infty} (l+1) \cdot p_l = \sum_{l=0}^{\infty} l \cdot p_l + \underbrace{\sum_{l=0}^{\infty} p_l}_{1} = 1 + p_0 \cdot \underbrace{\sum_{l=0}^{\infty} l \cdot p_1^l}_{\frac{p_1}{(1-p_1)^2}} = 1 + \frac{p_1}{p_0} = \overset{\overbrace{1}}{\frac{p_0 + p_1}{p_0}} = \frac{1}{p_0} \qquad (3.34)$$

In einem Codewort der Lauflängencodierung werden im Mittel $\overline{n}_*$ Zeichen der Binärquelle erfasst. Damit ist die Entropie der Lauflängencodierung bezogen auf ein Zeichen der Binärquelle

$$\frac{H(Y)}{\overline{n}_*} = \frac{H(Y)}{1/p_0} = p_0 \cdot H(Y) = p_0 \cdot \frac{1}{p_0} \cdot H(X) = H(X) \qquad (3.35)$$

Wegen der bijektiven Abbildung geht durch die Lauflängencodierung keine Information verloren oder kommt zusätzliche Ungewissheit hinzu.

Beispiel   Golomb-Code für $m = 3$

Ein Sensormodul soll einen Prozess protokollieren der zwei Zustände annehmen kann. Aus früheren Messungen ist bekannt, dass die Zustände im Verhältnis von ca. 1:4 auftreten. Der Prozess wird alle Millisekunde abgefragt. Die Daten sollen für eine spätere Analyse vor Ort über längere Zeit gespeichert werden. Da sowohl Speicher- als auch Rechenkapazität knapp sind, soll ein einfaches, aufwandsgünstiges Verfahren eingesetzt werden.

Wir bestimmen dazu den passenden Golomb-Code. Dazu gehen wir von den Zuständen 0 und 1 mit den Wahrscheinlichkeiten $p_0 = 0,2$ und $p_1 = 0,8$ aus.

Aus (3.27) folgt

$$m \approx -\frac{1}{\operatorname{ld} p_1} \approx 3,1 \qquad (3.36)$$

Wir wählen für den Golomb-Code die nächste natürliche Zahl $m = 3$. Dann folgt mit der Aufteilung in Gruppen zu je m Lauflängen die Codezuteilung in Tabelle 3-11.

Der Vergleich der Codewörter mit der direkten Codierung der Läufen zeigt, dass ab dem Lauf der Länge $l = 3$ eine Einsparung erzielt wird.

Anmerkung: Das Zahlenwertbeispiel $m = 3$ wurde der Kürze halber gewählt. Für Anwendungen, wie einleitend angesprochen, wird die Golomb-Codierung erst wirklich interessant, wenn m wesentlich größer wird, d. h. $p_0 \approx 0,01$ und kleiner.

Tabelle 3-11 Golomb-Code für $m = 3$

l	Lauf	Codewort
0	0	0 0
1	10	0 10
2	110	0 11
3	1110	10 0
4	11110	10 10
5	111110	10 11
6	1111110	110 0
7	11111110	110 10
8	111111110	110 11
9	1111111110	1110 0
10	11111111110	1110 10
11	111111111110	1110 11
usw.		

4 Entropie von Verbundquellen

4.1 Wechselseitiger und bedingter Informationsgehalt

In den bisherigen Überlegungen sind wir von gedächtnislosen Quellen ausgegangen. Betrachten wir jedoch die deutsche Schriftsprache, so sind Abhängigkeiten zwischen aufeinanderfolgenden Zeichen zu erkennen, wie beispielsweise qu, ch, ck, tz und sch. Insbesondere folgt in der deutschen Schrift – von Tippfehlern oder ähnlichem abgesehen – auf q stets u, so dass in diesem Fall u als sicheres Ereignis keine Information liefert. Um den Informationsgehalt einer derartigen Quelle realistisch zu beschreiben, müssen die Abhängigkeiten zwischen Zeichen und Zeichengruppen berücksichtigt werden.

Bei der axiomatischen Begründung des Informationsgehaltes wurde bereits der Informationsgehalt eines Zeichenpaares benutzt. Wir wollen diese Überlegung jetzt aufgreifen und verallgemeinern.

Wir denken uns zwei diskrete Quellen X und Y, deren Zeichen wir zu Zeichenpaaren (x_i, y_j) kombinieren. Dadurch entsteht das einfache Modell einer Verbundquelle in Bild 4-1.

Sind beide Quellen in irgendeiner Weise miteinander gekoppelt, ist zu erwarten, dass die Zeichen der einen Quelle Rückschlüsse auf die Zeichen der anderen zulassen. Im Sinne der Informationstheorie wird damit Ungewissheit reduziert. Die Zeichen tauschen wechselseitig Information aus. Wir betrachten deshalb die *bedingte Wahrscheinlichkeit* $p(x_i / y_j)$, die Wahrscheinlichkeit für das Zeichen x_i der Quelle X, wenn an der Quelle Y das Zeichen y_j auftritt.

Anmerkung: Kurzschreibweise $p(x_i / y_j) = P_{X/Y}(x_i / y_j)$, siehe auch Tabelle 4-4.

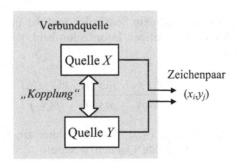

Bild 4-1 Modell einer Verbundquelle aus zwei gekoppelten Quellen

Eine kurze Überlegung macht dies mit der Zerlegung der Verbundwahrscheinlichkeit in eine bedingte Wahrscheinlichkeit, die *a posteriori* Wahrscheinlichkeit, deutlich.

$$p(x_i, y_j) = p(x_i / y_j) \cdot p(y_j) = p(y_j / x_i) \cdot p(x_i) \tag{4.1}$$

Nach Anwenden der Logarithmus-Funktion erhält man zunächst die Informationsgehalte der Zeichen

$$\underbrace{\operatorname{ld} p(x_i, y_j)}_{-I(x_i, y_j)/\text{bit}} = \operatorname{ld} p(x_i / y_j) + \underbrace{\operatorname{ld} p(y_j)}_{-I(y_j)/\text{bit}} = \operatorname{ld} p(y_j / x_i) + \underbrace{\operatorname{ld} p(x_i)}_{-I(x_i)/\text{bit}} \tag{4.2}$$

also

$$I(x_i, y_j) = I(y_j) - \operatorname{ld} p(x_i / y_j)\,\text{bit} = I(x_i) - \operatorname{ld} p(y_j / x_i)\,\text{bit} \tag{4.3}$$

Addieren und gleichzeitiges Subtrahieren des Informationsgehaltes des Zeichens x_i bzw. y_j liefert die wichtige Darstellung

$$I(x_i, y_j) = I(x_i) + I(y_j) - \operatorname{ld} \frac{p(x_i / y_j)}{p(x_i)}\,\text{bit} = I(x_i) + I(y_j) - \operatorname{ld} \frac{p(y_j / x_i)}{p(y_j)}\,\text{bit} \tag{4.4}$$

Damit ergibt sich der Informationsgehalt eines Zeichenpaares aus der Summe der Informationsgehalte der Zeichen abzüglich einer nichtnegativen Größe, die konsequenterweise selbst einen Informationsgehalt entsprechen muss. Letztere spiegelt die Information wider, die durch ein Zeichen über das andere gewonnen wird. Man definiert deshalb die wechselseitige Information eines Zeichenpaares als Logarithmus aus dem Verhältnis der a posteriori Wahrscheinlichkeit und *a priori* Wahrscheinlichkeit[1].

Wechselseitige Information eines Zeichenpaares

$$\frac{I(x_i; y_j)}{\text{bit}} = \operatorname{ld} \frac{p(x_i / y_j)}{p(x_i)} = \operatorname{ld} \frac{p(y_j / x_i)}{p(y_j)} = \operatorname{ld} \left(\frac{\text{a posteriori Wahrscheinlichkeit}}{\text{a priori Wahrscheinlichkeit}} \right) \tag{4.5}$$

Man beachte die Schreibweise mit dem Semikolon und das positive Vorzeichen. Wichtig ist auch die Symmetrie der wechselseitigen Information bzgl. der Quellen, da für die bedingte Wahrscheinlichkeit gilt

$$\frac{p(x_i / y_j)}{p(x_i)} \cdot \frac{p(y_j)}{p(y_j)} = \frac{p(y_j / x_i)}{p(y_j)} \tag{4.6}$$

Die Symmetrie bzgl. der Quellen in (4.5) lässt den Schluss zu, dass der Informationsaustausch nicht gerichtet ist, sondern für beide Quellen wechselseitig gilt.

Die Folgerung aus (4.4), dass der Ausdruck in (4.5) als wechselseitige Information zu interpretieren ist, veranschaulicht nochmals Bild 4-2. Man vergleiche dazu auch das entsprechende Bild für die Summe der Wahrscheinlichkeiten zweier abhängiger Ereignisse in der Wahrscheinlichkeitsrechnung.

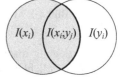

Bild 4-2 Wechselseitige Information

---

[1]   a posteriori – lateinisch aus dem Späteren, aus der Erfahrung; a priori – lateinisch vom Früheren her, vor aller Erfahrung.

Um die Bedeutung des wechselseitigen Informationsgehaltes aufzuzeigen, betrachten wir die beiden Sonderfälle:

① Die Quellen sind entkoppelt. Es liegen unabhängige Zeichenpaare vor

$$p(x_i, y_j) = p(x_i) \cdot p(y_j) \qquad (4.7)$$

so dass keine Information ausgetauscht wird

$$I(x_i; y_j) = 0 \qquad (4.8)$$

② Die Quellen sind streng gekoppelt. Die Zeichen der Quellen können eineindeutig zugeordnet werden.

$$p(x_i / y_j) = p(y_j / x_i) = 1 \qquad (4.9)$$

In diesem Fall ist der Informationsaustausch vollständig. Ist das Zeichen der Quelle X bekannt, so folgt daraus das Zeichen der Quelle Y, und umgekehrt.

$$I(x_i; y_j) = I(x_i) = I(y_j) \qquad (4.10)$$

Mit der Definition des wechselseitigen Informationsgehaltes ergibt sich aus (4.4) allgemein der Zusammenhang zwischen dem Informationsgehalt eines Zeichenpaares und der Informationsgehalte a priori, d. h. ohne Einschränkung oder Vorwissen, und a posteriori, d. h. mit Einschränkung oder Vorwissen.

$$I(x_i, y_j) = I(x_i) + I(y_j) - I(x_i; y_j) \qquad (4.11)$$

Betrachtet man nochmals (4.3) und definiert

$$\boxed{\begin{array}{l} \textit{Bedingter Informationsgehalt} \text{ (a posteriori Ungewissheit)} \\[2mm] \qquad I(x_i / y_j) = -\operatorname{ld} p(x_i / y_j) \text{ bit} \qquad\qquad (4.12) \end{array}}$$

so resultiert der Zusammenhang

$$I(x_i, y_j) = I(y_j) + I(x_i / y_j) = I(x_i) + I(y_j / x_i) \qquad (4.13)$$

Damit wird der Informationsgehalt des Zeichenpaares (x_i, y_i) durch den Informationsgehalt des Zeichens y_j und dem Informationsgehalt von x_i, wenn man y_j schon kennt – oder anders herum –, geliefert.

4.2 Verbundentropie und bedingte Entropie

Nach der Betrachtung einzelner Zeichenpaare in den vorangehenden Unterabschnitten wenden wir uns wieder einer Betrachtung der Quellen im Mittel zu. In Bild 4-3 ist die Ausgangssituation zusammengestellt. Die Kopplung der Quellen wird durch die bedingten Wahrscheinlichkeiten beschrieben.

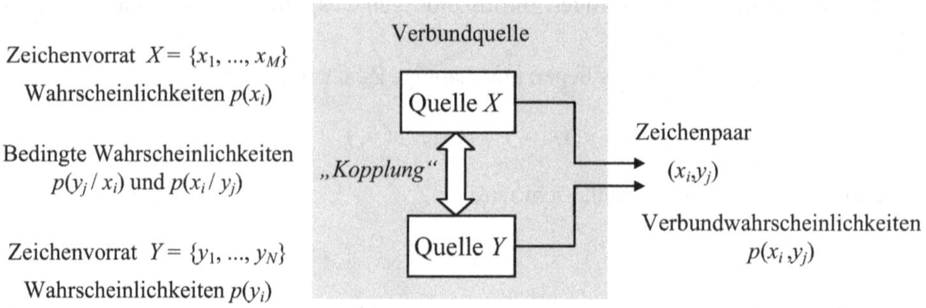

Zeichenvorrat $X = \{x_1, ..., x_M\}$

Wahrscheinlichkeiten $p(x_i)$

Bedingte Wahrscheinlichkeiten
$p(y_j / x_i)$ und $p(x_i / y_j)$

Zeichenvorrat $Y = \{y_1, ..., y_N\}$

Wahrscheinlichkeiten $p(y_i)$

Verbundquelle

Quelle X

„Kopplung"

Quelle Y

Zeichenpaar

(x_i, y_j)

Verbundwahrscheinlichkeiten
$p(x_i, y_j)$

Bild 4-3 Zwei verbundene gedächtnislose diskrete Quellen

Die Verbundentropie der beiden Quellen ist definiert als Erwartungswert der Informationsgehalte der Zeichenpaare.

Verbundentropie zweier gedächtnisloser diskreter Quellen X und Y

$$\frac{H(X,Y)}{\text{bit}} = -\sum_X \sum_Y p(x,y) \cdot \text{ld}\, p(x,y) \tag{4.14}$$

Beachten Sie die Kurzschreibweise, von der auch im Weiteren Gebrauch gemacht werden soll, siehe Tabelle 4-4. Bei den Summen sind jeweils alle Zeichen des Alphabets zu berücksichtigen, wie im Beispiel der Normbedingung für Wahrscheinlichkeiten

$$\sum_X \sum_Y p(x,y) = \sum_{i=1}^{M} \sum_{j=1}^{N} p(x_i, y_j) = 1$$

Mittelt man über die bedingten Informationsgehalte der Zeichenpaare, erhält man die bedingte Entropie.

Bedingte Entropien zweier gedächtnisloser diskreter Quellen X und Y

$$\frac{H(Y/X)}{\text{bit}} = -\sum_X \sum_Y p(x,y) \cdot \text{ld}\; p(y/x)$$

$$\frac{H(X/Y)}{\text{bit}} = -\sum_X \sum_Y p(x,y) \cdot \text{ld}\; p(x/y) \tag{4.15}$$

Ganz entsprechend der Möglichkeiten, die Verbundwahrscheinlichkeit durch bedingte Wahrscheinlichkeiten auszudrücken (4.1), ergeben sich für die Entropiegrößen die Zusammenhänge

$$H(X,Y) = H(Y) + H(X/Y) = H(X) + H(Y/X) \tag{4.16}$$

Die Verbundentropie kann damit in die Entropie einer Quelle und einem Anteil zerlegt werden, der durch die andere Quelle nachgeliefert wird, wenn die Zeichen der ersten Quelle schon bekannt sind. Im Falle unabhängiger Quellen entfällt die Restriktion, so dass $H(X/Y) = H(X)$

und $H(Y/X) = H(Y)$. Da durch eine Restriktion die Ungewissheit nur abnehmen kann, gilt allgemein

$$H(X,Y) \leq H(Y) + H(X) \tag{4.17}$$

Beispiel Verbundquelle

An dieser Stelle scheint es angebracht, sich mit einem ausführlichen Zahlenwertbeispiel die bisherigen Definitionen und Formeln etwas anschaulich zu machen. Wir denken uns dazu ein handliches Beispiel aus, welches unmittelbar auf praktische Anwendungen übertragen werden kann.

Angenommen wir hätten anhand von 10 000 Stichproben die Häufigkeiten aufeinanderfolgender Zeichenpaare (x_i, y_j) einer diskreten Quelle mit einem vier Zeichen umfassenden Alphabet aufgenommen. Davon entfielen 1000 auf das Paar (x_1, y_1). Als Schätzwerte für die Wahrscheinlichkeiten würden wir die relativen Häufigkeiten wie in Tabelle 4-1 zusammenstellen, also im Beispiel 1 000/10 000. Dabei setzen wir voraus, dass die gemessenen relativen Häufigkeiten die tatsächlichen Wahrscheinlichkeiten gut widerspiegeln und sprechen im Weiteren von Wahrscheinlichkeiten statt von Schätzwerten.

Die Wahrscheinlichkeiten der Zeichen selbst erhalten wir aus den Zeilen bzw. Spaltensummen, siehe Randverteilung der Wahrscheinlichkeitsrechnung. Entsprechend der Normbedingung der Wahrscheinlichkeit muss sich im rechten unteren Eck als Rechenkontrolle 1 ergeben.

Damit sind alle Wahrscheinlichkeiten bekannt, die wir für die Berechnung der Entropien benötigen. Wir bestimmen im Folgenden

a) die Entropien der Quellen X und Y,

b) die Verbundentropie der beiden Quellen und

c) die beiden bedingten Entropien.

Zur Kontrolle berechnen wir

d) die bedingten Wahrscheinlichkeiten $p(y_j/x_i)$ und

e) daraus die bedingte Entropie.

Tabelle 4-1 Schätzwerte der Wahrscheinlichkeiten der Zeichenpaare
$p(x_i, y_j)$ und der Zeichen $p(x_i)$ und $p(y_j)$

	y_1	y_2	y_3	y_4	$p(x_i)$
x_1	0,10	0,05	0,05	0	0,20
x_2	0,05	0,15	0,15	0	0,35
x_3	0	0,10	0,10	0,10	0,30
x_4	0	0,05	0,05	0,05	0,15
$p(y_j)$	0,15	0,35	0,35	0,15	1

Lösung

Der Einfachheit halber wurde mit dem Computer gerechnet und die Werte auf vier Dezimalen gerundet.

a)

$$\frac{H(X)}{\text{bit}} = -\sum_{i=1}^{4} p(x_i) \cdot \text{ld} p(x_i) = 1,9261$$

$$\frac{H(Y)}{\text{bit}} = -\sum_{j=1}^{4} p(y_j) \cdot \text{ld} p(y_j) = -2 \cdot \left[0,15 \cdot \text{ld}(0,15) + 0,35 \cdot \text{ld}(0,35) \right] = 1,8813$$

(4.18)

b)

$$\frac{H(X,Y)}{\text{bit}} = -\sum_{i=1}^{4} \sum_{j=1}^{4} p(x_i, y_j) \cdot \text{ld} p(x_i, y_j) = 3,4464$$

(4.19)

c) Aus (4.16) resultiert ohne lange Rechnung

$$H(X/Y) = H(X,Y) - H(Y) = 3,4464\,\text{bit} - 1,8813\,\text{bit} = 1,5651\,\text{bit}$$
$$H(Y/X) = H(X,Y) - H(X) = 3,4464\,\text{bit} - 1,9261\,\text{bit} = 1,5203\,\text{bit}$$

(4.20)

d) Aus (4.1) und Tabelle 4-1 folgen die bedingten Wahrscheinlichkeiten in Tabelle 4-2. Man beachte auch, dass es sich hier um eine so genannte stochastische Matrix handelt. Die Zeilensummen ergeben über die jeweiligen Spalteneinträge stets 1.

Tabelle 4-2 Bedingte Wahrscheinlichkeiten der Zeichenpaare $p(y_j/x_i)$

	y_1	y_2	y_3	y_4	$\sum_{j=1}^{4} p(y_j/x_i)$
x_1	1/2	1/4	1/4	0	1
x_2	1/7	3/7	3/7	0	1
x_3	0	1/3	1/3	1/3	1
x_4	0	1/3	1/3	1/3	1

e)

$$\frac{H(Y/X)}{\text{bit}} = -\sum_{j=1}^{4} \sum_{i=1}^{4} p(x_i, y_j) \cdot \text{ld}\, p(y_j/x_i) = 1,5203$$

(4.21)

4.3 Zusammenfassung

Die bisherigen Überlegungen werden in Tabelle 4-3 in mathematischer Form zusammen-gefasst. Wichtige Beziehungen der Wahrscheinlichkeitsrechnung und verwendete Kurzschreib-weisen sind in Tabelle 4-4 eingetragen.

Den Ausgangspunkt für die Informationstheorie bildet die Idee, Information als Maß für die durch Zeichen aufgelöste Ungewissheit zu deuten und Informationsquellen als Zufallsexperi-mente aufzufassen.

Der grundsätzliche Ansatz der Informationstheorie wird durch die drei Spalten in Tabelle 4-3 deutlich. Ausgehend von der Idee einer Informationsquelle als Zufallsexperiment werden in der ersten Spalte die Wahrscheinlichkeiten für das Auftreten der Zeichen und der Zeichenpaare als Grundgrößen eingeführt. In der zweiten Spalte werden die Informationsgehalte der Zeichen bzw. Zeichenpaare als stochastische Variablen definiert. Ihre mittleren Größen, die Erwar-tungswerte über alle Zeichen der Quelle, liefern in der dritten Spalte die Entropie bzw. Ver-bundentropie als charakteristische Größen der Quellen.

Die bedingte Wahrscheinlichkeit beschreibt die Wahrscheinlichkeit für ein Zeichen unter einer Einschränkung, wenn ein anderes Zeichen bereits aufgetreten ist bzw. sicher auftreten wird. Die bedingten Wahrscheinlichkeiten haben die gleichen mathematischen Eigenschaften wie die Wahrscheinlichkeiten. Demzufolge können für sie der bedingte Informationsgehalt und die bedingte Entropie formal wie in den beiden Zeilen darüber eingeführt werden. Darüber hinaus besitzt der bedingte Informationsgehalt auch eine anschauliche Bedeutung: Wie viel Infor-mation liefert das Zeichen x_i, wenn das Zeichen y_j bekannt ist?

Der wechselseitige Informationsgehalt besitzt keine Entsprechung in der Wahrscheinlichkeits-rechnung. Er stellt eine neue informationstheoretische Größe dar. Seine besondere Rolle sieht man auch daran, dass er ohne negatives Vorzeichen definiert wird, weil das Argument der Logarithmusfunktion stets größer oder gleich 1 ist.

Dem wechselseitigen Informationsgehalt kommt im Zusammenhang mit den Kanälen unter den Schlagworten Transinformation und Kanalkapazität eine zentrale Bedeutung in der Infor-mationstechnik zu. Diese Überlegungen werden in Abschnitt 8 vertieft.

Tabelle 4-3 Diskrete gedächtnislose Quellen X und Y mit den Zeichen $x \in X = \{x_1, x_2, ..., x_M\}$ und $y \in Y = \{y_1, y_2, ..., y_N\}$

Wahrscheinlichkeit	Informationsgehalt	Entropiegrößen
eines Zeichens (a priori Wahrscheinlichkeit) $p(x)$	eines Zeichens $I(x) = -\operatorname{ld} p(x) \text{ bit}$	*Entropie* $H(X) = -\sum_X p(x) \cdot \operatorname{ld} p(x) \text{ bit}$
zweier Zeichen (Verbundwahrscheinlichkeit) $p(x,y)$	eines Zeichenpaares $I(x,y) = -\operatorname{ld} p(x,y) \text{ bit}$	*Verbundentropie* $H(X,Y) = -\sum_X \sum_Y p(x,y) \cdot \operatorname{ld} p(x,y) \text{ bit}$
Bedingte Wahrscheinlichkeit (a posteriori Wahrscheinlichkeit) $p(x/y) = p(x,y)/p(y)$ $p(y/x) = p(x,y)/p(x)$	*Bedingter Informationsgehalt* $I(x/y) = -\operatorname{ld} p(x/y) \text{ bit}$ $I(y/x) = -\operatorname{ld} p(y/x) \text{ bit}$	*Bedingte Entropie* $H(X/Y) = -\sum_X \sum_Y p(x,y) \cdot \operatorname{ld} p(x/y) \text{ bit}$ $H(Y/X) = -\sum_X \sum_Y p(x,y) \cdot \operatorname{ld} p(y/x) \text{ bit}$

Wechselseitige Information

$$\frac{I(x;y)}{\text{bit}} = \operatorname{ld}\left(\frac{\text{a posteriori W.}}{\text{a priori W.}}\right) = $$

$$= \operatorname{ld}\frac{p(x/y)}{p(x)} = \operatorname{ld}\frac{p(y/x)}{p(y)}$$

Transinformation und *Kanalkapazität*

☞ Abschnitt 8

Tabelle 4-4 Kurzschreibweisen und Beziehungen der Wahrscheinlichkeitsrechnung

Kurzschreibweisen	Wahrscheinlichkeitsrechnung
$p(x) = p_X(x_i)$ für $x_i \in X$ $\quad$ $p(x/y) = p_{X/Y}(x_i/y_j)$ für $x_i \in X$ und $y_j \in Y$ $\quad$ $\sum_X p(x) = \sum_{i=1}^{M} p_X(x_i)$ $\quad$ $\sum_Y p(y) = \sum_{i=1}^{N} p_Y(y_i)$	$\sum_X p(x) = 1$, $\sum_Y p(y) = 1$ $\quad$ $\sum_X \sum_Y p(x,y) = 1$ $\quad$ $\sum_Y p(x,y) = p(x)$, $\sum_X p(x,y) = p(y)$ $\quad$ $\sum_Y p(y/x) = 1$, $\sum_X p(x/y) = 1$

5 Stationäre diskrete Quellen mit Gedächtnis

5.1 Einführung

Die Beschreibung stationärer diskreter Quellen mit Gedächtnis greift auf die stochastischen Prozesse zurück. Zum besseren Verständnis veranschaulichen wir deshalb zunächst die zugrundeliegenden Ideen.

Wir betrachten folgendes Experiment: 100 Studenten gehen in die Bibliothek, schlagen beliebig ein zufällig heraus gegriffenes Buch auf und beginnen die Zeichen auf den jeweiligen Seiten abzuschreiben.

Wir interpretieren den Versuch im Sinne der Wahrscheinlichkeitsrechnung. Dazu stellen wir uns eine große, im Prinzip auch unendliche Zahl von Texten vor, wobei pro Zeittakt n ein Zeichen gelesen wird, siehe Bild 5-1.

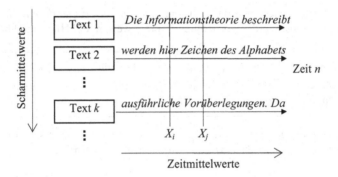

Bild 5-1 Diskrete Quelle als stochastischer Prozess

Das Zufallsexperiment besteht in der Auswahl des Textes. Da wir a priori den gewählten Text nicht kennen, können wir das Zeichen im i-ten Zeittakt nicht angeben. Es handelt sich um eine Zufallsgröße X_i, die einer bestimmten Verteilung gehorcht. Letztere könnten wir durch Modellüberlegungen theoretisch ableiten oder zumindest als Scharmittelwert schätzen.

Führt man das Auswahlexperiment durch, liegt der Text vor und es resultiert eine mit dem Index n geordnete Folge von Zeichen, die abgeschrieben werden kann und somit beliebig reproduzierbar, also deterministisch, ist. Es ergibt sich eine Musterfolge des Prozesses. Statistische Analysen der Musterfolge liefern Zeitmittelwerte. Stimmen Zeitmittelwerte und die über die Wahrscheinlichkeitsverteilung definierten Scharmittelwerte überein, spricht man von einem ergodischen Prozess. Voraussetzung dafür ist, dass der Prozess über der Zeit (Index) seine Eigenschaften nicht ändert, mit anderen Worten stationär ist.

Betrachtet man eine Musterfolge zu einem bestimmten Zeittakt (Index), so erhält man ein bestimmtes Zeichen.

Für die vollständige mathematische Beschreibung im Sinne der Wahrscheinlichkeitsrechnung benötigt man die Verbundwahrscheinlichkeiten $P(X_1, X_2, \ldots, X_M)$ für beliebige Zeitpunkte (Indizes) $n_1, n_2, \ldots, n_M$, wobei M auch gegen unendlich gehen kann.

Ein weiteres Beispiel für eine diskrete Quelle liefert die Diskretisierung eines analogen Signals. Ein Beispiel ist das Sprachsignal in der Telefonie. Durch die Digitalisierung resultiert eine diskrete Quelle. Bei einer Quantisierung mit der Wortlänge 8 Bit entsteht eine Zahlenfolge in Integerdarstellung mit Werten von 0 bis 255.

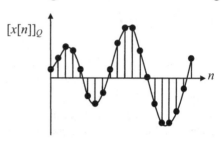

Wie in Bild 5-2 skizziert, sind aufeinanderfolgende Abtastwerte ähnlich, da das analoge Telefonsignal stark bandbegrenzt ist. Durch die zeitliche Bindung im Signal, dem Gedächtnis der Quelle, wird Ungewissheit reduziert. Damit ist der Informationsgehalt kleiner als ohne Gedächtnis. Tatsächlich beruht ein Teil der enormen Kompressionsgrade moderner Quellencodierverfahren – insbesondere bei der Codierung von Videosignalen – auf der Redundanzreduktion.

Bild 5-2 Abgetastetes Signal

5.2   Entropie

Wir gehen der Frage nach, wie die Entropie einer *diskreten Quelle mit Gedächtnis* bestimmt werden kann. Zunächst werden vorbereitend Sprechweisen und Hilfsmittel bereitgestellt.

Satz 5-1   Eine *diskrete Quelle X* ist ein *wert-* und *zeitdiskreter stochastischer Prozess*, dessen Realisierungen Zeichenfolgen x_n mit Zeichen α_i aus dem Alphabet der Quelle $X = \{\alpha_1, \alpha_2, ..., \alpha_N\}$ sind.

Anmerkung: Um Verwechslungen vorzubeugen werden hier die Zeichen des Alphabets mit dem griechischen Buchstaben α gekennzeichnet. Die Variable x_n steht als Platzhalter für das Zeichen im n-ten Zeitschritt.

Satz 5-2   Eine diskrete Quelle ist *stationär*, wenn die Verbundwahrscheinlichkeiten der Zeichenfolge unabhängig von der Wahl des Zeitnullpunktes sind.

Anmerkung: Die Unabhängigkeit von der Wahl des Zeitnullpunktes ist gleichbedeutend damit, dass die Beobachtung der Quelle zu einem beliebigen Zeitpunkt beginnen kann. Die statistischen Kenngrößen sind davon unabhängig.

Satz 5-3   Eine stationäre diskrete Quelle ist mathematisch vollständig beschrieben, wenn die Verbundwahrscheinlichkeiten $p(x_{n1}, x_{n2}, ..., x_{nM})$ für beliebige Wahl der ganzen Zahlen $n_1, n_2, ..., n_M$ mit $M \to \infty$ bekannt sind.

Die Antwort auf die Frage nach der Entropie einer stationären diskreten Quelle mit Gedächtnis erfolgt mit Hilfe zweier Ansätze, die zum selben Ergebnis führen: die Verbundentropie und die bedingte Entropie. Dahinter steckt die Idee, das Gedächtnis der Quelle einmal durch die Betrachtung des Informationsgehaltes mehrerer aufeinanderfolgender Zeichen zu erfassen bzw. alternativ der Frage nachzugehen, welche zusätzliche Information ein Zeichen liefert, wenn schon ein Block vorausgehender Zeichen bekannt ist.

Ansatz I – Verbundentropie

Wir gehen von der *Verbundentropie* zweier diskreter Quellen X_1 und X_2 mit identischen Alphabeten und Wahrscheinlichkeitsverteilungen der Zeichen aus.

$$H(X_1, X_2) = -\sum_{i=1}^{M}\sum_{j=1}^{M} p(x_i, x_j) \cdot \text{ld}\, p(x_i, x_j) \text{ bit} \tag{5.1}$$

Nun denken wir uns die stationäre diskrete Quelle X in eine Abfolge von Teilquellen X_i zerlegt, die jeweils ein Zeichen zum Zeichenstrom beitragen. Die Verallgemeinerung der Verbundentropie auf L Zeichen liefert dann die *Verbundentropie pro Zeichen*

$$H_L(X) = \frac{1}{L} \cdot H(X_1, X_2, \ldots, X_L) = -\frac{1}{L} \sum_{\mathbf{x}_L} p(\mathbf{x}) \cdot \text{ld}\, p(\mathbf{x}) \text{ bit} \tag{5.2}$$

wobei wir die Vektorschreibweise $\mathbf{x} = (x_1, x_2, \ldots, x_L)$ benutzen und die L-fache Summe über die L Komponenten des Argumentenvektors zu bilden ist. Im Grenzfall $L \to \infty$ erfassen wir – falls der Grenzwert existiert – das vollständige Gedächtnis der Quelle und erhalten

$$H_\infty(X) = \lim_{L \to \infty} H_L(X) \tag{5.3}$$

Vom relativ einfachen Beispiel zweier unabhängiger Quellen ausgehend, verifizieren wir den Ansatz. Für unabhängige Quellen mit identischen Verteilungen faktorisiert die Verbundwahrscheinlichkeit, so dass sich die Verbundentropie als Summe der Entropien der Teilquellen ergibt, siehe Abschnitt 4.2. Das ändert sich auch bei 3, 4,... unabhängigen Quellen nicht. Der Grenzübergang ist unkritisch. Es ergibt sich stets $H(X)$.

Im Falle abhängiger Quellen kann die Entropie nur kleiner werden, so dass ein endlicher Grenzwert existiert.

Ansatz II – Bedingte Entropie

Die *bedingte Entropie* des L-ten Zeichens, wenn die L-1 vorausgehenden Zeichen bereits bekannt sind, ergibt im Grenzfall

$$H_\infty(X) = \lim_{L \to \infty} H(X_L \mid X_1, X_2, \ldots, X_{L-1}) \tag{5.4}$$

Im Falle unabhängiger Quellen spielen die Restriktionen durch vorausgehende Zeichen keine Rolle. Die bedingte Entropie ist stets gleich $H(X)$. Der Grenzübergang ist unkritisch. Im Beispiel unabhängiger Teilquellen mit identischen Alphabeten und Wahrscheinlichkeitsverteilungen liefern beide Ansätze das gleiche Ergebnis.

In den beiden Ansätzen (5.3) und (5.4) wird durch die einheitliche Schreibweise der linken Seiten bereits impliziert, dass beide Ansätze zum gleichen Ergebnis führen. Dies soll nun bestätigt werden, indem wir schrittweise die Aussagen von Satz 5-4 beweisen.

Anmerkung: Der Beweis ist ein typisches Beispiel für die Beweisführung in der Informationstheorie, siehe auch Beweis zum Quellencodierungstheorem I in Abschnitt 3.1.

Satz 5-4 Für eine stationäre diskrete Quelle mit $H_1(X) < \infty$ gilt

① $H(X_L \mid X_1, X_2, \ldots, X_{L-1})$ nimmt mit wachsender Blocklänge L nicht zu

② $H_L(X) \geq H(X_L \mid X_1, X_2, \ldots, X_{L-1})$

③ $H_L(X)$ nimmt mit wachsender Blocklänge L nicht zu

④   Entropie der stationären diskreten Quelle

$$\lim_{L \to \infty} H_L(X) = \lim_{L \to \infty} H(X_L \mid X_1, X_2, \ldots, X_{L-1}) = H_\infty(X)$$

Beweis   Grenzwert der Entropie $H_\infty(X)$

Zu ①: Aus der Definition der Entropie als Maß für die Ungewissheit einer Quelle folgt, dass mit wachsender Zahl der Restriktionen (Einschränkungen) die Ungewissheit und damit die Entropie nicht zunehmen kann.

Zu ②: Die Kettenregel für die Verbundentropie liefert

$$H_L(X) = \frac{1}{L} \cdot \left[H(X_1) + H(X_2 \mid X_1) + \cdots + H(X_L \mid X_1, X_2, \ldots, X_{L-1}) \right] \tag{5.5}$$

Anmerkung: Die Kettenregel für die Verbundentropie folgt aus der Kettenregel für Wahrscheinlichkeiten. Der einfachste Fall der Kettenregel für Wahrscheinlichkeiten $p(x,y) = p(x/y) \cdot p(y)$ und $p(x,y,z) = p(x/yz) \cdot p(y/z) \cdot p(z)$ zeigt, dass sich wegen der Logarithmus-Funktion das Produkt der (bedingten) Wahrscheinlichkeiten in eine Summe abbildet; also bei der Berechnung der Verbundentropie in die Summe der (bedingten) Entropien.

Da die Entropien nichtnegative Größen sind und

$$H(X_1) \geq H(X_2 \mid X_1) \geq \cdots \geq H(X_L \mid X_1, X_2, \ldots, X_{L-1}) \tag{5.6}$$

gilt, folgt ② aus (5.5) als Abschätzung von unten durch Weglassen der anderen nichtnegativen Summanden.

Zu ③: Aus (5.5) folgt zunächst die Zerlegung

$$H_L(X) = \frac{L-1}{L} H_{L-1}(X) + \frac{1}{L} H(X_L \mid X_1, X_2, \ldots, X_{L-1}) \tag{5.7}$$

Mit der bereits bewiesenen Beziehung ② gilt die Ungleichung

$$L \cdot H_L(X) \leq (L-1) \cdot H_{L-1}(X) + H_L(X) \tag{5.8}$$

Nach Umstellen folgt die Behauptung ③

$$H_L(X) \leq H_{L-1}(X) \tag{5.9}$$

Zu ④: Die Aussagen ① und ③ und die Forderung $H_1(X) < \infty$ stellen die Existenz des Grenzwertes sicher. Weiter gilt mit der Kettenregel der Entropie

$$H_{L+j}(X) = \frac{1}{L+j}\Big[H(X_1,\dots,X_{L-1}) + H(X_L \mid X_1,X_2,\dots,X_{L-1}) +$$
$$+ H(X_{L+1} \mid X_1,X_2,\dots,X_L) + \cdots + H(X_{L+j} \mid X_1,X_2,\dots,X_{L+j-1})\Big] \tag{5.10}$$

Da nach ① die bedingten Entropien in der Gleichung nach rechts hin nicht zunehmen, dürfen wir abschätzen

$$H_{L+j}(X) \le \frac{1}{L+j} H(X_1,\dots,X_{L-1}) + \frac{j+1}{L+j} H(X_L \mid X_1,X_2,\dots,X_{L-1}) \tag{5.11}$$

Lassen wir jetzt j gegen unendlich gehen

$$\lim_{j\to\infty} H_{L+j}(X) \le \lim_{j\to\infty}\left[\frac{1}{L+j} H(X_1,\dots,X_{L-1}) + \frac{j+1}{L+j} H(X_L \mid X_1,\dots,X_{L-1}) \right] \tag{5.12}$$

ergibt sich für jede natürliche Zahl L

$$H_\infty(X) \le H(X_L \mid X_1,\dots,X_{L-1}) \tag{5.13}$$

Da aber für jede natürliche Zahl L ebenfalls die Eigenschaft ② gelten muss, kann sich für $L \to \infty$ nur die Gleichheit ④ einstellen.

5.3   Quellencodierungstheorem 2

Die Informationstheorie ergänzt die Aussage zur Entropie durch das Quellencodierungstheorem. Durch Zusammenfassen der Zeichen zu Blöcken der Länge L kann mit $L \to \infty$ die mittlere Codewortlänge beliebig nahe an die Entropie der Quelle $H_\infty(X)$ angenähert werden. Dabei wird das Gedächtnis der Quelle berücksichtigt.

Satz 5-5 *Quellencodierungstheorem* für eine stationäre diskrete Quellen X mit der Verbundentropie pro Zeichen $H_L(X)$.

Es existiert ein Präfix-Code mit einem Codealphabet mit D Zeichen zur Codierung von Blöcken von L Zeichen der Quelle so, dass für die mittlere Codewortlänge pro Zeichen $\bar{n}$ gilt

$$\frac{H_L(X)}{\log D} \le \bar{n} \le \frac{H_L(X)}{\log D} + \frac{1}{L} \tag{5.14}$$

Wir überprüfen den Satz 5-5 am Sonderfall der stationären gedächtnislosen Quelle. In diesem Falle sind die Zeichen unabhängig und die Verbundentropie von L Zeichen ist gleich der L-fachen Entropie eines Zeichens, $H(X_1, \dots, X_L) = H(X_1) + \dots + H(X_L) = L \cdot H(X)$.

Wir bilden eine neue Quelle Y, indem wir jeweils einen Block von L Zeichen von X zu einem Zeichen der Quelle Y zusammenfassen.

Mit dem Quellencodierungstheorem 1 (3.1) gilt für die Quelle Y bei binärer Codierung

$$\frac{H(Y)}{\text{bit}} \leq \bar{n}_Y < \frac{H(Y)}{\text{bit}} + 1 \qquad (5.15)$$

Die Entropie der Quelle Y ist gleich der Verbundentropie zum Block aus L Zeichen der gedächtnislosen Quelle X

$$H(Y) = L \cdot H(X) \qquad (5.16)$$

In (5.15) eingesetzt ergibt sich

$$\frac{L \cdot H(X)}{\text{bit}} \leq \bar{n}_Y < \frac{L \cdot H(X)}{\text{bit}} + 1 \qquad (5.17)$$

Dividieren wir nun durch L

$$\frac{H(X)}{\text{bit}} \leq \frac{\bar{n}_Y}{L} < \frac{H(X)}{\text{bit}} + \frac{1}{L} \qquad (5.18)$$

resultiert mit der mittleren Codewortlänge pro Zeichen das Quellencodierungstheorem (3.1).

Das Ergebnis zeigt uns nochmals, dass durch Codierung von Zeichenblöcken die mittlere Wortlänge pro Zeichen beliebig nahe an die Entropie der Quelle angepasst werden kann. Praktisch sind dem jedoch Grenzen gesetzt, da zur Codierung von Zeichenblöcken erst der gesamte Block gebildet werden muss. Dadurch ergeben sich u. U. eine nicht tolerierbare Codierverzögerung und/oder ein unzulässiger Speicherbedarf.

Der Beweis für Quellen mit Gedächtnis geschieht analog zum gedächtnislosen Fall. Wir bilden wieder eine Quelle zu den Blöcken der Länge L aus den Zeichen der gedächtnisbehafteten Quelle X. Die Entropie der Quelle Y pro Zeichen, einem Block der Quelle X, beträgt nun

$$H(Y) = H(X_1, X_2, \ldots, X_L) = L \cdot H_L(X) \qquad (5.19)$$

Wir nehmen zunächst an, dass die Quelle X – wie in praktischen Anwendungen – nach gewisser Zeit „vergisst". Dann können prinzipiell L voneinander unabhängige Blöcke der Quelle Y mit jeweils L Zeichen der Quelle X zu einem Super-Block zusammengefasst und gemeinsam codiert werden.

Wir erhalten entsprechend dem Fall mit unabhängigen Zeichen

$$\frac{L \cdot H(Y)}{\text{bit}} \leq \bar{n}_Z < \frac{L \cdot H(Y)}{\text{bit}} + 1 \qquad (5.20)$$

mit der mittleren Codewortlänge $\bar{n}_Z$ für die Super-Blöcke.

Division durch L und Einsetzen von (5.19) liefern zunächst

$$\frac{L \cdot H_L(X)}{\text{bit}} \leq \frac{\overline{n}_Z}{L} < \frac{L \cdot H_L(X)}{\text{bit}} + \frac{1}{L} \tag{5.21}$$

und durch weitere Division durch L

$$\frac{H_L(X)}{\text{bit}} \leq \frac{\overline{n}_Z}{L^2} < \frac{H_L(X)}{\text{bit}} + \frac{1}{L^2} \tag{5.22}$$

In der Mitte findet sich die mittlere Codewortlänge pro Zeichen der Quelle X

$$\overline{n} = \frac{\overline{n}_Z}{L^2} \tag{5.23}$$

Es resultiert

$$\frac{H_L(X)}{\text{bit}} \leq \overline{n} < \frac{H_L(X)}{\text{bit}} + \frac{1}{L^2} \tag{5.24}$$

Für wachsende Blocklänge konvergiert die Verbundentropie pro Zeichen $H_L(X)$ gegen die Entropie der gedächtnisbehafteten Quelle $H_\infty(X)$, so dass für jedes $\varepsilon > 0$ ein binärer Code existiert mit der mittleren Codewortlänge pro Zeichen

$$\frac{H_\infty(X)}{\text{bit}} \leq \overline{n} < \frac{H_\infty(X)}{\text{bit}} + \varepsilon \tag{5.25}$$

6 Markov-Quellen

6.1 Einführung

In diesem Abschnitt, wird eine sehr praktische Form von diskreten Quellen mit Gedächtnis vorgestellt, die endlichen Markov-Quellen[1]. Ihre Beschreibung geschieht mit dem Modell der Markov-Ketten, die auch in anderen Gebieten vielfältige Anwendungen finden. Einige nachrichtentechnische Beispiele sind die Spracherkennung mit (Hidden-)Markov-Modellen, die Kanalmodellierung von geschalteten Telefonkanälen und Mobilfunkkanälen durch das Gilbert-Elliott-Modell und die Anforderungs- und Bedienmodelle in der Verkehrstheorie. Viele weitere Beispiele findet man in den Wirtschaftswissenschaften.

Die Bedeutung der Markov-Ketten beruht nicht nur darauf, dass sie eine im mathematischen Sinne vollständige Beschreibung besitzen, sondern auch, dass sie viele Vorgänge in der Natur-, Ingenieur- und Wirtschaftswissenschaft zumindest näherungsweise modellieren. Somit ein Zusammenwirken von theoretischen Berechnungen und Monte-Carlo-Simulationen mit dem Rechner ermöglichen.

6.2 Zeitdiskrete Markov-Ketten

In diesem Abschnitt wird die Beschreibung endlicher zeitdiskreter Markov-Ketten schrittweise vorgestellt. Wir veranschaulichen die Zusammenhänge anhand des einfachen Beispiels „Zufällige Irrfahrt in der Wiesenmühlenstraße".

Anmerkung: In der Literatur, z. B. [Bei97], [Pap65], ist diese Problemstellung unter dem englischen Begriff Random Walk zu finden.

Beispiel Zufällige Irrfahrt in der Wiesenmühlenstraße

Eine beliebte Fuldaer Kleinbrauerei und Gaststätte, das Brauhaus „Wiesenmühle", und das Studentenwohnheim Wiesenmühlenstraße liegen in angenehmer Weise nahe beieinander. Wir benutzen diesen glücklichen Umstand, um das Prinzip der zufälligen Irrfahrt am Beispiel zu veranschaulichen: Ein Student verlässt die „Wiesenmühle" und begibt sich auf den Heimweg.

Im Modell der zufälligen Irrfahrt könnte die etwas idealisierte Situation wie in Bild 6-1 aussehen. Der Student, eine Musterfunktion des stochastischen Prozesses, verlässt das Brauhaus und betritt durch das Tor die (verkehrsberuhigte) Wiesenmühlenstraße.

Wir teilen der Einfachheit halber die Straße in einer gewissen Länge in vier gleichbreite Abschnitte, Zustände S_1 bis S_4 genannt. Der Student betritt im (Anfangs-)Zeitschritt $n = 0$ den Zustand S_4. Nun kann er sich quasi zufällig für die Richtung des nächsten Schrittes entscheiden. Die Möglichkeiten sind in Bild 6-1 durch Richtungspfeile angedeutet. Damit der Student nicht schon am Anfang verloren geht, führen wir die Randbedingung reflektierender Wände ein. Die grau unterlegten Abschnitte zeigen die erreichbaren Zustände. Der Student kann seine Wohnung nur erreichen, wenn er im Zeitschritt $n = 6$ vor der Tür des Wohnheims steht.

---

[1] *Andrej Markov (Markow):* *1856/†1922; russischer Mathematiker.

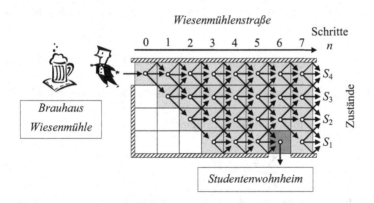

Bild 6-1 Zufällige Irrfahrt in der Wiesenmühlenstraße

Erreicht der Student das Wohnheim? Im Modell in Bild 6-1 wäre das gleichbedeutend mit der Fragestellung: Wie groß ist die Wahrscheinlichkeit, dass sich der Student im Zeitschritt $n = 6$ im Zustand S_1 befindet. (Wenn wir mal davon absehen, dass der Student den Eingang nicht wieder erkennt und vorbeigeht.)

$$P(\text{Student zum Zeitpunkt } n = 6 \text{ im Zustand } S_1) = ?$$

_____ Ende des Beispiels

Die Situation in Bild 6-1 beinhaltet bereits die wichtigsten Merkmale einer Markov-Kette. Unter einer Markov-Kette versteht man einen zeit- und wertdiskreten Markov-Prozess $S[n]$. Ihre Realisierung ist eine (zeitliche) Abfolge von Zuständen S_i aus der Zustandsmenge **S**.

Den Ausgangspunkt zur Beschreibung der Markov-Kette bildet die _Zustandsmenge_

$$\mathbf{S} = \{S_1, S_2, \ldots, S_N\} \tag{6.1}$$

mit einer natürlicher Zahl N, und der stochastische Vektor der _Zustandsverteilung_ im n-ten Zeitschritt

$$\mathbf{p}_n = \big(p_n(1), p_n(2), \ldots, p_n(N)\big) \tag{6.2}$$

Letzterer gibt die Wahrscheinlichkeit an, dass im n-ten Zeitschritt der i-te Zustand angenommen wird. Aus der Wahrscheinlichkeitsrechnung folgen die Eigenschaften

$$0 \le p_n(i) \le 1 \quad \forall \; i = 1, 2, \ldots, N \quad \text{und} \quad \sum_{i=1}^{N} p_n(i) = 1 \tag{6.3}$$

Anmerkung: Wir benutzen hier der Einfachheit halber wieder Kleinbuchstaben.

Von besonderer Bedeutung ist die Zustandsverteilung zu Beginn der Betrachtung, die _Startverteilung_

$$\mathbf{p}_0 = \big(p_0(1), p_0(2), \ldots, p_0(N)\big) \tag{6.4}$$

Der Wechsel zwischen den Zuständen wird durch die *Übergangswahrscheinlichkeiten* beschrieben.

$$\pi_{n_2,n_1}(j/i) = P\left(S[n_1] = S_i \cap S[n_2] = S_j\right) \tag{6.5}$$

Für die Übergangswahrscheinlichkeiten gelten die drei Eigenschaften, siehe auch Bild 6-2:

① Ein Zustand wird stets angenommen (sicheres Ereignis)

$$\sum_{j=1}^{N} \pi_{n_2,n_1}(j/i) = 1 \tag{6.6}$$

② *Randverteilung*, d. h., es ergibt sich die Wahrscheinlichkeit des j-ten Zustandes im Zeitschritt n_2

$$\sum_{i=1}^{N} \pi_{n_2,n_1}(j/i) = p_{n_2}(j) \tag{6.7}$$

③ Die *Rekursionsformel* für die Übergangswahrscheinlichkeiten ist ein Sonderfall der nachfolgend diskutierten Chapman-Kolmogorov-Gleichung

$$\pi_{n_3,n_1}(j/i) = \sum_{l=1}^{N} \pi_{n_3,n_2}(j/l) \cdot \pi_{n_2,n_1}(l/i) \tag{6.8}$$

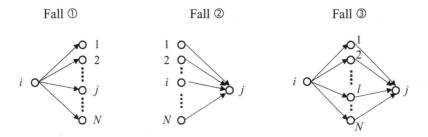

Fall ①   Fall ②   Fall ③

Bild 6-2 Zustandsübergänge

Die diskrete Chapman-Kolmogorov-Gleichung ergibt sich nach Umformen aus der Kettenregel für Wahrscheinlichkeiten.

$$\begin{aligned} p(x_1,x_2) &= p(x_2/x_1) \cdot p(x_1) \\ p(x_1,x_2,x_3) &= p(x_3/x_1,x_2) \cdot p(x_2/x_1) \cdot p(x_1) \end{aligned} \tag{6.9}$$

Durch Multiplikation mit $1/p(x_1)$ erhält man zunächst

$$p(x_2,x_3/x_1) = p(x_3/x_1,x_2) \cdot p(x_2/x_1) \tag{6.10}$$

so dass die Summe über alle x_2 die diskrete Form der *Chapman-Kolmogorov-Gleichung* liefert.

$$p(x_3 / x_1) = \sum_{X_2} p(x_3 / x_1, x_2) \cdot p(x_2 / x_1) \tag{6.11}$$

Die Spezialisierung von (6.11) auf (6.8) setzt für die Übergangswahrscheinlichkeiten

$$p(x_3 / x_1, x_2) = p(x_3 / x_2) \tag{6.12}$$

voraus. Letzteres ist charakteristisch für Markov-Prozesse.

Satz 6-1 Ein *Markov-Prozess* ist ein Prozess, dessen Vergangenheit keinen Einfluss auf seine Zukunft hat, wenn seine Gegenwart bekannt ist.

Anmerkung: Im konkreten Beispiel ist die Vergangenheit mit dem bereits eingetretenen Ergebnis der stochastischen Variablen X_1 die bekannte Gegenwart mit dem bereits eingetretenen Ergebnis der stochastischen Variablen X_2 und die noch unbekannte Zukunft mit der stochastischen Variablen X_3 zu identifizieren.

Die Anwendung von Markov-Ketten vereinfacht sich stark, wenn die drei Eigenschaften Homogenität, Stationarität und Regularität hinzutreten.

Satz 6-2 Eine *Markov-Kette* ist *homogen*, wenn die Übergangswahrscheinlichkeiten zwischen den Zuständen unabhängig von der Wahl des Zeitnullpunktes sind.

Die Übergangswahrscheinlichkeiten hängen dann nur von der Zeitdifferenz l ab.

$$\pi_l(j / i) = P(S[n] = S_i \cap S[n+l] = S_j) \quad \text{für } n = 0,1,2,3,\dots \tag{6.13}$$

Aus der Chapman-Kolmogorov-Gleichung (6.8) folgt für $l = n_2 - n_1$ und $m = n_3 - n_2$

$$\pi_{l+m}(j / i) = \sum_r \pi_m(j / r) \cdot \pi_l(r / i) \tag{6.14}$$

Die Gleichung kann formal als Skalarprodukt eines Zeilen- und eines Spaltenvektors gedeutet werden. Stellt man alle resultierenden Übergangswahrscheinlichkeiten der N Zustände auf die N Zustände zusammen, ergibt sich die Matrizengleichung

$$
\begin{bmatrix}
\pi_{l+m}(1/1) & \pi_{l+m}(2/1) & \cdots & \pi_{l+m}(N/1) \\
\pi_{l+m}(1/2) & \pi_{l+m}(2/2) & & \\
\vdots & & \ddots & \vdots \\
\pi_{l+m}(1/N) & & \cdots & \pi_{l+m}(N/N)
\end{bmatrix}
=
$$

$$
=
\begin{bmatrix}
\pi_l(1/1) & \pi_l(2/1) & \cdots & \pi_l(N/1) \\
\pi_l(1/2) & \pi_l(2/2) & & \\
\vdots & & \ddots & \vdots \\
\pi_l(1/N) & & \cdots & \pi_l(N/N)
\end{bmatrix}
\cdot
\begin{bmatrix}
\pi_m(1/1) & \pi_m(2/1) & \cdots & \pi_m(N/1) \\
\pi_m(1/2) & \pi_m(2/2) & & \\
\vdots & & \ddots & \vdots \\
\pi_m(1/N) & & \cdots & \pi_m(N/N)
\end{bmatrix}
\tag{6.15}
$$

Die Rekursionsformel kann demzufolge mit der (Einschritt-)*Übergangsmatrix* begonnen werden.

$$\boldsymbol{\Pi} = \begin{bmatrix} \pi(1/1) & \pi(2/1) & \cdots & \pi(N/1) \\ \pi(1/2) & \pi(2/2) & & \\ \vdots & & \ddots & \vdots \\ \pi(1/N) & & \cdots & \pi(N/N) \end{bmatrix}$$

(6.16)

Man beachte auch: Es handelt sich um eine *stochastische Matrix*, deren Zeilensummen jeweils gleich 1 sind.

Die wiederholte Anwendung der Übergangsmatrix liefert (6.14) für jede beliebige Index-kombination. Wir schließen daraus:

Satz 6-3 Eine *homogene Markov-Kette* wird vollständig charakterisiert durch die Matrix der Übergangswahrscheinlichkeiten, die *Übergangsmatrix*, und die *Start-verteilung*.

Aus der Übergangsmatrix und der Startverteilung ergibt sich die Verteilung der Zustände im n-ten Zeitschritt

$$\mathbf{p}_n = \mathbf{p}_0 \cdot \boldsymbol{\Pi}^n$$

(6.17)

Die bisherigen Überlegungen werden im *Zustands-übergangsdiagramm*, kurz *Zustandsgraf*, in Bild 6-3 veranschaulicht. Darin sind die Zustände als Knoten und die Übergänge als Pfade eingetragen. Zusätzlich werden die Übergangswahrscheinlichkeiten als Pfad-gewichte angeschrieben. Damit enthält der Zustands-graf die vollständige Information der Übergangs-matrix.

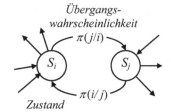

Bild 6-3 Ausschnitt aus dem Zustands-grafen einer homogenen Markov-Kette

Beispiel   Zufällige Irrfahrt in der Wiesenmühlenstraße (Fortsetzung)

Im Beispiel der zufälligen Irrfahrt in der Wiesen-mühlenstraße in Bild 6-1 erhält man den Zustandsgrafen in Bild 6-4, wenn wir jeweils gleich-wahrscheinliche Übergänge annehmen und die Reflexionen an den Wänden berücksichtigen.

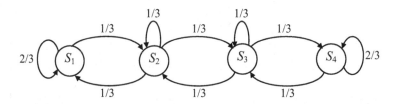

Bild 6-4 Zustandsgraf für die zufällige Irrfahrt

Aus dem Zustandsgrafen können die Übergangswahrscheinlichkeiten für die Übergangsmatrix abgelesen werden.

$$\mathbf{\Pi} = \begin{bmatrix} 2/3 & 1/3 & 0 & 0 \\ 1/3 & 1/3 & 1/3 & 0 \\ 0 & 1/3 & 1/3 & 1/3 \\ 0 & 0 & 1/3 & 2/3 \end{bmatrix} \tag{6.18}$$

In Bild 6-1 sind die Startbedingung und konsequenterweise die Startverteilung vorgegeben.

$$\mathbf{p}_0 = (0,0,0,1) \tag{6.19}$$

Die Wahrscheinlichkeit, dass der Student nach sechs Zeitschritten vor der Eingangstür des Studentenwohnheimes steht, ist gleich dem ersten Element des Vektors der Zustandsverteilung im 6-ten Zeitschritt $p_6(1)$. Aus (6.17) folgt

$$\mathbf{p}_6 = \mathbf{p}_0 \cdot \mathbf{\Pi}^6 \tag{6.20}$$

Die Berechnung erfolgt der Einfachheit halber mit dem Computer. Es resultiert mit

$$\mathbf{\Pi}^6 = \frac{1}{729} \cdot \begin{bmatrix} 267 & 217 & 147 & 98 \\ 217 & 197 & 168 & 147 \\ 147 & 168 & 197 & 217 \\ 98 & 147 & 217 & 267 \end{bmatrix} \tag{6.21}$$

aus der letzten Zeile die gesuchte Wahrscheinlichkeitsverteilung der Zustände

$$\mathbf{p}_6 = (0,0,0,1) \cdot \mathbf{\Pi}^6 = (0,1344;\ 0,2016;\ 0,2977;\ 3663) \tag{6.22}$$

und damit die gesuchte Wahrscheinlichkeit

$$p_6(1) = 0,1344 \tag{6.23}$$

Ende des Beispiels

Ein allgemein wichtiger Sonderfall liegt vor, wenn die Zustandsverteilungen nicht vom betrachteten Zeitschritt abhängen.

> **Satz 6-4** Eine *homogene Markov-Kette* ist *stationär*, wenn die Zustandsverteilung über der Zeit konstant ist. In diesem Fall ist die Startverteilung ein *Eigenvektor* der Übergangsmatrix.
>
> $$\mathbf{p}_0 \cdot \mathbf{\Pi} = \mathbf{p}_0 \tag{6.24}$$

Anmerkung: Da der Vektor der Zustandsverteilung ein stochastischer Vektor ist, also die Summe seiner Komponenten stets gleich 1 ist, muss der zugehörige Eigenwert ebenfalls 1 sein.

Beispiel   Zufällige Irrfahrt in der Wiesenmühlenstraße (Fortsetzung)

Im Beispiel der zufälligen Irrfahrt in der Wiesenmühlenstraße muss, damit die Markov-Kette stationär ist, für die Zustandsverteilung in jedem Zeitschritt gelten

$$(p_1, p_2, p_3, p_4) \cdot \begin{bmatrix} 2/3 & 1/3 & 0 & 0 \\ 1/3 & 1/3 & 1/3 & 0 \\ 0 & 1/3 & 1/3 & 1/3 \\ 0 & 0 & 1/3 & 2/3 \end{bmatrix} = \tag{6.25}$$

$$= \frac{1}{3} \cdot (2p_1 + p_2, p_1 + p_2 + p_3, p_2 + p_3 + p_4, p_3 + 2p_4) = (p_1, p_2, p_3, p_4)$$

und

$$p_1 + p_2 + p_3 + p_4 = 1 \tag{6.26}$$

Nach kurzer Zwischenrechnung erhält man die Lösung für die stationäre Verteilung der Zustände, eine Gleichverteilung

$$\mathbf{p}_0 = \frac{1}{4} \cdot (1, 1, 1, 1) \tag{6.27}$$

Das Ergebnis ist nach Bild 6-1 nicht überraschend. Zu jedem Zustand führen drei Wege, die jeweils gleichwahrscheinlich sind, so gibt es keinen ausgezeichneten Zustand.

_____ Ende des Beispiels

Angesichts der Rekursionsformel (6.17) drängen sich wichtige Fragen auf: Was geschieht „nach langer Zeit"? Stellt sich eine stationäre Zustandsverteilung ein? Gibt es so etwas wie ein „Einschwingen" der Markov-Kette?

Die Antwort liefert der folgenden Satz:

Satz 6-5 Eine *homogene Markov-Kette* heißt *regulär*, wenn die *Grenzmatrix*

$$\mathbf{\Pi}_\infty = \lim_{n \to \infty} \mathbf{\Pi}^n \tag{6.28}$$

existiert, deren sämtliche N Zeilen gleich der *Grenzverteilung* $\mathbf{p}_\infty$ der Markov-Kette sind.

Die Grenzverteilung ist die einzige stationäre Wahrscheinlichkeitsverteilung jeder regulären Markov-Kette.

Eine Markov-Kette ist genau dann regulär, wenn $\mathbf{\Pi}^n$ mit einer natürlichen Zahl n existiert, so dass alle Komponenten einer Spalte von $\mathbf{\Pi}^n$ ungleich null sind.

Die letzte Aussage in Satz 6-6 ist gleichbedeutend mit der Forderung, dass mindestens ein Zustand existiert (entspricht der Spalte, deren Komponenten alle ungleich 0 sind), der von allen Zuständen in einem Zeitschritt n erreicht werden kann.

Beispiel Zufällige Irrfahrt in der Wiesenmühlenstraße (Fortsetzung)

Wir betrachten wieder das Beispiel der zufälligen Irrfahrt in der Wiesenmühlenstraße und prüfen ob die zugehörige Markov-Kette regulär ist. Aus Bild 6-1 erkennen wir, dass im 3. Zeitschritt alle Zustände möglich sind, so dass die Markov-Kette regulär ist. Wir verifizieren der Einfachheit halber die Aussage durch das hinreichende Kriterium in Satz 6-6 für $n = 2$.

$$\mathbf{\Pi}^2 = \left(\frac{1}{3} \cdot \begin{bmatrix} 2 & 1 & 0 & 0 \\ 1 & 1 & 1 & 0 \\ 0 & 1 & 1 & 1 \\ 0 & 0 & 1 & 2 \end{bmatrix} \right)^2 = \frac{1}{9} \cdot \begin{bmatrix} 5 & 3 & 1 & 0 \\ 3 & 3 & 2 & 1 \\ 1 & 2 & 3 & 3 \\ 0 & 1 & 3 & 5 \end{bmatrix} \tag{6.29}$$

Die Markov-Kette ist regulär, da mindestens eine Spalte kein Nullelement enthält.

Beispiel Betriebsdauer eines Gerätes

Ein elektronisches Gerät wird durch zwei in Serie geschaltete Batterien à 1,5 V und 2700 mAh Kapazität betrieben. Das Gerät weist drei Betriebszustände auf: Warten, Bereit und Aktiv. Die Stromaufnahme beträgt in den Zuständen 40 µA, 120 µA bzw. 3 mA. Ein Zustandswechsel ist jede Sekunde möglich. Eine frühere Messung hat ergeben: Im Wartezustand verbleibt das Gerät in 90 % der Fälle, der Wechsel vom Wartezustand in den Zustand Aktiv ist ausgeschlossen. Befindet sich das Gerät im Zustand Bereit, so geht es in 40 % der Fälle in den Wartezustand oder verbleibt in 20 % der Fälle im Zustand. Im Zustand Aktiv findet sofort wieder ein Wechsel in den Zustand Bereit statt.

a) Geben Sie den Zustandsgrafen an.

b) Bestimmen Sie die Übergangsmatrix.

c) Ist die Markov-Kette stationär? Begründen Sie Ihre Antwort.

d) Ist die Markov-Kette regulär? Begründen Sie Ihre Antwort.

e) Geben Sie die Grenzmatrix an, falls sie existiert.

f) Berechnen Sie die mittlere Betriebsdauer bis zum Batteriewechsel.

Lösung

a)

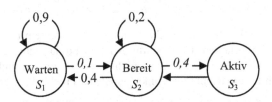

Bild 6-5 Markov-Kette für die Betriebszustände

b)

$$\mathbf{\Pi} = \begin{bmatrix} 0,9 & 0,1 & 0 \\ 0,4 & 0,2 & 0,4 \\ 0 & 1 & 0 \end{bmatrix} \tag{6.30}$$

c) Die Markov-Kette ist stationär, weil sie homogen ist und die Übergangsmatrix nicht von der Zeit abhängt.

d) Die Markov-Kette ist regulär, weil die Matrix

$$\mathbf{\Pi}^2 = \begin{bmatrix} 0,85 & 0,11 & 0,04 \\ 0,44 & 0,48 & 0,08 \\ 0,40 & 0,20 & 0,40 \end{bmatrix} \tag{6.31}$$

mindestens eine voll besetzte Spalte besitzt, siehe Satz 6-6.

e) Grenzmatrix (numerisch berechnet)

$$\mathbf{\Pi}_\infty = \begin{bmatrix} 0,7407 & 0,1852 & 0,0741 \\ 0,7407 & 0,1852 & 0,0741 \\ 0,7407 & 0,1852 & 0,0741 \end{bmatrix} = \begin{bmatrix} \mathbf{p}_\infty \\ \mathbf{p}_\infty \\ \mathbf{p}_\infty \end{bmatrix} \tag{6.32}$$

f) Die mittlere Betriebzeit bestimmt sich aus dem mittleren Stromverbrauch. Die Grenzmatrix liefert mit der Grenzverteilung die mittlere relative Zeit in den Zuständen. Damit ist der mittlere Strom gegeben.

$$\overline{I} = \mathbf{p}_\infty \cdot \begin{bmatrix} I_1 \\ I_2 \\ I_3 \end{bmatrix} = \begin{bmatrix} 0,7407 & 0,1852 & 0,0741 \end{bmatrix} \cdot \begin{bmatrix} 40\,\mu A \\ 120\,\mu A \\ 3\,mA \end{bmatrix} \approx 274\,\mu A \tag{6.33}$$

Bei der Batteriekapazität von 2700 mAh ergibt sich die mittlere Betriebsdauer

$$T_B \approx \frac{2700 mAh}{274\,\mu A} \approx 9851\,h > 58\ \text{Wochen} \tag{6.34}$$

Beispiel Zufällige Irrfahrt in der Wiesenmühlenstraße (Fortgeschritten)

Ein australischer Gaststudent hat sich in der „Wiesenmühle" von einem Fuldaer Kommilitonen bei einigen Glas Bier erklären lassen, wie wichtig es ist, in Fulda rechts zu gehen. Er will es beim Heimgehen gleich ausprobieren. Da er es nicht lassen kann, ab und zu nach links zu gehen, entscheidet er sich für die Richtungen links, gerade und rechts im Verhältnis 1:2:3.

Um wie viel verbessert er seine Chance, das Studentenwohnheim zu erreichen im Vergleich zu den gleichwahrscheinlichen Richtungen in Bild 6-1?

Lösung

Bei gleichwahrscheinlichen Richtungen resultiert die Wahrscheinlichkeit nach 6 Zeitschritten vor dem Wohnheim zu stehen von 0,1314, siehe (6.23).

Anmerkung: Da sich in Fulda noch nie ein Student verirrt hat, ein sehr praxisfernes Beispiel.

Mit der neuen Richtungsstrategie ergibt sich der Zustandsgraf in Bild 6-6 und daraus die Übergangsmatrix

$$\mathbf{\Pi} = \begin{bmatrix} 5/6 & 1/6 & 0 & 0 \\ 1/2 & 1/3 & 1/6 & 0 \\ 0 & 1/2 & 1/3 & 1/6 \\ 0 & 0 & 1/2 & 1/2 \end{bmatrix} \tag{6.35}$$

Die Startverteilung ist wieder (6.19), so dass sich für die Wahrscheinlichkeiten der Zustände im 6. Zeitschritt ergibt

$$\mathbf{p}_6 = \mathbf{p}_0 \cdot \mathbf{\Pi}^6 = (0,4352;\ 0,2677;\ 0,1911;\ 0,1060) \tag{6.36}$$

Die Wahrscheinlichkeit, vor dem Studentenwohnheim zu stehen, ist nun mit 0,4352 um den Faktor 3,3 höher als vorher.

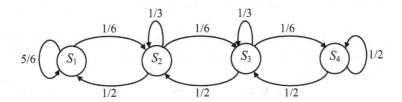

Bild 6-6 Zustandsgraf für die zufällige Irrfahrt (Fortgeschritten)

6.3 Diskrete endliche Markov-Quelle mit Rückwirkung *r*

Mit Markov-Ketten können diskrete endliche Quellen mit Gedächtnis modelliert werden. Setzen wir voraus, dass die stochastischen Parameter als Zeitmittelwerte messbar sind, also die Quelle ergodisch ist, können wir folgende prinzipiellen Überlegungen anstellen.

Wir gehen von einer beliebigen Musterfolge $x[n]$ = {a, b, a, c, b, b, a, d, a, d, b, b, a, c,...} einer Quelle mit dem Alphabet X = {a, b, c, d} aus. Zunächst bestimmen wir die relativen Häufigkeiten der Zeichen als Schätzwerte für die Wahrscheinlichkeiten der Zeichen $P(a)$, $P(b)$, $P(c)$ und $P(d)$ und berechnen daraus die Entropie einer gedächtnislosen Quelle. Besitzt die Quelle ein Gedächtnis, kann die tatsächliche Entropie im Vergleich dazu nur kleiner sein.

Wie kann das Gedächtnis in die Analyse einbezogen werden?

Dies gelingt, indem wir die Abhängigkeiten zwischen den Zeichen betrachten. Dazu schätzen wir wieder durch relative Häufigkeiten die bedingten Wahrscheinlichkeiten der Zeichen $P(a/a)$, $P(b/a)$, $P(c/a)$, $P(d/a)$, $P(a/b)$, ..., $P(d/d)$. Die Quelle wird somit gedanklich entsprechend der möglichen vier vorausgehenden Zeichen in vier Teilquellen zerlegt.

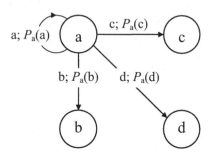

Bild 6-7 veranschaulicht den ersten Modellierungsschritt. Das aktuelle Zeichen a definiert die Teilquelle. Jeder Teilquelle sind die Wahrscheinlichkeiten für das folgende Zeichen zugeordnet, z. B. $P_a(b) = P(b/a)$. Damit wird jede Teilquelle quasi zu einer gedächtnislosen Quelle, deren Entropie wieder wie gewohnt berechnet werden kann. Im Sinne einer stochastischen Mischung der Teilquellen ist die mittlere Entropie der Erwartungswert aus den Entropien der Teilquellen.

Bild 6-7 Erster Modellierungsschritt einer Quelle als Markov-Quelle

Die Modellierung kann schrittweise durch Betrachtung von Nachrichtenvektoren, wie beispielsweise aa oder abcd usw., verfeinert werden, bis das Gedächtnis der Quelle ausreichend erfasst wird.

Die heuristischen Überlegungen werden durch die nachfolgende Definition der Markov-Quelle präzisiert und einer mathematischen Beweisführung zugänglich gemacht.

Satz 6-6 Eine diskrete endliche *Markov-Quelle* mit *Rückwirkung r* wird durch die folgenden vier Angaben definiert:

① die endliche nichtleere Menge der Zustände $\mathbf{S} = \{S_1, S_2, ..., S_N\}$, wobei die Zustandsmenge alle Nachrichtenvektoren der Länge r beinhaltet;

② die den jeweiligen Zuständen S_i zugeordneten gedächtnislosen diskreten Quellen mit dem Zeichenvorrat $X_i = \{x_1, x_2, ..., x_M\}$ und den jeweiligen Wahrscheinlichkeiten des j-ten Zeichens der i-ten Quelle $p^{(i)}(j)$;

③ die Zustandsfolge $S[n] = (x[n-r], x[n-r+1], ..., x[n-1])$, so dass mit den $r-1$ zuletzt gesendeten Zeichen $x[n-r+1], ..., x[n-1]$ und dem aktuellen Zeichen $x[n]$ der neue Zustand $S[n+1] = (x[n-r+1], ..., x[n-1], x[n],)$ eindeutig festgelegt ist;

④ die Startzustandsverteilung $\mathbf{p}_0 = (p_0(1), p_0(2), ..., p_0(N))$.

Durch das Zusammenfassen von jeweils r gesendeten Zeichen wird ein Gedächtnis der Länge r modelliert, da das neue Zeichen genau von r gesendeten Zeichen beeinflusst wird. Das folgende Beispiel macht dies deutlich.

Beispiel Markov-Quelle mit Rückwirkung $r = 2$

Der Zeichenvorrat der Quelle sei binär, $X = \{0, 1\}$. Durch Zusammenfassen von jeweils zwei Zeichen zu einem Nachrichtenvektor ergeben sich genau vier Zustände. Mit der gewählten Indizierung ist die Zustandsmenge

$$\mathbf{S} = \{ \ S_1 = (0,0), \ S_2 = (1,1), \ S_3 = (0,1), \ S_4 = (1,0)\} \tag{6.37}$$

Die zugeordneten Wahrscheinlichkeitsverteilungen der Teilquellen der Zustände $\mathbf{p}_{Si}(P(x[n]= 0), P(x[n] = 1))$ seien

$$\mathbf{p}_{S_1} = (0,1), \quad \mathbf{p}_{S_2} = \left(\frac{1}{2}, \frac{1}{2}\right), \quad \mathbf{p}_{S_3} = \left(\frac{2}{3}, \frac{1}{3}\right), \quad \mathbf{p}_{S_4} = \left(\frac{3}{4}, \frac{1}{4}\right) \tag{6.38}$$

Über die Startzustandsverteilung werden keine weiteren Angaben gemacht.

$$\mathbf{p}_0 = \left(p_0(1), \ p_0(2), \ p_0(3), \ p_0(4)\right) \tag{6.39}$$

Mit (6.37) und (6.38) liegen alle Angaben für den Zustandsgrafen in Bild 6-8 vor.

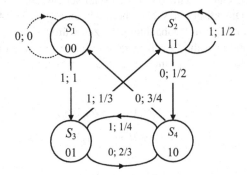

Bild 6-8 Zustandsgraf einer Markov-Quelle mit Rückwirkung $r = 2$

Wir analysieren die Markov-Quelle, indem wird die Übergangsmatrix bestimmen und sie auf Regularität untersuchen. Die Übergangsmatrix kann aus Bild 6-8 abgelesen werden.

$$\mathbf{\Pi} = \begin{bmatrix} 0 & 0 & 1 & 0 \\ 0 & 1/2 & 0 & 1/2 \\ 0 & 1/3 & 0 & 2/3 \\ 3/4 & 0 & 1/4 & 0 \end{bmatrix} \tag{6.40}$$

Die Regularität prüfen wir nach Satz 6-5 mit der Grenzmatrix.

$$\mathbf{\Pi}_\infty = \frac{1}{41} \begin{bmatrix} 9 & 8 & 12 & 12 \\ 9 & 8 & 12 & 12 \\ 9 & 8 & 12 & 12 \\ 9 & 8 & 12 & 12 \end{bmatrix} \tag{6.41}$$

Alle Zeilen der Grenzmatrix sind gleich. Die Markov-Kette ist regulär. Die Grenzverteilung beträgt

$$\mathbf{p}_\infty = \frac{1}{41}\left(9,\ 8,\ 12,\ 12\right) \tag{6.42}$$

Beispiel wird fortgesetzt

Die prinzipiellen Überlegungen der schrittweisen Approximation einer Quelle mit Gedächtnis werden in einem Satz zusammengefasst.

Satz 6-7   Eine stationäre Markov-Quelle mit Rückwirkung r kann durch eine stationäre Markov-Quelle mit Rückwirkung $0 \le l < r$ approximiert werden.

Der Satz wird durch ein Beispiel erläutert. Im ersten Schritt betrachten wir eine gedächtnislose Quelle.

Die gedächtnislose Modell-Quelle wird durch die Wahrscheinlichkeitsverteilung der Zeichen vollständig beschrieben. Die mittleren Wahrscheinlichkeiten für das Auftreten der Zeichen, d. h. die Wahrscheinlichkeit, die ein Beobachter schätzen würde, der keine Information darüber besitzt, in welchem Zustand sich die Quelle gerade befindet, ergibt sich aus der (stationären) Wahrscheinlichkeitsverteilung der Zustände $\mathbf{p}_\infty$ und den Wahrscheinlichkeiten der Zeichen $\alpha_1,\dots,\alpha_M$ in den Zuständen $S_1,\dots,S_N$

$$\left(p(\alpha_1),\dots,p(\alpha_M)\right) = \mathbf{p}_\infty \cdot \begin{bmatrix} p_{S_1}(\alpha_1) & p_{S_1}(\alpha_2) & \cdots & p_{S_1}(\alpha_M) \\ p_{S_2}(\alpha_1) & p_{S_2}(\alpha_2) & & \vdots \\ \vdots & & \ddots & \\ p_{S_N}(\alpha_1) & \cdots & & p_{S_N}(\alpha_M) \end{bmatrix} \tag{6.43}$$

Beispiel Markov-Quelle mit Rückwirkung $r = 2$ (Fortsetzung)

- Gedächtnislose Quelle mit Rückwirkung $l = 0$

Im Zahlenwertbeispiel ergibt sich mit α_1 gleich 0 und α_2 gleich 1.

$$\left(p(0),\ p(1)\right) = \frac{1}{41}\left(9,\ 8,\ 12,\ 12\right) \cdot \begin{bmatrix} 0 & 1 \\ 1/2 & 1/2 \\ 2/3 & 1/3 \\ 3/4 & 1/4 \end{bmatrix} = \frac{1}{41}\left(21,\ 20\right) \tag{6.44}$$

- Stationäre Markov-Quelle mit Rückwirkung $l = 1$

Im Beispiel des binären Alphabets hat die Modell-Quelle zwei Zustände $S_1^{(1)}$ und $S_2^{(1)}$ und es ergibt sich der Zustandsgraf in Bild 6-9.

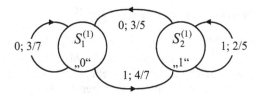

Bild 6-9 Zustandsgraf der approximierenden Markov-Quelle mit Rückwirkung $r = 1$

Die zugehörigen Wahrscheinlichkeiten werden wie folgt bestimmt. Zunächst erhält man für die Auftrittswahrscheinlichkeiten der Zustände

$$P\left(S_1^{(1)}\right) = p(0) = \frac{21}{41} \quad \text{und} \quad P\left(S_2^{(1)}\right) = p(1) = \frac{20}{41} \tag{6.45}$$

Die Verbundwahrscheinlichkeiten der Zeichenpaare lassen sich aus der ursprünglichen Quelle ablesen. Sie sind gleich den dort angegebenen Wahrscheinlichkeiten der Zustände (6.38).

$$p(0,0) = p_\infty(1) = \frac{9}{41} \quad p(1,1) = p_\infty(2) = \frac{8}{41}$$

$$p(0,1) = p_\infty(3) = \frac{12}{41} \quad p(1,0) = p_\infty(4) = \frac{12}{41} \tag{6.46}$$

Nun können auch die Übergangswahrscheinlichkeiten für die approximierende Quelle bestimmt werden. Entsprechend ihrer Definition

$$\pi^{(1)}\left(j/i\right) = \frac{p(i,j)}{p(i)} \tag{6.47}$$

erhält man die Übergangsmatrix

$$\mathbf{\Pi}^{(1)} = \begin{bmatrix} 3/7 & 4/7 \\ 3/5 & 2/5 \end{bmatrix} \tag{6.48}$$

Die Regularität prüfen wir nach Satz 6-5 mit der Grenzmatrix.

$$\mathbf{\Pi}_\infty^{(1)} \approx \begin{bmatrix} 0,5122 & 0,4878 \\ 0,5122 & 0,4878 \end{bmatrix} \tag{6.49}$$

Anmerkung: Die Grenzmatrix wurde numerisch am PC berechnet.

Wie in Satz 6-5 gefordert, sind alle Zeilen der Grenzmatrix gleich. Es liegt eine reguläre Markov-Kette vor mit der Grenzverteilung

$$\mathbf{p}_\infty^{(1)} \approx \left(0,5122;\ 0,4878\right) \tag{6.50}$$

Da die beiden Zustände dem Auftreten der Zeichen 0 bzw. 1 entsprechen, muss gelten

$$\mathbf{p}_\infty^{(1)} = \left(21/41;\ 20/41\right) \tag{6.51}$$

6.4   Entropie stationärer Markov-Quellen

Die Entropie einer stationären Markov-Quelle ergibt sich aus der folgenden einfachen Über-legung: Man fasse die Markov-Quelle als stochastische Mischung unabhängiger Teilquellen auf. Jedem Zustand ist eine gedächtnislose Teilquelle mit einer wohl definierten Entropie zugeordnet. Dem gemäß ist die Entropie einer stationären Markov-Quelle der Erwartungswert der Entropien der Teilquellen.

Satz 6-8 Eine *stationäre Markov-Quelle* mit M Zeichen und N Zuständen, d. h. Teilquellen mit den jeweiligen Entropien

$$H\left(X\mid S_i\right) = -\sum_{m=1}^{M} p_{S_i}(x_m)\cdot \mathrm{ld}\left(p_{S_i}(x_m)\right)\ \text{bit} \qquad (6.52)$$

besitzt eine *Entropie* die gleich dem Erwartungswert der Entropien der N Teilquellen ist

$$H_\infty(X) = \sum_{i=1}^{N} p_\infty(i)\cdot H\left(X\mid S_i\right) \qquad (6.53)$$

Nachfolgend wird gezeigt, dass der heuristische Ansatz (6.53) mit der Entropie einer allgemei-nen stationären diskreten Quelle in Satz 5-4 übereinstimmt.

Beweis   Entropie der Markov-Quelle [Gal68]

Anmerkung: Der Beweis ist etwas diffizil. Eilige Leserinnen und Leser können ihn ohne Verlust an Verständlichkeit für die nachfolgenden Abschnitte überspringen und mit dem nächsten Beispiel fort-fahren.

Bei der Beweisführung gehen wir in drei Schritten vor.

Schritt 1: Im ersten Schritt zeigen wir, dass für die bedingte Entropie der Markov-Quelle bei bekanntem Startzustand $Z_0 = S_j$ die Behauptung gilt

$$H(X_l\mid X_{l-1},\dots X_0, Z_0 = S_j) = \sum_{i=1}^{N} \pi_l(i/j) H\left(X\mid Z = S_i\right) \qquad (6.54)$$

Darin steht X_l für die l-te Teilquelle und Z_l für den Zustand im l-ten Schritt.

Um (6.54) zu verifizieren, wird die zugrundeliegende bedingte Wahrscheinlichkeit $P(x_l\mid x_{l-1},\dots, x_0, Z_0 = S_j)$ betrachtet und umgeformt. Dazu wird der Zustand Z_l im l-ten Schritt als weitere Restriktion eingeführt.

$$P(x_l\mid x_{l-1},\dots x_0, Z_0 = S_j) = P(x_l\mid Z_l, x_{l-1},\dots x_0, Z_0 = S_j) \qquad (6.55)$$

Da Z_l jedoch durch den Anfangszustand Z_0 und die Zeichen x_0 bis x_{l-1} eindeutig festgelegt ist, bleibt die zusätzliche Restriktion Z_l ohne Wirkung. Das Gleichheitszeichen gilt.

Die zweite Umformung folgt aus der vorausgesetzten Markov-Eigenschaft der Quelle, nach der das l-te Zeichen nur vom l-ten Zustand abhängt.

$$P(x_l \mid Z_l, x_{l-1}, \ldots x_0, Z_0 = S_j) = P(x_l \mid Z_l) \tag{6.56}$$

Zur Berechnung der bedingten Entropie (6.54) muss die zugrundeliegende bedingte Wahrscheinlichkeit mit der zugehörigen Verbundwahrscheinlichkeit multipliziert und der Erwartungswert gebildet werden.

$$H(X_l \mid X_{l-1}, \ldots X_0, Z_0 = S_j) =$$
$$= \sum_{X_0, \ldots, X_l, Z_l} P(x_l, x_{l-1}, \ldots x_0, Z_l \mid Z_0 = S_j) \cdot \mathrm{ld} P(x_l \mid x_{l-1}, \ldots x_0, Z_0 = S_j) \text{ bit} \tag{6.57}$$

Die Ergänzung von Z_l in der Verbundwahrscheinlichkeit ist dabei ohne Einfluss, da die Summe über alle Zustände Z_l die Randverteilung liefert. Mit der rechten Seite von (6.56) erhält man schließlich

$$H(X_l \mid X_{l-1}, \ldots X_0, Z_0 = S_j) = \sum_{X_l, Z_l} P(x_l, Z_l \mid Z_0 = S_j) \cdot \mathrm{ld} P(x_l \mid Z_l) \text{ bit} \tag{6.58}$$

Die Wahrscheinlichkeit für das Zeichen x_l im l-ten Zeitschritt, wenn der Startzustand Z_0 mit S_j vorgegeben ist, ist gleich der Wahrscheinlichkeit, dass ein Übergang von S_j nach S_i stattfindet und im Zustand S_i das Zeichen x_l ausgegeben wird.

$$P(x_l, Z_l = S_i \mid Z_0 = S_j) = P(x_l \mid S_i) \cdot \pi_l(i/j) \tag{6.59}$$

Deshalb dürfen wir für (6.58) schreiben

$$\sum_{X_l, Z_l} P(x_l, Z_l \mid Z_0 = S_j) \cdot \mathrm{ld} P(x_l \mid Z_l) = \sum_{X_l, S_i} \pi_l(i/j) \cdot P(x_l \mid S_i) \cdot \mathrm{ld} P(x_l \mid S_i) \tag{6.60}$$

Die Summe über alle Zeichen von X_l bei vorgegebenem Zustand S_i liefert die Entropie der i-ten Teilquelle. Es gilt

$$\sum_{S_i} \pi_l(i/j) \cdot \sum_{X_l} P(x_l \mid S_i) \cdot \log P(x_l \mid S_i) = \sum_{i=1}^{N} \pi_l(i/j) \cdot H(X \mid S_i) \tag{6.61}$$

und somit die Behauptung (6.54).

Schritt 2: Bisher wurde von einem festen Startzustand ausgegangen. Betrachtet man stattdessen den Startzustand als zufällig, so ist es sinnvoll die Entropie der Markov-Quelle als Erwartungswert zu definieren.

$$H(X_l \mid X_{l-1}, \ldots X_0, Z_0) = \sum_{j=1}^{N} \sum_{i=1}^{N} p_{Z_0}(j) \cdot \pi_l(i/j) \cdot H(X \mid S_i) \tag{6.62}$$

Die Summe über j schließt alle möglichen Übergänge auf den i-ten Zustand ein, so dass die Wahrscheinlichkeit des i-ten Zustandes im l-ten Schritt resultiert. Speziell mit der stationären Verteilung der Zustände erhält man

$$\sum_{j=1}^{N} p_{Z_0}(j) \cdot \pi_l(i/j) = p_\infty(i) \tag{6.63}$$

so dass sich insgesamt ergibt

$$H(X_l \mid X_{l-1}, \ldots, X_0, Z_0) = \sum_{i=1}^{N} p_\infty(i) \cdot H(X \mid S_i) \tag{6.64}$$

Man beachte, dass die bedingte Entropie der stationären Markov-Quelle unabhängig von der Zahl der restringierenden Zeichen l ist.

Die rechte Seite des Zwischenergebnisses (6.64) stimmt bereits mit der rechten Seite in (6.53) überein. Es bleibt zu zeigen, dass dies auch für $l \to \infty$ für die linke Seite gilt.

Schritt 3: Hierzu wird die Entropie pro Zeichen einer Folge der Länge L bei bekanntem Startzustand betrachtet und mit der Kettenregel für die Entropie umgeformt

$$\frac{1}{L} H(X_L, \ldots, X_0 \mid Z_0) = \frac{1}{L}\left[H(X_0 \mid Z_0) + H(X_1 \mid X_0, Z_0) + \cdots + H(X_L \mid X_{L-1}, \ldots, \right. \tag{6.65}$$

Da eine stationäre Markov-Quelle vorausgesetzt wird, sind die Summanden auf der rechten Seite gemäß (6.64) alle gleich. Da genau L Summanden existieren, gilt für alle natürlichen Zahlen L

$$\lim_{L \to \infty} \frac{1}{L} H(X_L, \ldots, X_0 \mid Z_0) = \sum_{i=1}^{N} p_\infty(i) \cdot H(X \mid S_i) \tag{6.66}$$

Die Bedingung auf der linken Seite stört noch. Wir benutzen den allgemeinen Zusammenhang

$$H(X) = I(X;Y) + H(X/Y) \tag{6.67}$$

und erhalten mit

$$H(X_L, \ldots, X_0 \mid Z_0) = H(X_L, \ldots, X_0) - I(X_L, \ldots, X_0; Z_0) \tag{6.68}$$

aus (6.66)

$$\lim_{L \to \infty}\left[\frac{1}{L} H(X_L, \ldots, X_0) - \frac{1}{L} I(X_L, \ldots, X_0; Z_0) \right] = \sum_{i=1}^{N} p_\infty(i) \cdot H(X \mid S_i) \tag{6.69}$$

Die Transinformation kann wiederum anders dargestellt werden. Mit der allgemeinen Beziehung

$$I(X;Y) = H(Y) - H(Y/X) \tag{6.70}$$

ergibt sich hier

$$I(X_L, \ldots, X_0; Z_0) = H(Z_0) - H(Z_0 \mid X_L, \ldots, X_0) \tag{6.71}$$

Für die Entropien gilt die Abschätzung

$$0 \leq H(Z_0 \mid X_L, \ldots, X_0) \leq H(Z_0) \leq \log N \tag{6.72}$$

so dass die Transinformation einen positiven endlichen Wert liefert

$$0 \leq I(X_L, \ldots, X_0; Z_0) \leq \log N \tag{6.73}$$

Der Beitrag der Transinformation in (6.69) verschwindet im Grenzfall

$$\lim_{L \to \infty} \frac{1}{L} I(X_L, \ldots, X_0; Z_0) = 0 \tag{6.74}$$

und es ergibt sich schließlich die Definition der Entropie für stationäre Markov-Quellen (6.53).

Beispiel Markov-Quelle mit Rückwirkung $r = 2$ (Fortsetzung)

Als Beispiel betrachten wir wieder die Markov-Quelle mit $r = 2$ und ihre Approximationen aus dem vorhergehenden Abschnitt.

⓪ Gedächtnislose Quelle

Zunächst bestimmen wir die Entropie ohne Berücksichtigung des Gedächtnisses. Aus der Wahrscheinlichkeitsverteilung der beiden Zeichen (6.44) ergibt sich die Entropie

$$\frac{H^{(0)}(X)}{\mathrm{bit}} = -\frac{21}{41} \cdot \mathrm{ld} \frac{21}{41} - \frac{20}{41} \cdot \mathrm{ld} \frac{20}{41} \approx 0{,}999 \tag{6.75}$$

Die Entropie ist nahe bei 1 bit, da die Wahrscheinlichkeiten fast gleich sind.

① Markov-Quelle mit Rückwirkung $r = 1$

Betrachten wir die Approximation durch eine Markov-Quelle mit $r = 1$, so sind zwei Teilquellen zu berücksichtigen. Es ergibt sich mit den Wahrscheinlichkeiten aus Bild 6-9

$$\frac{H_1^{(1)}(X / Z = S_1^{(1)})}{\mathrm{bit}} = -\pi^{(1)}(1/1) \cdot \mathrm{ld}\, \pi^{(1)}(1/1) - \pi^{(1)}(2/1) \cdot \mathrm{ld}\, \pi^{(1)}(2/1) =$$
$$= -\frac{3}{7} \cdot \mathrm{ld} \frac{3}{7} - \frac{4}{7} \cdot \mathrm{ld} \frac{4}{7} \approx 0{,}985 \tag{6.76}$$

und

$$\frac{H_2^{(1)}(X / Z = S_2^{(1)})}{\mathrm{bit}} = -\pi^{(1)}(1/2) \cdot \mathrm{ld}\, \pi^{(1)}(1/2) - \pi^{(1)}(2/2) \cdot \mathrm{ld}\, \pi^{(1)}(2/2) =$$
$$= -\frac{3}{5} \cdot \mathrm{ld} \frac{3}{5} - \frac{2}{5} \cdot \mathrm{ld} \frac{2}{5} \approx 0{,}971 \tag{6.77}$$

Für die Entropie der Markov-Quelle mit $r = 1$ folgt

$$\frac{H^{(1)}(X)}{\text{bit}} = P(S_1^{(1)}) \cdot H_1^{(1)}(X) + P(S_2^{(1)}) \cdot H_2^{(1)}(X) \approx \frac{21}{41} \cdot 0{,}985 + \frac{20}{41} \cdot 0{,}971 \approx 0{,}979 \quad (6.78)$$

Die Entropie hat im Vergleich zum gedächtnislosen Modell etwas abgenommen.

② Markov-Quelle mit Rückwirkung $r = 2$

In diesem Fall sind 4 Teilquellen zu berücksichtigen, siehe Bild 6-8. Für den Zustand S_1 erhält man

$$H_1(X / Z = S_1) = 0 \;\; \text{bit} \quad (6.79)$$

da die Teilquelle stets das Zeichen 1 sendet. Für die Teilquelle zu S_2 gilt wegen der Gleichverteilung

$$H_2(X / Z = S_2) = 1 \;\; \text{bit} \quad (6.80)$$

Die Teilquellen 3 und 4 besitzen die Entropien

$$H_3(X / Z = S_3) = \left(-\frac{2}{3} \cdot \text{ld}\frac{2}{3} - \frac{1}{3} \cdot \text{ld}\frac{1}{3} \right) \text{bit} \approx 0{,}918\,\text{bit}$$

$$H_4(X / Z = S_4) = \left(-\frac{3}{4} \cdot \text{ld}\frac{3}{4} - \frac{1}{4} \cdot \text{ld}\frac{1}{4} \right) \text{bit} \approx 0{,}811\,\text{bit} \quad (6.81)$$

Die Entropie der Markov-Quelle mit Rückwirkung $r = 2$ bestimmt sich dementsprechend zu

$$H_\infty(X) = \sum_{i=1}^{4} P(S_i) \cdot H_i(X) \approx \frac{1}{41}(8 + 12 \cdot 0{,}918 + 12 \cdot 0{,}811)\;\; \text{bit} \approx 0{,}701\;\; \text{bit} \quad (6.82)$$

Die Entropie ist deutlich geringer als für das Modell mit $r = 1$, da jetzt die Zeichenkombination 00 berücksichtigt wird, die stets eine 1 nach sich zieht.

6.5   Codierung stationärer Markov-Quellen

Zunächst sei an das Quellencodierungstheorem in Satz 5-5 erinnert. Dort werden jeweils Blöcke aus L Zeichen der Quelle zusammengefasst und codiert. Lässt man die Blocklänge L gegen unendlich streben, so existiert ein Präfix-Code, dessen mittlere Codewortlänge die Verbundentropie pro Zeichen $H_L(X)$ beliebig genau annähert.

Im Falle der Markov-Quellen mit Rückwirkung r erstreckt sich das Gedächtnis der Quelle auf r Zeichen. Die Verbundentropie für Blöcke der Länge $L = r$ ist gleich dem Grenzwert für L gegen unendlich. Satz 5-5 darf deshalb modifiziert werden.

> **Satz 6-9** *Quellencodierungstheorem* für eine stationäre diskrete Markov-Quelle X mit Rückwirkung r und Entropie pro Zeichen $H_\infty(X)$. Es existiert ein Präfix-Code mit einem Codealphabet mit D Zeichen zur Codierung von Blöcke von $L \geq r$ Zeichen der Quelle, so dass für die mittlere Codewortlänge $\bar{n}$ gilt
>
> $$\frac{H_\infty(X)}{\log D} \leq \bar{n} \leq \frac{H_\infty(X)}{\log D} + \frac{1}{L} \tag{6.83}$$

Aus der Zerlegung der Markov-Quelle in gedächtnislose Teilquellen folgt unmittelbar eine Strategie für eine optimale Codierung:

Ist der Anfangszustand bekannt, sind alle nachfolgenden Zustände im Codierer und Decodierer anhand der gesendeten bzw. empfangenen Zeichen eindeutig. Damit ist es möglich, im Sender und Empfänger für jede Teilquelle eine Huffman-Codierung entsprechend der jeweiligen Wahrscheinlichkeitsverteilung der Zeichen durchzuführen.

Bei der praktischen Ausführung der Huffman-Codierung zeigt sich, dass zum Erreichen des Codierungsgewinnes u. U. Blöcke großer Länge gebildet werden müssen. Darüber hinaus müssen sich nun der Codierer und der Decodierer die letzten r Zeichen merken, um die Codeumschaltung vorzunehmen, so dass ein relativ aufwändiges Codierverfahren resultiert.

Es bietet sich deshalb eine einfachere Codierungsstrategie an, die das Gedächtnis der Quelle direkt benutzt und im Grenzfall ebenfalls einen optimalen Präfix-Code liefert.

> *Quellencodierung* für eine stationäre diskrete Markov-Quelle X mit Rückwirkung r und Entropie pro Zeichen $H_\infty(X)$.
>
> 1. Man fasse jeweils $l = r + 1$ Quellensymbole zu einem Block zusammen.
> 2. Man führe eine *Huffman-Codierung* für die Blöcke durch.
> 3. Weicht die mittlere Codewortlänge pro Zeichen noch von der Entropie $H_\infty(X)$ ab, kann die mittlere Codewortlänge pro Zeichen durch hinzunehmen eines weiteren Zeichens zu den Blöcken und erneute Huffman-Codierung verringert werden. Dies kann solange wiederholt werden, bis eine ausreichende Approximation der Entropie durch die mittlere Codewortlänge erreicht ist.

Beispiel Codierung einer Markov-Quelle mit Rückwirkung $r = 2$ (Fortsetzung)

Wir prüfen die Wirksamkeit des vorgeschlagenen Verfahrens anhand des Zahlenbeispiels im letzten Abschnitt. Wegen der Rückwirkung $r = 2$ fassen wir jeweils drei Zeichen zu einem Block zusammen und führen die Huffman-Codierung in Tabelle 6-1 durch.

Die Wahrscheinlichkeiten der Blöcke ergeben sich aus der stationären Zustandsverteilung (6.42) und den Übergangswahrscheinlichkeiten in der Übergangsmatrix (6.40) oder dem Zustandsgrafen in Bild 6-8. Im Beispiel des Blockes 001 ergibt sich

$$P(001) = P(S_1) \cdot \pi(3/1) = p_\infty(1) \cdot \pi(3/1) = \frac{9}{41} \cdot 1 = \frac{9}{41} \tag{6.84}$$

Man beachte auch, dass der Block 000 nicht vorkommt und deshalb nicht codiert wird.

Mit der erzielten mittleren Codewortlänge pro Zeichen von 0,911 bit ergibt sich eine relativ geringe Effizienz von

$$\eta = \frac{H_\infty(X)}{\overline{n}} \approx \frac{0,701}{0,911} \approx 0,77 \qquad (6.85)$$

Tabelle 6-1 Huffman-Codierung der Markov-Quelle mit Rückwirkung $r = 2$ mit Blöcken
der Länge 3

Zeichen	$41 \cdot p_i$	Codebaum	Codewort	n_i	$41 \cdot p_i \cdot n_i$
001	9		00	2	18/41
100	9		10	2	18/41
010	8		010	3	24/41
110	4		110	3	12/41
111	4		111	3	12/41
011	4		0110	4	16/41
101	3		0111	4	12/41

$$\frac{\overline{n}}{\text{bit}} = \frac{1}{3} \cdot \frac{112}{41} \approx 0,911$$

Durch die Bildung längerer Blöcke ist demzufolge eine deutliche Effizienzsteigerung zu erwarten. Wir wiederholen deshalb die Huffman-Codierung für Blöcke der Länge vier in Tabelle 6-2.

Mit der nun erzielten mittleren Codewortlänge pro Zeichen von 0,8537 bit ergibt sich eine Effizienz von

$$\eta = \frac{H_\infty(X)}{\overline{n}} \approx \frac{0,701}{0,854} \approx 0,82 \qquad (6.86)$$

Die Vergrößerung der Bocklänge bringt nochmals eine Einsparung, jedoch bleibt die Effizienz noch weit unter 100 %. Die Bildung noch längerer Blöcke scheint sinnvoll.

Abschließend werden beispielhaft eine mit MATLAB simulierte Folge der Zustände, der Zeichen und die sich mit dem Huffman-Code in Tabelle 6-2 ergebende Bitfolge angegeben.

Zustandsfolge $S_4, S_1, S_3, S_4, S_3, S_2, S_4, S_1, S_3, S_4, S_1, S_3, S_2, S_2, S_4, S_1, S_3, S_2, S_4, S_3, S_4,$
                 $S_1, S_3, S_4, S_1, S_3, S_4, S_1, S_3, S_4, S_1, S_3, S_4, S_3, S_4, S_1, S_3, S_4, S_1, S_3, S_2, \ldots$

Zeichenfolge   0, 1, 0, 1, 1, 0, 0, 1, 0, 0, 1, 1, 1, 0, 0, 1, 1, 0, 1, 0, 0,
                 1, 0, 0, 1, 0, 0, 1, 0, 1, 0, 0, 1, 0, 0, 1, 1, \ldots

Codierte Nachricht   0100 00 1010 00 10111 110 00 100 00

Tabelle 6-2 Huffman-Codierung der Markov-Quelle mit Rückwirkung $r = 2$ mit Blöcken der Länge 4

Zeichen	$41 \cdot p_i$	Codebaum	Codewort	n_i	$41 \cdot p_i \cdot n_i$
1001	9		00	2	18
0010	6		100	3	18
0100	6		110	3	18
0011	3		1010	4	12
1100	3		1110	4	12
0101	2		0100	4	8
1110	2		0101	4	8
1111	2		0110	4	8
0110	2		0111	4	8
0111	2		10110	5	10
1010	2		10111	5	10
1101	1		11110	5	5
1011	1		11111	5	5

$$\frac{\overline{n}}{\text{bit}} = \frac{1}{4} \cdot \frac{140}{41} \approx 0{,}8537$$

Beispiel Markov-Quelle 1. Ordnung

Gegeben ist der in Bild 6-10 gezeigte Zustandsgraf einer stationären Markov-Quelle 1. Ordnung.

a) Vervollständigen Sie die Übergangswahrscheinlichkeiten in Bild 6-10 und geben Sie die Auftrittswahrscheinlichkeiten der Zustände an.

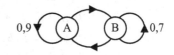

Bild 6-10 Zustandsgraf einer Markov-Quelle 1. Ordnung

b) Berechnen Sie die Entropie der Quelle.

c) Führen Sie eine Quellencodierung nach Huffman für Gruppen zu je drei Binärzeichen durch.

Hinweis: $P(BBB) = 0{,}1225$; $P(BBA) = 0{,}0525$; $P(BAB) = 0{,}0075$; $P(BAA) = 0{,}0675$.

d) Welche Effizienz besitzt die Codierung?

Lösung

a) – für die Übergangswahrscheinlichkeiten gilt

$$\pi(A/A) = 0,9 \quad \pi(B/A) = 0,1 \quad \pi(A/B) = 0,3 \quad \pi(B/B) = 0,7 \qquad (6.87)$$

– für die Auftrittswahrscheinlichkeit des Zustandes A gilt

$$P(A) = 1 - P(B) \quad \text{und} \quad P(A) = 0,9 \cdot P(A) + 0,3 \cdot P(B) \qquad (6.88)$$

somit

$$\begin{aligned} P(A) &= 0,9 \cdot P(A) + 0,3 \cdot (1 - P(A)) \\ P(A) \cdot [1 - 0,9 + 0,3] &= 0,3 \\ P(A) &= 3/4 \end{aligned} \qquad (6.89)$$

und daraus für den Zustand B

$$P(B) = 1/4 \qquad (6.90)$$

b) – Entropie der Quelle

$$\begin{aligned} H(A) &= \left(-0,9 \cdot \mathrm{ld}\,0,9 - 0,1 \cdot \mathrm{ld}\,0,1\right) \text{ bit} \approx 0,469 \text{ bit} \\ H(B) &= \left(-0,7 \cdot \mathrm{ld}\,0,7 - 0,3 \cdot \mathrm{ld}\,0,3\right) \text{ bit} \approx 0,881 \text{ bit} \\ H_\infty(X) &= P(A) \cdot H(A) + P(B) \cdot H(B) \approx 0,572 \text{ bit} \end{aligned} \qquad (6.91)$$

c) – Wahrscheinlichkeiten der Blöcke mit je drei Zeichen

$$\begin{aligned} P(AAA) &= P(A) \cdot \pi(A/A) \cdot \pi(A/A) = 0,6075 \\ P(AAB) &= P(A) \cdot \pi(A/A) \cdot \pi(B/A) = 0,0675 \\ P(ABA) &= P(A) \cdot \pi(B/A) \cdot \pi(A/B) = 0,0225 \\ P(ABB) &= P(A) \cdot \pi(B/A) \cdot \pi(B/B) = 0,0525 \\ P(BAA) &= P(B) \cdot \pi(A/B) \cdot \pi(A/A) = 0,0675 \\ P(BAB) &= P(B) \cdot \pi(A/B) \cdot \pi(B/A) = 0,0075 \\ P(BBA) &= P(B) \cdot \pi(B/B) \cdot \pi(A/B) = 0,0525 \\ P(BBB) &= P(B) \cdot \pi(B/B) \cdot \pi(B/B) = 0,1225 \end{aligned} \qquad (6.92)$$

– Huffman-Codierung, siehe Bild 6-11

d) – mittlere Codewortlänge pro Zeichen

$$\begin{aligned} \frac{\bar{n}}{\text{bit}} &= \frac{1}{3} \cdot \big(0,6075 + 3 \cdot (0,1225 + 0,0675) + 4 \cdot (0,0675 + 0,0525 + 0,0525) + \\ &\quad + 5 \cdot (0,0225 + 0,0075)\big) = 0,6725 \end{aligned} \qquad (6.93)$$

– Effizienz

$$\eta = \frac{H_\infty(X)}{\overline{n}} = \frac{0{,}572}{0{,}6725} \approx 0{,}85 \qquad (6.94)$$

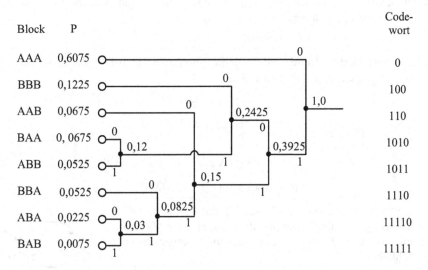

Bild 6-11 Huffman-Codierung für die Blöcke der Länge 3

6.6 Zusammenfassung

In den beiden folgenden Tabellen finden Sie die wichtigsten Aussagen und Zusammenhänge zu den Markov-Ketten und diskreten Markov-Quellen.

Tabelle 6-3 Beschreibung von Markov-Ketten

• Ein *Markov-Prozess* ist ein stochastischer Prozess dessen Vergangenheit keinen Einfluss auf seine Zukunft hat, wenn seine Gegenwart bekannt ist. ☞ Satz 6-1

• Ein zeit- und wertdiskreter Markov-Prozess wird *Markov-Kette* genannt. Seine Realisierung ist eine Abfolge von Zuständen $S_i \in \mathbf{S} = \{S_1, S_2, ..., S_N\}$

• Eine Markov-Kette ist *homogen*, wenn die Übergangswahrscheinlichkeiten der Zustände unabhängig von der Wahl des Zeitursprunges sind. Die Übergangswahrscheinlichkeiten sind dann unabhängig von der Zeit. ☞ Satz 6-2

$$\pi(j/i) = P(S_j/S_i) \ \text{mit} \ j, i = 1, 2, ..., N$$

• Eine homogene Markov-Kette wird durch die *Übergangsmatrix* $\mathbf{\Pi}$ und die *Startverteilung* $\mathbf{p}_0$ vollständig beschreiben. ☞ Satz 6-3

$$\mathbf{\Pi} = \left(\pi(j/i)\right)_{N \times N} = \begin{pmatrix} \pi(1/1) & \pi(2/1) & \cdots & \pi(N/1) \\ \pi(1/2) & \pi(2/2) & & \vdots \\ \vdots & & \ddots & \\ \pi(1/N) & \cdots & & \pi(N/N) \end{pmatrix}$$

$$\mathbf{p}_0 = (p_0(S_1), p_0(S_2), ..., p_0(S_N))$$

• Äquivalent zur Übergangsmatrix beschreibt der *Zustandsgraf* durch Knoten, gewichtete Pfade und Pfadgewichte die Markov-Kette mit Zuständen, Zustandsübergängen und Übergangswahrscheinlichkeiten.

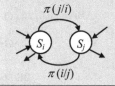

• Die *Zustandsverteilung* einer homogenen Markov-Kette im n-ten Zeitschritt ist ☞ (6.17)

$$\mathbf{p}_n = \mathbf{p}_0 \cdot \mathbf{\Pi}^n$$

• Eine homogene Markov-Kette ist *stationär*, wenn die Zustandsverteilung über der Zeit konstant ist. Dann ist die Startverteilung ein Eigenvektor der Übergangsmatrix ☞ Satz 6-4

$$\mathbf{p}_0 = \mathbf{p}_0 \cdot \mathbf{\Pi}$$

• Eine homogene Markov-Kette ist *regulär*, wenn die *Grenzmatrix* existiert

$$\mathbf{\Pi}_\infty = \lim_{n \to \infty} \mathbf{\Pi}^n$$

deren sämtliche N Zeilen gleich der *Grenzverteilung* $\mathbf{p}_\infty$ sind. ☞ Satz 6-5

• Die Grenzverteilung $\mathbf{p}_\infty$ ist die einzige stationäre Zustandsverteilung einer regulären Markov-Kette. ☞ Satz 6-5

• Eine Markov-Kette ist genau dann regulär, wenn es eine natürliche Zahl n gibt, so dass alle Komponenten einer Spalte von $\mathbf{\Pi}^n$ ungleich null sind. ☞ Satz 6-5

Tabelle 6-4 Beschreibung stationärer diskrete Markov-Quelle mit Rückwirkung

Eine *Markov-Quelle* mit *Rückwirkung r* wird durch die vier Angaben definiert: ☞ Satz 6-6

- eine endliche nichtleere Menge der Zustände $\mathbf{S} = \{S_1, S_2, ..., S_N\}$, wobei die Zustandsmenge alle Nachrichtenvektoren der Länge r beinhaltet

- die den jeweiligen Zuständen $S_i \in \mathbf{S}$ zugeordneten gedächtnislosen diskreten Quellen mit dem Zeichenvorrat $X = \{x_1, x_2, ..., x_M\}$ und den jeweiligen Wahrscheinlichkeitsverteilungen der Zeichen $p^{(i)}(j)$

- eine Zustandsfolge $S[n] = (x[n-r], x[n-r+1], ..., x[n-1]) \in \mathbf{S}$, so dass mit den zuletzt gesendeten $r-1$ Zeichen und dem aktuellen Zeichen $x[n]$ der neue Zustand eindeutig festgelegt ist $S[n+1] = (x[n-r+1], x[n-r+2], ..., x[n-1], x[n]) \in \mathbf{S}$

- eine Startverteilung $\mathbf{p}_0$

Die *Entropie* einer stationären Markov-Quelle mit Rückwirkung r bestimmt sich als der Erwartungswert der bedingten Entropien der Teilquellen der Zustände ☞ Satz 6-8

$$H_\infty(X) = \sum_{i=1}^{N} p_\infty(i) \cdot H(X \mid S_i)$$

mit

$$H(X \mid S_i) = -\sum_{m=1}^{M} p_{S_i}(x_m) \cdot \mathrm{ld}\left(p_{S_i}(x_m)\right) \text{ bit}$$

7 Datenkompression

7.1 Einführung

Die *Datenkompression* reduziert den technischen Aufwand bei der Übertragung oder Speicherung von Information, indem der Informationsfluss der Quelle mit einer möglichst geringen Bitrate codiert wird. Es wird zwischen zwei Konzepten unterschieden:

- Unter der *Irrelevanz* versteht man vom Empfänger der Nachricht nicht benötigte Signalanteile, wie beispielsweise in der herkömmlichen Telefonie die nicht übertragenen Spektralanteile ab 3,4 kHz. Das ursprüngliche Signal kann nicht mehr rekonstruiert werden. Man spricht von einer *verlustbehafteten Codierung*.

- Mit der *Redundanz* bezeichnet man die im Signal „mehrfach" vorhandene Information. Sie kann ohne Verlust beseitigt werden, wie beispielsweise durch die Huffman-Codierung. Man spricht dann von einer *verlustlosen Codierung*.

Beeindruckende Beispiele für die Datenkompression findet man im digitalen Hörrundfunk (Digital Audio Broadcasting, DAB) und digitalen Fernsehen (Digital Video Broadcasting, DVB). Beide arbeiten auf der Grundlage der Audio- und Video-Codierung nach dem MPEG (Moving Pictures Experts Group)-Standard. Die Audio-Codierung fußt auf einem psychoakustischen Modell mit spektralen und zeitlichen Verdeckungseffekten. Die in einem Signalblock jeweils nicht hörbaren Anteile (Irrelevanz) werden weggelassen. Ähnliches gilt auch für die Video-Codierung, wobei sich durch die prädiktive Codierung (Redundanz) auf der Basis einer Bewegungsschätzung von Bildinhalten ein hoher Komprimierungsgrad erreichen lässt.

Der mit Datenkompressionsverfahren erreichbare *Kompressionsgrad*, mit dem Aufwand ohne Kompression k_o und dem Aufwand nach der Kompression k_m,

$$G_K = \frac{k_o - k_m}{k_o} \tag{7.1}$$

hängt vom Verfahren und den Eigenschaften der Quelle ab. Einige Beispiele für praktisch erzielbare Kompressionsgrade sind:

- bis zu 80 % bei Textdateien, z. B. Word97 mit ZIP;

- 87,5 % in der Telefonie beim Übergang von der PCM-Telefonie nach ITU Standard G.711 (1972) mit 64 kbit/s auf den ITU Standard G.729 (1996) mit 8 kbit/s bei etwa gleicher Hörqualität;

- ca. 90 % bei der Codierung einer Audio-CD mit $2 \cdot 16$ bit $\cdot 44$ kHz = 1408 kbit/s durch den MPEG-Standard AAC (Advanced Audio Coding) mit 112 kbit/s bei etwa gleicher Hörqualität.

Ein weiteres Beispiel ist die Entropie der deutschen Schriftsprache. Eine Häufigkeitsanalyse und Auswertung liefert den in Bild 7-1 skizzierten Zusammenhang [Küp54]. Betrachtet man die Zeichen isoliert, ergibt sich eine Entropie von etwa 4,7 bit/symbol, vgl. auch Beispiel zur Huffman-Codierung. Fasst man mehrere Zeichen zusammen, so werden Bindungen zwischen den Zeichen sichtbar, wie die Kombination von „qu" oder Silben und Wörter. Für sehr lange Blöcke kann ein asymptotisches Verhalten mit einer Grenzentropie von etwa 1,6 bit/symbol erwartet werden.

Anmerkung: Shannon hat 1950 in einem Experiment die Grenzentropie für die englische Schriftsprache mit ca. 1,3 bit/symbol bestimmt [CoTh91], [Sha51].

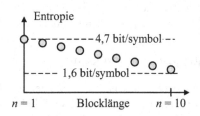

Die Verfahren zur Datenkompression teilt man in drei Gruppen:

- *statische Verfahren*, wie z. B. die Huffman-Codierung für deutsche Sprache. Im Vergleich zur ASCII-Codierung kann ein Kompressionsgrad von etwa 50 % erreicht werden;

Bild 7-1 Entropie der deutschen Schriftsprache als Funktion der Blocklänge

- *adaptive Verfahren*, wie beispielsweise die Huffman-Codierung, wobei der Codierung die gemessene Häufigkeitsverteilung zugrunde gelegt wird;

- *dynamische Verfahren*, wie z. B. die Codierung für die Datenübertragung in der Telefonie nach ITU Standard V42.bis. Indem Sie die Eigenschaften der Nachrichten über gewisse Abschnitte berücksichtigen, man spricht von lokalen Statistiken, passen sie sich Veränderungen in den Nachrichten an.

Die *Entropiecodierung* setzt die Kenntnis der Wahrscheinlichkeitsverteilung der Zeichen voraus. Oftmals sind die Wahrscheinlichkeiten vorab jedoch nicht bekannt und müssen erst per Häufigkeitsanalyse geschätzt werden. Abhilfe schaffen hier die *universellen Codierverfahren*.

☺ Universelle Algorithmen zur Datenkompression sind dynamisch und benutzen keine a priori Wahrscheinlichkeitsangaben ☞ die Codierung geschieht sofort und passt sich an!

☺ Es existieren aufwandsgünstige Algorithmen ☞ die Codierung ist effizient!

☺ Je nach Vorlage ist ein hoher Kompressionsgrad erreichbar ☞ die Codierung ist effektiv!

Im Weiteren werden zwei interessante und wichtige Verfahren exemplarisch vorgestellt. Die arithmetische Codierung, die auch mit dynamisch bestimmten Häufigkeiten durchgeführt werden kann, sowie das LZ77-Verfahren von *Lempel* und *Ziv* aus dem Jahr 1977. Von Welch wurde das Verfahren 1984 verbessert und hat als *LZW-Verfahren* Eingang in den ITU-Standard V42.bis und in das Bildformat GIF (Graphics Interchange Format) gefunden.

7.2   Arithmetische Codierung

7.2.1   Prinzip der arithmetischen Codierung

Mit der *arithmetischen Codierung* wird eine neue Art der Codierung vorgestellt. Anstatt jedem Symbol oder Block von Symbolen ein Codewort zuzuordnen, wird die gesamte Nachricht auf ein Codewort abgebildet.

Sind die relativen Häufigkeiten der Zeichen im Sender und Empfänger bekannt – beispielsweise durch fortlaufende Messungen im Sender und Empfänger – kann die Codierung im Sender nach fest vereinbarten Regeln dynamisch eingestellt werden. Sender und Empfänger greifen dabei auf die gleichen Daten zu, so dass der Empfänger die Einstellungen des Senders nachvollziehen kann. Man spricht von einem *symmetrischen Codierverfahren*.

Das Besondere an der arithmetischen Codierung ist, dass sie die relativen Häufigkeiten benutzt, um die Symbolfolge auf dem Zahlenstrahl von 0 bis 1 so abzubilden, dass die Abbildung bijektiv und symbolweise kontrahierend ist. Es entsteht zu jeder Nachricht eine Codezahl. Die Idee lässt sich am besten anhand eines Beispiels verdeutlichen.

Beispiel GELEEESSER

Der Einfachheit halber betrachten wir die etwas seltsame Zeichenfolge GELEEESSER mit den relativen Häufigkeiten in der Tabelle 7-1. Die Symbole sind nach fallender Wahrscheinlichkeit geordnet, was für den Algorithmus ohne Belang ist.

Tabelle 7-1 Zeichen und relative Häufigkeiten

Symbol	E	S	G	L	R
relative Häufigkeit	0,5	0,2	0,1	0,1	0,1

Die Codierung erfolgt wie in Bild 7-2. Man beachte die Intervalleinteilung oben. Sie entspricht der Verteilungsfunktion einer diskreten stochastischen Variablen mit den Wahrscheinlichkeiten gleich den relativen Häufigkeiten in Tabelle 7-1.

Dem ersten Zeichen G wird entsprechend seinem Platz und relativer Häufigkeit in Tabelle 7-1 das Intervall [0,7; 0,8[zugeordnet. Jede Zeichenkette, die mit G beginnt, wird durch eine Codezahl aus dem Intervall eindeutig dargestellt.

Die symbolweise Kontraktion bedeutet, dass die Codezahl dieses Intervall nicht mehr verlassen wird. Deshalb kann die erste Dezimale 7 bereits dem Codewort zugewiesen werden.

Bei den nächsten Zeichen wird ähnlich verfahren, wobei jeweils das letzte ausgewählte Intervall weiter unterteilt wird, siehe Bild 7-2. Nach dem zweiten Schritt mit dem Zeichen E ist die Codezahl auf das Intervall [0,7; 0,75[begrenzt.

Im Beispiel ergibt sich als Codewort 740387. Die führende Null und das Komma brauchen nicht dargestellt zu werden.

_____ Ende des Beispiels

Aus dem Beispiel wird deutlich:

① Zeichen mit großen Häufigkeiten werden große Intervalle zugeordnet. Große Intervalle verkleinern die Codezahl weniger als kleine. Die arithmetische Codierung reduziert damit den Aufwand, indem sie eine Codezahl mit möglichst wenigen Ziffern erzeugt.

② Bei einer langen Nachricht wird die Codezahl immer kleiner, ihre Darstellung als Binärzahl kann eine große Wortlänge erfordern.

7.2.2   Arithmetische Codierung mit Integer-Arithmetik

Die praktische Anwendung der arithmetischen Codierung erfordert weitere Überlegungen. Die Implementierung auf einem Digitalrechner ist mit der Frage nach ausreichender Wortlänge, numerischer Genauigkeit und Stabilität verknüpft [WNC87], [Str05].

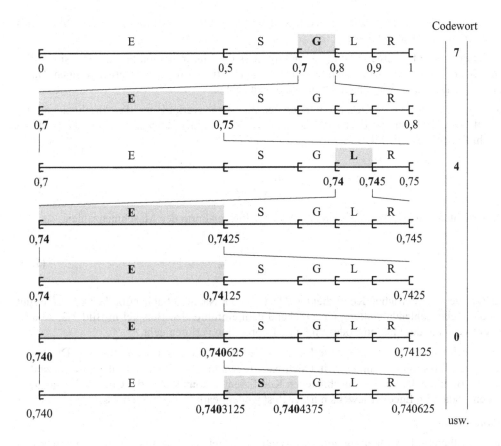

Bild 7-2 Prinzip der arithmetischen Codierung

Die auftretenden Probleme sind typisch für die praktische Anwendung von Codierverfahren, weshalb sie exemplarisch genauer betrachten werden. Wir gehen von einer Implementierung auf einem Mikroprozessor mit Festkomma-Darstellung mit Integer-Arithmetik aus und machen uns die Besonderheiten anhand eines durchgerechneten Beispiels deutlich.

Die binäre Implementierung auf dem Mikroprozessor berücksichtigen wir durch geschickte Ansätze für die Parameter, die Integer-Arithmetik und die Ausgabe einer binären Codezahl. Letzteres löst auch das Problem der effizienten Darstellung der Codezahl durch einen Bitstrom.

Integer-Arithmetik und binäre Codezahl

Da der Algorithmus die Integer-Arithmetik vorteilhaft nutzen soll, gehen wir von einer üblichen Wortlänge von 16 Bit aus, so dass die Integer-Zahlen 0, 1, 2, ..., 65535 = $2^{16} - 1$ in einem Register als Maschinenzahlen dargestellt werden können.

$$x = \sum_{i=0}^{15} b_i \cdot 2^i \quad \text{mit } b_i \in \{0,1\} \tag{7.2}$$

Die Bits b_{15} und b_0 werden ihren Wertigkeit wegen MSB (Most Significant Bit) bzw. LSB (Least Significant Bit) genannt.

Für die effiziente Implementierung ist wichtig, dass die Multiplikation und die Division mit 2 durch Schieben des Registers nach links bzw. rechts effizient realisiert werden können. Dabei ist auf Überläufe und Wortlängenverkürzungen zu achten.

Im Folgenden wird die einfachste Methode der Wortlängenverkürzung, das Abschneiden, verwendet. Das Divisionsergebnis der Maschinenzahlen x und y, kurz x/y geschrieben, ist die Maschinenzahl z für die gilt

$$z = \left\lfloor \frac{x}{y} \right\rfloor \leq \frac{x}{y} \qquad (7.3)$$

Die gesuchte binäre Codezahl C_b entspricht in der Integer-Form den Maschinenzahlen.

$$C_b = \sum_{m=0}^{M-1} c_m \cdot 2^m \quad \text{mit } c_m \in \{0,1\} \qquad (7.4)$$

Die Zahl der erforderlichen Koeffizienten M ist von der Nachricht abhängig. Mit $C_b / 2^M$ ergibt sich die reelle Zahlendarstellung entsprechend dem einführenden Beispiel in Bild 7-2, so dass bei Verwendung der binären Codezahl keine Information verloren geht.

Die Aufgabe des Encoders ist es, die Koeffizienten c_m der Codezahl zu bestimmen. Der Encoder beginnt links mit c_{M-1} und arbeitet sich nach rechts bis zum Ende der binären Codezahl c_0 vor. Die Beiträge der bereits entschiedenen Koeffizienten können von der Codezahl abgezogen werden, sodass im Encoder jeweils nur der Rest weiter bearbeitet werden muss.

Initialisierung

Für die arithmetische Codierung wird das Symbolalphabet benötigt. In einer Anwendung könnte das beispielsweise das Alphabet des ASCII-Formats Latin-1 mit 256 Zeichen sein.

Der Algorithmus in Bild 7-2 verwendet nicht die Wahrscheinlichkeiten selbst, sonder eine daraus abgeleitete Intervalleinteilung. Sie ergibt sich aus der Kumulation der Wahrscheinlichkeiten, siehe Tabelle 7-1, und beginnt mit 0 und endet mit 1– vergleichbar der Verteilungsfunktion einer diskreten stochastischen Variablen.

Für den Einsatz der Integer-Arithmetik muss das Intervall auf den Bereich der Maschinenzahlen abgebildet werden. Eine Skalierung mit der Zweierpotenz-Zahl *M1* ist vorteilhaft. Wir wählen für das Beispiel $M1 = 2^8 = 256$, so dass wir in Tabelle 7-2 zu den Zeichen die Intervallgrenzen der kumulativen Häufigkeiten $F(i)$ erhalten. $F(i)$ / *M1* liefert näherungsweise die Intervallgrenzen wie sie in Bild 7-2 oben verwendet werden. Stets gilt $F(1) = 0$ und $F(N+1) = M1$.

Anmerkungen: (i) Man stelle sich vor, dass *M1* Zeichen der Quelle in Tabelle 7-1 für eine Häufigkeitsanalyse ausgewertet wurden. Dann hätten sich im Mittel die Zahlenwerte für $F(i)$ in Tabelle 7-2 ergeben. (ii) In einer realen Anwendung soll der Stichprobenumfang *M1* groß genug gewählt werden, damit $F(i+1) > F(i)$ gilt. Gegebenenfalls sind den nicht aufgetretenen Zeichen die Häufigkeiten 1 zuzuordnen, um die Stabilität des Algorithmus zu gewährleisten.

Für die Beschreibung des Intervalls mit der Codezahl werden die Register für die Intervallgrenzen *LO* (Low) und *HI* (High) eingeführt. Die Intervallgrenzen liegen ebenfalls im Zahlenbereich von 0 bis 1 und müssen auf die Maschinenzahlen abgebildet werden. Dem Maximalwert 1 wird, der einfacheren Rechnung wegen, die Zweierpotenz *M2* zugeordnet. Um eine hinreichende feine Intervalleinteilung zu ermöglichen, muss sie groß genug gewählt werden. Im Beispiel wird $M2 = 2^{16}$ gesetzt, so dass die Intervallgrenzen LO und HI durch die 16-Bit-Maschinenzahlen – mit Ausnahme des Maximalwertes $M2$ – dargestellt werden können. Zu Beginn werden die Grenzen mit der kleinsten bzw. der größten darstellbaren Maschinenzahl initialisiert. Die Abweichung um 1 vom Maximalwert $M2$ wird bei der Codierung berücksichtigt. Tabelle 7-2 fasst die Initialisierung zusammen.

Tabelle 7-2 Initialisierung zur arithmetischen Codierung mit Integer-Arithmetik

Zeichenvektor	$(S(1), S(2), ..., S(N)) = $ (E, S, G, L, R) mit $N = 5$
Vektor der kumulativen Häufigkeiten	$(F(1), F(2), ..., F(N+1)) = (0, 128, 179, 205, 230, M1)$ mit $M1 = 2^8 = 256$
Intervallregister	$LO = 0,\ HI = M2 - 1$ mit $M2 = 2^{16} = 65536$

Codierung

Mit dem ersten Zeichen beginnt die Codierung. Es wird zuerst die verfügbare Intervallbreite R (Range) bestimmt

$$R = HI - LO + 1 \tag{7.5}$$

Die Intervallbreite ist gleich der Differenz aus oberer und unterer Intervallgrenze, wobei die Addition von 1 die Beschränkung von HI auf $M2 - 1$ berücksichtigt. Die maximale Intervallbreite der Integer-Arithmetik wird somit $M2$, was der ursprünglichen Intervallbreite 1 entspricht. Der Maximalwert überschreitet den darstellbaren Zahlenbereich. Er tritt beim ersten Symbol auf, was später noch berücksichtig wird.

Danach werden die obere und die untere Intervallgrenze für das Symbol $S(i)$ neu berechnet.

$$HI = LO + R \cdot F(i+1) / M1 - 1$$
$$LO = LO + R \cdot F(i) / M1 \tag{7.6}$$

Die Intervalleinteilung wird verfeinert, vgl. Bild 7-2. Wie in der Initialisierung wird die neue obere Intervallgrenze HI um 1 erniedrigt.

Anmerkung: Ist das 1. Symbol das letzte in der Tabelle, so ist $HI = 0 + M2 \cdot F(N+1) / M1 - 1 = M2 - 1$.

Die beiden Divisionen mit $M1$ können vorteilhaft in die Berechnung der Intervallbreite einbezogen werden, siehe Tabelle 7-3. Damit wird es möglich die Intervallbreite für das erste zu codierende Symbol mit $M2 / M1$ als Maschinenzahl zu initialisieren.

Für die Stabilität des Algorithmus ist wichtig, dass HI nicht kleiner als LO wird, also mit $F(i+1) \geq F(i) + 1$ die normierte Intervallbreite stets $R \geq 1$ ist.

Nach diesen Vorbereitungen kann der Algorithmus der Codierung am Beispiel der Nachricht GELEEESSER entwickelt werden.

Tabelle 7-3 Berechnung der Intervallgrenzen, wenn Zeichen $S(i)$ empfangen

Normierte Intervallbreite	$R = (HI - LO + 1) / MI$ mit Initialisierung $R = M2 / MI$
Neue obere Intervallgrenze	$HI = LO + R \cdot F(i+1) - 1$
Neue untere Intervallgrenze	$LO = LO + R \cdot F(i)$

Beispiel   Arithmetische Codierung mit Integer-Arithmetik

Wir führen das Beispiel GELEESSER fort.

Zunächst wird eine Initialisierung nach Tabelle 7-2 vorgenommen. Zusätzlich werden die Hilfsgrößen $Q1$, $Q2$ und $Q3$, für spätere Vergleiche und die Hilfsvariable MEM, als Gedächtnis, eingeführt. Die normierte Intervallbreite R wird vorbesetzt. Die einzelnen Schritte können der Tabelle 7-4 entnommen werden.

Danach wird das erste Zeichen, das Zeichen G eingelesen und verarbeitet. Wie in Tabelle 7-3 werden die Intervallgrenzen HI und LO aktualisiert.

Nun erfolgt ein Verarbeitungsschritt, ohne den eine praktische Anwendung nicht möglich wäre: das Ausgeben von bereits bekannten Binärzeichen der Codezahl und das Schieben der Register für die Intervallgrenzen.

Im Beispiel ist die untere Intervallgrenze LO größer als $Q2$, so dass die binäre Codezahl mit dem Bit 1 beginnt (LSB, $b_{15} = 1$). Das Bit kann bereits ausgegeben werden, $OUT = 1$. Für die weitere Verfeinerung spielt das Bit keine Rolle mehr. Seine Wertigkeit $Q2$ ($= 2^{15}$) wird von den Intervallgrenzen subtrahiert. Damit gilt LO und $HI < Q2$ und die Intervallgrenzen können durch Multiplikation mit 2, in der Integer-Arithmetik ein Schieben nach links, ohne Überlauf neu skaliert werden. Das entspricht einer Vergrößerung der effektiven Wortlänge für die binäre Codezahl und die Intervallgrenzen um ein Bit. Man beachte, dass im LSB der oberen Intervallgrenze eine 1 und der unteren eine 0 nachgezogen wird. Die Situation wird in Bild 7-3 oben illustriert.

Tabelle 7-4 Zahlenwertbeispiel zur Arithmetischen Codierung

Initialisierung	$MI = 2^8 = 256$, $M2 = 2^{16} = 65536$, $Q1 = 1 \cdot M2 / 4 = 2^{14} = 16384$, $Q2 = 2 \cdot M2 / 4 = 2^{15} = 32768$ $Q3 = 3 \cdot M2 / 4 = 49152$, $MEM = 0$ ($S(1), S(2), ..., S(N)$) = (E, S, G, L, R) , $N = 5$ ($F(1), F(2), ..., F(N+1)$) = (0, 128, 179, 205, 230, MI) $LO = 0$, $HI = M2 - 1 = 65535$ $R = M2 / MI = 256$
Zeichen G	$HI = 0 + 256 \cdot 205 - 1 = 52479$, $LO = 0 + 256 \cdot 179 = 45824$
Ausgeben und Schieben?	$LO \geq Q2$, $MEM = 0$ ☞ $OUT = 1$, $MEM = 0$ $HI = 2 \cdot (HI - Q2) + 1 = 2 \cdot (52479 - 32768) + 1 = 39423$ $LO = 2 \cdot (LO - Q2) = 2 \cdot (45824 - 32768) = 26112$

wird fortgesetzt

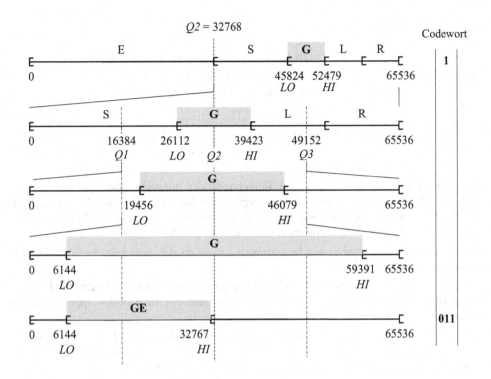

Bild 7-3 Ausgeben und neu skalieren im Encoder

Wie Bild 7-3 zeigt, liegt zu Beginn ein relativ schmales Intervall vor, weshalb die Berechnung der normierten Intervallbreite mit der Integer-Division, siehe Tabelle 7-3, einen relativ großen Fehler durch das Abschneiden von 8 Bit verursacht. Durch eine Fehlerfortpflanzung kann das eventuell zu Problemen führen. Durch erneute Skalierung kann der Effekt reduziert werden.

Gilt

$$Q1 \leq LO < Q2 \quad \text{und} \quad Q2 \leq HI < Q3 \tag{7.7}$$

ist die Intervallbreite stets kleiner gleich $Q2 = M2 / 2$. Das Intervall kann ohne Überlauf um den Faktor 2 verbreitert werden, wenn es erst um $Q1$ nach links verschoben wird, siehe Bild 7-3.

Anders als bei der ersten Skalierung, kann das MSB nicht entschieden werden. Die Entscheidung ist später, wenn mehr Zeichen berücksichtigt werden können, nachzuholen. Zur Erinnerung wird die Hilfsvariable $MEM = 1$ gesetzt, siehe Fortsetzung 1 Tabelle 7-4.

Im Beispiel wird nochmals ohne Bitausgabe skaliert und in MEM vermerkt.

Nun ist keine weitere Skalierung mehr möglich. Die normierte Intervallbreite wird berechnet.

Anmerkung: Durch die Skalierung wird sichergestellt, dass die Intervallbreite stets größer oder gleich $M2/4$ ist, also im Beispiel $64 < R \leq 256$.

< Fortsetzung 1 von Tabelle 7-4 >

Ausgeben und Schieben?	$Q1 \leq LO < Q2$ und $Q2 \leq HI < Q3$ ☞ $MEM = MEM + 1 = 1$ $HI = 2 \cdot (HI - Q1) + 1 = 2 \cdot (39423 - 16384) + 1 = 46079$ $LO = 2 \cdot (LO - Q1) = 2 \cdot (26112 - 16384) = 19456$ $Q1 \leq LO < Q2$ und $Q2 \leq HI < Q3$ ☞ $MEM = MEM + 1 = 2$ $HI = 59391, \ LO = 6144$
Skalierte Intervallbreite	$R = 208$

wird fortgesetzt

Jetzt wird das nächste Zeichen E mit der Berechnung der Intervallgrenzen HI und LO verarbeitet, siehe Fortsetzung 2 Tabelle 7-4. Es ergibt sich das Intervall in der linken Hälfte in Bild 7-3 unten. Mit $HI < Q2$ ist eine eindeutige Entscheidung möglich. Im Beispiel ist das MSB für alle Maschinenzahlen im Intervall der Codezahl gleich 0.

Anmerkung: Codezahl und Bitpositionen beziehen sich jeweils auf den Ausschnitt der im Codierungsalgorithmus aktuell erfasst wird.

Eine Ausgabe von $OUT = 0$ und weitermachen wie zu Beginn, würde die beiden Skalierungsschritte ohne Ausgabe, siehe $MEM = 2$, übergehen. Aus diesem Grund sind weitere Überlegungen erforderlich.

In den beiden Skalierungsschritten ohne Bitausgabe wird jeweils zuerst $Q1 = 2^{14}$ von den Intervallgrenzen abgezogen und dann mit 2 multipliziert. Zunächst ist festzustellen, dass bei der Skalierung die Maschinenzahl $Q2$ wieder auf sich selbst abgebildet wird.

$$2 \cdot (Q2 - Q1) = Q2 \tag{7.8}$$

Die anderen Maschinenzahlen im Intervall behalten ihre Lage links oder rechts davon bei.

Gilt nach der Skalierung $HI < Q2$ darf auf $b_{15} = 0$ vor der Skalierung geschlossen werden. Die beiden nachfolgenden Skalierungen ohne Bitausgabe liefern dann jeweils auch das MSB gleich 0, so dass sich die Bitkombination 000 einstellt.

Man beachte: Bei der Skalierung ohne Bitausgabe wird stets $Q1$ von den Intervallgrenzen subtrahiert. Dies verändert die Codezahl! Der Algorithmus behandelt die Codezahl ebenso. Statt der ursprünglichen Codezahl wird eine modifizierte Zahl berechnet. Die Modifikation muss korrigiert werden, indem für jede Skalierung ohne Bitausgabe jeweils $Q1$ addiert wird. Das entspricht dem Setzen von $b_{14} = 1$; und, da zweimal ohne Bitausgabe skaliert wurde, auch $b_{13} = 1$. Das auszugebende Bitmuster ist deshalb 011.

Mit der Ausgabe des korrekten Bitmusters 011 und $MEM = 0$ kann der Algorithmus mit den berechneten Intervallgrenzen fortgesetzt werden.

< Fortsetzung 2 von Tabelle 7-4 >

Symbol E	$HI = 6144 + 208 \cdot 128 - 1 = 32767, \ LO = 6144 + 208 \cdot 0 = 6144$
Ausgeben und Schieben?	$HI < Q2, \ MEM = 2$ ☞ $OUT =$ **011**, $MEM = 0$ $HI = 2 \cdot HI + 1 = 2 \cdot 32767 + 1 = 65535$ $LO = 2 \cdot LO = 2 \cdot 6144 = 12288$
Skalierte Intervallbreite	$R = 208$

Bevor der Algorithmus fortgesetzt wird, leiten wir die allgemeine Regel für die Entscheidung und Skalierung ab. Dazu betrachten wir den anderen Fall mit dem Intervall in der rechten Hälfte, $LO \geq Q2$. Dann ist das MSB gleich 1, was sich gegebenenfalls wieder auf alle Skalierungen ohne Bitausgabe überträgt. Man beachte, dass bei Ausgabe des Bit seine Wertigkeit $Q2$ von den Intervallgrenzen vor der Skalierung abzuziehen ist. Tatsächlich wird nur $Q1$ subtrahiert, so dass dies korrigiert werden muss. Das entspricht dem Rücksetzen von $b_{14} = 0$. Dies ist entsprechend der Zahl der Skalierungen ohne Bitausgabe zu wiederholen. Die Regeln für die Bitausgabe und Skalierung sind in Tabelle 7-5 als MATLAB-Programm zusammengefasst.

Man beachte, die einzige Stelle mit einer numerischen Ungenauigkeit ist die Division der Intervallbreite durch $M1$ in der letzten Zeile im Programm.

Tabelle 7-5 Regeln für das Ausgeben der Codewortbit und das Skalieren der Intervallgrenzen (MATLAB-Programm mit Zeichenverkettung strcat (concatenate strings) und Runden zu einer Integer-Zahl mit Betragsabschneiden fix)

```
function [OUT,R,LO,HI,MEM] =
   arithm_encfunc(F1,F2,M1,Q1,Q2,Q3,R,LO,HI,MEM)
HI = LO + R*F2 - 1; LO = LO + R*F1;
OUT = [];
while 1
   if LO >= Q2 % MSB = 1
      Out = strcat(OUT,'1');
      for n = 1:MEM, Out = strcat(OUT,'0'); end
      MEM = 0; HI = HI - Q2; LO = LO - Q2;
   elseif HI < Q2 % MSB = 0
      OUT = strcat(OUT,'0');
      for n = 1:MEM, Out = strcat(OUT,'1'); end
      MEM = 0;
   elseif LO >= Q1 && HI < Q3 % MSB = ?
      MEM = MEM + 1; HI = HI - Q1; LO = LO - Q1;
   else
      break
   end
   HI = 2*HI + 1; LO = 2*LO;
end
R = HI - LO + 1; R = fix(R/M1);
```

Nun kann das nächste Zeichen L verarbeitet werden, siehe MATLAB-Programm in Tabelle 7-6.

Am Ende ist die Codierung definiert abzuschließen. Eventuell zurückgestellte Entscheidungen sind zu treffen. Um die Decodierung beim Abschluss zu unterstützen, wird noch ein zusätzliches Bit übertragen. Die Regeln für den Abschluss der Codierung sind am Ende der Tabelle 7-6 zusammengefasst.

Im Beispiel ist das ausgegebene binäre Codewort C_b = 10111101100000100000. Es hat die Länge von 20 Bit. Hätte man die 10 Zeichen direkt dargestellt, so wären pro Zeichen 3 Bit, also insgesamt 30 Bit erforderlich gewesen.

Der Vergleich mit der Entropie der Quelle in Tabelle 7-1, H = 1,96 bit/symbol, deutet auf eine effiziente Codierung hin.

Anmerkung: Da die Wahrscheinlichkeiten durch relative Häufigkeiten geschätzt werden können, lässt sich die Intervalleinteilung prinzipiell während des Codiervorgangs dynamisch anpassen. Es bietet sich an, nach je nach Vielfachen von *M1* Symbolen die Häufigkeiten zur Berechnung von *F(i)* zu aktualisieren. Durch unterschiedliche Gewichtung von alten und neuen Werten kann eine dynamische Anpassung an die Quelle vorgenommen werden. Entsprechend der Häufigkeit und der Art der dynamischen Anpassung entsteht einerseits ein Zusatzaufwand, andererseits wird dadurch der Kompressionsgrad je nach Quelle entscheidend beeinflusst.

Tabelle 7-6 MATLAB-Programm für die Arithmetische Codierung (Hauptprogramm)

```
M1 = 2^8; M2 = 2^16; Q1 = M2/4; Q2 = 2*M2/4; Q3 = 3*M2/4;
S = ['E','S','G','L','R'];
F = [0 128 179 205 230 M1];
LO = 0; HI = M2-1;
R = HI - LO + 1; R = floor(R/M1);
Message = 'GELEEESSER';
% Encoding
Codeword = []; MEM = 0;
for k = 1:length(Message)
    for Index = 1:length(S)
        if strcmp(Message(k),S(Index))
            F1 = F(Index); F2 = F(Index+1);
            break
        end
    end
    [Out,R,LO,HI,MEM] = arithm_encfunc(F1,F2,M1,Q1,Q2,Q3,R,LO,HI,MEM);
    Codeword = strcat(Codeword,Out);
end
% Termination
MEM = MEM + 1;
if LO < Q1
    Out = '0';
    for n = 1:MEM, Out = strcat(Out,'1'); end
else
    Out = '1';
    for n = 1:MEM, Out = strcat(Out,'0'); end
end
Codeword = strcat(Codeword,Out);
```

7.2.3   Decodierung mit Integer-Arithmetik

Der Decoder hat die Aufgabe, aus der binären Codezahl die Zeichenfolge zu rekonstruieren. Da es sich bei der arithmetischen Codierung um eine symmetrische Codierung handelt, stehen Encoder und Decoder zu Beginn die gleichen Informationen zur Verfügung – abgesehen von der Zeichenfolge bzw. Codezahl.

Der Decoder ist deshalb in der Lage, die Initialisierung wie der Encoder vorzunehmen und den Codiervorgang nachzuvollziehen. Dies ist auch notwendig, wie der Codiervorgang in Tabelle 7-4 zeigt. Entsprechend der Nachricht wird bei der Codierung eines Zeichens manchmal kein Bit und manchmal sogar mehrere ausgegeben. Eine einfache Zuordnung ist nicht möglich.

Da der Decodieralgorithmus durch den Codieralgorithmus vorgegeben ist, soll er im Folgenden nur kurz anhand eines Programmbeispiels vorgestellt werden.

Das Programm ist in Tabelle 7-7 zusammengestellt. Es beginnt mit der Initialisierung wie in Tabelle 7-4 für den Encoder.

Aus der binären Bitfolge wird ein Schätzwert für die Codezahl der Integer-Arithmetik als Maschinenzahl bestimmt und in der Variablen C gespeichert. Es werden die ersten 16 Bits ausgewertet.

Danach werden die Hilfsvariablen *BP* (Bitzeiger), *LO* und *R* initialisiert.

Anmerkungen: (i) Es können auch weniger als 16 Bit sein, wenn sichergestellt ist, dass der maximale Fehler des Schätzwertes kleiner ist als die Auflösung der kumulativen Häufigkeit, siehe *M1*. (ii) Im Beispiel ist *M2 / M1 = M1*.

Tabelle 7-7 Hauptprogramm zur Decodierung (MATLAB)

```
M1 = 2^8; M2 = 2^16; Q1 = M2/4; Q2 = 2*M2/4; Q3 = 3*M2/4;
S = ['E','S','G','L','R'];
F = [0 128 179 205 230 M1];
Codeword = '1011110110000010000';
C = 0;
for m = 1:16
    C = C + str2double(Codeword(m))*2^(16-m);
end
Message = []; BP = 16; LO = 0; R = M1;
for K = 1:10
[Symbol,LO,C,MEM,R] = arithm_decfunc(F,S,M1, Q1,Q2,Q3,LO,C, R);
    Message = strcat(Message,Symbol);
    if BP+MEM <= length(Codeword)
        for m = 1:MEM
            C = C + str2double(Codeword(BP+m))*2^(MEM-1);
        end
        BP = BP + MEM;
    end
end
```

Nach der Initialisierung beginnt die Decodierung der 10 Zeichen. Sie stützt sich auf die Funktion `arthm_decfunc` in Tabelle 7-8. Zuerst wird das nächste Symbol bestimmt. Dazu wird der Schätzwert der Codezahl *C* mit den Intervallgrenzen der kumulativen Häufigkeiten verglichen. Da sich letztere auf das normierte Intervall von 0 bis 1 beziehen, müssen die bei der Codierung vorgenommenen Skalierungen der Codezahl berücksichtigt werden. Dazu wird die aktuelle untere Intervallgrenze *LO* vom momentanen Schätzwert *C* abgezogen und die aktuelle Intervallbreite *R* berücksichtigt.

Danach ist das neue Zeichen bekannt. Die obere und untere Intervallgrenze, *HI* bzw. *LO*, werden angepasst. Das entspricht der Verfeinerung des Intervalls in Encoder durch Codierung des neuen Zeichens, siehe auch Bild 7-3.

Nun werden die Skalierungen der Intervalle nachvollzogen und in den Schätzwert der Codezahl *C* eingearbeitet. Die Zahl der Skalierungen ohne Bitausgabe wird in der Hilfsvariablen *MEM* gespeichert.

Ist die Skalierung abgeschlossen, wird die Intervallbreite *R* bestimmt und normiert.

Danach wird in das aufrufende Hauptprogramm zurückgesprungen. Dort wird das decodierte Zeichen ausgegeben und der Schätzwert der Codezahl *C* entsprechend den Skalierungen aktualisiert. Für jede Intervallskalierungen mit dem Faktor 2 wird ein weiteres Bit der binären Codezahl zum aktuellen Schätzwert hinzugefügt. Nach der Aktualisierung wird die Decodierung im Unterprogramm fortgesetzt.

Tabelle 7-8 Unterprogramm zur Decodierung

```
function [Symbol,LO,C,MEM,R] = arithm_decfunc(F,S,M1,Q1,Q2,Q3,LO,C,R)
CC = C - LO + 1;
for k = length(F)-1:-1:1
    if R*F(k) < CC
        Symbol = S(k); break
    end
end
HI = LO + R*F(k+1) - 1; LO = LO + R*F(k);
MEM = 0;
while 1
    if LO >= Q2 % MSB = 1
        LO = LO - Q2; HI = HI - Q2;
        C = C - Q2;
    elseif HI < Q2 % MSB = 0
    elseif LO >= Q1 && HI < Q3 % MSB = ?
        LO = LO - Q1; HI = HI - Q1;
        C = C - Q1;
    else
        break
    end
    LO = 2*LO; HI = 2*HI + 1;
    MEM = MEM + 1;
    C = 2*C;
end
R = HI - LO + 1; R = fix(R/M1);
```

7.3   Lempel-Ziv-Codierung

Das Codierungsverfahren LZ77 nach Lempel und Ziv beruht auf dem Prinzip eines dynamischen Wörterbuches [ZiLe77]. Wir stellen kurz das Konzept vor und veranschaulichen es durch einfache Beispiele.

Für das Codierungsverfahren sind vier Überlegungen wichtig, siehe Bild 7-4:

– Die zu codierende Zeichenfolge wird so in bereits codierte Phrasen (Teilfolgen) zergliedert (Parsing), dass alle Phrasen verschieden sind.

– Bereits codierte Phrasen dienen als Wörterbuch und werden im Phrasenspeicher abgelegt.

– Die Codierung geschieht mit Ersatzzeichen, die auf die Phrasen im Phrasenspeicher verweisen

– Die Codierung ist ein dynamischer blockorientierter Vorgang. Ein über die zu codierende Zeichenfolge gleitendes Fenster aus Phrasenspeicher und Look-ahead-Buffer stellt einen lokalen und somit dynamischen Kontextbezug her.

					Phrasenspeicher		Look-ahead-Buffer	
"	T	O	B	E	O	R	N	O	T	T	O	B	E	,	T	H

| 15 | 14 | 13 | 12 | 11 | 10 | 9 | 8 | 7 | 6 | 5 | 4 | 3 | 2 | 1 | 1 | 2 | 3 | 4 | 5 | 6 | 7 |

über den gesamten Text gleitendes Fenster ☞

Bild 7-4 Gleitendes Fenster mit der Übereinstimmung „TO BE"

Bei der Codierung wird der Text durch *Ersatzzeichen* substituiert. Die Ersatzzeichen enthalten die relative Adresse der Zeichenfolge im Phrasenspeicher, die Zahl der übereinstimmenden Zeichen und das folgende Zeichen im Look-ahead-Buffer, siehe Bild 7-5. Im Beispiel in Bild 7-4 ergibt sich für die Zeichenkette „TO BE" das Ersatzzeichen [13, 5, ,].

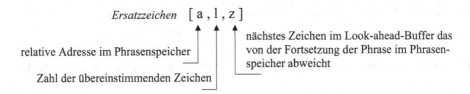

Bild 7-5 Aufbau der Ersatzzeichen

Das LZ77-Verfahren ist ein relativ einfaches Beispiel für die *Phrasencodierung*. Es ist universell einsetzbar und passt sich dynamisch an die lokale Statistik der Nachricht an. Für die praktische Anwendung sind jedoch noch einige Überlegungen erforderlich.

Die Beispiele in Bild 7-6 behandeln wichtige Sonderfälle:

- Im ersten ist der Look-ahead-Buffer erschöpft, da die Zahl der übereinstimmenden Zeichen nicht größer als 7 werden kann.

- Im zweiten wird keine Entsprechung für das Zeichen E im Phrasenspeicher gefunden. Es wird eine so genannte *Nullphrase* [0, 0, *Zeichen*] eingefügt. Anhand der beiden Nullen wird sie im Decoder eindeutig erkannt.

- Ein weiterer interessanter Fall ist die Zeichenwiederholungen, der so genannte *Character Run* im unteren Beispiel. Er wird durch zwei Ersatzzeichen codiert. An der führenden „0" wird wieder ein Sonderfall angezeigt. Durch die „1" und das folgende Zeichen wird das Zeichen angezeigt. Im nachfolgenden Ersatzzeichen werden die Zahl der Wiederholungen und das erste nachfolgende Zeichen codiert.

Die Codierung nach Lempel und Ziv führt zu einer Datenkompression, wenn der Codierungsaufwand in Binärzeichen des Ersatzzeichens geringer ist als der Aufwand für die direkte Codierung, wie z. B. im ASCII-Code mit 8 Bit pro Zeichen.

Der Codierungsaufwand für ein Ersatzzeichen lässt sich mit der Fensterlänge des Phrasenspeichers w_P und des Look-ahead-Buffers w_L und der Zeichencodierung mit z. B. 8 Bit angeben.

	Phrasenspeicher	Look-ahead-Buffer
	I N F O R M A T I O N I S	I N F O R M A T
	15 14 13 12 11 10 9 8 7 6 5 4 3 2 1	1 2 3 4 5 6 7

$$[15, 7, T]$$

	Phrasenspeicher	Look-ahead-Buffer
	M A T I O N N O T M A T T	E R N O R E
	15 14 13 12 11 10 9 8 7 6 5 4 3 2 1	1 2 3 4 5 6 7

$$[0, 0, E]$$

	Phrasenspeicher	Look-ahead-Buffer
	Y - M O R N I N G - N E W S -	* * * * * * - N
	15 14 13 12 11 10 9 8 7 6 5 4 3 2 1	1 2 3 4 5 6 7

$$[0, 0, *] \quad [0, 5, -]$$

Bild 7-6 Beispiele für die Codierung mit dem LZ77-Verfahren mit Nullphrase und Character Run

$$\frac{k_E}{\text{bit}} = \operatorname{ld} w_P + \operatorname{ld} w_L + 8 \tag{7.9}$$

Für den typischen Fall von $w_P = 2^{12} = 4096$ und $w_L = 2^4 = 16$ ergeben sich 24 Bit für ein Ersatz-zeichen. Bei Phrasen mit drei übereinstimmenden Zeichen werden mit 24 Bit für das Ersatz-zeichen zu 32 Bits für vier ASCII-Zeichen bereits 25 % eingespart.

Für die Lempel-Ziv-Codierung ist festzustellen:

☺ Häufig auftretende Zeichenketten werden effektiv codiert.

☺ Selten auftretende Zeichen werden mit der Zeit aus dem Phrasenspeicher entfernt.

☺ Zeichenwiederholungen (Character Runs) werden effektiv codiert.

☹ Nullphrasen müssen mit relativ vielen Bit dargestellt werden.

☺ Die Lempel-Ziv-Codierung ist asymptotisch optimal in dem Sinne, dass für sehr lange Texte die Redundanz fast vollständig beseitigt wird.

☺ Praktisch erreichbare Komprimierungsgrade liegen bei langen Texten bei 50 ... 60 %.

Mit dem LZ78-Verfahren [ZiLe78] wurde eine verbesserte Version der Phrasencodierung vor-geschlagen. Wesentlicher Unterschied ist die Verwendung eines abgesetzten Phrasenspeichers, der die Nachbarschaft zwischen den Phrasen aufhebt. So lassen sich beispielsweise die Phrasen nach ihren Häufigkeiten speichern. Zur Phrasenauswahl werden nur noch 2 Zeichen pro Ersatz-zeichen benötigt. Der LZW-Algorithmus [Wel84] geht noch einen Schritt weiter. Der Phrasen-speicher wird mit allen möglichen Zeichen vorbesetzt und dynamisch erweitert. Es wird nur noch der Index als Ersatzzeichen übertragen. Je nach Anwendung sind Modifikationen bzw. zusätzliche Maßnahmen denkbar [Str05].

8 Diskrete gedächtnislose Kanäle und Transinformation

8.1 Einführung

Im Zusammenhang mit den Verbundquellen in Abschnitt 4 haben wir Zeichenpaare betrachtet und eine neue Größe eingeführt, den wechselseitige Informationsgehalt $I(x;y)$. Der wechselseitige Informationsgehalt spiegelt die aufgelöste Ungewissheit über das Zeichen y wieder, wenn x bekannt ist – oder umgekehrt, siehe auch Tabelle 4-3.

Wir wollen hier die Überlegungen aufgreifen und den wechselseitigen Informationsgehalt in den Mittelpunkt stellen. Dabei erweitern wir das Anwendungsfeld, indem wir das Konzept der verbundenen Quellen auf die in der Informationstechnik wichtigen Kanäle anwenden. Mit Hilfe des neuen Begriffs der Transinformation gelingt es schließlich, das Übertragungsvermögen des Kanals, die Kanalkapazität, abzuschätzen.

Im shannonschen Übertragungsmodell wird die Information einer Quelle über den Kanal an den Empfänger übertragen und von dort an die Sinke weitergereicht. Für einen „Teilnehmer" der nur den Ausgang des Empfängers kennt, ist der Empfänger selbst die Quelle der Information. Das Bild der gekoppelten Quellen ist deshalb unmittelbar auf die Übertragungskette Sender-Kanal-Empfänger anzuwenden. In Bild 8-1 sind Sender und Empfänger als Quellen durch einen Kanal miteinander gekoppelt. Sollte die Übertragung nicht sinnlos sein, so müssen die Zeichen der einen Quelle Rückschlüsse auf die Zeichen der anderen zulassen.

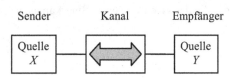

Bild 8-1 Übertragungsmodell

Wir machen uns das Konzept des Kanals anhand des symmetrischen Binärkanals im nächsten Abschnitt deutlich.

8.2 Symmetrischer Binärkanal

Der *symmetrische Binärkanal* (Binary Symmetric Channel, BSC) ist ein einfaches Beispiel für die Wechselwirkung zweier diskreter gedächtnisloser Quellen. Darüber hinaus spielt er in der Nachrichtentechnik als digitaler Ersatzkanal für die unipolare und bipolare Übertragung eine herausragende Rolle [Wer06]. Er eignet sich sowohl für analytische Berechnungen als auch für die Monte-Carlo-Simulation, z. B. von Kanalcodierverfahren oder Netzsimulationen.

Der symmetrische Binärkanal wird durch das *Kanalübergangsdiagramm* in Bild 8-2 beschrieben. Den Zeichen der Binärquelle X werden mögliche Übergänge auf die Zeichen der Binärquelle Y zugewiesen. An den Pfaden sind die jeweiligen Übergangswahrscheinlichkeiten angeschrieben. Die Übergänge

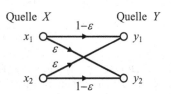

Bild 8-2 Kanalübergangsdiagramm des symmetrischen Binärkanals

mit der Wahrscheinlichkeit ε stehen für einen Übertragungsfehler. Man spricht deshalb auch von der *Fehlerwahrscheinlichkeit* ε mit $0 \le \varepsilon \le 1/2$. Eine zum Bild 8-2 äquivalente Beschreibung liefert die Kanalübergangsmatrix, kurz Kanalmatrix genannt. Sie wird durch die Übergangswahrscheinlichkeiten aufgebaut und ist eine *stochastische Matrix*, die dadurch gekennzeichnet wird, dass die Summe aller Elemente einer Zeile, die Zeilensumme, stets gleich eins ist.

Kanalmatrix mit den Übergangswahrscheinlichkeiten $p(y_j / x_i)$ für M Zeichen x_i am Eingang und N Zeichen y_j am Ausgang

$$\mathbf{P}_{Y/X} = \begin{pmatrix} p(y_1/x_1) & p(y_2/x_1) & \cdots & p(y_N/x_1) \\ p(y_1/x_2) & p(y_2/x_2) & \cdots & p(y_N/x_2) \\ \vdots & \vdots & \ddots & \vdots \\ p(y_1/x_M) & p(y_2/x_M) & \cdots & p(y_N/x_M) \end{pmatrix} \tag{8.1}$$

Im Falle des symmetrischen Binärkanals ergibt sich

$$\mathbf{P}_{Y/X} = \begin{pmatrix} 1-\varepsilon & \varepsilon \\ \varepsilon & 1-\varepsilon \end{pmatrix} \tag{8.2}$$

Aus der Symmetrie der Übergänge folgt die wichtige Eigenschaft, dass eine Gleichverteilung der Zeichen am Eingang eine Gleichverteilung der Zeichen am Ausgang erzeugt.

Mit dem Modell des symmetrischen Binärkanals bekommen der bedingte und der wechselseitige Informationsgehalt von Zeichenpaaren eine anschauliche Bedeutung, so dass die Ergebnisse mit Erfahrungen verifiziert werden können.

Für die folgenden Überlegungen wird eine Gleichverteilung am Eingang angenommen. Zunächst ergeben sich die bedingten Informationsgehalte der hier möglichen vier Zeichenpaare

$$I(y_1/x_1) = I(y_2/x_2) = -\operatorname{ld}(1-\varepsilon) \text{ bit}$$
$$I(y_2/x_1) = I(y_1/x_2) = -\operatorname{ld}\varepsilon \text{ bit} \tag{8.3}$$

Für die wechselseitigen Informationsgehalte resultieren mit der Gleichverteilung der Zeichen am Kanalausgang

$$I(x_1; y_1) = I(x_2; y_2) = \operatorname{ld}\frac{1-\varepsilon}{1/2} \text{ bit} = 1 \text{ bit} + \operatorname{ld}(1-\varepsilon) \text{ bit}$$
$$I(x_2; y_1) = I(x_1; y_2) = \operatorname{ld}\frac{\varepsilon}{1/2} \text{ bit} = 1 \text{ bit} + \operatorname{ld}\varepsilon \text{ bit} \tag{8.4}$$

Die wechselseitig ausgetauschte Information resultiert aus dem Informationsgehalt der gleichverteilten Binärzeichen von je 1 bit, also der maximal austauschbaren Information, abzüglich einer Informationsgröße, die nur von der Fehlerwahrscheinlich ε abhängt. Anhand der drei wichtigen Sonderfälle in Tabelle 8-1 wird das noch deutlicher: die fehlerfreie Übertragung, die vollständig zufällige Übertragung und die vertauschte Übertragung der Zeichen.

Tabelle 8-1 Wechselseitiger Informationsgehalt im symmetrischen Binärkanal – Sonderfälle

Übertragung	ε	$I(x_1;y_1)$	Kommentar
fehlerfrei	0	1 bit	die Information wird vollständig weitergegeben
vollständig zufällig	1/2	0 bit	kein Informationsaustausch, X und Y sind unabhängig
vertauscht	1	1 bit	die Information wird vollständig weitergegeben, wenn der Empfänger die Zuordnung ebenfalls vertauscht

Abschließend betrachten wir die Funktionsverläufe des bedingten und des wechselseitigen Informationsgehaltes in Bild 8-3. Es bestätigt die eben diskutierten Sonderfälle. Im fehlerfreien BSC mit gleichwahrscheinlichen Zeichen am Eingang wird genau 1 bit an Information pro Zeichenübergang ausgetauscht. Mit wachsender Fehlerwahrscheinlichkeit nimmt die übertragene Information ab, wobei im Grenzfall $\varepsilon = 1/2$ kein Informationsaustausch möglich ist. Die Summe aus dem wechselseitigen und dem bedingten Informationsgehalt ist unabhängig von ε stets 1 bit, da die Zeichen am Kanalausgang gleichverteilt sind, siehe auch (8.3) und (8.4).

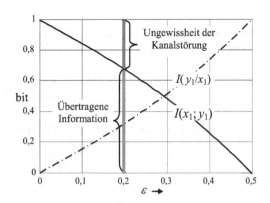

Bild 8-3 Bedingter und wechselseitiger Informationsgehalt $I(y_1/x_1)$ bzw. $I(x_1;y_1)$ in Abhängigkeit von der Kanalfehlerwahrscheinlichkeit

Anmerkung: Die Vorstellung, der Kanalfehler liefert Information, scheint zunächst ungewöhnlich. Betrachtet man die Kanalstörung als Zufallsexperiment, ist aus der Sicht der Informationstheorie klar, dass bei jeder Übertragung Ungewissheit über den Kanal aufgelöst wird. Vereinbaren Sender und Empfänger vorab eine bestimme Zeichenfolge, so kann der Empfänger die Kanalstörung beobachten. In der Nachrichtentechnik wird dies eingesetzt, um die Eigenschaften des Kanals zu messen.

8.3   Transinformation

Nach der Betrachtung einzelner Zeichenpaare in den vorangehenden Unterabschnitten, wenden wir uns wieder der Betrachtung im Mittel zu. In Bild 8-4 ist die Ausgangssituation zusammengestellt.

Die Beschreibung des Kanals mit den Übergangswahrscheinlichkeiten führt letzten Endes auf die Verbundwahrscheinlichkeiten der Zeichenpaare. Aus diesem Grund sind die beiden Quellen im Übertragungsmodell gleichwertig. Eine Unterscheidung in Sender und Empfänger im Sinne einer gerichteten Übertragung ist deshalb nicht immer sinnvoll.

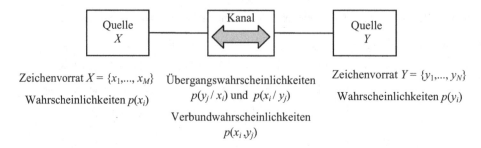

Zeichenvorrat $X = \{x_1,..., x_M\}$ Übergangswahrscheinlichkeiten   Zeichenvorrat $Y = \{y_1,..., y_N\}$

Wahrscheinlichkeiten $p(x_i)$ $p(y_j / x_i)$ und $p(x_i / y_j)$ Wahrscheinlichkeiten $p(y_i)$

                                    Verbundwahrscheinlichkeiten
                                            $p(x_i, y_j)$

Bild 8-4 Zwei durch einen Kanal verbundene diskrete gedächtnislose Quellen

In Abschnitt 4, Tabelle 4-3, wird die Verbundentropie der beiden Quellen als Erwartungswert der Informationsgehalte der Zeichenpaare definiert.

$$\frac{H(X,Y)}{\text{bit}} = -\sum_X \sum_Y p(x,y) \cdot \text{ld } p(x,y) \tag{8.5}$$

Ganz entsprechend ergeben sich die Definitionen für die bedingten Entropien.

$$\frac{H(Y/X)}{\text{bit}} = -\sum_X \sum_Y p(x,y) \cdot \text{ld } p(y/x)$$

$$\frac{H(X/Y)}{\text{bit}} = -\sum_X \sum_Y p(x,y) \cdot \text{ld } p(x/y) \tag{8.6}$$

Schließlich gelten die Zusammenhänge für die Entropiegrößen

$$H(X,Y) = H(Y) + H(X/Y) = H(X) + H(Y/X) \tag{8.7}$$

und

$$H(X,Y) \leq H(Y) + H(X) \tag{8.8}$$

wobei die Gleichheit nur im Falle unabhängiger Quellen angenommen wird.

Im Falle einer Kopplung der Quellen durch den Kanal nimmt die Ungewissheit in dem Maße ab, wie die Ergebnisse einer Quelle Aussagen über die andere Quelle erlauben. Im Sinne der Informationstheorie setzt die Abnahme von Ungewissheit einen Informationsaustausch durch den Kanal voraus. Analog zu den Überlegungen zum wechselseitigen Informationsgehalt eines Zeichenpaares definiert man die mittlere über den Kanal ausgetauschte Information.

Die über einen diskreten gedächtnislosen Kanal im Mittel zwischen zwei gedächtnislosen diskreten Quellen X und Y ausgetauschte Information, die *Transinformation*, ist

$$\frac{I(X;Y)}{\text{bit}} = \sum_X \sum_Y p(x,y) \cdot \text{ld } \frac{p(y/x)}{p(y)} = \sum_X \sum_Y p(x,y) \cdot \text{ld } \frac{p(x/y)}{p(x)} \tag{8.9}$$

Anmerkung: Man beachte wieder die Schreibweise mit dem Semikolon und das positive Vorzeichen.

Aus der Definition der Transinformation folgt

$$\underbrace{\frac{I(X;Y)}{\text{bit}} = \underbrace{\sum_X \sum_Y p(x,y) \cdot \text{ld } p(x/y)}_{-H(X/Y)/\text{bit}} - \underbrace{\sum_X \text{ld } p(x) \cdot \underbrace{\sum_Y p(x,y)}_{p(x)}}_{H(X)/\text{bit}}} \tag{8.10}$$

und damit der Zusammenhang

$$I(X;Y) = H(X) - H(X/Y) = H(Y) - H(Y/X) \tag{8.11}$$

Im Modell in Bild 8-4 ist die Transinformation $I(X;Y)$ somit gleich der gesendeten Entropie $H(X)$ abzüglich der bedingten Entropie $H(X/Y)$, die von der Kanalstörung abhängt.

Beispiel Transinformation des symmetrischen Binärkanals (BSC)

Im Beispiel des symmetrischen Binärkanals mit gleichverteilten Zeichen am Eingang gilt

$$H(X) = H(Y) = 1 \text{ bit} \tag{8.12}$$

In diesem Fall müssen mit (8.11) die bedingten Entropien gleich sein.

$$H(X/Y) = H(Y/X) \tag{8.13}$$

Wir berechnen die bedingten Entropien anhand von $H(Y/X)$, da wir dann die bedingten Wahrscheinlichkeiten aus dem Übergangsdiagramm bzw. der Kanalmatrix entnehmen dürfen, siehe auch Tabelle 4-3. Aus

$$\frac{H(Y/X)}{\text{bit}} = -\sum_{i=1}^{2} \sum_{j=1}^{2} p(x_i, y_j) \cdot \text{ld } p(y_j/x_i) \tag{8.14}$$

folgt mit

$$p(x_i, y_j) = p(y_j/x_i) \cdot p(x_i) = \frac{1}{2} \cdot p(y_j/x_i) \tag{8.15}$$

schließlich für die bedingten Entropien

$$\frac{H(Y/X)}{\text{bit}} = -\varepsilon \cdot \text{ld } \varepsilon - (1-\varepsilon) \cdot \text{ld}(1-\varepsilon) \tag{8.16}$$

Die bedingte Entropie entspricht der Entropie einer Binärquelle (2.27) mit der Zeichenwahrscheinlichkeit ε bzw. $1-\varepsilon$. Die bedingte Entropie kann somit als die Ungewissheit aufgrund der Kanalstörung interpretiert werden. Die Transinformation (8.11) beschreibt die mittlere Information, die vom Eingang zum Ausgang übertragen wird. Sie ist die gesendete Entropie abzüglich der durch die Kanalfehler induzierten Ungewissheit.

Ende des Beispiels

An dieser Stelle sei nochmals die Frage nach der Konsistenz der axiomatischen Definition der Entropie aufgegriffen. Da alle Entropiegrößen nichtnegativ sein müssen, prüfen wir den Satz.

Satz 8-1 Die Transinformation ist nichtnegativ, wobei der Wert null nur bei Unabhängigkeit der Quellen am Kanalein- und Kanalausgang angenommen wird.

$$I(X;Y) \geq 0 \tag{8.17}$$

Zum Beweis gehen wir von (8.9) aus und bringen für eine beschleunigte Beweisführung drei zulässige Modifikationen an. Zum Ersten wird zur Abschätzung der Logarithmus-Funktion nach (2.14) der natürliche Logarithmus verwendet. Zum Zweiten schließen wir ohne Beschränkung der Allgemeinheit in der Abschätzung alle Zeichenpaare aus, deren Auftrittswahrscheinlichkeit null ist. Zum Dritten wird das Argument der Logarithmus-Funktion gestürzt, was einer Multiplikation mit −1 entspricht. Es ist also äquivalent zu zeigen

$$-\frac{I(X;Y)}{\text{nat}} = \sum_{\tilde{X}} \sum_{\tilde{Y}} p(x,y) \cdot \ln \frac{p(x)}{p(x/y)} \leq 0 \tag{8.18}$$

Mit der Abschätzung der Logarithmus-Funktion erhält man

$$-\frac{I(X;Y)}{\text{nat}} \leq \sum_{\tilde{X}} \sum_{\tilde{Y}} p(x,y) \cdot \left[\frac{p(x)}{p(x/y)} - 1 \right] =$$

$$= \sum_{\tilde{X}} \sum_{\tilde{Y}} \underbrace{\frac{p(x,y) \cdot p(x)}{p(x/y)}}_{p(x) \cdot p(y)} - \underbrace{\sum_{\tilde{X}} \sum_{\tilde{Y}} p(x,y)}_{1} = \underbrace{\sum_{\tilde{X}} \sum_{\tilde{Y}} p(x) \cdot p(y)}_{\leq 1} - 1 \leq 0 \tag{8.19}$$

Anmerkung: Die letzte Abschätzung liefert nur dann Gleichheit, wenn für alle Zeichenpaare mit $p(x,y) = 0$ auch $p(x) \cdot p(y) = 0$ gilt.

Damit ist (8.17) gezeigt. Würde (8.17) nicht gelten, wäre die Transinformation keine Entropiegröße. Dass die Transinformation nichtnegativ ist, bestätigt mit (8.11) und (8.7) die früheren Aussagen:

Eine Restriktion kann die Ungewissheit einer Quelle nicht vergrößern.

$$H(X) \geq H(X/Y) \tag{8.20}$$

Die Verbundentropie wird maximal bei Unabhängigkeit der Quellen.

$$H(X,Y) \leq H(X) + H(Y) \tag{8.21}$$

Die gefundenen Zusammenhänge werden im *Informationsflussdiagramm* in Bild 8-5 veranschaulicht. Darin bekommen die bedingten Entropien $H(X/Y)$ und $H(Y/X)$ besondere Bedeutungen zugewiesen:

- Die *Äquivokation* $H(X/Y)$ steht für die Ungewissheit über das gesendete Zeichen bei bekanntem Empfangszeichen. Sie wird deshalb auch Rückschlussentropie genannt. Im Falle eines fehlerfreien Kanals ist die Äquivokation gleich null und die Information am Kanaleingang gelangt vollständig zum Kanalausgang. Ist die Übertragung vollständig gestört, ist $H(X/Y) = H(X)$ und es ist kein Informationstransport vom Eingang zum Ausgang möglich.

- Die *Irrelevanz* $H(Y/X)$ beschreibt die Ungewissheit der empfangenen Zeichen bei vorgegebenen Sendezeichen. Die Übertragung bei gestörtem Kanal ist als Zufallsexperiment aufzufassen, das zur Ungewissheit beiträgt. Im Sinne der Informationstheorie ist die Kanalstörung selbst eine Informationsquelle, die allerdings in der Übertragungstechnik störend wirkt.

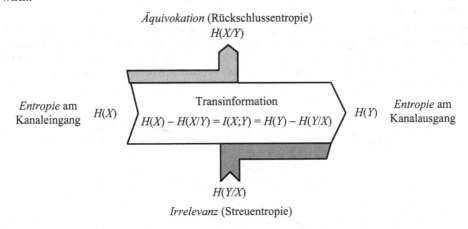

Bild 8-5 Informationsflussdiagramm

Beispiel Transinformation des symmetrischen Binärkanals (BSC)

Die Bedeutung der Transinformation wird beispielhaft anhand des symmetrischen Binärkanals aufgezeigt. Die Transinformation des BSC in Bild 8-2 ist

$$\frac{I(X;Y)}{\text{bit}} = \sum_{i=1}^{2} \sum_{j=1}^{2} p(x_i, y_j) \,\text{ld}\, \frac{p(y_j / x_i)}{p(y_j)} \tag{8.22}$$

Sie hängt, genau besehen, nur von zwei Parametern ab, der Fehlerwahrscheinlichkeit im Kanal ε und der Wahrscheinlichkeit für ein Zeichen am Kanaleingang, z. B. $p(x_1)$. Denn es gelten hier die Zusammenhänge, siehe auch Tabelle 4-3 und 4-4

$$p(x_1) = p \quad \text{und} \quad p(x_2) = 1 - p$$

$$\mathbf{P}_{Y/X} = \begin{pmatrix} p(y_1 / x_1) & p(y_2 / x_1) \\ p(y_1 / x_2) & p(y_2 / x_2) \end{pmatrix} = \begin{pmatrix} 1-\varepsilon & \varepsilon \\ \varepsilon & 1-\varepsilon \end{pmatrix} \tag{8.23}$$

$$p(y_1) = (1-\varepsilon) \cdot p + \varepsilon \cdot (1-p) \quad \text{und} \quad p(y_2) = 1 - p(y_1)$$

$$p(x_i, y_j) = p(y_j / x_i) \cdot p(x_i)$$

Einige Ergebnisse numerischer Berechnungen für die Transinformation zeigt Bild 8-6. Die Transinformation des BSC ist über der Zeichenwahrscheinlichkeit p am Kanaleingang für verschiedene Fehlerwahrscheinlichkeiten ε aufgetragen. Im fehlerfreien Fall, $\varepsilon = 0$, findet eine vollständige Informationsübertragung statt. Die Transinformation ist gleich der Entropie $H(X)$ der Quelle am Kanaleingang. Mit zunehmender Kanalstörung nimmt die Transinformation ab, wobei schon eine relativ kleine Störung zu einer merklichen Degradation führt. Im Falle eines total gestörten Kanals, $\varepsilon = 1/2$, ist keine Informationsübertragung möglich.

Interessant ist ferner, dass die Transinformation von der Zeichenwahrscheinlichkeit p am Kanaleingang abhängt. Für $p = 1/2$ wird jeweils die größtmögliche Information über den Kanal transportiert. In Abschnitt 8.5 wird diese Beobachtung unter dem Stichwort Kanalkapazität weiter diskutiert.

Anmerkung: Bild 8-6 zeigt, dass bei einer Fehlerwahrscheinlichkeit von beispielsweise 1 % im Mittel nur etwas mehr als 0,9 bit/symbol an Information übertragen werden können. In der Nachrichtenübertragungstechnik werden deshalb redundante Prüfzeichen hinzugefügt, so dass der Informationsgehalt der Nachricht pro Zeichen unterhalb der maximal möglichen Transinformation bleibt, siehe auch Kanalcodierungstheorem.

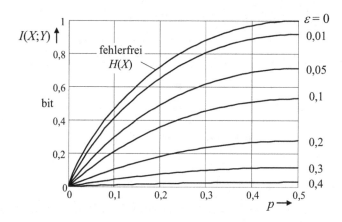

Bild 8-6 Transinformation im symmetrischen Binärkanal in Abhängigkeit von der Zeichenwahrscheinlichkeit p am Kanaleingang und der Fehlerwahrscheinlichkeit ε des Kanals

Beispiel Verbundquelle

Den Entropiegrößen und ihren Bedeutungen wollen wir anhand eines Zahlenwertbeispiels nachspüren. Dazu konstruieren wir eine Verbundquelle so, dass alle interessierenden Größen einfach bestimmt werden können. Darüber hinaus betten wir das Beispiel in einen gedachten Fall ein, um mögliche Anwendungsgebiete aufzuzeigen.

Wir gehen von zwei Sensoren, z. B. Kameras mit Vor-Ort-Bildverarbeitung oder Infrarot-Sensoren, aus, die die Anwesenheit einer Person in einem Raum melden. Die Sensoren melden die Anwesenheit mit 1 für ja und 0 für nein. Dabei greifen sie nicht auf frühere Beobachtungen zurück. Für den Beobachter im Kontrollraum ergeben sich somit die 4 Ereignisse, wie z. B. Ereignis 3 mit Sensor 1 meldet ja und Sensor 2 nein.

Versuche haben gezeigt: Ist eine Person im Raum, so ergeben sich die Meldungen in Tabelle 8-2 mit den geschätzten Wahrscheinlichkeiten p.

Fassen wir den Sensor 1 als Quelle X und den Sensor 2 als Quelle Y auf, so liegt mit der Beobachtung im Kontrollraum eine Verbundquelle B vor.

Es sollen folgende Aufgaben gelöst werden:

a) Beschreiben Sie die Quellen X und Y.

b) Stellen Sie den Zusammenhang zwischen den Quellen X und Y in Form eines Kanalmodells mit der Quelle X am Eingang und der Quelle Y am Ausgang dar.

Tabelle 8-2 Zur Definition der Ereignisse

Ereignis	Sensor		p
	1	2	
1	0	0	1/16
2	0	1	1/16
3	1	0	1/8
4	1	1	3/4

c) Geben Sie das Informationsflussdiagramm zu b) an. Tragen Sie auch die Zahlenwerte der Entropiegrößen ein.

d) Geben Sie die Entropie der Quelle B an.

e) Wiederholen Sie die Aufgaben b) und c) mit der Quelle Y am Eingang des Kanalmodells.

Lösung

zu a) Wir beginnen mit der Beschreibung der Quellen X und Y. Beide Quellen sind diskrete gedächtnislose Quellen, deren Wahrscheinlichkeitsverteilungen aus den Angaben in Tabelle 8-2 folgen.

$$p_X(0) = p_B(1) + p_B(2) = 1/8 \quad \text{und} \quad p_X(1) = p_B(3) + p_B(4) = 7/8 \qquad (8.24)$$

$$p_Y(0) = p_B(1) + p_B(3) = 3/16 \quad \text{und} \quad p_Y(1) = p_B(2) + p_B(4) = 13/16 \qquad (8.25)$$

Die Entropien der Quellen sind

$$\frac{H(X)}{\text{bit}} = -\frac{1}{8}\text{ld}\left(\frac{1}{8}\right) - \frac{7}{8}\text{ld}\left(\frac{7}{8}\right) \approx 0{,}5436 \qquad (8.26)$$

$$\frac{H(Y)}{\text{bit}} = -\frac{3}{16}\text{ld}\left(\frac{3}{16}\right) - \frac{13}{16}\text{ld}\left(\frac{13}{16}\right) \approx 0{,}6962 \qquad (8.27)$$

Anmerkungen: (i) Es ist festzustellen, dass Sensor 2 die Anwesenheit einer Person mit ca. 81,3 % Wahrscheinlichkeit anzeigt und Sensor 1 mit 87,5 %. Nimmt man beide zusammen wird die Anwesenheit einer Person in 6,25 % der Fälle, Ereignis 1, nicht erkannt. Ob das ausreichend ist, hängt von der Anwendung ab. Man beachte, in der Praxis spielt auch das Problem des falschen Alarms eine große Rolle: Wie oft wird eine Person angezeigt obwohl keine vorhanden ist? (ii) Die Entropien stehen als Maß für die Ungewissheit im umgekehrten Zusammenhang mit der Zuverlässigkeit der Aussage. Im Idealfall müssten beide Sensoren die Anwesenheit sicher melden, die Entropien null sein. Die berechneten Werte zeigen, dass die Aussagen relativ unzuverlässig sind. Dabei ist auf Sensor 2 (Y) weniger Verlass als auf Sensor 1 (X).

zu b) Als Kanalmodell erhalten wir einen Binärkanal mit den Zeichen $x_1 = 0$ und $x_2 = 1$ am Eingang und den Zeichen $y_1 = 0$ und $y_2 = 1$ am Ausgang. Der Kanal wird durch die Kanalmatrix (8.1) mit den Übergangswahrscheinlichkeiten $p(y_j/x_i)$ charakterisiert. Wir bestimmen die Übergangswahrscheinlichkeiten

$$p_{Y/X}(0/0) = \frac{p_{X,Y}(0,0)}{p_X(0)} = \frac{p_B(1)}{p_X(0)} = \frac{1/16}{1/8} = \frac{1}{2}$$

$$p_{Y/X}(1/0) = \frac{p_{X,Y}(0,1)}{p_X(0)} = \frac{p_B(2)}{p_X(0)} = \frac{1/16}{1/8} = \frac{1}{2}$$

$$p_{Y/X}(0/1) = \frac{p_{X,Y}(1,0)}{p_X(1)} = \frac{p_B(3)}{p_X(1)} = \frac{1/8}{7/8} = \frac{1}{7}$$

$$p_{Y/X}(1/1) = \frac{p_{X,Y}(1,1)}{p_X(1)} = \frac{p_B(4)}{p_X(1)} = \frac{3/4}{7/8} = \frac{6}{7}$$

(8.28)

Damit resultiert die gesuchte Kanalübergangsmatrix

$$\mathbf{P}_{Y/X} = \begin{pmatrix} 1/2 & 1/2 \\ 1/7 & 6/7 \end{pmatrix}$$

(8.29)

Anmerkung: Mit den Zeilensummen gleich eins liegt – wie gefordert – eine stochastische Matrix vor.

Das Übergangsdiagramm mit den Übergangswahrscheinlichkeiten ist in Bild 8-7 zu sehen. Man beachte auch die Ähnlichkeit mit Bild 8-2. Jedoch macht es hier keinen Sinn wie beim BSC von Kanalfehlern zu sprechen.

Anmerkung: Im Beispiel könnte man aus dem Übergangsdiagramm herauslesen, dass bei einer Fehlentscheidung des Sensors 1 (x_1) in 50 % der Fälle der Sensor 2 die Anwesenheit (y_2) anzeigt.

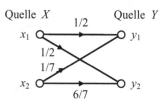

Bild 8-7 Kanalübergangsdiagramm des Binärkanals

zu c) Für das Informationsflussdiagramm werden die Entropiegrößen benötigt. Die bedingte Entropie $H(Y/X)$ lässt sich anhand der schon bekannten Übergangswahrscheinlichkeiten schnell berechnen.

$$\frac{H(Y/X)}{\text{bit}} = -p_B(1) \cdot \text{ld } p_{Y/X}(0/0) - p_B(2) \cdot \text{ld } p_{Y/X}(1/0) + \\ -p_B(3) \cdot \text{ld } p_{Y/X}(0/1) - p_B(4) \cdot \text{ld } p_{Y/X}(1/1)$$

(8.30)

Mit den Zahlenwerten ergibt sich

$$\frac{H(Y/X)}{\text{bit}} = -\frac{1}{16} \text{ld}\left(\frac{1}{2}\right) - \frac{1}{16} \text{ld}\left(\frac{1}{2}\right) - \frac{1}{8} \text{ld}\left(\frac{1}{7}\right) - \frac{3}{4} \text{ld}\left(\frac{6}{7}\right) \approx 0,6427$$

(8.31)

Die noch fehlenden Entropiegrößen lassen sich nach Bild 8-5 berechnen. Wir erhalten das Informationsflussdiagramm in Bild 8-8. Die Transinformation ist mit ca. 0,0535 bit relativ klein.

Anmerkung: Der relativ kleine Wert für die Transinformation bedeutet, dass aus der Anzeige des einen Sensors kaum auf die des anderen geschlossen werden kann. Insbesondere beeinflussen Fehlentscheidungen des einen Sensors die Entscheidungen des anderen Sensors nicht oder nur kaum.

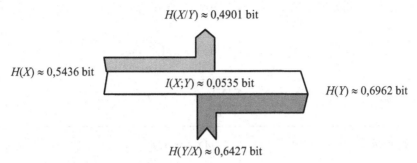

Bild 8-8 Informationsflussdiagramm für die Verbundquelle der Sensoren

zu d) Die Entropie der Quelle B beträgt

$$\frac{H(B)}{\text{bit}} = -\frac{2}{16}\operatorname{ld}\left(\frac{1}{16}\right) - \frac{1}{8}\operatorname{ld}\left(\frac{1}{8}\right) - \frac{3}{4}\operatorname{ld}\left(\frac{3}{4}\right) \approx 1,1863 \tag{8.32}$$

Anmerkung: Das Beispiel kann die Herausforderung, die sich bei der Verknüpfung von Sensordaten stellt, und wie die Informationstheorie dabei helfen kann, nur andeuten. In Forschungsprojekten liefern heute intelligente Sensoren statt harter Ja/Nein-Entscheidungen Wahrscheinlichkeiten für Ereignisse. Wie die Wahrscheinlichkeiten verknüpfen werden sollen, um möglichst zuverlässige Entscheidungen zu treffen, ist Gegenstand der Forschung. Für das Arbeiten mit Wahrscheinlichkeiten spricht auch, wenn Information aus unterschiedlichen Quellen, wie Bild-, Geräusch- oder CO_2-Sensoren, verbunden werden soll.

8.4   Zusammenfassung

In Tabelle 4-3 und Tabelle 8-3 werden Informationsgehalt, Entropiegrößen und ihre Beziehungen zusammengefasst. Man beachte insbesondere den Schritt von der Wahrscheinlichkeitsrechung zur Informationstheorie. Die Zeichen einer diskreten gedächtnislosen Quelle werden als Ereignisse eines Zufallsexperimentes aufgefasst. Den Zeichen wird der Informationsgehalt, der Logarithmus ihrer Wahrscheinlichkeiten, zugewiesen. Mit der Abbildung der Zeichen auf reelle Zahlen erhält man stochastische Variablen.

Als neue Größe, die nicht unmittelbar aus der Wahrscheinlichkeitsrechnung übertragen wird, kommt der wechselseitige Informationsgehalt hinzu. Er beschreibt den gemeinsamen Informationsgehalt eines Zeichenpaares. Der Zusammenhang ist analog zur Wahrscheinlichkeit eines Ereignisses, das sich aus zwei nicht ausschließenden Ereignissen zusammensetzt.

Die Beschreibung der Quellen geschieht im Mittel mit dem Erwartungswert. Man erhält die Entropiegrößen. Eine besondere Rolle spielt wieder die wechselseitige Information. Ihr Erwartungswert, die Transinformation, beschreibt die Kopplung zwischen Quellen und damit die Informationsübertragung über Nachrichtenkanäle. Die herausgehobene Bedeutung der Transinformation wird in den nachfolgenden Abschnitten noch deutlich.

Tabelle 8-3 Beschreibung „im Mittel" diskreter gedächtnisloser Quellen X und Y mit den Zeichen $x \in X = \{x_1, x_2, \ldots x_M\}$ und $y \in Y = \{y_1, y_2, \ldots y_N\}$ durch den Erwartungswert

Entropie	$H(X) = -\sum_X p(x) \cdot \mathrm{ld}\ p(x)$ bit	
	$H(Y) = -\sum_Y p(y) \cdot \mathrm{ld}\ p(y)$ bit	(8.33)
Verbundentropie	$H(X,Y) = -\sum_X \sum_Y p(x,y) \cdot \mathrm{ld}\ p(x,y)$ bit	(8.34)
bedingte Entropie	$H(X/Y) = -\sum_X \sum_Y p(x,y) \cdot \mathrm{ld}\ p(x/y)$ bit	
	$H(Y/X) = -\sum_X \sum_Y p(x,y) \cdot \mathrm{ld}\ p(y/x)$ bit	(8.35)
Transinformation	$I(X;Y) = \sum_X \sum_Y p(x,y) \cdot \mathrm{ld}\ \dfrac{\text{a posteriori W.}}{\text{a priori W.}}$ bit $=$	
	$= \sum_X \sum_Y p(x,y) \cdot \mathrm{ld}\ \dfrac{p(y/x)}{p(y)}$ bit $= \sum_X \sum_Y p(x,y) \cdot \mathrm{ld}\ \dfrac{p(x/y)}{p(x)}$ bit	(8.36)

einige wichtige Zusammenhänge mit „$=$" statt „$\geq$" nur bei Unabhängigkeit von X und Y

$$H(X) \geq H(X/Y) \text{ und } H(Y) \geq H(Y/X) \tag{8.37}$$

$$H(X,Y) = H(X) + H(Y/X) = H(Y) + H(X/Y) \tag{8.38}$$

$$H(X,Y) = H(X) + H(Y) - I(X;Y) \tag{8.39}$$

$$I(X;Y) \geq 0 \tag{8.40}$$

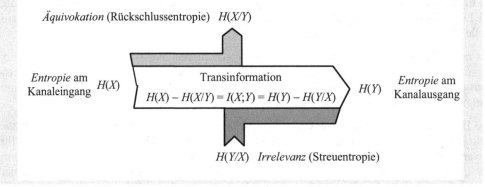

Äquivokation (Rückschlussentropie) $H(X/Y)$

Entropie am Kanaleingang $H(X)$ — Transinformation — $H(X) - H(X/Y) = I(X;Y) = H(Y) - H(Y/X)$ — $H(Y)$ *Entropie* am Kanalausgang

$H(Y/X)$ *Irrelevanz* (Streuentropie)

8.5 Kanalkapazität

Die Transinformation beschreibt die Informationsübertragung über Nachrichtenkanäle. Ihr kommt in der Informationstheorie eine besondere Rolle zu. Aus ihrer Definition (8.9) wissen wir, dass sie sowohl von den Übergangswahrscheinlichkeiten im Kanal als auch von den Wahrscheinlichkeiten der Zeichen an den Eingängen abhängt.

Für die weiteren Überlegungen betrachten wir einen diskreten gedächtnislosen Kanal mit vorgegebenen Übergangswahrscheinlichkeiten und stellen die Frage: Wie viel Information kann maximal über den Kanal übertragen werden?

Die Kapazität eines Kanals, kurz die *Kanalkapazität*, ist das Maximum der Transinformation des Kanals bei Speisung mit einer angepassten Quelle X.

$$C = \max_X I(X;Y) \tag{8.41}$$

Anmerkung: Die Dimension der Kanalkapazität ist $[C]$ = bit/symbol (pro abgegebenem Zeichen), wobei letzteres meist weggelassen wird. Wird beispielsweise ein Zeichen pro Sekunde abgegeben so ist $[C]$ = bit/s.

Da das Maximum prinzipiell bezüglich aller zulässigen Quellen gesucht wird, hängt die Kanalkapazität nur von den Übergangswahrscheinlichkeiten des Kanals ab.

Mathematisch gesehen wird das Maximum der Transinformation $I(X;Y)$ in Abhängigkeit von den Wahrscheinlichkeiten $p(x)$ der Quelle X am Kanaleingang gesucht unter den Nebenbedingungen

$$0 < p(x) \le 1 \quad \text{und} \quad \sum_X p(x) = 1 \tag{8.42}$$

Die Bestimmung des Maximums unter den beiden Nebenbedingungen ist prinzipiell mit der *Multiplikatorenmethode von Lagrange* möglich [BSMM99]. Die Lösung ist aber meist aufwändig. Für den wichtigen Sonderfall der symmetrischen Kanäle ergibt sich eine einfachere Berechnung [Gal68]:

Satz 8-2 Bei symmetrischen diskreten gedächtnislosen Kanälen wird die *Kanalkapazität* bei einer Gleichverteilung der Quelle am Eingang erreicht.

Anmerkung: In [Gal68] wird auch eine Methode angegeben, wie anhand der Kanalübergangsmatrix die Symmetrie zu prüfen ist.

8.5.1 Kanalkapazität des symmetrischen Binärkanals

Der *symmetrische diskrete gedächtnislose Binärkanal* (Binary Symmetric Channel, BSC) wird durch seine Kanalmatrix (8.2) beschrieben. Als einziger Parameter tritt die Fehlerwahrscheinlichkeit ε auf. Wegen der Gleichverteilung am Eingang, siehe Satz 8-2, und der Symmetrie der Übergänge resultiert auch eine Gleichverteilung am Ausgang, so dass gilt

$$p(x_1) = p(x_2) = p(y_1) = p(y_2) = 1/2 \tag{8.43}$$

Aus (8.9) folgt hier

$$\frac{C}{\text{bit}} = \sum_{i=1}^{2}\sum_{j=1}^{2} p(x_i, y_j) \cdot \text{ld}\ \frac{p(y_j / x_i)}{p(y_j)} = \sum_{i=1}^{2}\sum_{j=1}^{2} p(x_i) \cdot p(y_j / x_i) \cdot \text{ld}\ \frac{p(y_j / x_i)}{p(y_j)} \qquad (8.44)$$

Einsetzen für die Wahrscheinlichkeiten liefert die nur mehr von der Fehlerwahrscheinlichkeit ε abhängige Kanalkapazität

$$\frac{C}{\text{bit}} = (1-\varepsilon) \cdot \text{ld}\big(2(1-\varepsilon)\big) + \varepsilon \cdot \text{ld}(2\varepsilon) = 1 + \underbrace{(1-\varepsilon) \cdot \text{ld}(1-\varepsilon) + \varepsilon \cdot \text{ld}(\varepsilon)}_{-H_b(\varepsilon)} \qquad (8.45)$$

Mit der *Entropie der Kanalstörung*

$$\frac{H_b(\varepsilon)}{\text{bit}} = -(1-\varepsilon) \cdot \text{ld}(1-\varepsilon) - \varepsilon \cdot \text{ld}(\varepsilon) \qquad (8.46)$$

erhält man schließlich die gesuchte Kapazität des symmetrischen Binärkanals in kompakter Form.

$$C^{BSC} = 1\,\text{bit} - H_b(\varepsilon) \qquad (8.47)$$

Die Kanalkapazität ist gleich dem Maximum der Entropie der Binärquelle minus der Entropie der Kanalstörung. Je größer die durch die Kanalstörung verursachte Ungewissheit ist, umso geringer die im Kanal maximal übertragbare Information.

Zur Verdeutlichung betrachten wir noch zwei Sonderfälle:

1. ungestörte (verlustlose) Übertragung $H_b(\varepsilon = 0) = 0$ ☞ $C^{BSC} = 1$ bit

2. vollständige Auslöschung der Information $H_b(\varepsilon = 1/2) = 1$ bit   ☞ $C^{BSC} = 0$ bit

8.5.2 Kanalkapazität des symmetrischen Binärkanals mit Auslöschung

Ein wichtiger und interessanter Kanal ist der *symmetrische Binärkanal mit Auslöschung* (Binary Erasure Channel, BEC). Ebenso wie der BSC kann er als Modell für die unipolare und bipolare Übertragung in AWGN-Kanälen dienen. Jetzt aber mit der modifizierten Entscheidungsregel wie in Bild 8-9. Zusätzlich zur Entscheidung auf das Zeichen 0 oder 1 wird alternativ für die Detektionsvariablen v nahe 0 auf Auslöschung e (Erasure) entschieden.

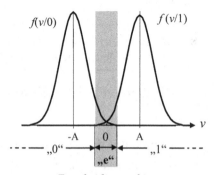

Entscheidungsgebiete

Bild 8-9   Bedingte Wahrscheinlichkeitsdichtefunktionen für die Detektionsvariablen bei bipolarer Übertragung und Entscheidungsgebiete mit Auslöschung „e"

Anmerkung: Statt einer harten binären Entscheidung wird hier weich im Sinne von „bin nicht sicher" oder „unzuverlässig" entschieden. In der Nachrichtenübertragung spricht man von Hard- und Softdecision bzw. -output. In Kombination mit speziellen Kanalcodierverfahren lassen sich dadurch robustere Übertragungsverfahren realisieren. Ein Beispiel hierfür ist in Teil II unter dem Stichwort Soft-input Viterbi-Detection zu finden.

Eine Auslöschung trete mit der Wahrscheinlichkeit q und ein Restfehler, d. h. ein nicht erkannter Übertragungsfehler, mit der Wahrscheinlichkeit p auf.

Das Übergangsdiagramm in Bild **8-10** zeigt einen Kanal mit 2 Ein- und 3 Ausgängen. Die zugehörige Kanalübergangsmatrix mit den Übergangswahrscheinlichkeiten ist

$$\mathbf{P}_{Y/X}^{BEC} = \begin{pmatrix} 1-p-q & q & p \\ p & q & 1-p-q \end{pmatrix} \qquad (8.48)$$

Wir berechnen die Kanalkapazität. Wegen der Symmetrie der Übergänge wird die Kanalkapazität bei einer Gleichverteilung am Eingang angenommen.

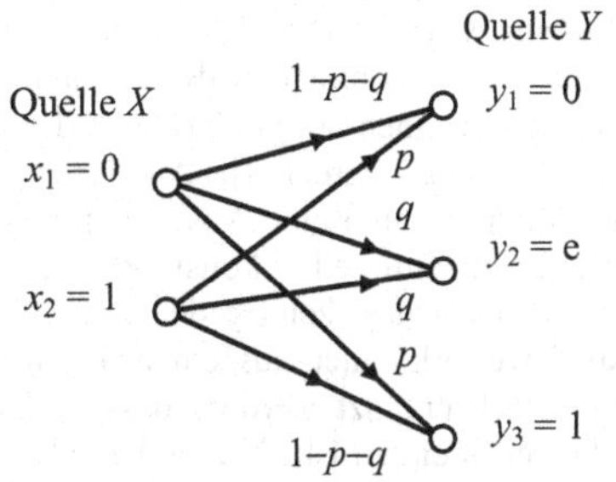

Bild 8-10 Kanalübergangsdiagramm für den symmetrischen Binärkanal mit Auslöschung (BEC)

$$p(x_1) = p(x_2) = 1/2 \qquad (8.49)$$

Dann ergeben sich die Wahrscheinlichkeiten für die Zeichen am Kanalausgang

$$p(y_1) = \frac{1-q}{2} \ , \ p(y_2) = q \ \text{ und } \ p(y_3) = \frac{1-q}{2} \qquad (8.50)$$

Jetzt sind alle Wahrscheinlichkeiten bestimmt und es kann in (8.9) eingesetzt werden.

$$\frac{C^{BEC}}{\text{bit}} = \sum_{i=1}^{2}\sum_{j=1}^{3} p(x_i, y_j) \cdot \text{ld} \ \frac{p(y_j/x_i)}{p(y_j)} = \sum_{i=1}^{2}\sum_{j=1}^{3} p(x_i) \cdot p(y_j/x_i) \cdot \text{ld} \ \frac{p(y_j/x_i)}{p(y_j)} \qquad (8.51)$$

Wegen der Symmetrie ergibt sich einfacher

$$\begin{aligned}\frac{C^{BEC}}{\text{bit}} &= (1-p-q)\cdot \text{ld}\ \left(2\cdot\frac{1-p-q}{1-q}\right) + q\cdot\text{ld}\ \frac{q}{q} + p\cdot\text{ld}\ \left(2\cdot\frac{p}{1-q}\right) = \\ &= 1-q + (1-p-q)\cdot\text{ld}\ \left(\frac{1-p-q}{1-q}\right) + p\cdot\text{ld}\ \left(\frac{p}{1-q}\right)\end{aligned} \qquad (8.52)$$

Die Kanalkapazität hängt nur von den Übergangswahrscheinlichkeiten p und q ab. Sie kann als dreidimensionale Kurve über der (p,q)-Ebene aufgetragen werden. Wir verzichten hier jedoch darauf und betrachten nur die zwei wichtigen Sonderfälle:

1. Für $q = 0$ erhält man wieder den symmetrischen Binärkanal. In (8.52) eingesetzt resultiert wie erwartet (8.47).

2. Nur Auslöschung, d. h., $p = 0$ oder so klein, dass unerkannte Fehler vernachlässigt werden können.

$$C^{BEC*} = (1-q) \text{ bit} \qquad (8.53)$$

Bild 8-11 zeigt die Kanalkapazitäten des symmetrischen Binärkanals (8.47) und des symmetrischen Binärkanals mit Auslöschung ($p = 0$). Man erkennt, bei kleiner Fehlerwahrscheinlichkeit und geeigneter Wahl der Entscheidungsgebiete besitzt der Binärkanal mit Auslöschung ein deutlich höheres Übertragungsvermögen als der einfache symmetrische Binärkanal mit harten Entscheidungen.

Anmerkungen: (i) Man stelle sich vor, der Empfänger würde alle ausgelöschten Zeichen zufällig und mit gleicher Wahrscheinlichkeit den Kanalausgängen zuordnen. Dann würden nur in 50 % der Fälle Fehler entstehen. Für einen fairen Vergleich der Kapazitäten, z. B. für $q = 0,1$ für den BEC*, muss mit $\varepsilon = q / 2$ = 0,05 verglichen werden. (ii) An dieser Stelle drängt sich die Frage auf, wie denn der Empfänger Nutzen ziehen kann, wenn er eine Auslöschung detektiert. Hier zeigt sich die Schwäche der Informationstheorie, oftmals keine unmittelbar konstruktiven Beweise zu liefern. Eine kleine Überlegung, im Vorgriff auf den Teil II des Buches, zeigt jedoch, dass das Verbesserungspotenzial tatsächlich genutzt werden kann. Beispielsweise könnten aus einem Bitstrom je 7 Bits zusammengefasst und durch ein achtes Bit so zu einem Block ergänzt werden, dass die Summe der Einsen im Block stets gerade ist. Wird dann im Empfänger in einem Block eine der seltenen Auslöschungen erkannt, so könnte das ausgelöschte Bit mit Hilfe der Prüfsumme eindeutig ersetzt werden. Bei einer Übertragung wie in Bild 8-9 würde dann in den überwiegenden Fällen der richtige Wert eingesetzt.

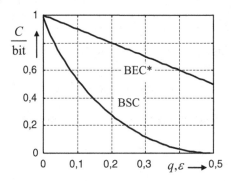

Bild 8-11 Kanalkapazität des symmetrischen Binärkanals C^{BSC} mit Fehlerwahrscheinlichkeit ε und des symmetrischen Binärkanals mit Auslöschung $C^{BEC}*$ mit der Wahrscheinlichkeit für die Auslöschung q und unerkannte Fehler $p = 0$

8.6   Kanalcodierungstheorem für diskrete gedächtnislose Kanäle

Gegeben sei ein diskreter gedächtnisloser Kanal mit der Kanalkapazität C. Pro Symbolintervall T_S wird ein Zeichen übertragen. Dann ist die Dimension der Kanalkapazität $[C] = $ bit/s die Dimension einer Bitrate.

Satz 8-3 *Kanalcodierungstheorem* (Shannon)

Für eine Quelle X mit der Bitrate $R = H(X) / T_S$ und $R < C$ existiert ein Code derart, dass die Information der Quelle mit beliebig kleiner Fehlerwahrscheinlichkeit übertragen werden kann.

Der Beweis des Kanalcodierungstheorems, z. B. [Gal68], ist aufwändig und würde den Rahmen dieses Buches sprengen. Deshalb beschränken wir uns hier auf drei Bemerkungen:

- Das Kanalcodierungstheorem liefert eine obere Grenze für den fehlerfrei übertragbaren Informationsfluss.

- Bei der Herleitung des Kanalcodierungstheorems fällt eine einfacher zu berechnende Größe ab, die sich zur Abschätzung technisch realisierbarer Bitraten eignet, das R_0-Kriterium [Fri95].

- Der Beweis des Kanalcodierungstheorems geschieht mit Hilfe eines „unendlich langen Zufallscodes" und Entscheidungen im Empfänger so, dass die Fehlerwahrscheinlichkeiten minimal werden. Der Beweis ist nicht konstruktiv. Es werden nur die statistischen Eigenschaften benutzt und der Grenzübergang für die Blocklänge der Codewörter gegen unendlich vollzogen.

8.7 Beispiele zu Abschnitt 8

Beispiel Symmetrischer Binärkanal mit Auslöschung (BEC)

Gegeben ist das Übergangsdiagramm eines symmetrischen Binärkanals mit Auslöschung in Bild **8-12**. Bestimmen Sie

a) die Kanalmatrix

b) die Wahrscheinlichkeitsverteilung der Quelle Y, wenn die diskrete gedächtnislose Quelle X eine Gleichverteilung besitzt

c) die Kanalkapazität

d) das Informationsflussdiagramm mit allen Entropiegrößen

e) das Kanalmodell mit der Kanalmatrix $P_{X/Y}$

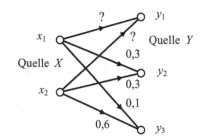

Bild 8-12 Kanalübergangsdiagramm für den Binärkanal mit Auslöschung

Lösung

a) Aus Bild **8-12** folgt unter Beachtung der Zeilensumme für die Kanalmatrix

$$\mathbf{P}_{Y/X}^{BEC} = \begin{pmatrix} 0,6 & 0,3 & 0,1 \\ 0,1 & 0,3 & 0,6 \end{pmatrix} \tag{8.54}$$

b) Wegen der Gleichverteilung am Eingang gilt für die Verteilung am Ausgang, siehe auch (8.50),

$$p(y_1) = 0,35 \ , \ p(y_2) = 0,3 \ \text{und} \ p(y_3) = 0,35 \tag{8.55}$$

c) Es liegt ein symmetrischer Kanal vor, so dass die Kanalkapazität bei einer Gleichverteilung der Eingangszeichen erreicht wird. Aus (8.52) folgt mit (8.54)

$$\frac{C^{BEC}}{\text{bit}} = 1 - 0,3 + (1 - 0,3 - 0,1) \cdot \text{ld} \left(\frac{1 - 0,3 - 0,1}{1 - 0,3} \right) + 0,1 \cdot \text{ld} \left(\frac{0,1}{1 - 0,3} \right) =$$

$$= 0,7 + 0,6 \cdot \text{ld} \left(\frac{0,6}{0,7} \right) + 0,1 \cdot \text{ld} \left(\frac{0,1}{0,7} \right) \approx 0,2858 \tag{8.56}$$

d) Die gleichverteilte diskrete gedächtnislose Binärquelle X besitzt die Entropie

$$H(X) = 1 \text{ bit} \tag{8.57}$$

Für die Quelle Y ergibt sich die Entropie

$$\frac{H(Y)}{\text{bit}} = -2 \cdot 0,35 \cdot \text{ld} \ \ 0,35 - 0,3 \cdot \text{ld} \ \ 0,3 \approx 1,5813 \tag{8.58}$$

Als dritte Entropiegröße ist die Transinformation aus (8.56) bekannt. Damit lassen sich die Verbundentropie und die bedingten Entropien berechnen, siehe Tabelle 8-3. Man erhält schließlich das Informationsflussdiagramm in Bild 8-13.

Anmerkung: Die Entropie am Ausgang ist größer als die Entropie am Eingang. Die Ungewissheit hat im Kanal insbesondere durch die Aufspaltung der binären Nachricht in eine ternäre zugenommen; Entscheidungsgehalt $H_0 = \text{ld} \ 3 \text{ bit} \approx 1,585$ bit.

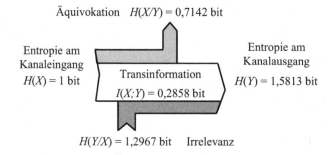

Bild 8-13 Informationsflussdiagramm für den symmetrischen Binärkanal mit Auslöschung

e) Die Berechnung der Kanalübergangsmatrix bleibt dem Leser zur Übung selbst überlassen. Zur Kontrolle, siehe Kanalübergangsdiagramm in Bild 8-14.

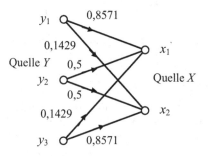

Bild 8-14 Kanalübergangsdiagramm des symmetrischen Binärkanals mit Auslöschung

Beispiel Kaskade aus zwei Kanälen

In Bild 8-15 ist eine Kaskade aus zwei Kanälen zu sehen.

a) Geben Sie die Kanalmatrizen der beiden Kanäle an.

b) Bestimmen Sie die Wahrscheinlichkeit der Zeichen der Quelle Y und Z, wenn die Wahrscheinlichkeiten für die Quelle X bekannt sind mit

$$\mathbf{p}_X = (\, p(x_1) \quad p(x_2) \,) = (0{,}4 \quad 0{,}6)$$

Hinweis: Führen Sie die Vektoren der Zeichenwahrscheinlichkeiten ein und geben Sie die Lösung in Matrix-Vektorform an.

c) Ersetzen Sie die Kaskade durch einen Ersatzkanal. Geben Sie die Kanalmatrix des Ersatzkanals an.

d) Kontrollieren Sie Ihr Ergebnis in c), indem Sie die Wahrscheinlichkeiten der Zeichen am Kanalausgang für den Ersatzkanal berechnen.

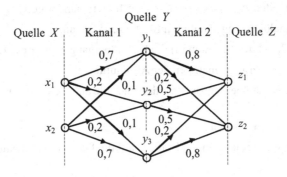

Bild 8-15 Kanalübergangsdiagramm für die Kaskade aus zwei Kanälen

Lösung

a)

$$\mathbf{P}_{Y/X} = \begin{pmatrix} 0{,}7 & 0{,}2 & 0{,}1 \\ 0{,}1 & 0{,}2 & 0{,}7 \end{pmatrix} \quad \text{und} \quad \mathbf{P}_{Z/Y} = \begin{pmatrix} 0{,}8 & 0{,}2 \\ 0{,}5 & 0{,}5 \\ 0{,}2 & 0{,}8 \end{pmatrix} \tag{8.59}$$

b)

$$\mathbf{p}_Y = \mathbf{p}_X \cdot \mathbf{P}_{Y/X} = (0{,}4 \quad 0{,}6) \cdot \begin{pmatrix} 0{,}7 & 0{,}2 & 0{,}1 \\ 0{,}1 & 0{,}2 & 0{,}7 \end{pmatrix} = (0{,}34 \quad 0{,}2 \quad 0{,}46)$$

$$\mathbf{p}_Z = \mathbf{p}_Y \cdot \mathbf{P}_{Z/Y} = (0{,}34 \quad 0{,}2 \quad 0{,}46) \cdot \begin{pmatrix} 0{,}8 & 0{,}2 \\ 0{,}5 & 0{,}5 \\ 0{,}2 & 0{,}8 \end{pmatrix} = (0{,}464 \quad 0{,}536) \tag{8.60}$$

c) Es ergibt sich ein symmetrischer Binärkanal.

$$\mathbf{P}_{Z/X} = \mathbf{P}_{Y/X} \cdot \mathbf{P}_{Z/Y} = \begin{pmatrix} 0,7 & 0,2 & 0,1 \\ 0,1 & 0,2 & 0,7 \end{pmatrix} \cdot \begin{pmatrix} 0,8 & 0,2 \\ 0,5 & 0,5 \\ 0,2 & 0,8 \end{pmatrix} = \begin{pmatrix} 0,68 & 0,32 \\ 0,32 & 0,68 \end{pmatrix} \quad (8.61)$$

d)

$$\mathbf{p}_Z = \mathbf{p}_Z \cdot \mathbf{P}_{Z/X} = \begin{pmatrix} 0,4 & 0,6 \end{pmatrix} \cdot \begin{pmatrix} 0,68 & 0,32 \\ 0,32 & 0,68 \end{pmatrix} = \begin{pmatrix} 0,464 & 0,536 \end{pmatrix} \quad (8.62)$$

Beispiel　Kaskade aus zwei BSC

Bei der Übertragung von Nachrichten kann es vorkommen, dass Übertragungsstrecken unterschiedlicher Qualität benutzt werden. Im Beispiel wird angenommen, dass zwei BSC mit den Fehlerwahrscheinlichkeiten $\varepsilon_1 = 0,01$ bzw. $\varepsilon_2 = 0,05$ hintereinander geschaltet werden.

a) Geben Sie das Kanalübergangsdiagramm für die Kaskade an.

b) Bestimmen Sie anhand des Bildes in (a) die Kanalübergangsmatrix der Kaskade.

c) Geben Sie die Kanalübergangsmatrizen der Abschnitte an.

d) Berechnen Sie die Kanalübergangsmatrix der Kaskade anhand der Kanalübergangsmatrizen der Abschnitte.

e) Welcher Typ von Kanal entsteht?

f) Hat die Reihenfolge der Kanäle einen Einfluss auf die Fehlerwahrscheinlichkeit über alles?

Lösung

a)

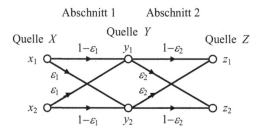

Bild 8-16 Kanalübergangsdiagramm für die Kaskade aus zwei BSC

b) Wir verfolgen die Übertragung der Zeichen über die Kanten bis zum Kanalausgang, wobei die Übergangswahrscheinlichkeiten als Gewichte multipliziert werden.

Anmerkung: Man kann dies anschaulich nachvollziehen, wenn man beispielsweise annimmt, es werden 1000 Zeichen x_1 am Eingangsknoten oben eingespeist, und verfolgt, wie sich die Zeichen im Mittel – entsprechend den Übergangswahrscheinlichkeiten – auf die Zwischenknoten y_1 und y_2 und schließlich auf die Endknoten z_1 und z_2 verteilen.

$$\mathbf{P}_{Z/X} = \begin{pmatrix} (1-\varepsilon_1)\cdot(1-\varepsilon_2)+\varepsilon_1\cdot\varepsilon_2 & \varepsilon_1\cdot(1-\varepsilon_2)+\varepsilon_2\cdot(1-\varepsilon_1) \\ \varepsilon_1\cdot(1-\varepsilon_2)+\varepsilon_2\cdot(1-\varepsilon_1) & (1-\varepsilon_1)\cdot(1-\varepsilon_2)+\varepsilon_1\cdot\varepsilon_2 \end{pmatrix} = \begin{pmatrix} 0,941 & 0,059 \\ 0,059 & 0,941 \end{pmatrix} \tag{8.63}$$

c)

$$\mathbf{P}_{Y/X} = \begin{pmatrix} 1-\varepsilon_1 & \varepsilon_1 \\ \varepsilon_1 & 1-\varepsilon_1 \end{pmatrix} = \begin{pmatrix} 0,99 & 0,01 \\ 0,01 & 0,99 \end{pmatrix}$$

$$\mathbf{P}_{Z/Y} = \begin{pmatrix} 1-\varepsilon_2 & \varepsilon_2 \\ \varepsilon_2 & 1-\varepsilon_2 \end{pmatrix} = \begin{pmatrix} 0,95 & 0,05 \\ 0,05 & 0,95 \end{pmatrix} \tag{8.64}$$

d)

$$\mathbf{P}_{Z/X} = \mathbf{P}_{Y/X}\cdot\mathbf{P}_{Z/Y} = \begin{pmatrix} 1-\varepsilon_1 & \varepsilon_1 \\ \varepsilon_1 & 1-\varepsilon_1 \end{pmatrix}\cdot\begin{pmatrix} 1-\varepsilon_2 & \varepsilon_2 \\ \varepsilon_2 & 1-\varepsilon_2 \end{pmatrix} \tag{8.65}$$

e) Es entsteht wieder ein BSC mit der Fehlerwahrscheinlichkeit

$$\varepsilon = \varepsilon_1\cdot(1-\varepsilon_2)+\varepsilon_2\cdot(1-\varepsilon_1) = \varepsilon_1+\varepsilon_2-2\cdot\varepsilon_1\cdot\varepsilon_2 \tag{8.66}$$

Bei den typischen kleinen Fehlerwahrscheinlichkeiten addieren sich die Fehlerwahrscheinlichkeiten näherungsweise: $\varepsilon \approx \varepsilon_1 + \varepsilon_2$.

f) Weil das Matrixprodukt nicht kommutativ ist, kommt es im Allgemeinen auf die Reihenfolge an. Im Sonderfall symmetrischer Binärkanäle spielt die Reihenfolge jedoch keine Rolle.

9   Kontinuierliche Quellen und Kanäle

Die Definitionen des Informationsgehalts und der Entropie fußen auf der Vorstellung, dass Information die Ungewissheit eines Zufallsexperimentes auflöst. In diesem Abschnitt wollen wir die Überlegungen auf kontinuierliche stochastische Variablen ausdehnen: also Quellen mit reellen Signalen zulassen, z. B. den Spannungsverlauf auf einer Telefonleitung. Dann liegt zu jedem beliebigen Beobachtungszeitpunkt ein Zufallsexperiment vor, dessen Ergebnis eine Ungewissheit, den Wert der Spannung, auflöst und somit einen quantifizierbaren Informationsgehalt aufweisen muss.

9.1   Differentielle Entropie

Wir betrachten für kontinuierliche Quellen in Bild 9-1 die zu Bild 8-4 analoge Situation. An die Stelle der Wahrscheinlichkeiten treten jetzt die Wahrscheinlichkeitsdichtefunktionen (WDF) der reellen stochastischen Variablen (SV).

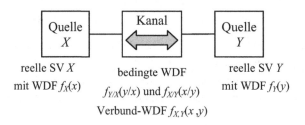

Bild 9-1 Zwei durch einen Kanal verbundene kontinuierliche Quellen

Um an die früheren Ergebnisse zur Beschreibung des Informationsflusses des Kanals, die Transinformation, anzuknüpfen, quantisieren wir die reellen stochastischen Variablen, wie in Bild 9-2 angedeutet. Dann erhalten wir diskrete Ereignisse, die durch die Wahrscheinlichkeiten, dass die stochastischen Variablen Werte in den zugeordneten Quantisierungsintervallen annehmen, beschrieben werden.

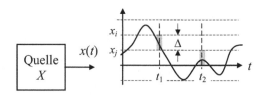

Bild 9-2 Digitalisierung einer kontinuierlichen Quelle mit der Quantisierungsintervallbreite Δ und den Beobachtungszeitpunkten t_1, t_2 usw.

Nehmen wir, wie in der Informationstechnik üblich, auch noch eine zeitliche Diskretisierung der Quelle vor, so resultiert eine Folge stochastischer Variablen X_1, X_2, ... Demnach ergibt sich mit (8.36) der wechselseitige Informationsgehalt der Zeichen x_i und x_j mit der Quantisierungsintervallbreite Δ zu den Zeitpunkten t_m und t_n

$$\frac{I_{X_m X_n}(x_i; x_j)}{\text{bit}} = \text{ld} \frac{P\left(\left[x_i - \Delta \le X_m < x_i\right] \cap \left[x_j - \Delta \le X_n < x_j\right]\right)}{P\left(x_i - \Delta \le X_m < x_i\right) \cdot P\left(x_j - \Delta \le X_n < x_j\right)} =$$

$$= \text{ld} \frac{\displaystyle\int_{x_i - \Delta}^{x_i} \int_{x_j - \Delta}^{x_j} f_{X_m X_n}(x_1, x_2) \, dx_1 dx_2}{\displaystyle\int_{x_i - \Delta}^{x_i} f_{X_m}(x_1) \, dx_1 \cdot \int_{x_j - \Delta}^{x_j} f_{X_n}(x_2) \, dx_2} \tag{9.1}$$

Der wechselseitige Informationsgehalt der Spannungsfunktion in Bild 9-2 kann als die aufgelöste Ungewissheit über das Spannungsintervall $[x_j - \Delta, x_j[$ der Quelle X_n gedeutet werden, wenn das Spannungsintervall $[x_j - \Delta, x_j[$ für X_m bekannt ist oder umgekehrt.

Fasst man nun den Übergang vom diskreten auf den kontinuierlichen Kanal als Verfeinerung auf, wobei die Quantisierungsintervallbreite Δ gegen null geht, so erhält man – falls wie z. B. bei stetigen WDF immer erlaubt –

$$\lim_{\Delta \to 0} \frac{I_{X_m X_n}(x_i; x_j)}{\text{bit}} = \lim_{\Delta \to 0} \text{ld} \frac{\Delta \Delta \cdot f_{X_m X_n}(x_i, x_j)}{\Delta f_{X_m}(x_i) \cdot \Delta f_{X_n}(x_j)} = \text{ld} \frac{f_{X_m X_n}(x_i, x_j)}{f_{X_m}(x_i) \cdot f_{X_n}(x_j)} \tag{9.2}$$

Damit resultiert eine dem diskreten Fall analoge Entsprechung für den wechselseitigen Informationsgehalt wertkontinuierlicher Quellen.

Mit X für X_m und Y für X_n und den Integralen für den Erwartungswert resultiert die *Transinformation*, vgl. Tabelle 8-3 (8.36)

$$\frac{I(X;Y)}{\text{bit}} = \int_{-\infty}^{+\infty} \int_{-\infty}^{+\infty} f_{XY}(x, y) \cdot \text{ld} \frac{f_{XY}(x, y)}{f_X(x) \cdot f_Y(y)} \, dxdy \tag{9.3}$$

Für den Informationsgehalt der Quelle werden ähnliche Überlegungen angestellt.

$$\frac{I(x_i)}{\text{bit}} = -\text{ld} P\left(\left[x_i - \Delta \le X < x_i\right]\right) = -\text{ld} \int_{x_i - \Delta}^{x_i} f_X(x) \, dx =$$

$$\overset{\Delta \ll 1}{\approx} -\text{ld}\left(\Delta f_X(x_i)\right) = -\text{ld}\,\Delta - \text{ld}\, f_X(x_i) \tag{9.4}$$

Anders als für die wechselseitige Information ergibt sich jedoch ein von der Quantisierungsintervallbreite Δ abhängiger Beitrag. Im Grenzfall $\Delta \to \infty$ geht der Anteil gegen unendlich. Dies ist nicht verwunderlich. Mit abnehmender Breite der Quantisierungsintervalle steigt die Anzahl der Alternativen, der möglichen Zeichen, und somit die Ungewissheit ebenfalls an.

Der Anteil $-\text{ld}(\Delta)$ ist unabhängig von der kontinuierlichen Quelle. Für ihre Beschreibung muss er irrelevant sein! Es liegt deshalb nahe, den Informationsgehalt nur auf der Basis der WDF zu beschreiben und den mittleren Informationsgehalt der kontinuierlichen Quelle wie folgt zu definieren:

Der mittlere Informationsgehalt einer kontinuierlichen Quelle, *differentielle Entropie* genannt, ist

$$\frac{H(X)}{\text{bit}} = -\int\limits_{-\infty}^{+\infty} f(x) \cdot \text{ld} f(x) \;\; dx \tag{9.5}$$

Diese zunächst willkürlich erscheinende Definition wird in ihrer Brauchbarkeit dadurch bestätigt, dass die in der Informationstheorie geforderten Entropiegrößen ganz entsprechend zum diskreten Fall resultieren. Insbesondere gelten die Beziehungen (8.37) bis (8.40) in Tabelle 8-3 auch für kontinuierliche Quellen und Kanäle.

Anmerkung: Zieht man, wie Shannon, die Entropie zur Definition der Information heran, wird der Ausdruck –ld(Δ) zur Erwartungswertbildung mit der Wahrscheinlichkeit multipliziert, dass die SV im Quantisierungsintervall liegt. Mit zunehmender Verfeinerung Δ → 0 geht die Wahrscheinlichkeit ebenfalls gegen 0. Es entsteht nach mathematisch-unproblematischem Grenzübergang der Beitrag 0, was die Definition (9.5) rechtfertigt.

Die Entropie einer kontinuierlichen Quelle wird durch ihre WDF festgelegt. Da es im Prinzip unendlich viele Möglichkeiten gibt, stellt sich die Frage, wie groß die differentielle Entropie überhaupt sein kann.

Zunächst ist bezüglich des linearen Mittelwerts μ und der Varianz σ^2 der stochastischen Variablen allgemein festzustellen: Der Mittelwert hat als „Erwartungswert" keinen Einfluss auf die differentielle Entropie. Bei zunehmender Varianz nimmt die Ungewissheit über den Versuchsausgang zu, so dass die differentielle Entropie ebenfalls zunimmt. Für einen sinnvollen Vergleich verschiedener WDF bezüglich ihres mittleren Informationsgehaltes ist deshalb die Varianz konstant zu halten.

Anmerkung: In der Nachrichtentechnik gibt die Varianz – bei Mittelwertfreiheit – die mittlere Leistung eines Prozesses an. Wir können daraus schließen, dass mit wachsender Leistung eines Senders (Quelle) die übertragbare Informationsmenge (Informationsgehalt) zunimmt. Dies gilt leider auch für die Störung, die mit wachsender Leistung zunehmend Irrelevanz einspeist.

Es kann gezeigt werden, dass die maximale differentielle Entropie, die maximale Ungewissheit, bei einer Normalverteilung erreicht wird.

Satz 9-1 *Gauß-Quelle*

Bei vorgegebener Varianz σ^2 wird die maximale differentielle Entropie bei einer Normalverteilung erreicht. Man erhält

$$H_G(X) = \frac{1}{2} \cdot \frac{\ln(2\pi\sigma^2 e)}{\ln 2} \;\; \text{bit} \tag{9.6}$$

Beispiel Differentielle Entropie der Gauß-Quelle

Die differentielle Entropie der Gauß-Quelle berechnet sich aus (9.5) wie folgt:

$$\frac{H_G(X)}{\text{nat}} = -\int_{-\infty}^{+\infty} \frac{1}{\sqrt{2\pi\sigma^2}} \cdot \exp\left(-\frac{x^2}{2\sigma^2}\right) \cdot \ln\left[\frac{1}{\sqrt{2\pi\sigma^2}} \cdot \exp\left(-\frac{x^2}{2\sigma^2}\right)\right] dx =$$

$$= -\int_{-\infty}^{+\infty} \frac{1}{\sqrt{2\pi\sigma^2}} \exp\left(-\frac{x^2}{2\sigma^2}\right) \cdot \left[\ln\left(\frac{1}{\sqrt{2\pi\sigma^2}}\right) - \frac{x^2}{2\sigma^2}\right] dx \qquad (9.7)$$

Wegen der zwei Terme in der eckigen Klammer kann der Ausdruck in zwei Integrale zerlegt werden. Da der erste Term konstant ist, wird er vor das Integral gestellt. Dann ergibt sich unmittelbar die Normbedingung für die WDF. Der zweite Term führt auf die Varianz. Man erhält schließlich

$$\frac{H(X)}{\text{nat}} = \ln\sqrt{2\pi\sigma^2} + \frac{1}{2} = \frac{1}{2}\cdot\ln\left[2\pi\sigma^2\right] + \frac{1}{2} = \frac{1}{2}\cdot\ln\left[e\cdot 2\pi\sigma^2\right] \qquad (9.8)$$

Zahlenwertbeispiele für drei bekannte Verteilungen sind in Tabelle 9-1 zusammengestellt.

Tabelle 9-1 Beispiele differentieller Entropien $H(X)$

Verteilung	WDF $f(x)$	$H(X)$ für $\sigma = 1$
Gleichverteilung	$\begin{cases} \dfrac{1}{2\sqrt{3}} & \text{für } |x| \leq \sqrt{3} \\ 0 & \text{sonst} \end{cases}$	$\dfrac{\ln\left(2\sqrt{3}\,\sigma\right)}{\ln 2} \text{ bit} = 1,79 \text{ bit}$
Laplace-Verteilung (zweiseitig)	$\dfrac{1}{\sqrt{2\sigma^2}} \cdot \exp\left(-\sqrt{2}\dfrac{|x|}{\sigma}\right)$	$\dfrac{\ln\left(\sqrt{2}\,\sigma e\right)}{\ln 2} \text{ bit} = 1,94 \text{ bit}$
Normalverteilung, Gauß-Verteilung	$\dfrac{1}{\sqrt{2\pi\sigma^2}} \cdot \exp\left(-\dfrac{x^2}{2\sigma^2}\right)$	$\dfrac{1}{2}\dfrac{\ln\left[e\cdot 2\pi\sigma^2\right]}{\ln 2} \text{ bit} = 2,04 \text{ bit}$

Beispiel Sprachtelefonie

Der praktische Nutzen der Überlegungen soll anhand einer groben Abschätzung der Bitrate in der digitalen Sprachtelefonie veranschaulicht werden. Das heutige Standardverfahren, die logarithmische PCM nach ITU-T G.711, verwendet 8 Bit pro Abtastwert der Mikrofonspannung bei einer Abtastfrequenz von 8 kHz. Damit ergibt sich eine Bitrate von 64 kbit/s.

Gehen wir nun bei den Spannungswerten von einer Gleichverteilung im normierten Aussteuerungsbereich [–1,1] aus, so erhält man mit der Varianz 1/3 eine Abschätzung der differentiellen Entropie der Telefonsprache pro Abtastwert

$$\frac{\hat{H}(X)}{\text{bit}} = \frac{\ln\left(2\sqrt{3}\,\sigma\right)}{\ln 2} = 1 \quad \text{für} \quad \sigma^2 = 1/3 \tag{9.9}$$

Bei einer Abtastung mit 8 kHz wie bei der PCM wären demzufolge nur eine Bitrate von etwa 8 kbit/s zur Codierung der Telefonsprache notwendig. Da die Abschätzung die zeitlichen Bindungen im Signal, das Gedächtnis der Quelle, nicht berücksichtigt, ist die tatsächliche Entropie der Telefonsprache noch niedriger anzusetzen. Moderne Sprachcodierverfahren, z. B. nach dem Standard ITU-T G.729, ermöglichen heute eine Übertragung mit etwa 8 kbit/s bei vergleichbarer Qualität. Eine verständliche Übertragung mit etwa 1 kbit/s ist realisierbar.

9.2 Kanalkapazität und Shannon-Grenze

Analog zu den diskreten Kanälen wird die *Kanalkapazität* für kontinuierliche Kanäle definiert. Gesucht ist wieder der größte Wert der Transinformation bei angepasster Quelle, also mit geeigneter WDF.

$$C = \sup_{f(x)} I(X;Y) \tag{9.10}$$

Die Berechnung des Supremums gestaltet sich im Allgemeinen schwierig. Für den wichtigen Sonderfall *bandbegrenzter AWGN-Kanäle* (Additive White Gaussian Noise) mit dem Übertragungsmodell in Bild 9-3 erhält man die in der Informationstechnik bekannte Formel der Kanalkapazität.

Satz 9-2 *Kanalkapazität* (Hartley-Shannon)

Die Kanalkapazität eines idealen bandbegrenzten Kanals mit der (Tiefpass-)Bandbreite B und dem additiven weißen gaußschen Rauschen mit der Varianz $N = N_0 \cdot B$ ist durch

$$\frac{C}{\text{bit}} = B \cdot \text{ld}\left(1 + \frac{S}{N}\right) \tag{9.11}$$

gegeben. S gibt darin die Leistung des Nachrichtensignals im Übertragungsband wieder. Die Dimension der Kanalkapazität ist die einer Bitrate $[C]$ = bit/s.

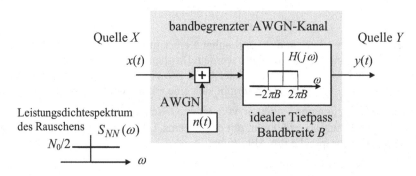

Bild 9-3 Modell des bandbegrenzten AWGN-Kanals

Zur Interpretation der Kanalkapazität betrachten wir zunächst die auf ein 1 Herz Bandbreite bezogene Kapazität in Bild 9-4. Man beachte besonders den asymptotisch linearen Verlauf in der halblogarithmischen Darstellung. Eine Verdopplung der Kapazität erfordert bei einem Signal-Rausch-Verhältnis (Signal-to-Noise Ratio, SNR) größer als ca. 0 dB eine Quadrierung des SNR bzw. der Sendeleistung, bei gleichbleibender Rauschstörung.

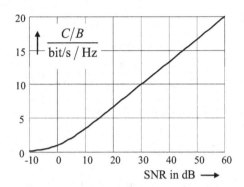

Bild 9-4 Kanalkapazität pro Herz Bandbreite in Abhängigkeit des Signal-Rausch-Verhältnisses

Sind das SNR, die Zeitdauer und die Bandbreite vorgegeben, kann nur eine der Kanalkapazität entsprechende maximale Informationsmenge übertragen werden. SNR, Zeitdauer und Bandbreite sind hierbei in gewissen Grenzen austauschbar. Die über den Kanal in einer bestimmten Zeit übertragene Informationsmenge lässt sich durch das Volumen des *Nachrichtenquaders* in Bild 9-5 veranschaulichen.

Anmerkung: Die Verlängerung der Übertragungszeit kann z. B. bei gleicher Bitrate die zusätzliche Übertragung von Prüfzeichen zur Fehlerüberwachung bedeuten, so dass die effektive Bitrate sinkt.

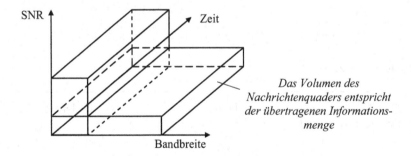

Bild 9-5 Austauschbarkeit von Bandbreite, SNR und Übertragungszeit

Bei genauerer Betrachtung der Kanalkapazität (9.11) stellt sich die wichtige Frage: Wie ändert sich die Kanalkapazität bei immer größer werdender Bandbreite B? Geht die Kapazität ebenfalls gegen unendlich?

Die Antwort ist nicht offensichtlich, da die Bandbreite implizit in der Störleistung N enthalten ist. Die Rauschleistung ist bei konstantem Leistungsdichtespektrum proportional zur Bandbreite. Je größer die Bandbreite, umso mehr Rauschen gelangt in den Empfänger, siehe Bild 9-6.

$$N = N_0 \cdot B \qquad (9.12)$$

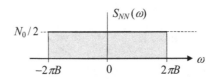

Bild 9-6 Leistungsdichtespektrum des bandbegrenzten weißen Rauschens

Wir untersuchen deshalb den Grenzübergang

$$\frac{C_\infty}{\mathrm{bit}} = \lim_{B \to \infty} \frac{C}{\mathrm{bit}} = \lim_{B \to \infty} B \cdot \ln\left(1 + \frac{S}{N}\right) \cdot \mathrm{ld}\, e \qquad (9.13)$$

Anmerkung: Wir verwenden den natürlichen Logarithmus wegen der einfacheren Rechnung. Die Dimension der Kanalkapazität nat/s wird durch Multiplikation von ld(e) in bit/s umgerechnet.

Mit (9.12), in den Grenzübergang eingesetzt, ergibt sich zunächst ein unbestimmter Ausdruck.

$$\lim_{B \to \infty} B \ln\left(1 + \frac{S}{N_0 B}\right) = \lim_{B \to \infty} \frac{\ln\left(1 + S/[N_0 B]\right)}{1/B} \qquad (9.14)$$

Anwenden der Regel von L'Hospital führt auf einen endlichen Grenzwert

$$\lim_{B \to \infty} B \ln\left(1 + \frac{S}{N_0 B}\right) = \lim_{B \to \infty} \frac{(S/N_0) \cdot \left(-1/B^2\right)}{\left(1 + S/N_0 B\right) \cdot \left(-1/B^2\right)} = \frac{S}{N_0} \qquad (9.15)$$

die Shannon-Grenze.

Die Kanalkapazität eines nicht bandbegrenzten AWGN-Kanals für leistungsbeschränkte Sendesignale wird durch die *Shannon-Grenze* angegeben.

$$\frac{C_\infty}{\mathrm{bit}} = \frac{S}{N_0} \cdot \mathrm{ld}\, e \approx 1{,}44 \cdot \frac{S}{N_0} \qquad (9.16)$$

Die Nachrichtentechnik verwendet als Bezugsgröße bei der Übertragung digitaler Signale meist die Signalenergie pro Bit, die *Bitenergie E_b*. Bei einer binären Übertragung mit maximaler Datenrate

$$R_{\max} = C_\infty \qquad (9.17)$$

folgt für die Bitdauer T_b

$$T_b = \frac{1}{C_\infty / \text{bit}}$$

(9.18)

Multipliziert man nun die Shannon-Grenze mit der Bitdauer T_b, so ergibt sich mit $S \cdot T_b = E_b$ die bei vorgegebener Rauschleistungsdichte N_0 mindestens notwendige Bitenergie

---

Zur Übertragung eines Binärzeichens ist ein *Verhältnis von Bitenergie zu Rauschleistungsdichte mindestens* erforderlich von

$$\left.\frac{E_b}{N_0}\right|_{\min} = \frac{1}{\text{ld}\ e} \approx 0,69 \cong -1,59\,\text{dB}$$

(9.19)

Anmerkung: Man beachte, dass in der Literatur die Rauschleistungsdichte manchmal statt $N_0/2$ mit N_0 definiert wird. Dann ergibt sich an dieser Stelle +1,42 dB, ein Unterschied von ca. 3 dB.

Den Zusammenhang zwischen SNR, Bandbreite und Bitrate R mit $[R]$ = bit/s veranschaulichen wir in einem Diagramm. Hierzu setzen wir zuerst formal die Bitrate für die Kanalkapazität in (9.11) mit (9.12) ein und lösen nach dem SNR auf.

$$\frac{S}{N_0 B} = 2^{R/B} - 1$$

(9.20)

Die Abhängigkeit der linken Seite von der Bandbreite B eliminieren wir durch Erweitern mit B/R.

$$\frac{S/R}{N_0} = \frac{B}{R}\left(2^{R/B} - 1\right)$$

(9.21)

Der Term S/R besitzt die Dimension Leistung mal Zeit, ist also eine Energiegröße. Man erhält wie in (9.19) die pro Bit aufgewendete Energie E_b. Die Austauschbarkeit von Bandbreite und SNR in (9.21) gibt Bild 9-7 wider. Darüber hinaus liefert Bild 9-7 einen Standard, an dem reale Übertragungsverfahren gemessen werden können. Liegen Bitrate, SNR und Bandbreite fest, so erhält man einen Punkt im Diagramm. Nach dem Kanalcodierungstheorem ist die Bitrate R kleiner als die Kanalkapazität C zu wählen. Damit liegen reale Übertragungsverfahren oberhalb der Kurve aus (9.21). Aus dem Abstand zur Trennlinie, $R = C$, kann das prinzipielle Verbesserungspotential abgeschätzt werden.

Anmerkung: Moderne digitale Übertragungsverfahren kommen unter Einbeziehung fortschrittlicher Codierverfahren, wie der Turbo-Codierung [BGT93], [BeGl96], [Pro00], der Trennlinie ziemlich nahe; allerdings um den Preis relativ langer Decodierverzögerungen. In Anwendungen spielen weitere Faktoren eine Rolle die das Preis-Leistungs-Verhältnis bestimmen können, so dass die Optimierung im Sinne der Kanalkapazität in den Hintergrund treten kann.

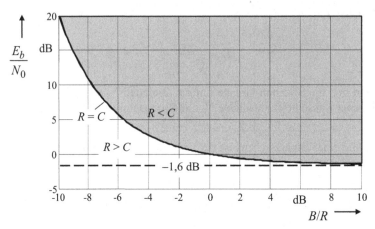

Bild 9-7 Austausch von Bandbreite B bei fester Bitrate R und SNR in der Nachrichtenübertragung

9.3   Beispiele zu Abschnitt 9

Beispiel Bildtelefonie

Für die Bildtelefonie bildete früher der ISDN-Teilnehmeranschluss mit der Datenrate von 64 kbit/s den Flaschenhals in der Übertragungskette. Der Fluss der Bildinformation musste auf diese Datenrate komprimiert werden. Hierfür wurden Verfahren eingesetzt, die sowohl Irrelevanz, also für den Teilnehmer als entbehrlich definierte Bilddetails, als auch Redundanz, wie ein über der Zeit unveränderlicher Bildhintergrund, beseitigen. Wir betrachten im Folgenden ein idealisiertes Beispiel für den Informationsgehalt eines Bildtelefonie-Signals.

Anmerkung: Mit den modernen DSL-Anschlüssen hat sich das Problem im Festnetzbereich entschärft. Dafür ist mit der Mobiltelefonie eine neue, wichtige Anwendung hinzugetreten, die nach niedrigen Datenraten verlangt.

Wir gehen von dem Bildformat QCIF (Quarter Common Intermediate Format) für niedrige Datenraten aus. Zur Farbbilddarstellung sind das Luminanz-Signal (Helligkeitssignal) und die beiden Chrominanz-Signale (Farbsignale) notwendig. Die zugehörigen Parameter sind in Tabelle 9-2 zusammengestellt.

Tabelle 9-2 Parameter der QCIF-Bildübertragung

Signale	Bildpunkte pro Zeile	Zeilen pro Bild	Bits pro Bildelement	Bildfolge-frequenz
Luminanz (Y)	176	144 (120)	8	5 ... 15 Hz
Chrominanz (U,V)	88	72 (60)	8	5 ... 15 Hz

Man beachte, dass das Auge unempfindlicher bzgl. der Farbinformation ist, weshalb die Chrominanz-Signale im Ortsbereich gröber quantisiert werden. Für jeden Bildpunkt (Pixel) werden pro Signal und Abtastwert 8-Bit-Wortlänge bereitgestellt. Folglich können im Beispiel im

Luminanz-Signal zwischen Schwarz und Weiß 2^8 = 256 Helligkeitsstufen unterschieden werden. Die zeitliche Variation der Bilder wird durch die Bildfolgefrequenz festgelegt. Bei schnellen Bewegungen vor der Kamera und relativ kleiner Bildfolgefrequenz treten im Empfangsbild typisch flächige Unschärfen, so genannte Wischer, auf.

a) Berechnen Sie für eine Bildfolgefrequenz von 10 Hz den Informationsfluss der Quelle. Gehen Sie dabei vereinfachend davon aus, dass alle Bildelemente im gesamten Quantisierungsbereich gleichverteilt und bzgl. des Ortes und der Zeit voneinander unabhängig sind.

b) Wie groß muss die Bandbreite eines idealen Tiefpasskanals zur Übertragung des Informationsflusses in (a) mindestens sein, wenn für einen zufriedenstellenden Bildeindruck am Kanalausgang ein SNR von mindestens 30 dB erforderlich ist?

Lösungen

a) Pro Bildelement und Signal ist ein Symbol (Zeichen) zu übertragen. Aus Tabelle 9-2 folgt für die Zahl der Symbole pro Bild

$$\frac{N_S}{\text{symbol}} = 176 \cdot 144 + 2 \cdot 88 \cdot 72 = 38016 \tag{9.22}$$

und mit der gegebenen Bildfolgefrequenz die Symbolrate

$$r_S = N_S \cdot 10 \ \text{Hz} = 380160 \frac{\text{symbol}}{\text{s}} \tag{9.23}$$

Zur Bestimmung der Informationsrate benötigen wir noch den Informationsgehalt pro Symbol. Mit der vereinfachenden Annahme der Gleichverteilung über die 2^8 = 256 möglichen Amplitudenstufen erhalten wir

$$I_S = -\text{ld} \ \frac{1}{2^8} \ \frac{\text{bit}}{\text{symbol}} = 8 \ \frac{\text{bit}}{\text{symbol}} \tag{9.24}$$

Der gesuchte Informationsfluss ist

$$I = r_S I_S = 380160 \ \frac{\text{symbol}}{\text{s}} \cdot 8 \ \frac{\text{bit}}{\text{symbol}} = 3,04128 \ \frac{\text{Mbit}}{\text{s}} \tag{9.25}$$

Anmerkungen: (i) Ein Vergleich mit der Bitrate des ISDN-B-Kanals von 64 kbit/s zeigt, dass die Quellencodierung hier eine Datenkompression um etwa den Faktor 50 erbringen müsste. (ii) Man beachte, dass hier der Informationsgehalt pro Zeichen nur deshalb gleich der Wortlänge ist, weil eine Gleichverteilung angenommen wird. In der Bildtelefonie ist der tatsächliche Informationsfluss deutlich kleiner – für einen oder zwei ISDN-B-Kanäle jedoch immer noch groß.

b) Für die Übertragung des Informationsflusses in (a) ist ein Kanal mit einer entsprechenden Kapazität bereitzustellen. Aus der shannonschen Kanalkapazität (9.11) ergibt sich der Ansatz

$$B > \frac{I}{\text{ld}\left(1 + \frac{S}{N}\right)} = \frac{3,04128 \cdot 10^6}{\text{ld}(1 + 10^3)} \ \frac{1}{\text{s}} \approx 305 \ \text{kHz} \tag{9.26}$$

Beispiel Abgetastetes Analogsignal

Ein analoges Signal mit einer Grenzfrequenz von 4 kHz wird mit dem 1,25-fachen der Mindestabtastfrequenz abgetastet. Jeder Abtastwert wird mit 4-Bit-Wortlänge gleichförmig quantisiert. Es wird angenommen, dass die Abtastwerte im Quantisierungsbereich $[-1,1]$ dreiecksverteilt und voneinander unabhängig sind.

a) Berechnen Sie den Informationsfluss der digitalisierten Quelle.

b) Kann der Informationsfluss in (a) über einen AWGN-Kanal mit einer Bandbreite von $B = 5$ kHz und einem SNR von 20 dB (theoretisch) fehlerfrei übertragen werden?

c) Wie groß muss das SNR mindestens sein, dass mit einer Bandbreite von $B = 5$ kHz der Informationsfluss in (a) (theoretisch) fehlerfrei übertragen werden kann?

d) Wie groß muss die Bandbreite B mindestens sein, damit bei einem SNR von 20 dB der Informationsfluss in (a) (theoretisch) fehlerfrei übertragen werden kann?

Lösung

a) Abtastfrequenz und Symbolrate sind

$$f_S = 1{,}25 \cdot 8 \text{ kHz} = 10 \text{ kHz}$$

$$r_S = 10^4 \text{ symbol/s.}$$

Der Informationsgehalt eines Symbols hängt von dessen Auftrittswahrscheinlichkeit ab. Mit der Wortlänge $w = 4$ bit stehen zur Darstellung der Beträge des Signals 3 Bit zur Verfügung. Es ergibt sich die Einteilung der Quantisierungsintervalle in Bild 9-8. Wegen der geraden Symmetrie der WDF brauchen nur Amplituden $x \geq 0$ betrachtet zu werden. Es stellen sich die oberen Quantisierungsintervallgrenzen $x_i = i \cdot 2^{-(w/\text{bit} - 1)}$ für $i = 1, 2, \ldots,$ $2^{w/\text{bit} - 1}$ ein.

Die Wahrscheinlichkeit p_i für das Symbol S_i ist gleich der Fläche unter der WDF im i-ten Quantisierungsintervall

$$p_i = 2^{-(w/\text{bit}-1)} \cdot \left(1 - \frac{x_{i-1} + x_i}{2}\right) = 2^{-(w/\text{bit}-1)} \cdot \left(1 - 2^{-w/\text{bit}} \cdot [2i-1]\right)$$

Die Informationsgehalte der Symbole, $I_i = -\text{ld}\, p_i$ bit, sind in Tabelle 9-3 eingetragen.

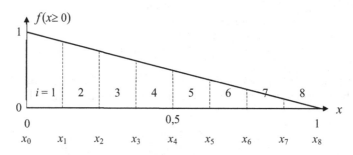

Bild 9-8 Quantisierungsintervalle i und dreieckförmige WDF für $x \geq 0$

Tabelle 9-3 Symbolwahrscheinlichkeiten und Informationsgehalte (gerundet)

i	1	2	3	4	5	6	7	8
p_i	0,1172	0,1016	0,0859	0,0703	0,0547	0,0391	0,0234	0,0078
I_i in bit	3,09	3,30	3,54	3,83	4,19	4,68	5,42	7,00

Es ergibt sich der mittlere Informationsgehalt, die Entropie der diskreten Quelle,

$$\frac{\overline{I_S}}{\text{bit}} = -2 \cdot \sum_{i=1}^{2^{w/\text{bit}-1}} p_i \cdot \text{ld}(p_i) \approx 3,73$$

Anmerkung: Bei einer Gleichverteilung der Amplituden würde sich der maximale Informationsgehalt der Quelle mit 2^4 Zeichen von 4 bit ergeben.

Der mittlere Informationsfluss ist demzufolge

$$I = r_S \cdot \overline{I_S} \approx 37,3 \text{ kbit/s}$$

b) Die Kanalkapazität (9.11)

$$C = 5 \text{ kHz} \cdot \text{ld}\left(1+10^2\right) \text{bit} \approx 33 \frac{\text{kbit}}{\text{s}}$$

ist kleiner als der zu übertragende Informationsfluss in (a). Eine fehlerfreie Übertragung ist nicht möglich.

c) Das mindestens notwendige SNR bestimmt sich aus (9.11)

$$5 \text{ kHz} \cdot \text{ld}\left(1+S/N\right) \text{bit} = 37,3 \frac{\text{kbit}}{\text{s}}$$

zu

$$\left.\frac{S}{N}\right|_{\text{min}} = 2^{37,3/5} - 1 \approx 175 \approx 22,5 \text{ dB}$$

d) Die mindestens notwendige Bandbreite berechnet sich aus (9.11)

$$B \cdot \text{ld}\left(1+10^2\right) \text{bit} = 37,3 \frac{\text{kbit}}{\text{s}}$$

zu

$$\left.B\right|_{\text{min}} \approx 5,6 \text{ kHz}$$

Beispiel Telefonkanal

In der analogen Sprachtelefonie mit der Trägerfrequenztechnik wird das Frequenzband von 300 Hz bis 3,4 kHz transparent übertragen. Wir gehen im Folgenden davon aus, dass bei Vollaussteuerung in der Teilnehmervermittlungsstelle dem Teilnehmer ein festes SNR an der Anschlussleitung bereitgestellt wird.

Für den Teilnehmeranschluss werden Zweidrahtleitungen eingesetzt. Deren Leitungsdämpfung α kann der Einfachheit halber im Frequenzband bis 4 kHz mit 2 dB/km abgeschätzt werden.

Skizzieren Sie die Kanalkapazität in Abhängigkeit der Entfernung des Teilnehmers von der Teilnehmervermittlungsstelle.

Lösung

Wir gehen von der Kanalkapazität (9.11) aus und setzen die gegebenen Zahlenwerte und die Anschlusslänge l in Kilometer ein. Für die Bandbreite wählen wir 4 kHz.

$$C = 4 \cdot \mathrm{ld}\left(1 + 10^{\left[SNR - 2 \cdot \frac{l}{km}\right]/10}\right) \frac{\text{kbit}}{\text{s}} \qquad (9.27)$$

Die grafische Auswertung der Formel ist in Bild 9-9 zu sehen. Die Kanalkapazität beginnt bei einem SNR von 60 dB und der Anschlusslänge von 0 km mit dem Wert von 80 kbit/s und fällt annähernd linear mit wachsender Länge bis 20 km. Entsprechendes gilt für die anderen SNR-Werte.

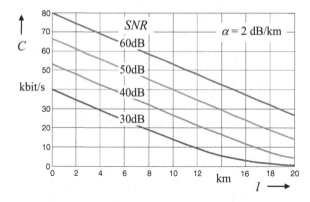

Bild 9-9 Kanalkapazität des Telefonanschlusses (Sprachband) in Abhängigkeit von der Anschlusslänge

Anmerkungen: (i) Nach [KaKö90] besaßen um 1990 etwa 99,5 % aller Teilnehmer der Deutschen Bundespost einen Teilnehmeranschluss der Länge kleiner 8 km. (ii) Die tatsächliche Kapazität der Teilnehmeranschlussleitung (Zweidrahtleitung) ist wesentlich größer als im Beispiel angegeben, da die Leitung breitbandig genutzt werden kann. Die modernen xDSL-Verfahren ermöglichen Bitraten bis zu mehreren Mbit/s. Im Beispiel der ADSL (Asynchronous DSL) werden für die Verbindung vom Teilnehmer zum Netz mit 64 kbit/s oder mehr hauptsächlich Frequenzen von 26 ... 138 kHz benutzt. Für die Verbindung vom Netz zum Teilnehmer sind bis zu 6 Mbit/s vorgesehen. Die Übertragung findet hauptsächlich im Frequenzband von 26 kHz bis 1104 kHz statt [SCS00]. Die Übertragungskapazität wird meist nicht durch thermisches Rauschen begrenzt, sondern durch eingekoppelte Störsignale, z. B. aus anderen Leitungen im selben Kabel. (iii) Die Leitungsdämpfung steigt mit wachsender Frequenz stark an.

Beispiel Telegrafie

Es soll abgeschätzt werden, wie viel Information über eine Telegrafenverbindung im Mittel übertragen werden kann. Als Symbole werden Punkt und Strich verwendet. Für die Dauer der Symbole sei 1/3 Sekunde bzw. 1 Sekunde angenommen. Die Pause zwischen den Symbolen sei ebenfalls 1/3 Sekunde lang.

Berechnen Sie die den mittleren Informationsfluss der Telegrafenquelle.

Anmerkungen: (i) Da der Morse-Code kein Präfixcode ist, sind Pausen (Pausezeichen) zwischen den Zeichen erforderlich. Damit ist der Morse-Code ein ternärer Code mit dem Entscheidungsgehalt $H_0 = \mathrm{ld}(3)$ bit $\approx 1{,}58$ bit. (ii) Geübte Operatoren (1. Klasse) können ca. 45 Wörter pro Minute übertragen [Huu03].

Lösung

Aus Tabelle 3-1 ergibt sich das Verhältnis von Punkten und Strichen von ca. 2:1. Daraus folgt für die Auftrittswahrscheinlichkeiten eines Punktes P_P und eines Striches P_S aus

$$P_P = 2P_S \quad \text{und} \quad P_P + P_S = 1 \tag{9.28}$$

die gesuchten Werte

$$P_P = 2/3 \quad \text{und} \quad P_S = 1/3 \tag{9.29}$$

Für die Binärquelle ergibt sich die Entropie

$$\frac{H(X)}{\text{bit}} = -P_P \cdot \mathrm{ld}\, P_P - P_S \cdot \mathrm{ld}\, P_S = 0{,}92 \tag{9.30}$$

Die mittlere Dauer eines Symbols einschließlich der Pause beträgt

$$\overline{T} = \frac{2}{3}t_P + \frac{1}{3}t_S + t_{Pause} = \frac{2}{3}\cdot\frac{1}{3}\text{s} + \frac{1}{3}\cdot 1\text{s} + \frac{1}{3}\text{s} = \frac{8}{9}\text{s} \tag{9.31}$$

Daraus bestimmt sich der mittlere Informationsfluss.

$$I = \frac{H(X)}{\overline{T}} = 1{,}04\,\frac{\text{bit}}{\text{s}} \tag{9.32}$$

Beispiel Kurzstreckenfunk mit Bluetooth

Die Spezifikation von Bluetooth-Geräten verlangt eine Bitfehlerquote (Bit Error Rate, BER) von kleiner 1 % bei einer Empfangsleistung von mindestens −70 dBm (Empfindlichkeit des Empfängers, 1 dBm entspricht 1 mW) und einer Rauschleistung von −91 dBm. Die Bandbreite eines Frequenzkanals ist 1MHz. Nach dem Bluetooth-Standard V1.2 werden brutto 1 Mbit/s übertragen [Mor02]. Den Teilnehmern stehen davon 720 kbit/s zur Verfügung.

Schätzen Sie die Kanalkapazität ab.

Anmerkung: (i) Beachten Sie, dass die Abschätzungen nur einen groben Anhaltspunkt über die tatsächlich erzielbaren Bitraten unter günstigen Umständen – hier Testszenario im Labor – liefert. Speziell im Mobilfunk verändern sich die Kanäle stark, z. B. bei der Durchfahrt durch ein „Funkloch". (ii) Die Bluetooth Version V2.0 + EDR bietet Bitraten bis 3 Mbit/s an.

Lösung

Kanalkapazität, siehe auch Bild 9-4

$$C = 1\ \text{MHz} \cdot \text{ld}\left(1 + 10^{21/10}\right)\ \text{bit} \approx 7\ \text{Mbit/s} \tag{9.33}$$

Es werden nur etwa 14 % der Kapazität realisiert. Beachtet man die zugelassene Fehlerquote von 1 %, so ist noch eine Kanalcodierung vorzusehen, um quasi Fehlerfreiheit zu erreichen. Damit geht nochmals ein Anteil der Kapazität an die Redundanz verloren.

10   Übungsaufgaben zu Teil I: Entropie und Quellencodierung

10.1   Aufgaben

Aufgabe 1 Huffman-Codierung

Eine diskrete gedächtnislose Quelle habe das Alphabet $X = \{x_1, ..., x_8\}$ mit den in Tabelle 10-1 zugeordneten Wahrscheinlichkeiten p_i.

a) Geben Sie den Entscheidungsgehalt des Alphabets an.

b) Geben Sie die Entropie der Quelle an.

c) Führen Sie eine für die Datenübertragung besonders geeignete Huffman-Codierung durch und geben Sie die Codewörter an.

d) Skizzieren Sie die Codebaum mit vollständiger Beschriftung.

Tabelle 10-1 Wahrscheinlichkeiten p_i der Zeichen x_i

Zeichen	x_1	x_2	x_3	x_4	x_5	x_6	x_7	x_8
p_i	0,05	0,05	0,1	0,1	0,05	0,05	0,2	0,4

Aufgabe 2 Rice-Code

Ein Sensormodul soll einen Prozess protokollieren, der zwei Zustände annehmen kann. Aus Modellrechnungen ist bekannt, dass die Zustände im Verhältnis von ca. 1:5 auftreten. Der Prozess wird jede Millisekunde abgefragt. Die Daten sollen für eine spätere Analyse vor Ort über längere Zeit gespeichert werden. Da sowohl Speicher- als auch Rechenkapazität knapp sind, soll als einfaches, aufwandsgünstiges Verfahren der Rice-Code eingesetzt werden.

a) Bestimmen Sie den Codeparameter m.

b) Geben Sie für den Codeparameter $m = 4$ das Codewort zur Lauflänge 17 und seine Wahrscheinlichkeit an.

Aufgabe 3 Markov-Kette

Für eine Markov-Kette sind die Übergangsmatrix und die Grenzmatrix gegeben

$$
\Pi = \begin{bmatrix} 1/4 & 1/2 & ? & 0 \\ ? & 0 & 1/3 & 1/3 \\ 1/3 & ? & 0 & 1/3 \\ 0 & 1/4 & 1/2 & ? \end{bmatrix} \quad \text{bzw.} \quad \Pi_\infty = \begin{bmatrix} 0,2353 & 0,2647 & 0,2647 & 0,2353 \\ 0,2353 & 0,2647 & 0,2647 & 0,2353 \\ 0,2353 & 0,2647 & 0,2647 & 0,2353 \\ 0,2353 & 0,2647 & 0,2647 & 0,2353 \end{bmatrix} \tag{10.1}
$$

a) Vervollständigen Sie die Übergangsmatrix.

b) Zeichnen Sie den Zustandsgrafen.

c) Wie ist Zustandsverteilung im Zeitschritt $n + 1$, wenn sie im Zeitschritt n

$$
p_n = (0,2353 \quad 0,2647 \quad 0,2647 \quad 0,2353) \tag{10.2}
$$

beträgt? Begründen Sie Ihre Antwort.

Aufgabe 4 Markov-Quelle

Eine diskrete Quelle habe den Zustandsgraf in Bild 10-1 mit den Zuständen A und B, in denen die Zeichen a bzw. b gesendet werden.

a) Geben Sie alle Übergangswahrscheinlichkeiten an.

b) Berechnen Sie die Auftrittswahrscheinlichkeiten der Zustände.

c) Geben Sie die Entropie der Quelle an. Begründen Sie Ihre Antwort.

d) Fassen Sie jeweils drei Zeichen zu einem Block zusammen. Berechnen Sie die Wahrscheinlichkeiten der möglichen Blöcke.

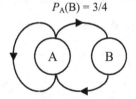

Bild 10-1 Zustandsgraf

e) Führen Sie eine Huffman-Codierung für die Blöcke durch und geben Sie die Effizienz des Codes an.

Aufgabe 5 Arithmetische Codierung

Gegeben sind die Zeichen und ihre Wahrscheinlichkeiten in Tabelle 10-2.

Führen Sie die arithmetische Codierung der Zeichenfolge abadef durch und stellen Sie die einzelnen Schritte grafisch vor.

Hinweis: Verwenden Sie das Dezimalsystem.

Tabelle 10-2 Alphabet und Zeichenwahrscheinlichkeiten

Zeichen	a	b	c	d	e	f
Wahrscheinlichkeiten	0,3	0,3	0,1	0,1	0,1	0,1

Aufgabe 6 Arithmetische Codierung - Decodierung

Gegeben sind die Zeichen und ihre Wahrscheinlichkeiten in Tabelle 10-3.

Die arithmetische Codierung hat das Codewort 11131 für eine Folge von 6 Zeichen ergeben.

Führen Sie die arithmetische Decodierung durch und stellen Sie die einzelnen Schritte grafisch vor.

Hinweis: Verwenden Sie das Dezimalsystem.

Tabelle 10-3 Alphabet und Zeichenwahrscheinlichkeiten

Zeichen	a	b	c	d	e	f
Wahrscheinlichkeiten	0,3	0,3	0,1	0,1	0,1	0,1

Aufgabe 7 Phrasen-Codierung

Geben Sie die Ersatzzeichen der LZ77-Codierung für die drei nachfolgenden Beispiele an.

a)

	Phrasenspeicher														*Look-ahead-Buffer*						
D	I	E	-	B	E	K	A	N	N	T	E	-	S	Y	M	B	O	L	F	O	L	G	E	-	W	I	R	D
15	14	13	12	11	10	9	8	7	6	5	4	3	2	1	1	2	3	4	5	6	7	

b)

	Phrasenspeicher														*Look-ahead-Buffer*						
-	D	I	E	-	Z	U	G	P	F	E	R	D	E	,	D	I	E	-	D	E	N	-	W	A	G	E	N	-
15	14	13	12	11	10	9	8	7	6	5	4	3	2	1	1	2	3	4	5	6	7	

c)

	Phrasenspeicher														*Look-ahead-Buffer*						
9	D	E	-	3	F	4	A	1	3	0	0	-	1	B	0	0	0	0	0	0	-	7	7	3	A	0	0	E
15	14	13	12	11	10	9	8	7	6	5	4	3	2	1	1	2	3	4	5	6	7	

Aufgabe 8 Transinformation

Gegeben ist die Kanalmatrix

$$\mathbf{P}_{Y/X} = \begin{pmatrix} 3/4 & ? \\ ? & 4/5 \end{pmatrix} \qquad (10.3)$$

Ferner ist bekannt, dass die Symbole am Kanalausgang gleichwahrscheinlich sind.

a) Geben Sie die Entropie der Quelle Y am Kanalausgang an. Begründen Sie Ihre Antwort.

b) Skizzieren Sie das Übergangsdiagramm und tragen Sie alle Übergangswahrscheinlichkeiten ein.

c) Wie groß sind die Wahrscheinlichkeiten der Zeichen der Quelle X am Kanaleingang?

d) Berechnen Sie die Entropie der Quelle X.

e) Wie groß ist die vom Eingang zum Ausgang übertragene Information im Mittel?

Aufgabe 9 Transinformation

Gegeben ist eine binäre gedächtnislose Datenquelle X mit den Wahrscheinlichkeiten $p_X(0) = 1/3$ und $p_X(1) = 2/3$ für die Zeichen 0 bzw. 1.

Die Zeichen der Quelle werden durch einen Binärkanal übertragen mit der Kanalmatrix

$$\mathbf{P}_{Y/X} = \begin{pmatrix} 2/3 & 1/3 \\ 1/2 & 1/2 \end{pmatrix} \tag{10.4}$$

a) Berechnen Sie die Entropie der Datenquelle X.

b) Skizzieren Sie das Übergangsdiagramm des Kanals.

c) Wie groß sind die Wahrscheinlichkeiten der Zeichen der Quelle Y am Kanalausgang?

d) Berechnen Sie die Entropie der Quelle Y.

e) Wie groß ist die Transinformation?

Aufgabe 10 Transinformation

Eine Übertragungsstrecke ist durch einen symmetrischen Binärkanal mit der Fehlerwahrscheinlichkeit von $P_e = 10^{-3}$ beschrieben.

a) Geben Sie die Kanalmatrix $\mathbf{P}_{Y/X}$ an und skizzieren und beschriften Sie das Übergangsdiagramm des Kanals.

b) Wie muss die Verteilung der Zeichen am Kanaleingang sein, damit die maximal mögliche Information pro Zeichen übertragen werden kann? Begründen Sie Ihre Antwort.

c) Die Zeichen am Eingang sind unabhängig und besitzen die Wahrscheinlichkeiten $p(x_1) = 1/4$ und $p(x_2) = 3/4$. Bestimmen Sie die Entropien am Ein- und Ausgang.

d) Skizzieren Sie das Informationsflussdiagramm und tragen Sie alle relevanten Entropiegrößen ein.

Aufgabe 11 Transinformation

Eine Datenübertragungsstrecke wird durch einen symmetrischen Binärkanal mit Auslöschung modelliert. Die Fehlerwahrscheinlichkeit beträgt $P_{error} = 10^{-4}$ und Wahrscheinlichkeit einer Auslöschung $P_{erasure} = 10^{-2}$ beschrieben.

a) Geben Sie die Kanalmatrix $\mathbf{P}_{Y/X}$ an.

b) Skizzieren und beschriften Sie das Übergangsdiagramm des Kanals.

c) Wie muss die Verteilung der Zeichen am Kanaleingang sein, damit die maximal mögliche Information pro Zeichen übertragen werden kann? Begründen Sie Ihre Antwort.

d) Alternativ kann die Übertragung als symmetrischer Binärkanal modelliert werden. Vergleichen Sie die Kapazitäten der Kanalmodelle.

   Hinweis: Vereinfachen Sie die Überlegungen, indem Sie die Fehlerwahrscheinlichkeit P_{error} vernachlässigen.

Aufgabe 12 Kettenschaltung von BSC-Kanälen

Eine Übertragungsstrecke aus einer Kaskade von 10 BSC-Kanälen mit der jeweiligen Fehlerwahrscheinlichkeit $\varepsilon = 10^{-3}$ soll durch einen Ersatzkanal modelliert werden. Geben Sie ein einfaches Ersatzmodell mit Fehlerwahrscheinlichkeit für die gesamte Übertragungsstrecke an. Begründen Sie Ihre Antwort.

Aufgabe 13 Kettenschaltung von zwei binären Kanälen

Es sollen zwei binäre Kanäle mit den Kanalmatrizen

$$\mathbf{P}_{Y/X,1} = \begin{pmatrix} 0,9 & 0,1 \\ 0,2 & 0,8 \end{pmatrix} \quad \text{und} \quad \mathbf{P}_{Y/X,2} = \begin{pmatrix} 0,7 & 0,3 \\ 0,4 & 0,6 \end{pmatrix} \tag{10.5}$$

hintereinander geschaltet werden.

a) Spielt die Reihenfolge eine Rolle? Begründen Sie Ihre Antwort.

b) Überprüfen Sie Ihre Antwort, indem Sie die Kanalmatrizen für die beiden Alternativen bestimmen.

Aufgabe 14 Kanalkapazität

Es wird eine digitale Fernsehübertragung nach Empfehlung CCIR 427 für Videokonferenzsysteme betrachtet. Pro Bild werden 576 Zeilen mit je 256 Abtastwerten (Bildpunkte) pro Zeile für das Luminanz- und 128 für jedes Chrominanz-Signal gewonnen. Die Abtastfrequenz beträgt 5 bzw. 2,5 MHz und die Wortlänge jeweils 8 Bit. Die Bildfolgefrequenz beträgt 25 Hz.

a) Wie groß ist die Informationsmenge in einem Bild, wenn für die Abtastwerte eine Gleichverteilung angenommen wird?

b) Wie groß ist der Informationsfluss der Quelle, wenn von unabhängigen Bildern ausgegangen wird?

c) Für die Übertragung steht ein Fernsehkanal mit einem SNR von 36 dB und einer Bandbreite von 7 MHz zur Verfügung. Kann der Informationsfluss der Quelle über den Kanal prinzipiell fehlerfrei übertragen werden? Begründen Sie Ihre Antwort.

d) In (b) wurde eine vereinfachende Modellüberlegung verwendet. Ist der tatsächliche Wert des Informationsflusses größer oder kleiner? Begründen Sie Ihre Antwort.

10.2 Lösungen

Lösung Aufgabe 1 Huffman-Codierung

a) Entscheidungsgehalt $H_0 = \mathrm{ld}(6)$ bit $= 2{,}585$ bit

b) Entropie $H(X) \approx 2{,}52$ bit

c) Huffmancodierung und Codebaum

Mittlere Codewortlänge gleich 2,6 bit

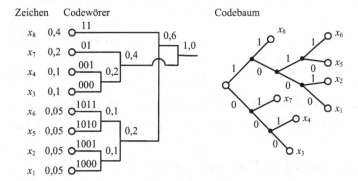

Zeichen   Codewörter

x_8	0,4	11
x_7	0,2	01
x_4	0,1	001
x_3	0,1	000
x_6	0,05	1011
x_5	0,05	1010
x_2	0,05	1001
x_1	0,05	1000

Codebaum

Lösung Aufgabe 2 Rice-Code

a) Die Zustände A und B werden mit den Wahrscheinlichkeiten $P(A) = 1/6$ bzw. $P(B) = 5/6$ angenommen. Der Codeparameter für den Rice-Code ist

$$m \approx -\frac{1}{\mathrm{ld}\, p(B)} \approx 3{,}8$$

Es wird $m = 4$ gewählt.

b) Der Lauf $B^{17}A$ hat das Codewort 111101 und tritt mit der Wahrscheinlichkeit $P(B)^{17} \cdot P(A)$ $\approx 0{,}0075$ auf

Lösung Aufgabe 3 Markov-Kette

a) $\Pi = \begin{bmatrix} 1/4 & 1/2 & 1/4 & 0 \\ 1/3 & 0 & 1/3 & 1/3 \\ 1/3 & 1/3 & 0 & 1/3 \\ 0 & 1/4 & 1/2 & 1/4 \end{bmatrix}$

b) Zustandsgraf

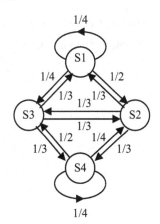

c) Die Zustandsverteilung ändert sich nicht, $\mathbf{p}_n = \mathbf{p}_{n+1}$, da sie gleich der Grenzverteilung $\mathbf{p}_\infty$ ist, siehe Grenzmatrix.

Lösung Aufgabe 4 Markov-Quelle

a) Übergangswahrscheinlichkeiten $P_A(B) = 3/4$, $P_A(A) = 1/4$, $P_B(B) = 0$, $P_B(A) = 1$

b) Zustandswahrscheinlichkeiten

① $P(A) = P_A(A) \cdot P(A) + P_B(A) \cdot P(B)$ ☞ $P(A) \cdot [1 - P_A(A)] = P_B(A) \cdot P(B)$

② $P(B) = P_A(B) \cdot P(A) + P_B(B) \cdot P(B)$ ☞ $P(B) = P_A(B) \cdot P(A)$

③ $P(A) + P(B) = 1$

③ in ② ☞ $P(B) = P_A(B) \cdot [1 - P(B)]$ ☞ $P(B) = P_A(B) / [1 + P_A(B)] = 3 / 7$

☞ $P(A) = 4 / 7$

c) $H(X) = P(A) \cdot H(A) + P(B) \cdot H(B) \approx 0{,}46$ bit

   mit $H(A) = -(3/4) \cdot ld(3/4)$ bit $- (1/4) \cdot ld(1/4)$ bit $\approx 0{,}81$ bit und $H(B) = 0$ bit

d) Codierung von Blöcken der Läge 3, siehe (e)

   z. B. $P(AAA) = P_A(A) \cdot P_A(A) \cdot P(A) = (1/4) \cdot (1/4) \cdot (4/7) = 1 /28$

e) Huffman-Codierung

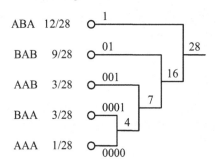

ABA	12/28
BAB	9/28
AAB	3/28
BAA	3/28
AAA	1/28

mittlere Codewortlänge pro Block $47 / 28 \approx 1{,}68$ bit ; pro Zeichen $\approx 0{,}56$ bit

Effizienz $0{,}46$ bit $/ 0{,}56$ bit $\approx 0{,}82$

Lösung Aufgabe 5 Arithmetische Codierung

Codewort 11131

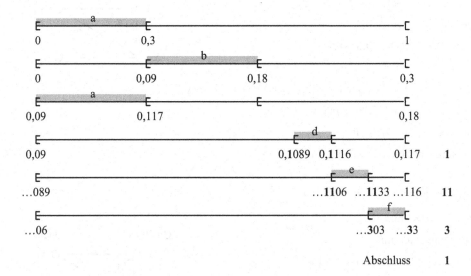

Lösung Aufgabe 6 Arithmetische Codierung – Decodierung

Decodierte Zeichenfolge abadef

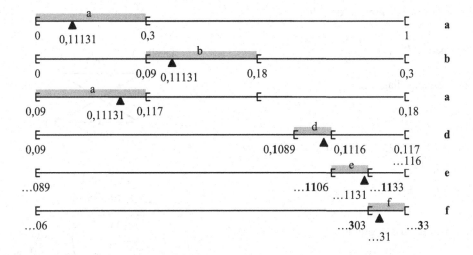

Lösung Aufgabe 7 Phrasen-Codierung

Ersatzzeichen a) Nullphrase [0, 0, M] b) [14, 4, D] c) Zeichenwiederholung [0, 0, 0] [0, 5, -]

Lösung Aufgabe 8 Transinformation

a) $H(Y) = 1$ bit wegen Gleichverteilung

b) siehe Übergangsdiagramm rechts

c) $p(y_1) = 0{,}75 \cdot p(x_1) + 0{,}2 \cdot p(x_2)$

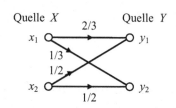

$p(y_2) = 0{,}25 \cdot p(x_1) + 0{,}8 \cdot p(x_2)$

$p(y_1) = p(y_2)$ und $p(x_2) = 1 - p(x_1)$

$0{,}75 \cdot p(x_1) + 0{,}2 \cdot [1 - p(x_1)] = 0{,}25 \cdot p(x_1) + 0{,}8 \cdot [1 - p(x_1)]$

$p(x_1) = 0{,}6 / 1{,}1 \approx 0{,}55$ und $p(x_2) \approx 0{,}45$

d) Entropie $H(X) \approx 0{,}99$ bit

e) Transinformation $I(X;Y) \approx 0{,}23$ bit

Lösung Aufgabe 9 Transinformation

a) $H(X) = 0{,}9183$ bit

b) Übergangsdiagramm

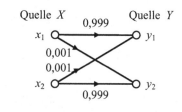

c) $p(y_1) = 2/3 \cdot 2/3 + 1/2 \cdot 1/3 = 11/18$

$p(y_2) = 1/3 \cdot 2/3 + 1/2 \cdot 1/3 = 7/18$

d) $H(Y) \approx 0{,}9641$ bit

e) Transinformation $I(X;Y) \approx 0{,}0403$ bit

Lösung Aufgabe 10 Transinformation

a) Kanalmatrix $\mathbf{P}_{Y/X} = \begin{pmatrix} 0{,}999 & 0{,}001 \\ 0{,}001 & 0{,}999 \end{pmatrix}$

und Übergangsdiagramm

b) $H(X) = 0{,}8113$ bit,

$p(y_1) = 0{,}999 \cdot 0{,}25 + 0{,}001 \cdot 0{,}75 = 0{,}2505$

$p(y_2) = 0{,}7495$

$H(Y) \approx 0{,}8121$ bit

c) Informationsflussdiagramm

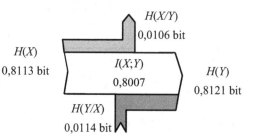

Lösung Aufgabe 11 Transinformation

a) Kanalmatrix $\mathbf{P}_{Y/X} = \begin{pmatrix} 0{,}9899 & 0{,}01 & 0{,}0001 \\ 0{,}0001 & 0{,}01 & 0{,}9899 \end{pmatrix}$

b) Übergangsdiagramm

c) symmetrischer Kanal ☞ Kanalkapazität wird erreicht, wenn Gleichverteilung am Eingang

d) Kanalkapazität

$C^{BSC} = 1$ bit $- H(\varepsilon \approx 0{,}005) \approx 0{,}9546$ bit

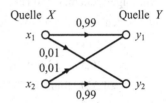

Die Fehlerwahrscheinlichkeit im BSC ist nur halb so groß wie Wahrscheinlichkeit für Auslöschung, wenn man bedenkt, dass die ausgelöschten Zeichen mit gleicher Wahrscheinlichkeit den beiden Ausgängen zugeordnet werden. Das heißt, nur in 50 % der Fälle wird falsch entschieden.

$C^{BEC*} = (1 - 0{,}01)$ bit $= 0{,}99$ bit

Lösung Aufgabe 12 Kettenschaltung von BSC-Kanälen

Bei einer Kaskade von BSC mit Fehlerwahrscheinlichkeiten kleiner ungefähr 10^{-3} addieren sich näherungsweise die Fehlerwahrscheinlichkeiten. Es resultiert ein BSC mit der Fehlerwahrscheinlichkeit kleiner ungefähr 10^{-2}.

Quelle X 0,99   Quelle Y

x_1 ⚬   ⚬ y_1

0,01

0,01

x_2 ⚬   ⚬ y_2

0,99

Lösung Aufgabe 13 Kettenschaltung von zwei binären Kanälen

a) Die Matrixmultiplikation ist im Allgemeinen nicht kommutativ, deshalb kommt es, vom Sonderfall symmetrischer Binärkanäle abgesehen, auf die Reihenfolge der Kanäle an.

b) Im Zahlenwertbeispiel resultiert

$$\mathbf{P}_{Y/X,1} \cdot \mathbf{P}_{Y/X,2} = \begin{pmatrix} 0{,}67 & 0{,}33 \\ 0{,}46 & 0{,}54 \end{pmatrix} \quad \text{und} \quad \mathbf{P}_{Y/X,2} \cdot \mathbf{P}_{Y/X,1} = \begin{pmatrix} 0{,}69 & 0{,}31 \\ 0{,}48 & 0{,}52 \end{pmatrix} \quad (10.6)$$

Lösung Aufgabe 14 Kanalkapazität

a) Zahl der Bildelemente (3 Komponenten) $N_{BE} = 576 \cdot (256 + 128 + 128) = 294912$

    Informationsgehalt pro Bildelement $I_{BE} = 8$ bit

    Informationsgehalt pro Bild $I_B = I_{BE} \cdot N_{BE} = 2{,}359296$ Mbit/Bild

b) Informationsfluss $I = 25 \text{ s}^{-1} \cdot I_B = 58{,}982400$ Mbit/s

c) Kanalkapazität $C = 7\,\text{MHz} \cdot \left(1 + 10^{3,6}\right)\text{bit} \approx 83,7\,\text{Mbit/s}$

Die Kanalkapazität ist größer als der (maximale) Informationsfluss in (b), so dass theoretisch eine fehlerfreie Übertragung möglich ist.

d) Der tatsächliche Informationsfluss ist deutlich geringer, weil

   – keine Gleichverteilung der Werte in den Bildelementen

   – Redundanz, wg. örtlichen Korrelationen im Bild

   – Redundanz, wg. zeitlichen Korrelationen zwischen den Bildern

   – Redundanz, wg. Korrelationen zwischen den Komponenten

Moderne Videocodierverfahren liefern mit 2...4 Mbit/s eine Qualität, wie herkömmliches Fernsehen (CCITT).

Ergänzung

Das moderne Format HDTV (P) weist für das Luminanz-Signal 1152 Zeilen mit je 1920 Bildpunkten und für die beiden Chrominanz-Signale 576 Zeilen mit je 960 Bildpunkten auf. Die Abtastfrequenz beträgt 144 MHz bzw. 36 MHz. Es werden pro Abtastwert 8 Bit verwendet. Die Bildfolgefrequenz ist 50 Hz.

Damit ergeben sich folgende Werte:

$$N_{BE} = 1152 \cdot 1920 + 2 \cdot 576 \cdot 960 = 3'317'760$$

$$I_B = 26{,}54208\ \text{Mbit / Bild}$$

$$I \approx 1{,}327\ \text{Gbit/s}$$

Man beachte jedoch die Aussagen in (d).

In [Rei05], Fig. 1.3 werden für die Quellensignale in digitaler Standardqualität (ITU-R BT.601, 1982) und für HDTV 166 bzw. 829 Mbit/s angegeben. Durch Kompression entsprechend dem MPEG-2-Standard kann die Bitrate auf 4...6 bzw. 20 Mbit/s reduziert werden. Das entspricht einer Kompression des Datenvolumens von 33 bzw. 42:1.

TEIL II: CODIERUNG ZUM SCHUTZ GEGEN ÜBERTRAGUNGSFEHLER

1 Einführung

Eine typische Situation der technischen Informationsübertragung wird durch das Kommunikationsmodell in Bild 1-1 dargestellt. Die Quelle liefert eine Nachricht, die üblicherweise als elektrisches Signal vorliegt. Durch die Quellencodierung, z. B. nach einer Bandbegrenzung mit anschließender Analog-Digital-Umsetzung, wird die Nachricht in eine für die Weiterverarbeitung passende Form gebracht. Irrelevanz- und redundanzmindernde Quellencodierverfahren komprimieren die Nachricht und verringen somit den Speicher- oder Übertragungsaufwand. Die Nachricht wird über einen gestörten Kanal übertragen. Um den Empfang der Nachricht nicht zu gefährden, wird ein Fehlerschutz durch Kanalcodierung eingesetzt. Im Empfänger wird die Kanal- und Quellencodierung wieder rückgängig gemacht, so dass der Sinke die Nachricht in geeigneten Form zugeführt werden kann.

Im Englischen spricht man in diesem Zusammenhang von Error Control Coding und betont damit, dass es sich hier nicht um die Vermeidung von Übertragungsfehlern auf dem Kanal handelt, sondern um deren Beherrschung. Dabei unterscheidet man zwischen zwei sich ergänzenden Strategien: *Forward Error Correction* (FEC) mit Fehlerkorrektur im Empfänger und *Automatic Repeat Request* (ARQ) mit Fehlererkennung und Wiederholungsanforderung.

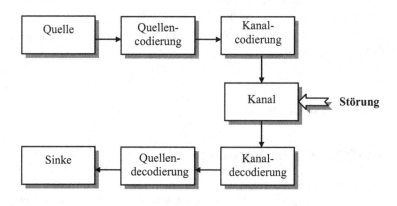

Bild 1-1 Technische Informationsübertragung

In konkreten Anwendungen werden die Kanalcodierung und der Kanal soweit möglich aufeinander abgestimmt, um ein bestmögliches Verhältnis zwischen Aufwand und Qualität zu erreichen. Die Qualität wird bei der digitalen Übertragung häufig als gemessene *Bitfehlerquote* (Bit Error Rate, BER) bzw. als Bitfehlerwahrscheinlichkeit angegeben.

Der erste Schritt zu einer fehlerarmen Übertragung ist die direkte physikalische Verbesserung geeignet durch die Dimensionierung der Sende- und Empfangseinrichtungen sowie des Übertragungsmediums. Erfahrungsgemäß tritt dabei ein Sättigungseffekt auf wie in Bild 1-2 skizziert. Zunächst lässt sich mit relativ einfachen Mitteln der analogen Nachrichtentechnik eine gewisse Qualität erzielen mit mittleren Bitfehlerquoten um 10^{-2} bei der Mobilkommunikation, 10^{-5} bei drahtgebundener Übertragung und 10^{-12} bei Lichtwellenleitern. Weitere Verbesserungen müssen jedoch mit überproportionalen Aufwandssteigerungen erkauft werden.

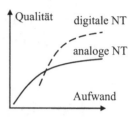

Bild 1-2 Aufwand und Qualität in nachrichtentechnischen Systemen

Hier greift die digitale Nachrichtentechnik mit der Kanalcodierung ein. Mit ihr wird es möglich, durch einen Codierungsgewinn beliebig kleine Bitfehlerquoten zu realisieren. Bei der praktischen Durchführung gilt es jedoch, die in Bild 1-3 zusammengestellten Wechselwirkungen zu beachten und das für den jeweiligen Fall am besten geeignete Verfahren anzuwenden. Unter dem Begriff Komplexität wird der Hard- und Software-Aufwand für die Codierung und Decodierung in Form von Chipfläche, Gattern, Stromverbrauch, Speicherbedarf, Bedarf an Prozessorzyklen usw. zusammengefasst. Der Datendurchsatz bezieht sich auf die tatsächlich übertragene Information abzüglich der Prüfzeichen und eventueller Übertragungswiederholungen.

Den Anwendungsgebieten entsprechend vielfältig sind auch die Kanalcodierverfahren. Drei in der Praxis wichtigste Arten, die Paritätscodes, die zyklischen Codes und die Faltungscodes, werden im Weiteren ausführlich vorgestellt.

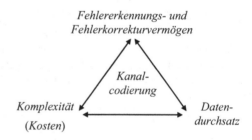

Bild 1-3 Spannungsfeld der Kanalcodierung

2 Paritätscodes

2.1 Einfache binäre Paritätscodes

Bei der Übertragung und Speicherung von Information existieren zahlreiche Fehlermöglichkeiten. Um wichtige Daten gegen Fehler zu schützen, werden jeweils passende Verfahren der Kanalcodierung eingesetzt. Zur Einführung in die Aufgabenstellung der Kanalcodierung betrachten wir die weit verbreiteten binären Paritätscodes, wie sie z. B. auf der bekannten RS-232-schnittstelle eingesetzt werden [Wer06].

Dort werden die sieben Bits des *Nachrichtenwortes* durch ein Paritätsbit so zum *Codewort* ergänzt, dass die *Exor-Verknüpfung* $\oplus$ aller Bits entweder 0 oder 1 ist, siehe Tabelle 2-1. Man spricht von gerader bzw. ungerader *Parität*.

Im Beispiel ergänzen wir die sieben Bits der ASCII-Code-wörter der Zeichen M und W in Tabelle 2-2 zur geraden bzw. ungeraden Parität.

Wir überprüfen das Ergebnis anhand des Zahlenwertbeispiel für M und gerader Parität.

$$1 \oplus 1 \oplus 0 \oplus 1 \oplus 0 \oplus 0 \oplus 1 \oplus 0 = 0 \qquad (2.1)$$

Tabelle 2-1 Wahrheitstafel der Exor-Verknüpfung (Modulo-2-Addition)

$\oplus$	0	1
0	0	1
1	1	0

Anmerkung: Die Exor-Verknüpfung ist assoziativ und kommutativ, siehe Abschnitt 3.2

Mit dem Paritätscode werden durch die Prüfsumme (2.1) einfache Fehler im Codewort erkannt. Eine Reparatur des fehlerhaften Bits ist nicht möglich, da die Fehlerstelle unbekannt ist. Treten zwei Fehler auf, so ist das nicht erkennbar, wie man durch ein Beispiel schnell zeigen kann. Bei binären Paritätscodes sind alle n-fachen Fehler mit n gerade nicht erkennbar. Man spricht von *Restfehlern*.

Anmerkung: In Anwendungen können Restfehler ein Problem bereiten. Tritt beispielsweise bei einer Softwareaktualisierung ein unerkannter Fehler auf, entsteht ein ungewoll-ter Programmabschnitt der sporadisch zu Fehlern führen kann. Erst durch geeignete Fehlerschutzmaß-nahmen werden Geschäftsmodelle mit Online-Upgrade-Diensten möglich.

Tabelle 2-2 Codewörter mit Paritätsbit

Zeichen	ASCII-Code	Parität	
		gerade	ungerade
M	1101 001	0	1
W	0111 101	1	0

Sollen Doppelfehler erkennbar sein, ist ein zusätzlicher Fehlerschutz erforderlich. Dies ermöglicht der zweidimensionale Paritäts-code mit *Kreuzsicherung*. Die Idee lässt sich anhand des *Lochstreifens* in Bild 2-1 gut erklären.

Tritt beispielsweise ein Doppelfehler in einer Querspalte des Lochstreifens (erwei-tertes Zeichen, von oben nach unten) auf, dann ist dies zwar anhand der Querparität nicht zu erkennen, jedoch werden durch die Längsparität zwei Spuren als fehlerhaft er-kannt. Da der Paritätscode für jede Zeile und jede Spalte n Fehler mit n ungerade erkennt, sind alle einfachen, doppelten und dreifachen Fehler erkennbar. Für einen Restfehler müssen mindestens vier Fehler in bestimmten Mustern auftreten, wie z. B. in zwei benachbarten Zeilen und Spalten.

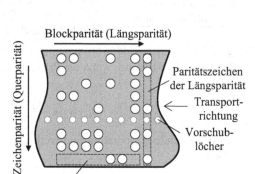

Bild 2-1 8-Spur-Lochstreifen mit Kreuzparität (ungerade Parität mit Stanzloch für die logische 1)

Anmerkungen: (i) Für Lochstreifen existieren unterschiedliche Formate, wie 5-Spur, 7-Spur und 8-Spur-Lochstreifen mit herstellerspezifischen Codes [MLS89]. Für das Beispiel wurde der Einfachheit halber der ASCII-Code und ungerade Parität gewählt. Die logische Eins wird durch ein Stanzloch repräsentiert. (ii) Bei der Fehlererkennung werden die Zeilen und Spalten einschließlich der Paritätsbits betrachtet. Durch die zusätzlichen Paritätsbits entstehen zusätzliche Fehlermöglichkeiten.

2.2   Paritätscodes mit Erkennung von Vertauschungsfehlern

Die Idee des Paritätscodes kann allgemein formuliert und auf den praktisch wichtigen Fall der Erkennung von Vertauschungsfehlern erweitert werden. Bei der Eingabe von Daten, wie Kontonummern, Bestellnummern usw., durch Menschen treten als Fehler meist Zahlendreher auf. Statt der Ziffernfolge „3 4" wird „4 3" eingetippt. Es ist deshalb von besonderem Interesse derartige Fehler anhand von Prüfzeichen erkennen zu können.

Wir stellen das Konzept anhand der Codierung der bis Ende 2006 üblichen *International Standard Book Number* (ISBN) vor. Dazu führen wir schrittweise die notwendigen Begriffe und Zusammenhänge ein.

Anmerkung: Eine Einführung in die mathematischen Grundlagen findet man in Abschnitt 3.2 oder z. B. [BeZs02].

Wir gehen von einem *Alphabet* (Zeichenvorrat) mit den Ziffern 0, 1, ..., $q-1$ aus der Menge der ganzen Zahlen aus. Ein *Code* der Länge n zur Basis q ist dann eine Menge von Folgen mit Elementen a_1, a_2, ..., a_n aus dem Alphabet. Die Folgen werden Codewörter genannt.

Ein *Paritätscode* liegt vor, wenn für jedes Codewort gilt

$$(a_1 + a_2 + \cdots + a_n)\,\mathrm{mod}_q = 0 \qquad (2.2)$$

also die Summe der Elemente ein Vielfaches von q ist.

| Jeder Paritätscode |
| erkennt Einzelfehler |

Durch elementare Überlegungen kann gezeigt werden, dass durch Auswerten der Prüfgleichung (2.2) alle Einzelfehler erkannt werden. Dazu behaupten wir die Fehlerprüfung erkennt den Fehler nicht und zeigen den Widerspruch.

Wir gehen von einem Codewort aus und nehmen an, dass das i-te Element fehlerhaft sei. Ein unerkannter Fehler tritt auf, wenn die Prüfgleichung (2.2) mit dem Fehler $\tilde{a}_i$ ergibt

$$(a_1 + a_2 + \cdots + \tilde{a}_i + \cdots + a_n)\,\mathrm{mod}_q \overset{?}{=} 0 \qquad (2.3)$$

Wegen der Modulo-q-Operation und weil ursprünglich ein Codewort vorlag, dürfen wir auch schreiben

$$0 \overset{?}{=} (a_1 + \cdots + \tilde{a}_i + \cdots + a_n)\,\mathrm{mod}_q - \underbrace{(a_1 + \cdots + a_i + \cdots + a_n)\,\mathrm{mod}_q}_{0} =$$
$$= (a_1 - a_1 + \cdots + \tilde{a}_i - a_i + \cdots + a_n - a_n)\,\mathrm{mod}_q = (\tilde{a}_i - a_i)\,\mathrm{mod}_q \qquad (2.4)$$

Damit die Gleichung erfüllt wird, muss die Zahl $\tilde{a}_i - a_i$ durch q teilbar sein.

Anmerkung: Eine natürliche Zahl a ist durch eine andere natürliche Zahl b teilbar, wenn sie ein Vielfaches von b ist. Beispielsweise ist 8 durch 4 teilbar, 9 nicht. 4 ist nicht durch 8 teilbar.

Da jedoch für alle Ziffern des Zeichenvorrats gilt

$$0 \le a_i < q \qquad (2.5)$$

gilt insbesondere auch für die Differenz

$$0 \le |\tilde{a}_i - a_i| < q \qquad (2.6)$$

Somit ist die Differenz in (2.4) nicht durch q teilbar und die Prüfsumme kann nicht 0 ergeben. Der Fehler wird erkannt.

Um zusätzlich Vertauschungen zu erkennen, führen wir die ganzzahligen Gewichte w_1, w_2, …, w_{n-1} so ein, dass für den *Paritätscode mit Gewichten* gilt

$$(w_1 \cdot a_1 + w_2 \cdot a_2 + \cdots + w_{n-1} \cdot a_{n-1} + a_n) \bmod_q = 0 \qquad (2.7)$$

also die Summe $w_1 \cdot a_1 + \ldots + w_{n-1} a_{n-1} + a_n$ ein Vielfaches von q ist.

Anmerkung: Es kann auch ein zusätzliches Gewicht w_n eingeführt werden, das jedoch teilerfremd zu q sein muss. Zwei Zahlen sind teilerfremd, wenn ihr größter gemeinsamer Teiler 1 ist. Beispielsweise sind zwei Primzahlen, z. B. 3 und 5, teilerfremd. Die Zahlen 6 und 8 sind nicht teilerfremd, da sie den gemeinsamen Teiler 2 besitzen.

Bei der Wahl der Gewichte ist zu beachten, dass alle Gewichte w_i und q teilerfremd sind. Dies kann wie in (2.4) gezeigt werden. Damit Einzelfehler nicht erkannt werden muss gelten

$$\left[w_i \cdot (\tilde{a}_i - a_i) \right] \bmod_q \overset{?}{=} 0 \qquad (2.8)$$

Und da die Differenz der Ziffern zu q teilerfremd ist, kann die Prüfgleichung nicht 0 ergeben wenn das Gewicht w_i teilerfremd zu q ist. Der Code erkennt Einzelfehler.

Nun zeigen wir, dass bei geeigneter Wahl der Gewichte Vertauschungsfehler an den beliebigen Stellen i und j erkannt werden. Dazu gehen wir wie in (2.4) vor. Damit der Vertauschungsfehler nicht erkannt wird muss gelten

$$0 \overset{?}{=} \left[(w_i a_i + w_j a_j) - (w_j a_i + w_i a_j) \right] \bmod_q = \left[(w_i - w_j)(a_i - a_j) \right] \bmod_q \qquad (2.9)$$

Wie oben erhalten wir den Widerspruch für $(w_i - w_j)$ teilerfremd zu q, da die Zahl $(a_i - a_j)$ stets teilerfremd zu q ist.

Ein Paritätscode der Länge n zur Basis q mit den Gewichten w_1, w_2, …, w_n erkennt die Vertauschung an den Stellen i und j, falls die Zahl $w_i - w_j$ teilerfremd zu q ist

Nachdem die Konstruktionsvorschriften für Paritätscodes mit Erkennung von Vertauschungsfehlern vorgestellt wurden, wenden wir uns dem Beispiel des ISBN-10-Codes zu.

Beispiel ISBN-10-Code

Der ISBN-Code wurde Ende der 1960er Jahre entwickelt und 1970 als ISO-Standard 2108 angenommen.

Es ist praktisch, für die Ziffern des Codes die üblichen, auf Schreibmaschinen, Tastaturen usw. vorhandenen Ziffern 0, 1, …, 9 zu wählen. Damit kommt als Basis q eine Zahl größer gleich 10 in Frage. Die Forderung nach teilerfremden Gewichten legt die Wahl der Basis als Primzahl nahe, so dass als Basis die kleinste mögliche Primzahl 11 gewählt wurde.

Mit der Basis 11 ist im Code die Zahl 10 als Ziffer aufzunehmen. Um Verwechslungen vorzubeugen, wird die römische Ziffer X verwendet. Mit diesen Vorüberlegungen kann der ISBN-10-Code definiert werden:

Der *ISBN-10-Code* ist ein Paritätscode der Länge $n = 10$ zur Basis $q = 11$ mit dem Alphabet $\{0, 1, \ldots, 9, 10 = X\}$ und den Gewichten $g_1 = 10$, $g_2 = 9$, ..., $g_{10} = 1$. Der ISBN-10-Code erkennt einen Einzelfehler und eine Vertauschung zweier Elemente. Seine Prüfziffer a_{10} berechnet sich aus

$$\left(10a_1 + 9a_2 + 8a_3 + \cdots + 2a_9 + a_{10}\right)\mathrm{mod}_{11} = 0 \tag{2.10}$$

Als Beispiel wählen wir das Buch des Verfassers „Digitale Signalverarbeitung mit MATLAB, 2. Aufl." im VIEWEG Verlag mit der ISBN-10 3-528-13930-7. Darin steht 3 für Deutschland (Group identifier), 528 für den VIEWEG Verlag (Publisher prefix) und 13930 für das Buch im Verlagsprogramm (Title identifier). Für die letzte Ziffer, die Prüfziffer (Check digit), folgt

$$\left(\underbrace{10\cdot3 + 9\cdot5 + 8\cdot2 + 7\cdot8 + 6\cdot1 + 5\cdot3 + 4\cdot9 + 3\cdot3 + 2\cdot0}_{213 = 19\cdot11 + 4} + \underbrace{a_{10}}_{7}\right)\mathrm{mod}_{11} = 0 \tag{2.11}$$

Wir verifizieren die Aussagen zur Fehlererkennung, indem wir den Ländercode 0 für die U.S.A. als erste Ziffer in die Prüfgleichung eingeben.

$$\left(10\cdot0 + 9\cdot5 + 8\cdot2 + 7\cdot8 + 6\cdot1 + 5\cdot3 + 4\cdot9 + 3\cdot3 + 2\cdot0 + 7\right)\mathrm{mod}_{11} = 3 \tag{2.12}$$

Vertauschen der 5. und der 6. Ziffer wird ebenfalls erkannt.

$$\left(10\cdot3 + 9\cdot5 + 8\cdot2 + 7\cdot8 + 6\cdot\underline{3} + 5\cdot\underline{1} + 4\cdot9 + 3\cdot3 + 2\cdot0 + 7\right)\mathrm{mod}_{11} = 3 \tag{2.13}$$

Beispiel ISBN-13-Code / EAN-13-Code

Seit 1. Januar 2007 werden für Bücher 13-stellige Nummern vergeben. Der Grund für die Umstellung war die Verdopplung des Nummernraumes und die Kompatibilität zum *EAN-13-Code*. Die European Article Number (EAN) wurde 1977 eingeführt, benutzt nur die Ziffern von 0 bis 9 und ist weltweit als 13-Barcode auf vielen Artikeln präsent. Dementsprechend verbreitet sind auch die Lesegeräte und eine Eingabe von Hand mit Zahlendreher ist eher untypisch.

Der EAN-13-Code beginnt mit einer dreistelligen Länderkennung, z. B. 400...440 für Deutschland. Für Bücher wurde ein eigenes Buchland 978 eingeführt mit dem der Artikel Buch eindeutig bestimmt ist. Mit 979 wird der Nummernraum verdoppelt. (977 gilt für Zeitschriften.)

An die EAN-Ländernummer wird die herkömmliche ISBN-Nummer angehängt. Dabei wird aus Kompatibilitätsgründen die ISBN-Prüfziffer durch die EAN-Prüfziffer ersetzt.

Zu deren Berechnung werden die ersten 12 Ziffern abwechselnd mit 1 und 3 multipliziert und die Summe durch die Prüfziffer zum nächsten Vielfachen von 10 ergänzt.

Im Beispiel der Umwandlung der ISBN-10-Nummer 3-528-13930-7 ergibt sich mit dem Buchland 978

$$9 + 3\cdot7 + 8 + 3\cdot3 + 5 + 3\cdot2 + 8 + 3\cdot1 + 3 + 3\cdot9 + 3 + 3\cdot0 = 102 \tag{2.14}$$

Die Summe wird durch die Prüfziffer 8 zum nächsten ganzzahligen Vielfachen von 10 ergänzt. Es ergibt sich die ISBN-13-Nummer 978-3-528-13930-8.

3 Lineare Blockcodes

3.1 Kanalcodierung zum Schutz gegen Übertragungsfehler

Reale Übertragungssysteme sind nicht perfekt. In vielen Anwendungen der Informationstechnik muss mit Fehlern bei der Übertragung oder Speicherung von Daten gerechnet werden, insbesondere bei

- Speichermedien hoher Dichte (Magnetspeicher, wie Platten- und Bandlaufwerke, CD-ROM, DVD usw.)

- der Nachrichtenübertragung bei begrenzter Signalleistung (Satellitenkommunikation, Mobilkommunikation, Nahfunknetze)

- der Nachrichtenübertragung über stark gestörte Kanäle (Mobilkommunikation, Teilnehmeranschlussleitung als Zweidrahtleitung bei digitaler Übertragung mit hoher Bitrate, Übertragung über Stromversorgungsleitungen)

- und bei extrem hohen Zuverlässigkeitsanforderungen (CAD-Daten, Programmcode, nach Datenkompression)

In all diesen Fällen wird die *Kanalcodierung* zur Fehlerkontrolle eingesetzt. Die Codierungstheorie stellt auf die jeweilige Anwendung bezogene Verfahren zur Verfügung. Es lassen sich zwei grundsätzliche Methoden unterscheiden

- Fehlerkorrigierende Codes – der Empfänger erkennt und korrigiert Fehler

- Fehlererkennende Codes – der Empfänger erkennt Fehler und fordert gegebenenfalls die nochmalige Übertragung der Nachricht an

Die letzte Methode setzt einen Rückkanal voraus und findet vor allem in der Datenübertragung ihre Anwendung, wenn die Fehlerwahrscheinlichkeit ohne Codierung bereits klein ist und es auf eine hohe Zuverlässigkeit ankommt, wie z. B. in lokalen Rechnernetzen und dem Internet. Ein typischer Wert für die Bitfehlerwahrscheinlichkeit ohne Codierung in Datennetzen ist 10^{-6}. Durch zusätzliche Kanalcodierung kann eine Bitfehlerwahrscheinlichkeit von 10^{-9} und weit darunter erreicht werden.

Anmerkungen: (i) Die Bitfehlerwahrscheinlichkeit von 10^{-9} und darunter gilt für den Normalbetrieb. Das in der Datenübertragung leider nicht ganz auszuschließenden Zusammenbrechen einer Verbindung, z. B. wegen des Durchtrennens eines Lichtwellenleiters bei Erdarbeiten durch einen Bagger, oder versehentliches Abknicken eines Koaxialkabels im Rechnerlabor, ist hier nicht eingeschlossen. An Datenverbindungen werden deshalb weitere Anforderungen gestellt, wie die Verfügbarkeit, die maximale Ausfallzeit usw. (ii) Die genannten Bitfehlerwahrscheinlichkeiten gelten für das herkömmliche Übertragungsnetz der Telefonie. Anwendungen mit hohen Zuverlässigkeitsanforderungen sichern die Übertragung durch einen zusätzlichen Fehlerschutz.

Im Folgenden wird die Idee der Kanalcodierung exemplarisch anhand einfacher linearer Blockcodes vorgestellt. Hierzu betrachten wir das Übertragungsmodell mit einer Kanalcodierung in Bild 3-1.

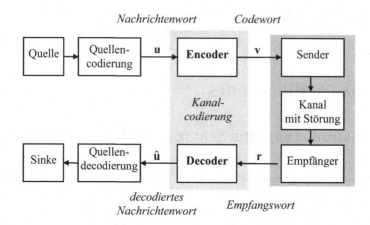

Nachrichtenwort   *Codewort*

Bild 3-1 Übertragungsmodell mit Kanalcodierung

Es wird von einer blockorientierten Übertragung ausgegangen. Die Quellencodierung liefert ein binäres *Nachrichtenwort* fester Länger, z. B. $\mathbf{u}$ = (1010). Die Kanalcodierung ordnet im *Encoder* nach vereinbarten Regeln dem Nachrichtenwort ein binäres *Codewort* zu, z. B. $\mathbf{v}$ = (0011010) entsprechend der *Codetabelle* in Tabelle 3-1. Dort wird ein Hamming-Code[1] verwendet, dessen Besonderheiten später noch genauer erläutert werden.

Tabelle 3-1 Codetabelle des (7,4)-Hamming-Codes

Nachrichtenwort	Codewort	Nachrichtenwort	Codewort
0000	000 0000	0001	101 0001
1000	110 1000	1001	011 1001
0100	011 0100	0101	110 0101
1100	101 1100	1101	000 1101
0010	111 0010	0011	010 0011
1010	001 1010	1011	100 1011
0110	100 0110	0111	001 0111
1110	010 1110	1111	111 1111

Der Sender generiert ein dem Codewort entsprechendes Signal, welches über den Kanal an den Empfänger übermittelt wird. Im Empfänger wird das ankommende Signal ausgewertet und ein binäres *Empfangswort* $\mathbf{r}$ erzeugt.

Der Decoder vergleicht das Empfangswort mit den Codewörtern. Stimmt das Empfangswort mit einem Codewort überein, so wird das zugehörige Nachrichtenwort $\hat{\mathbf{u}}$ ausgegeben. Stimmt das Empfangswort mit keinem Codewort überein, wird ein Übertragungsfehler erkannt. Soll eine Fehlerkorrektur stattfinden, müssen dazu geeignete Regeln existieren.

---

[1] *Richard W. Hamming:* *1915/†1998, U.S.-amerikanischer Mathematiker und Computerwissenschaftler.

Aus diesen einfachen Überlegungen folgen bereits zwei wichtige Aussagen:

- Wird ein Codewort durch die Kanalstörung wieder in ein Codewort abgebildet, kann die Störung nicht erkannt werden. Man spricht von einem *Restfehler*.

- „Gute Codes" besitzen mathematische Strukturen, die die Fehlererkennung und gegebenenfalls die Fehlerkorrektur effizient unterstützen.

3.2 Galois-Körper

Bevor wir Blockcodes und ihren Anwendung genauer behandeln, werfen wir einen Blick auf die mathematischen Grundlagen aus der linearen Algebra.

Den Beispielen zu den Paritätscodes in Abschnitt 2 ist gemeinsam, dass Codewörtern mit Elementen aus einem endlichen Alphabet verwendet und für die Elemente Rechenvorschriften, wie die Berechnung der Prüfsumme, definiert werden. Im Falle der binären Codewörter wurden die Zahlen 0 und 1 in Verbindung mit der Modulo-2-Arithmetik eingesetzt.

Für die Anwendung eines Codes stellt sich die Frage: Wie soll das Alphabet, die Addition und die Multiplikation aussehen? Die Antwort unterstützt die Mathematik durch den Begriff des Galois-Körpers. Bilden das Alphabet und die beiden Rechenoperationen einen Galois-Körper, so liegt eine reiche algebraische Struktur vor, die die notwendigen mathematischen Beweisführungen sowie die praktische Umsetzung unterstützt. Binäre Codes mit Modulo-2-Arithmetik stellen den einfachsten Fall eines Galois-Körpers dar.

Wir definieren den Galois-Körper als algebraische Struktur.

Eine Menge A mit q Elementen bildet einen *Galois-Körper* (Galois Field) der Ordnung q, kurz $GF(q)$ genannt, falls für beliebige Elemente a_i, a_j, $a_k \in A$ zwei binäre Verknüpfungsvorschriften, die Addition $\oplus$ und die Multiplikation $\odot$, die Axiome in Tabelle 3-2 erfüllen.

Die Elemente des Galois-Körpers bilden sowohl eine abelsche Gruppe bezüglich der Addition als auch der Multiplikation, wobei im letzteren Fall das Nullelement in (A3) aus (M4) auszunehmen ist. Addition und Multiplikation werden durch das Distributivgesetz miteinander verbunden.

Bildet man Codewörter mit den Elementen der Menge A eines Galois-Körpers, erhält man sinnvolle Verknüpfungsvorschriften für die Addition $\oplus$ und die Multiplikation $\odot$. Es lassen sich wichtige allgemeine Rechenregeln ableiten, die unseren gewohnten Rechenregeln für reelle Zahlen entsprechen, siehe Tabelle 3-3.

Die Eigenschaften ① bis ⑤ in Tabelle 3-3 machen es möglich, in Galois-Körpern lineare Algebra in gewohnter Weise mit linearen Gleichungssystemen, Vektorräumen, Matrizen, der cramerschen Regel usw. zu betreiben. Hiervon wird in der Codierungstheorie ausführlich gebrauch gemacht.

Das einfachste Beispiel eines Galois-Körpers ist der $GF(2)$ mit $A = \{0, 1\}$ und der *Modulo-2-Arithmetik* in Tabelle 2-1 für die Addition und Multiplikation in gewohnter Weise. Den Beweis erbringt man, indem man die Elemente in die Axiome einsetzt und deren Widerspruchsfreiheit verifiziert.

Tabelle 3-2 Galois-Körper – Axiome zu den Rechenoperationen

Addition $\oplus$

(A1)	Abgeschlossenheit	$a_i \oplus a_j \in A$
(A2)	Assoziativität	$(a_i \oplus a_j) \oplus a_k = a_i \oplus (a_j \oplus a_k)$
(A3)	Einselement (Null, $0 \in A$)	$0 \oplus a_i = a_i$
(A4)	Inverses Element	$(-a_i) \oplus a_i = 0$
(A5)	Kommutativität	$a_i \oplus a_j = a_j \oplus a_i$

Multiplikation $\odot$

(M1)	Abgeschlossenheit	$a_i \odot a_j \in A$
(M2)	Assoziativität	$(a_i \odot a_j) \odot a_k = a_i \odot (a_j \odot a_k)$
(M3)	Einselement (Eins, $1 \in A$)	$1 \odot a_i = a_i$
(M4)	Inverses Element	$a_i^{-1} \odot a_i = 1$ und $a_i \neq 0$
(M5)	Kommutativität	$a_i \odot a_j = a_j \odot a_i$

Addition und Multiplikation

(D)	Distributivgesetz	$a_i \odot (a_j \oplus a_k) = a_i \odot a_j \oplus a_i \odot a_k$

Tabelle 3-3 Rechenregeln in vereinfachter Schreibweise für die
Elemente des Galois-Körpers mit $0, 1, a, b, c \in GF(q)$

① $a + 0 = 0 \;\Rightarrow\; a = 0$

② $a, b \neq 0 \;\Leftrightarrow\; ab \neq 0$

③ $a \neq 0$ und $ab = 0 \;\Rightarrow\; b = 0$

④ $-(ab) = (-a)b = a(-b)$

⑤ $a \neq 0$ und $ab = ac \;\Rightarrow\; b = c$

3.3   Generatormatrix

Eine wichtige Familie von Codes sind die *linearen binären Blockcodes*. Sie sind dadurch gekennzeichnet, dass die Nachrichten- und Codewörter als Vektoren aufgefasst und der Codier- und Decodiervorgang mit Hilfe der linearen Algebra beschrieben werden kann. Die Komponenten der Vektoren und Matrizen sind 0 oder 1. Mit ihnen wird im Weiteren, unter Beachtung der *Modulo-2-Arithmetik* für die Addition in Tabelle 2-1, in gewohnter Weise gerechnet.

Anmerkung: Mathematisch gesehen liegt ein binärer Körper oder Galois-Körper der Ordnung 2 vor, siehe Abschnitt 3.2. Erwähnt sei hier auch eine wichtige Erweiterungsmöglichkeit durch den Übergang auf Galois-Körper höherer Ordnung. Eine Familie derartiger Codes sind die Reed-Solomon-Codes, die beispielsweise zum Fehlerschutz bei der Audio-CD eingesetzt werden.

Der *Encoder* eines binären (n,k)-Blockcodes bildet die 2^k möglichen Nachrichtenwörter bijektiv auf 2^k n-dimensionale Codewörter ab, siehe Bild 3-2.

Statt der k Bits des Nachrichtenwortes sind nun die n Bits des Codewortes zu übertragen. Man spricht von einer *redundanten Codierung* mit der *Coderate*

$$R = \frac{k}{n} \tag{3.1}$$

Je kleiner die Coderate, desto mehr Redundanz und damit möglichen Fehlerschutz besitzt die Codierung; desto größer ist allerdings auch der Übertragungsaufwand.

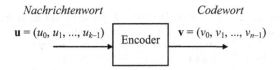

Bild 3-2 Encoder eines (n,k)-Blockcodes

Lineare (n,k)-Blockcodes werden durch die *Generatormatrix* $\mathbf{G}_{k \times n}$ festgelegt. Im Beispiel des $(7,4)$-Hamming-Codes ist sie

$$\mathbf{G}_{4 \times 7} = \begin{pmatrix} 1 & 1 & 0 & 1 & 0 & 0 & 0 \\ 0 & 1 & 1 & 0 & 1 & 0 & 0 \\ 1 & 1 & 1 & 0 & 0 & 1 & 0 \\ 1 & 0 & 1 & 0 & 0 & 0 & 1 \end{pmatrix} \tag{3.2}$$

Anwenden der *Codiervorschrift*

$$\mathbf{v} = \mathbf{u} \odot \mathbf{G} \tag{3.3}$$

liefert alle Codewörter in Tabelle 3-1. Für das Nachrichtenwort $\mathbf{u} = (1010)$ erhält man beispielsweise das Codewort

$$\mathbf{v} = \begin{pmatrix} 1 & 0 & 1 & 0 \end{pmatrix} \odot \begin{pmatrix} 1 & 1 & 0 & 1 & 0 & 0 & 0 \\ 0 & 1 & 1 & 0 & 1 & 0 & 0 \\ 1 & 1 & 1 & 0 & 0 & 1 & 0 \\ 1 & 0 & 1 & 0 & 0 & 0 & 1 \end{pmatrix} = \begin{pmatrix} 0 & 0 & 1 & 1 & 0 & 1 & 0 \end{pmatrix} \tag{3.4}$$

In Tabelle 3-1 fällt auf, dass in allen Codewörter das Nachrichtenwort im hinteren Teil direkt abgelesen werden kann. Einen solchen Code bezeichnet man als systematisch.

In einem *systematischen Code* kann die Nachricht direkt aus dem Codewort abgelesen werden.

Dass ein systematischer Code vorliegt, sieht man auch an der Generatormatrix. Es tritt die Einheitsmatrix $\mathbf{I}_k$ als Untermatrix auf.

$$\mathbf{G}_{k \times n} = \begin{pmatrix} \mathbf{P}_{k \times n-k} & \mathbf{I}_k \end{pmatrix} \tag{3.5}$$

Demgemäß spricht man im Codewort von *Nachrichtenzeichen* und, wie später deutlich wird, von *Prüf-* oder *Kontrollzeichen*.

$$\mathbf{v} = \left(\underbrace{v_0 \quad \cdots \quad v_{n-k-1}}_{n-k \text{ Prüfzeichen}} \quad \underbrace{v_{n-k} \quad \cdots \quad v_{n-1}}_{k \text{ Nachrichtenzeichen}} \right) \tag{3.6}$$

Anmerkungen: (i) $\mathbf{I}_k$ steht für Identity Matrix. Der Index k gibt die Dimension der quadratischen Matrix an. (ii) In der Literatur wird die Einheitsmatrix auch oft an den Anfang gestellt. Damit vertauschen sich nur die Plätze der Komponenten im Codewort. Die Nachricht steht dann am Beginn. An den Eigenschaften des Codes bzgl. seines Fehlerkorrekturverhaltens ändert sich nichts.

3.4   Syndrom-Decodierung

Der Decoder hat die Aufgabe, anhand des Empfangswortes $\mathbf{r}$ und dem Wissen über den Code die gesendete Nachricht zu rekonstruieren.

Im Beispiel des (7,4)-Hamming-Codes kann eine Fehlerprüfung folgendermaßen durchgeführt werden. Da ein systematischer Code vorliegt, können die Nachrichtenzeichen des Empfangswortes neu codiert werden. Stimmen die so erzeugten Prüfzeichen nicht mit den empfangenen überein, liegt ein Fehler vor. Die Idee wird algorithmisch als *Prüfgleichungen* formuliert. Für den (7,4)-Hamming-Code ergeben sich aus der Codiervorschrift die drei Prüfgleichungen entsprechend der ersten drei Spalten der Generatormatrix.

$$\begin{array}{ccccccccc} v_0 \oplus & & & v_3 \oplus & & v_5 \oplus & v_6 & = & s_0 \\ & v_1 \oplus & & v_3 \oplus & v_4 \oplus & v_5 & & = & s_1 \\ & & v_2 \oplus & & v_4 \oplus & v_5 \oplus & v_6 & = & s_2 \end{array} \tag{3.7}$$

Durch die Addition des jeweiligen Prüfzeichens v_0, v_1 bzw. v_2 liefern die Prüfgleichungen unter Beachtung der Modulo-2-Arithmetik bei Übereinstimmung den Wert 0. Liefert eine Prüfgleichung 1 so liegt ein Übertragungsfehler vor.

Die Prüfgleichungen eines systematischen linearen Blockcodes werden aus der Generatormatrix abgelesen und in Matrixform angeben. Mit der *Prüfmatrix*, auch Kontroll- oder Paritätsmatrix genannt,

$$\mathbf{H}_{n-k \times n} = \begin{pmatrix} \mathbf{I}_{n-k} & \mathbf{P}_{k \times n-k}^T \end{pmatrix} \tag{3.8}$$

erhält man die Prüfvorschrift der *Syndrom-Decodierung*

$$\mathbf{s} = \mathbf{r} \odot \mathbf{H}^T \tag{3.9}$$

mit dem *Syndrom* $\mathbf{s}$. Ein Fehler wird erkannt, wenn mindestens eine Komponente des Syndroms 1 ist.

Transponieren, d. h. Vertauschen von Zeilen und Spalten, der Prüfmatrix (3.8) liefert

$$\mathbf{s} = \mathbf{r} \odot \begin{pmatrix} \mathbf{I}_{n-k} \\ \mathbf{P}_{k \times n-k} \end{pmatrix} \tag{3.10}$$

Anmerkung: Syndrom: griechisch für „das Zusammenlaufen"; Gruppe von Merkmalen, deren gemeinsames Auftreten einen bestimmten Zusammenhang anzeigt. In der Medizin steht Syndrom für ein Krankheitsbild, das sich aus dem Zusammentreffen verschiedener charakteristischer Symptome ergibt.

Beispiel Syndrom-Decodierung für den (7,4)-Hamming-Code

Im Beispiel des (7,4)-Hamming-Codes erhält man aus der Generatormatrix (3.2) mit (3.5) und (3.8) die Prüfmatrix.

$$\mathbf{H}_{3 \times 7} = \begin{pmatrix} 1 & 0 & 0 & 1 & 0 & 1 & 1 \\ 0 & 1 & 0 & 1 & 1 & 1 & 0 \\ 0 & 0 & 1 & 0 & 1 & 1 & 1 \end{pmatrix} \tag{3.11}$$

Für den Fall einer ungestörten Übertragung $\mathbf{r} = \mathbf{v} = (0011010)$ resultiert das Syndrom

$$\mathbf{s} = \begin{pmatrix} 0 & 0 & 1 & 1 & 0 & 1 & 0 \end{pmatrix} \odot \begin{pmatrix} 1 & 0 & 0 \\ 0 & 1 & 0 \\ 0 & 0 & 1 \\ 1 & 1 & 0 \\ 0 & 1 & 1 \\ 1 & 1 & 1 \\ 1 & 0 & 1 \end{pmatrix} = \begin{pmatrix} 0 & 0 & 0 \end{pmatrix} \tag{3.12}$$

Tritt genau ein Übertragungsfehler auf, z. B. in der vierten Komponente mit $\mathbf{r} = (0010010)$, zeigt das Syndrom den Fehler an, indem die vierte Zeile der transponierten Prüfmatrix, oder äquivalent die vierte Spalte der Prüfmatrix, resultiert.

$$\mathbf{s} = \begin{pmatrix} 0 & 0 & 1 & 0 & 0 & 1 & 0 \end{pmatrix} \odot \begin{pmatrix} 1 & 0 & 0 \\ 0 & 1 & 0 \\ 0 & 0 & 1 \\ 1 & 1 & 0 \\ 0 & 1 & 1 \\ 1 & 1 & 1 \\ 1 & 0 & 1 \end{pmatrix} = \begin{pmatrix} 1 & 1 & 0 \end{pmatrix} \tag{3.13}$$

Probiert man alle möglichen Fehlerstellen einzeln durch, erhält man die *Syndrom-Tabelle* für Einzelfehler in Tabelle 3-4 – oder man sieht es in (3.9) sofort: Der i-ten Fehlerstelle ist die i-te Spalte der Prüfmatrix als Syndrom zugeordnet. Deshalb kann bei Einzelfehlern die Fehlerstelle eindeutig erkannt und korrigiert werden.

_____ Ende des Beispiels

Tabelle 3-4 Syndrom-Tabelle des (7,4)-Hamming-Codes für Einzelfehler

Fehlerstelle im Empfangswort **r**	r_0	r_1	r_2	r_3	r_4	r_5	r_6
Syndrom **s**	100	010	001	110	011	111	101

Die am Beispiel des (7,4)-Hamming-Codes eingeführten Größen und Beziehungen für lineare Blockcodes werden nachfolgend mit Hilfe der linearen Algebra zusammengefasst.

Den Ausgangspunkt bildet der n-dimensionale binäre *Vektorraum* mit Modulo-2-Arithmetik. In ihm ist der k-dimensionale Unterraum C mit 2^k Codewörtern eingebettet, siehe Bild 3-3. Der Code C wird durch die k linear unabhängige Basisvektoren $\mathbf{g}_1$, ..., $\mathbf{g}_k$ aufgespannt. Sie bilden die Zeilen der *Generatormatrix* des Codes.

$$\mathbf{G}_{k\times n} = \begin{pmatrix} \mathbf{g}_1 \\ \vdots \\ \mathbf{g}_k \end{pmatrix} = \begin{pmatrix} g_{11} & \cdots & g_{1,n} \\ \vdots & \ddots & \vdots \\ g_k & \cdots & g_{k,n} \end{pmatrix} = \begin{pmatrix} \mathbf{P}_{k\times n-k} & \mathbf{I}_k \end{pmatrix} \tag{3.14}$$

Im Falle eines systematischen Codes kann die Generatormatrix in die Matrix **P** und die Einheitsmatrix **I** zerlegt werden.

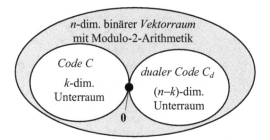

Bild 3-3 Vektorraumstruktur des Codes

Zu C existiert ein dualer Unterraum C_d so, dass das Skalarprodukt zweier Vektoren aus C und C_d stets null ergibt, d. h., dass alle Vektoren aus C zu allen Vektoren aus C_d orthogonal sind, und alle Vektoren mit dieser Eigenschaft in den beiden Unterräumen enthalten sind.

Der duale Vektorraum wird durch die $n-k$ linear unabhängigen Basisvektoren $\mathbf{h}_1$, ..., $\mathbf{h}_{n-k}$ aufgespannt. Sie liefern die Zeilen der *Prüfmatrix*

$$\mathbf{H}_{n-k\times n} = \begin{pmatrix} \mathbf{h}_1 \\ \vdots \\ \mathbf{h}_{n-k} \end{pmatrix} = \begin{pmatrix} h_{11} & \cdots & h_{1,n} \\ \vdots & \ddots & \vdots \\ h_{n-k,1} & \cdots & h_{n-k,n} \end{pmatrix} = \begin{pmatrix} \mathbf{I}_{n-k} & \mathbf{P}_{k\times n-k}^T \end{pmatrix} \tag{3.15}$$

wobei der rechte Teil der Gleichung für systematische Codes gilt.

Bei der Syndrom-Decodierung benutzt der Empfänger die Orthogonalität des Codes.

$$\mathbf{G} \odot \mathbf{H}^T = \mathbf{0} \tag{3.16}$$

Für jedes Codewort, $\mathbf{v} \in C$, liefert die Syndromberechnung den Nullvektor.

$$\mathbf{s} = \mathbf{v} \odot \mathbf{H}^T = \mathbf{0} \tag{3.17}$$

Jedes Empfangswort, das nicht im Code enthalten ist, führt zu einem vom Nullvektor verschiedenen Syndrom.

$$\mathbf{s} = \mathbf{r} \odot \mathbf{H}^T \neq \mathbf{0} \quad \text{für } \mathbf{r} \notin C \tag{3.18}$$

Für die Analyse der Syndrom-Decodierung kann die Übertragung wie in Bild 3-4 auf der Bitebene modelliert werden. Der Kanal stellt sich als Modulo-2-Addition (Exor-Verküpfung) des zu übertragenden Codewortes $\mathbf{v}$ mit dem *Fehlerwort* $\mathbf{e}$ (Error) dar. Ist die i-te Komponente des Fehlerwortes 1, so ist die i-te Komponente des Empfangswortes gestört. Beispielsweise wird das Fehlerereignis zu (3.13), die Störung der vierten Komponente im Empfangswort, mit dem Fehlerwort $\mathbf{e} = (0001000)$ ausgedrückt.

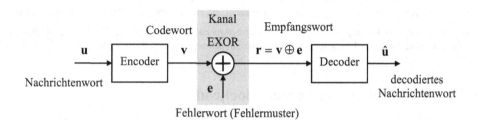

Bild 3-4 Übertragungsmodell auf der Bitebene

Die Syndrom-Decodierung liefert wegen der Linearität und der Orthogonalität

$$\mathbf{s} = \mathbf{r} \odot \mathbf{H}^T = (\mathbf{v} \oplus \mathbf{e}) \odot \mathbf{H}^T = \mathbf{e} \odot \mathbf{H}^T \tag{3.19}$$

Die letzte Gleichung bildet die Grundlage für das Verständnis der Fehlererkennungs- und Fehlerkorrektureigenschaften der Syndrom-Decodierung. Es lassen sich die folgenden Fälle unterscheiden:

- Fall 1: $\mathbf{s} = \mathbf{0} \Leftrightarrow \mathbf{e} \in C$

    – wenn $\mathbf{e} = \mathbf{0}$ ☞ fehlerfreie Übertragung

    – wenn $\mathbf{e} \neq \mathbf{0}$ ☞ Restfehler (nicht erkennbar!)

- Fall 2: $\mathbf{s} \neq \mathbf{0} \Leftrightarrow \mathbf{e} \notin C$ ☞ Fehler wird detektiert

Für den Decodiervorgang bedeutet das

– im Fall 1: Der Decoder gibt das decodierte Nachrichtenwort aus. Ein Fehler wird nicht erkannt (Restfehler).

– im Fall 2: Der Decoder stellt eine Störung fest. Er kann nun eine Fehlermeldung ausgeben oder einen Korrekturversuch durchführen.

Am Beispiel des (7,4)-Hamming-Codes kann das Fehlerkorrekturvermögen verdeutlicht werden. Die Syndrom-Tabelle zeigt, dass jeder Einzelfehler eindeutig erkannt wird. In diesem Fall ist es möglich, die Fehlerstelle zu korrigieren. Tritt jedoch ein Doppelfehler auf, wie beispielsweise bei $u = (1010)$, $v = (001\ 1010)$ und $r = (111\ 1010)$, so kann er am Syndrom nicht erkannt werden. Im Beispiel erhält man als Syndrom die vierte Spalte der Prüfmatrix $s = (110)$. Der Korrekturversuch würde einen Fehler im detektierten Nachrichtenwort $\hat{u} = (0010)$ erzeugen.

Der Decoder kann ein falsches Nachrichtenwort ausgeben, wenn ein nicht erkennbarer Fehler, ein *Restfehler*, auftritt oder ein fehlerhafter Korrekturversuch durchgeführt wird.

Das Beispiel macht deutlich, dass der Einsatz der Kanalcodierung auf die konkrete Anwendung und insbesondere auf den Kanal bezogen werden muss. Liegt ein Kanal mit additiver gaußscher Rauschstörung vor, sind die Übertragungsfehler unabhängig. Die Wahrscheinlichkeit für einen Doppelfehler ist demzufolge viel kleiner als für einen Einfachfehler. Der Korrekturversuch wird dann in den meisten Fällen erfolgreich sein. Liegt ein Kanal mit nur Fehlerpaaren vor, z. B. durch Übersteuerungseffekte verursacht, ist die Korrektur von Einzelfehlern sinnlos.

Anmerkung: Ebenso wichtig ist für die praktische Auswahl des Codes die Einbeziehung der Eigenschaften der Sinke und die Frage nach der Komplexität der technischen Realisierung.

3.5   Eigenschaften linearer Blockcodes

Im vorhergehenden Abschnitt wurden die grundsätzlichen Eigenschaften linearer binärer Blockcodes und der Syndrom-Decodierung vorgestellt. Offen bleibt dort jedoch die Frage: Was unterscheidet „gute" Codes von „schlechten" und wie findet man gute Codes? Im Folgenden wird auf diese Frage eine kurze, in das Thema einführende Antwort gegeben.

3.5.1   Hamming-Distanz und Fehlerkorrekturvermögen

Zum leichteren Verständnis des Decodiervorgangs benützt man die geometrische Vorstellung des Vektorraums. Bild 3-5 stellt einen Ausschnitt des n-dim. binären Vektorraums mit den Codewörtern und möglichen Empfangswörtern dar. Der Nullvektor ist gesondert markiert. Der Encoder sende ein Codewort v_1. Die Übertragung sei gestört. Es können die im letzten Abschnitt diskutierten drei Fälle auftreten:

① Im ersten Fall wird die Störung durch das Fehlerwort e_1 beschrieben. Man erhält das Empfangswort r_1 innerhalb der grau unterlegten Korrigierkugel zu v_1. Die *Korrigierkugel* eines Codewortes ist dadurch gekennzeichnet, dass alle Empfangswörter in der Korrigierkugel bei der Decodierung auf das Codewort abgebildet werden. Im Beispiel wird das richtige Codewort v_1 decodiert.

② Im zweiten Fall ist das Fehlerwort e_2 wirksam. Das Empfangswort r_2 liegt in der Korrigierkugel von v_2, so dass die Detektion das falsche Codewort v_2 ergibt. Da das Empfangswort kein Codewort ist, wird ein Fehler erkannt.

③ Im dritten Fall wird das Codewort durch e_3 in das Codewort v_3 verfälscht und ein nicht erkennbarer Restfehler tritt auf.

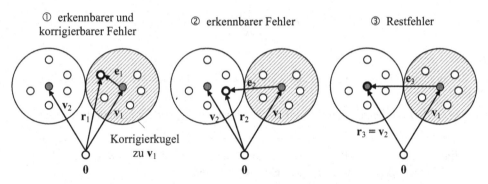

Bild 3-5 Vektorraum mit Codewörtern und möglichen Empfangswörtern

Aus dem Bild wird deutlich, dass für das Fehlerkorrekturvermögen des Codes die Abstände zwischen den Codewörtern wichtig sind. Da es sich um binäre Vektoren handelt, muss der Abstand geeignet gemessen werden. Man definiert den Abstand oder die *Hamming-Distanz* zweier binärer Vektoren als die Anzahl ihrer unterschiedlichen Komponenten.

$$d\left(\mathbf{v}_i,\mathbf{v}_j\right)=\sum_{l=0}^{n-1}v_{i,l}\oplus v_{j,l} \tag{3.20}$$

Äquivalent zu (3.20) ist die Formulierung mit dem *Hamming-Gewicht*, der Zahl der von 0 verschiedenen Komponenten eines Vektors.

$$d\left(\mathbf{v}_i,\mathbf{v}_j\right)=w_H\left(\mathbf{v}_i\oplus \mathbf{v}_j\right) \tag{3.21}$$

Beispiel Syndrom-Decodierung für den (7,4)-Hamming-Code

Ein kurzes Beispiel mit den Codevektoren $\mathbf{v}_1=(1101000)$ und $\mathbf{v}_2=(0110100)$ aus Tabelle 3-1 veranschaulicht die letzten beiden Definitionen. Die Hamming-Distanz der beiden Codevektoren beträgt

$$d\left(\mathbf{v}_1,\mathbf{v}_2\right)=\left(1\oplus 0\right)+\left(1\oplus 1\right)+\left(0\oplus 1\right)+\left(1\oplus 0\right)+\left(0\oplus 1\right)+\left(0\oplus 0\right)+\left(0\oplus 0\right)=4 \tag{3.22}$$

und für das Hamming-Gewicht der Exor-Verknüpfung der beiden Codevektoren gilt

$$d\left(\mathbf{v}_1,\mathbf{v}_2\right)=w_H\left(\mathbf{v}_1\oplus \mathbf{v}_2\right)=w_H\left[\left(1011100\right)\right]=4 \tag{3.23}$$

Ende des Beispiels

Will man den für das Fehlerkorrekturvermögen entscheidenden minimalen Abstand zwischen den Codewörtern bestimmen, so ist die Hamming-Distanz für alle Codewort-Paare zu betrachten. Da wegen der Abgeschlossenheit des Vektorraumes jede Linearkombination von Codewörtern wieder ein Codewort ergibt, ist die *minimale Hamming-Distanz* zweier Codewörter durch

$$d_{\min} = \min_{\mathbf{v} \in C \setminus \{\mathbf{0}\}} w_H(\mathbf{v})$$ (3.24)

gegeben.

Im Beispiel des (7,4)-Hamming-Codes ergibt sich aus Tabelle 3-1 die minimale Hamming-Distanz $d_{min} = 3$.

Für das *Fehlerkorrekturvermögen* folgt aus den bisherigen Überlegungen und Beispielen:

> Ein linearer binärer (n,k)-Blockcode mit minimaler Hamming-Distanz $d_{\min} \geq 2t + 1$ kann $d_{\min} - 1$ Fehler erkennen und bis zu t Fehler korrigieren.

3.5.2 Perfekte Codes und Hamming-Grenze

In Bild 3-5 wird der Fall ausgeklammert, dass ein Empfangswort keiner Korrigierkugel eindeutig zuzuordnen ist. Man spricht von *perfekten* oder *dichtgepackten Codes,* wenn alle Empfangswörter innerhalb der Korrigierkugeln liegen und somit auch bei Übertragungsfehlern eindeutig decodiert werden können. Nur wenige bekannte Codes sind wie die Hamming-Codes perfekt.

> Ein Code ist *perfekt* oder *dichtgepackt*, wenn alle Empfangswörter innerhalb der Korrigierkugeln liegen.

Aus den Überlegungen zu perfekten Codes kann die Anzahl der Prüfstellen abgeleitet werden, die notwendig sind, um t Fehler zu korrigieren.

Geht man von einem dichtgepackten linearen binären (n,k)-Blockcode mit minimaler Hamming-Distanz $d_{\min} = 2t + 1$ aus, so existieren genau 2^k Codewörter und damit 2^k Korrigierkugeln. In jeder Korrigierkugel sind alle Empfangswörter mit Hamming-Distanz $d \leq t$ vom jeweiligen Codewort enthalten. Dann gibt es

$$1 + n + \binom{n}{2} + \cdots + \binom{n}{t} = \sum_{l=0}^{t} \binom{n}{l}$$ (3.25)

Empfangswörter in jeder Korrigierkugel.

Da die Anzahl der korrigierbaren Empfangswörter nicht größer als die Gesamtzahl aller Elemente im n-dim. binären Vektorraum sein kann, folgt

$$2^n \geq 2^k \cdot \sum_{l=0}^{t} \binom{n}{l}$$ (3.26)

bzw.

$$2^{n-k} \geq \sum_{l=0}^{t} \binom{n}{l}$$ (3.27)

Die Gleichheit gilt nur bei perfekten Codes. Gleichung (3.27) liefert die *Hamming-Grenze*. Sie gibt eine Abschätzung an für die notwendige Anzahl der Prüfstellen $n - k$ bei vorgegebenem Fehlerkorrekturvermögen t des Codes.

Am Beispiel des (7,4)-Hamming-Codes verifiziert man (3.27) schnell für $t = 1$

$$2^{7-4} = 8 \geq \sum_{l=0}^{1} \binom{7}{l} = \binom{7}{0} + \binom{7}{1} = 1 + 7 = 8 \qquad (3.28)$$

Sollen $t = 2$ Fehler korrigiert werden, sind schon $n - k = 5$ Prüfstellen notwendig.

3.5.3 Restfehlerwahrscheinlichkeit

Ausgehend von den bisherigen Überlegungen kann die Wahrscheinlichkeit für einen nicht erkannten Übertragungsfehler bestimmt werden. Ein Übertragungsfehler wird nicht erkannt, wenn das gesendete Codewort in ein anderes Codewort verfälscht wird. Aus der Abgeschlossenheit des Codes (Vektorraums) C folgt, dass das Fehlerwort selbst ein Codewort sein muss.

Damit sind alle Fehlermöglichkeiten bestimmt und die Summe ihrer Wahrscheinlichkeiten – Unabhängigkeit vorausgesetzt – liefert die Restfehlerwahrscheinlichkeit.

Hierzu gehen wir von unabhängigen Übertragungsfehlern mit der Wahrscheinlichkeit P_e aus. Damit beispielsweise das Fehlerwort $\mathbf{e} = (0011010)$ resultiert, müssen genau drei Übertragungsfehler auftreten. Die Wahrscheinlichkeit hierfür ist $(P_e)^3 \cdot (1-P_e)^4$. Jedes Fehlerwort mit 3 Fehlern liefert denselben Beitrag zur Fehlerwahrscheinlichkeit.

Man erkennt: Für die Restfehlerwahrscheinlichkeit ist die Verteilung der Hamming-Gewichte im Code, die *Gewichtsverteilung* des Codes, entscheidend. Mit A_i gleich der Anzahl der Codewörter mit Hamming-Gewicht i und mit der minimalen Hamming-Distanz des Codes d_{min} erhält man die *Restfehlerwahrscheinlichkeit*

$$P_r = \sum_{i=d_{min}}^{n} A_i \cdot P_e^i \cdot (1-P_e)^{n-i} \qquad (3.29)$$

Für den (7,4)-Hamming-Code kann die Gewichtsverteilung aus Tabelle 3-1 entnommen werden. Es sind $A_0 = 1$, $A_1 = A_2 = 0$, $A_3 = 7$, $A_4 = 7$, $A_5 = A_6 = 0$ und $A_7 = 1$. Ist die Fehlerwahrscheinlichkeit P_e bekannt, liefert (3.29) die Restfehlerwahrscheinlichkeit.

Die Restfehlerwahrscheinlichkeit kann auch ohne Kenntnis der Gewichtsverteilung von oben abgeschätzt werden.

$$P_r = P_e^{d_{min}} \cdot \sum_{i=d_{min}}^{n} A_i \cdot \underbrace{P_e^{i-d_{min}} (1-P_e)^{n-i}}_{< 1} < (2^k - 1) \cdot P_e^{d_{min}} \qquad (3.30)$$

Anmerkung: Die Gewichtsverteilung bestimmt man bei längeren Codes mit dem Computer, indem man alle Codewörter erzeugt und Buch über die Hamming-Gewichte führt.

Beispiel   Datenübertragung mit dem (7,4)-Hamming-Code

Bei einer binären Datenübertragung werde ein (7,4)-Hamming-Code eingesetzt. Die Übertragung sei hinreichend genau durch das Modell eines AWGN-Kanals mit einem SNR von 6 dB, oder äquivalent einer Bitfehlerwahrscheinlichkeit von etwa 0,023, und einer Bitrate von 16 kbit/s beschrieben. Wird ein Übertragungsfehler detektiert, so wird ein nochmaliges Senden des Codewortes veranlasst.

a) Wie groß ist die Wahrscheinlichkeit, dass ein Codewort ungestört übertragen wird?

b) Wie groß ist die Wahrscheinlichkeit, dass ein Übertragungsfehler nicht detektiert wird?

c) Welche effektive Netto-Bitrate (Zahl der tatsächlich im Mittel pro Zeit übertragenen Nachrichtenbits) stellt sich bei der Übertragung ein?

d) Wie verhält sich die effektive Bitrate im Vergleich mit der theoretisch maximal erzielbaren Bitrate?

Lösung

a) Ein Codewort wird dann fehlerfrei übertragen, wenn jedes einzelne Bit des Codewortes fehlerfrei detektiert wird. Da bei der Übertragung im AWGN-Kanal die Detektion der Bits unabhängig ist, gilt mit P_e, der Wahrscheinlichkeit für einen Bitfehler, für die gesuchte Wahrscheinlichkeit

$$P_c = \left(1 - P_e\right)^7 \tag{3.31}$$

Die Bitfehlerwahrscheinlichkeit für die unipolare Übertragung im Basisband, auch On-Off Keying (OOK) genannt, kann [Wer06] entnommen werden

$$P_e = \frac{1}{2} \cdot \mathrm{erfc}\sqrt{\frac{S}{2N}} = \frac{1}{2} \cdot \mathrm{erfc}\sqrt{\frac{10^{6/10}}{2}} \approx 0,023 \tag{3.32}$$

Es resultiert die Wahrscheinlichkeit für ein fehlerfrei übertragenes Codewort

$$P_c = \left(1 - 0,023\right)^7 \approx 0,85 \tag{3.33}$$

b) Die Wahrscheinlichkeit für einen unerkannten Übertragungsfehler, die Restfehlerwahrscheinlichkeit, ergibt sich nach (3.29)

$$P_r = 7 \cdot 0,023^3 \cdot 0,977^4 + 7 \cdot 0,023^4 \cdot 0,977^3 + 0,023^7 \approx 7,9 \cdot 10^{-5} \tag{3.34}$$

Die obere Schranke (3.30) liefert zum Vergleich

$$P_r < \left(2^k - 1\right) \cdot P_e^{d_{\min}} = 15 \cdot 0,023^3 \approx 18 \cdot 10^{-5} \tag{3.35}$$

c) Die effektive Bitrate des Kanals verringert sich durch das Nachsenden fehlerhaft erkannter Empfangswörter. Im Mittel werden nur etwa 85 % der Codewörter richtig empfangen. (Das Problem der unerkannten Fehler wird hier wegen der kleinen Restfehlerwahrscheinlichkeit vernachlässigt.) Die Zahl der tatsächlich pro Zeiteinheit übertragenen Nachrichtenbits ist nochmals kleiner, da die übertragenen Prüfbits abzuziehen sind. Man erhält insgesamt eine effektive Bitrate

$$R_{b,eff} = \frac{k}{n} \cdot P_c \cdot R_b \approx \frac{4 \cdot 0,85 \cdot 16 \text{ kbit/s}}{7} \approx 7,77 \text{ kbit/s} \qquad (3.36)$$

Anmerkung: Das im Beispiel gewählte SNR von 6 dB liefert für eine Bitübertragung eine ungewöhnlich große Bitfehlerwahrscheinlichkeit. Dementsprechend groß ist auch der Verlust an effektiver Bitrate.

d) Die Übertragung entspricht einem binären symmetrischen Kanal (BSC) mit der Fehlerwahrscheinlichkeit $\varepsilon = P_e$. Der BSC besitzt pro übertragenem Bit (channel use) nach Shannon die Kanalkapazität

$$C^{BSC} = 1 \text{ bit} - H_b(\varepsilon) \approx 0,842 \text{ bit} \qquad (3.37)$$

Bei der Nennbitrate von 16 kbit/s ergibt sich, die maximale theoretisch fehlerfrei übertragbare Bitrate

$$R_{\max} < 13,4 \text{ kbit/s} \qquad (3.38)$$

Die mit dem Hamming-Code erreichte effektive Bitrate (3.36) ist davon weit entfernt.

_____ Ende des Beispiels

Im Beispiel wird die Abhängigkeit der Bitfehlerwahrscheinlichkeit vom SNR im Übertragungsmodell des AWGN-Kanals angesprochen. Hier ergibt sich ein Aspekt der digitalen Übertragung, der nicht übersehen werden darf.

Der Einfachheit halber gehen wir von einer binären Übertragung mit konstanter „Nutz"-Bitrate und gleichbleibender mittlerer Sendeleistung aus. Weiter sei das typische Modell des AWGN-Kanals mit Matched-Filterempfänger zugrunde gelegt [Wer06]. Dann ist das SNR proportional zur Dauer des Sendegrundimpulses. Der Übergang von den Nachrichtenwörtern mit 4 Elementen auf die Codewörter mit sieben Elementen bewirkt, dass statt 4 jetzt 7 Sendegrundimpulse im gleichen Zeitintervall, d. h. in 4 Bitintervallen, zu übertragen sind. Folglich verkürzen sich die Sendegrundimpulse auf 4/7 der Dauer im uncodierten Fall. Die Energie der Sendegrundimpulse nimmt bei gleicher Sendeleistung ebenfalls um den Faktor 4/7 ab, so dass sich das SNR in (3.22) um ca. 2,4 dB verschlechtert. Oder umgekehrt, im uncodierten Fall läge ein SNR von 8,4 dB vor, was die Bitfehlerwahrscheinlichkeit $P_b = 0,0043$ ergibt. Im uncodierten Fall ist die Wahrscheinlichkeit für eine fehlerfreie Übertragung der 4 Informationsbits wesentlich größer als in (3.33).

$$P_c = (1 - 0,0043)^4 \approx 0,98 \qquad (3.39)$$

Zusammenfassend ist festzustellen: Durch die Codierung nimmt zunächst die Bitfehlerwahrscheinlichkeit wegen des reduzierten SNR in (3.22) bei der Übertragung zu. Dieser Verlust ist bei der Decodierung mehr als wettzumachen. Man spricht dann von einem *Codierungsgewinn*. Eine genauere Betrachtung des Problems führt auf ein Schwellenverhalten. Zunächst muss die Bitfehlerwahrscheinlichkeit durch konventionelle Mittel auf einen gewissen Wert reduziert werden, dann kann mit der Kanalcodierung die Bitfehlerwahrscheinlichkeit im Rahmen des Übertragungsmodells weitgehend beliebig klein gehalten werden.

3.5.4   Hamming-Codes

Eine wichtige Familie von einfachen linearen Blockcodes sind die *Hamming-Codes*. Für jede natürliche Zahl $m \geq 3$ existiert ein Hamming-Code mit folgenden fünf Eigenschaften:

Hamming-Codes

① Codewortlänge $n = 2^m - 1$

② Anzahl der Nachrichtenstellen $k = 2^m - 1 - m$

③ Anzahl der Prüfstellen $m = n - k$

④ Fehlerkorrekturvermögen $t = 1,\, d_{min} = 3$

⑤ Perfekter Code   ☑

Die Konstruktion der Hamming-Codes erfolgt anhand der Prüfmatrix (3.15). Folgende Überlegungen liefern die Konstruktionsvorschrift.

- Entsprechend den früheren Ergebnissen zur Syndrom-Decodierung kann jeder Einzelfehler nur dann eindeutig erkannt werden, wenn alle Spalten der Prüfmatrix paarweise verschieden sind.

- Damit die Bedingung für die minimale Hamming-Distanz, $d_{min} = 3$, erfüllt ist, muss jede Zeile der Generatormatrix $\mathbf{G}$ mindestens dreimal eine 1 enthalten, da jede Zeile von $\mathbf{G}$ selbst ein Codewort ist. Aus (3.14) folgt, dass dann jede Zeile der Matrix $\mathbf{P}$ mindestens zweimal eine 1 aufweist. Die dritte 1 liefert die Einheitsmatrix. Demzufolge muss in jeder Spalte der transponierten Matrix $\mathbf{P}^T$ mindestens zweimal eine 1 stehen.

- Die transponierte Matrix $\mathbf{P}^T$ trägt nach (3.8) k Spalten mit je m Zeilen zur Prüfmatrix bei. Es gibt pro Spalte zunächst 2^m Möglichkeiten sie mit den beiden Zeichen 0 und 1 zu füllen. Da jedoch in allen Spalten mindestens zweimal eine 1 vorkommen muss, reduziert sich die Zahl der Möglichkeiten. Zu streichen sind einmal der Fall „alles 0" (1 Möglichkeit) und m-mal „nur eine 1" (m Möglichkeiten). Damit verbleiben genau $2^m - m - 1$ Möglichkeiten. Da nun die Zahl der Möglichkeiten gleich der Zahl der Spalten ist, $k = 2^m - m - 1$, gibt es genau eine Lösung, wenn man von Vertauschungen der Reihenfolge der Spalten absieht.

Daraus folgt: Die Spalten der transponierten Matrix $\mathbf{P}^T$ werden durch alle m-Tupel mit Hamming-Gewicht ≥ 2 gebildet.

Beispiel (15,11)-Hamming-Code

Das Beispiel des (15,11)-Hamming-Codes verdeutlicht die Überlegungen.

$$
\mathbf{H}_{4\times15} =
\left(
\begin{array}{cccc@{\quad}cccccc@{\quad}cccc@{\quad}c}
1 & 0 & 0 & 0 & 1 & 0 & 0 & 1 & 0 & 1 & 1 & 0 & 1 & 1 & 1 \\
0 & 1 & 0 & 0 & 1 & 1 & 0 & 0 & 1 & 0 & 1 & 1 & 0 & 1 & 1 \\
0 & 0 & 1 & 0 & 0 & 1 & 1 & 1 & 0 & 0 & 1 & 1 & 1 & 0 & 1 \\
0 & 0 & 0 & 1 & 0 & 0 & 1 & 0 & 1 & 1 & 0 & 1 & 1 & 1 & 1 \\
\end{array}
\right)
\quad (3.40)
$$

$$\underbrace{}_{\mathbf{I}_4} \quad \underbrace{\phantom{\text{Hamming-Gewicht}}}_{\text{Hamming-Gewicht}\ \ w_H = 2} \quad \underbrace{}_{w_H = 3} \quad \underbrace{}_{w_H = 4}$$

Aus der Prüfmatrix kann mit (3.15) und (3.14) die Generatormatrix bestimmt werden.

$$
\mathbf{G}_{11\times15} = \left(
\begin{array}{cccc|ccccccccccc}
1 & 1 & 0 & 0 & 1 & 0 & 0 & 0 & 0 & 0 & 0 & 0 & 0 & 0 & 0 \\
0 & 1 & 1 & 0 & 0 & 1 & 0 & 0 & 0 & 0 & 0 & 0 & 0 & 0 & 0 \\
0 & 0 & 1 & 1 & 0 & 0 & 1 & 0 & 0 & 0 & 0 & 0 & 0 & 0 & 0 \\
1 & 0 & 1 & 0 & 0 & 0 & 0 & 1 & 0 & 0 & 0 & 0 & 0 & 0 & 0 \\
0 & 1 & 0 & 1 & 0 & 0 & 0 & 0 & 1 & 0 & 0 & 0 & 0 & 0 & 0 \\
1 & 0 & 0 & 1 & 0 & 0 & 0 & 0 & 0 & 1 & 0 & 0 & 0 & 0 & 0 \\
1 & 1 & 1 & 0 & 0 & 0 & 0 & 0 & 0 & 0 & 1 & 0 & 0 & 0 & 0 \\
0 & 1 & 1 & 1 & 0 & 0 & 0 & 0 & 0 & 0 & 0 & 1 & 0 & 0 & 0 \\
1 & 0 & 1 & 1 & 0 & 0 & 0 & 0 & 0 & 0 & 0 & 0 & 1 & 0 & 0 \\
1 & 1 & 0 & 1 & 0 & 0 & 0 & 0 & 0 & 0 & 0 & 0 & 0 & 1 & 0 \\
1 & 1 & 1 & 1 & 0 & 0 & 0 & 0 & 0 & 0 & 0 & 0 & 0 & 0 & 1 \\
\end{array}
\right) \qquad (3.41)
$$

$$\underbrace{\qquad\qquad}_{\mathbf{P}_{11\times4}} \quad \underbrace{\qquad\qquad\qquad\qquad\qquad}_{\mathbf{I}_{11}}$$

Beispiel Datenübertragung mit dem (15,11)-Hamming-Code

Wir wiederholen die Überlegungen im früheren Beispiel zur Datenübertragung. Zunächst vergleichen wir die Coderaten. Für den (7,4)-Hamming-Code erhalten wir die Coderate $R_{(7,4)} = 4/7 \approx 0,57$. Ihr steht eine deutlich höhere Coderate für den (15,11)-Hamming-Code gegenüber $R_{(15,11)} = 11/15 \approx 0,73$. Damit ist die Redundanz des (15,11)-Hamming-Codes geringer, was zunächst für eine höhere effektive Bitrate spricht.

Wir wiederholen nun die Aufgaben a), b) und c).

Lösung

a) Ein Codewort wird wieder genau dann fehlerfrei übertragen, wenn jedes einzelne Bit des Codewortes fehlerfrei detektiert wird.

$$
P_c = \left(1 - P_e\right)^{15} \qquad (3.42)
$$

Mit der Bitfehlerwahrscheinlichkeit (3.32) resultiert die gesuchte Wahrscheinlichkeit für ein fehlerfrei übertragenes Codewort

$$
P_c = \left(1 - 0,023\right)^{15} \approx 0,705 \qquad (3.43)
$$

b) Die Wahrscheinlichkeit für einen unerkannten Übertragungsfehler, die Restfehlerwahrscheinlichkeit, ergibt sich mit der Abschätzung (3.30)

$$
P_r < \left(2^k - 1\right) \cdot P_e^{d_{\min}} \approx 2047 \cdot 0,023^3 \approx 0,025 \qquad (3.44)
$$

c) Die effektive Bitrate des Kanals verringert sich durch nachsenden fehlerhaft erkannter Empfangswörter. Im Mittel werden nur etwa 70,5 % der Codewörter richtig empfangen. (Das Problem der unerkannten Fehler wird wieder wegen der kleinen Restfehlerwahrscheinlichkeit vernachlässigt.) Die Zahl der tatsächlich pro Zeiteinheit übertragenen Nachrichtenbits, ist nochmals kleiner, da die übertragenen Prüfbits abzuziehen sind. Man erhält insgesamt eine effektive Bitrate

$$R_{b,eff} = \frac{k}{n} \cdot P_c \cdot R_b \approx \frac{11 \cdot 0,705 \cdot 16 \text{ kbit/s}}{15} \approx 8,27 \text{ kbit/s} \tag{3.45}$$

Die resultierende Bitrate ist für den (15,11)-Hamming-Code nur etwas größer als für den (7,4)-Hamming-Code. Wegen der größeren Fehleranfälligkeit der Übertragung mit dem (15,11)-Hamming-Code kann nicht der ganze durch die verringerte Redundanz zu erwartende Gewinn bei der Netto-Bitrate erzielt werden.

Auch hier ergibt sich durch die Kanalcodierung eine Reduktion des in (3.22) einzusetzenden SNR, wenn die Nennbitrate des Nachrichtenstromes nicht reduziert werden soll. Mit der Coderate 11/15 verringert sich das SNR um etwa 1,4 dB. Zieht man als Referenz die 8,4 dB des uncodierten Falles im früheren Beispiel heran, resultiert jetzt ein SNR von 7 dB, was zu der Bitfehlerwahrscheinlichkeit $P_e = 0,013$ führt. Damit ist die Wahrscheinlichkeit für die korrekte Übertragung eines Codewortes deutlich größer wie in (3.33)

$$P_c = (1 - 0,013)^{15} \approx 0,82 \tag{3.46}$$

Die Restfehlerwahrscheinlichkeit reduziert sich entsprechend

$$P_r < \left(2^k - 1\right) \cdot P_e^{d_{min}} \approx 2047 \cdot 0,013^3 \approx 0,0045 \tag{3.47}$$

Die effektive Bitrate ist

$$R_{b,eff} = \frac{k}{n} \cdot P_c \cdot R_b \approx \frac{11 \cdot 0,82 \cdot 16 \text{ kbit/s}}{15} \approx 9,62 \text{ kbit/s} \tag{3.48}$$

Anmerkung: Im Vergleich zum (7,4)-Hamming-Code ist die effektive Bitrate um etwa den Faktor 1,23 höher, dafür hat die Restfehlerwahrscheinlichkeit um etwa den Faktor 56 zugenommen.

3.5.5   Erweiterter Hamming-Code

In diesem Unterabschnitt wird anhand des (15,11)-Hamming-Codes eine nützliche Erweiterung der Hamming-Codes vorgestellt. Dabei lassen sich mit nur einer zusätzlichen Prüfstelle zwei Vorteile erzielen.

– Zum Ersten erhält man für den (15,11)-Hamming-Code die in der Informationstechnik günstige Codewortlänge von 16 Bit.

  Anmerkung: Ähnliches gilt für die anderen Codewortlängen nach der Erweiterung.

– Zum Zweiten resultiert eine minimale Hamming-Distanz von $d_{min} = 4$, die ein sicheres Erkennen von bis zu 3 Fehlern erlaubt.

Als zusätzliche Prüfgleichung führen wir eine Paritätsprüfung für das Codewort ein. Die zusätzliche Prüfgleichung bedeutet, dass eine zusätzliche Zeile in der Prüfmatrix auftritt. Und da die Codewörter jetzt 16 Elemente besitzen, wird auch eine zusätzliche Spalte notwendig.

Wir wählen für die Prüfmatrix des *erweiterten Hamming-Codes* den Ansatz mit einer zusätzlichen ersten Zeile aus lauter Einsen und einer zusätzlichen ersten Spalte, die ansonsten nur Nullen aufweist.

$$
\tilde{\mathbf{H}}_{5\times16} = \begin{pmatrix} 1 & 1\cdots1 \\ 0 & \\ 0 & \mathbf{H}_{4\times15} \\ 0 & \\ 0 & \end{pmatrix} = \begin{pmatrix} 1 & 1 & 1 & 1 & 1 & 1 & 1 & 1 & 1 & 1 & 1 & 1 & 1 & 1 & 1 & 1 \\ 0 & 1 & 0 & 0 & 0 & 1 & 0 & 0 & 1 & 0 & 1 & 1 & 0 & 1 & 1 & 1 \\ 0 & 0 & 1 & 0 & 0 & 1 & 1 & 0 & 0 & 1 & 0 & 1 & 1 & 0 & 1 & 1 \\ 0 & 0 & 0 & 1 & 0 & 0 & 1 & 1 & 1 & 0 & 0 & 1 & 1 & 1 & 0 & 1 \\ 0 & 0 & 0 & 0 & 1 & 0 & 0 & 1 & 0 & 1 & 1 & 0 & 1 & 1 & 1 & 1 \end{pmatrix} \tag{3.49}
$$

Bei der Berechnung des Syndroms

$$
\tilde{\mathbf{s}} = \tilde{\mathbf{v}} \odot \tilde{\mathbf{H}}^T \tag{3.50}
$$

ergibt sich demgemäß als erstes Element

$$
\tilde{s}_0 = \sum_{i=0}^{15} \tilde{v}_i \tag{3.51}
$$

Wird nun im erweiterten Code den Codewörtern des Hamming-Codes die Summe ihrer Elemente vorangestellt, d. h.

$$
\tilde{\mathbf{v}} = (\tilde{v}_0, \tilde{v}_1, \tilde{v}_2, \ldots, \tilde{v}_{15}) = (\tilde{v}_0, v_0, v_1, \ldots, v_{14}) \tag{3.52}
$$

mit

$$
\tilde{v}_0 = \sum_{i=0}^{14} v_i \tag{3.53}
$$

so resultiert das erste Element des Syndroms

$$
\tilde{s}_0 = \sum_{i=0}^{15} \tilde{v}_i = 0 \tag{3.54}
$$

In diesem Fall spricht man auch von gerader Parität.

Man beachte: die weiteren Prüfgleichungen ändern sich wegen der eingefügten Nullen in der ersten Spalte im Vergleich zum Hamming-Code nicht. Damit ist es möglich, das Codier- und Decodierverfahren bis auf das zusätzliche Prüfbit, die Paritätsprüfung, wie für den Hamming-Code durchzuführen.

Die Behauptung, die minimale Hamming-Distanz $d_{\min}$ sei nach der Erweiterung 4, kann anhand des Hamming-Gewichts gezeigt werden. Der Hamming-Code selbst hat, abgesehen vom Nullvektor, ein minimales Hamming-Gewicht 3. Fügt man nun das Prüfbit für gerade Parität hinzu, so wird bei einem Hamming-Gewicht 3 stets eine weitere 1 hinzugegeben. Abgesehen vom Nullvektor ist dann das minimale Hamming-Gewicht und damit die minimale Hamming-Distanz des erweiterten Codes 4.

Beispiel Restfehlerwahrscheinlichkeit beim erweiterten (16,11)-Hamming-Code

Wir übernehmen den Zahlenwert für die Bitfehlerwahrscheinlichkeit aus dem Beispiel des (15,11)-Hamming-Codes $P_e = 0{,}013$. (Dabei vernachlässigen wir, dass die Bitfehlerwahrscheinlichkeit durch die etwas höhere Coderate etwas zunimmt.)

Die Restfehlerwahrscheinlichkeit

$$P_r < \left(2^k - 1\right) \cdot P_e^{d\min} \approx 2047 \cdot 0{,}013^4 \approx 5{,}8 \cdot 10^{-5} \tag{3.55}$$

ist nun nur ein wenig kleiner als beim (7,4)-Hamming-Code. Dafür ist die Netto-Bitrate größer.

3.6   Aufgaben zu Abschnitt 2 und 3

3.6.1   Aufgaben

Aufgabe 1 Paritätscode mit Kreuzsicherung

Gegeben ist ein durch Kreuzsicherung mit gerader Parität geschütztes Datenfeld.

a) Darin sind 3 Bitfehler enthalten. Geben Sie die fehlerhaften Zeilen und Spalten an.

b) Geben Sie ein Fehlermuster an, so dass ein Fehler nicht erkannt werden kann.

c) Wie nennt man solche nicht erkennbare Fehler?

d) Wie könnte die Wahrscheinlichkeit für einen nicht erkennbaren Fehler bestimmt werden?

0	1	0	0	0	0	0	1
0	0	1	0	0	0	0	0
0	0	1	0	0	1	1	1
1	0	0	0	0	1	1	1
0	1	0	1	1	0	0	0
0	0	0	1	0	0	0	1
1	0	0	0	1	0	0	0
0	0	1	1	0	0	1	0

Aufgabe 2 ISBN-Nummern

Für die ISBN-10-Nummer erforderlichen Daten sind im Verlag vorbereitet 3-528-03951.

a) Berechnen Sie die Prüfziffer.

b) Bestimmen Sie die zugehörige ISBN-13-Nummer.

Aufgabe 3 (7,4)-Hamming-Code

Es wird der (7,4)-Hamming-Code betrachtet mit der Generatormatrix

$$G_{4\times7} = \begin{pmatrix} 1 & 1 & 0 & 1 & 0 & 0 & 0 \\ 0 & 1 & 1 & 0 & 1 & 0 & 0 \\ 1 & 1 & 1 & 0 & 0 & 1 & 0 \\ 1 & 0 & 1 & 0 & 0 & 0 & 1 \end{pmatrix}$$

a) Geben Sie das Codewort **v** zur Nachricht **u** = (0110) an.

b) Es wird das Empfangswort r = (0101100) mit einem Bitfehler empfangen. Geben Sie die gesendete Nachricht an. Begründen Sie Ihre Antwort.

c) Erklären Sie den Begriff Restfehlerwahrscheinlichkeit mit Blick auf die Syndromdecodierung.

Aufgabe 4 (7,4)-Hamming-Code

a) Konstruieren Sie einen (7,4)-Hamming-Code entsprechend der allgemeinen Konstruktionsvorschrift über die Prüfmatrix.

b) Geben Sie das Codewort v zur Nachricht u = (0110) an.

c) Vergleichen Sie die Nachricht mit der in Aufgabe 3 und diskutieren Sie das Ergebnis.

Aufgabe 5 Erweiterter (8,4)-Hamming-Code

Betrachten Sie den mit gerader Parität erweiterten (7,4)-Hamming-Code.

a) Geben Sie die Tabelle der Nachrichten- und Codewörter an.

b) Geben Sie die minimale Hamming-Distanz an und bestimmen Sie die Gewichtsverteilung des Codes.

c) Berechnen Sie die Restfehlerwahrscheinlichkeit P_r des Codes allgemein in Abhängigkeit der Bitfehlerwahrscheinlichkeit P_e bei unabhängiger Störung und geben Sie den Zahlenwert für $P_e = 10^{-2}$ an.

3.6.2 Lösungen

Lösung Aufgabe 1 Paritätscode mit Kreuzsicherung

a) Fehler in der 2. Zeile und 3. Spalte, 5. Zeile und 4. Spalte und 8. Zeile und 7. Spalte

b) Fehler in der 1. Zeile und 1. und 2. Spalte und 2. Zeile und 1. und 2. Spalte

c) Restfehler

d) Die Wahrscheinlichkeit für einen Restfehler kann durch eine Computersuche bestimmt werden, indem man alle möglichen Fehler auf Erkennbarkeit testet. Daraus kann die Gewichtsverteilung der Fehlermuster bestimmt und die Restfehlerwahrscheinlichkeit berechnet werden.

Lösung Aufgabe 2 ISBN-Nummern

a) Prüfziffer ISBN-10

$$(10 \cdot 3 + 9 \cdot 5 + 8 \cdot 2 + 7 \cdot 8 + 6 \cdot 0 + 5 \cdot 3 + 4 \cdot 9 + 3 \cdot 5 + 2 \cdot 1) \bmod_{11} = (215) \bmod_{11} = 6$$

Die Prüfziffer ist 5 und somit die ISBN-10-Nummer 3-528-03951-5.

b) Prüfziffer ISBN-13 (Buchland 978)

$$9 + 3 \cdot 7 + 8 + 3 \cdot 3 + 5 + 3 \cdot 2 + 8 + 3 \cdot 0 + 3 + 3 \cdot 9 + 5 + 3 \cdot 1 = 104$$

Die Prüfziffer ist 6 und somit die ISBN-10-Nummer 978-3-528-03951-6.

Lösung Aufgabe 3 (7,4)-Hamming-Code

a) Codewort $\mathbf{v} = (1000110)$

b) Syndromdecodierung

$$\mathbf{s} = \mathbf{r} \odot \mathbf{H}^T = (0 \quad 1 \quad 0 \quad 1 \quad 1 \quad 0 \quad 0) \odot \begin{pmatrix} 1 & 0 & 0 \\ 0 & 1 & 0 \\ 0 & 0 & 1 \\ 1 & 1 & 0 \\ 0 & 1 & 1 \\ 1 & 1 & 1 \\ 1 & 0 & 1 \end{pmatrix} = (1 \quad 1 \quad 1)$$

Das Syndrom ist gleich der 6. Zeile in der Prüfmatrix $\mathbf{H}^T$. Im Falle nur eines Fehlers ist die Fehlerstelle an 6. Position im Empfangswort. Die gesendete Nachricht ist deshalb $\mathbf{u} = (1110)$.

c) Bei der Syndromdecodierung wird nur geprüft, ob das Empfangswort ein Codewort ist. Wird bei der Übertragung ein Codewort in ein anderes Codewort verfälscht, so kann dies nicht erkannt werden. Man spricht von einem Restfehler.

Die Restfehlerwahrscheinlichkeit gibt an, mit welcher Wahrscheinlichkeit ein Restfehler auftritt. Sie wird neben der Bitfehlerwahrscheinlichkeit durch die Gewichtsverteilung des Codes bestimmt.

Lösung Aufgabe 4 (7,4)-Hamming-Code

a) Prüfmatrix und Generatormatrix

$$\mathbf{H}_{3\times7} = \begin{pmatrix} 1 & 0 & 0 & 1 & 0 & 1 & 1 \\ 0 & 1 & 0 & 1 & 1 & 0 & 1 \\ 0 & 0 & 1 & 0 & 1 & 1 & 1 \end{pmatrix} \quad \text{☞} \quad \mathbf{G}_{4\times7} = \begin{pmatrix} 1 & 1 & 0 & 1 & 0 & 0 & 0 \\ 0 & 1 & 1 & 0 & 1 & 0 & 0 \\ 1 & 0 & 1 & 0 & 0 & 1 & 0 \\ 1 & 1 & 1 & 0 & 0 & 0 & 1 \end{pmatrix}$$

$\underbrace{}_{\mathbf{I}_3} \quad \underbrace{}_{w_H=2} \quad \underbrace{}_{=3}$
$\underbrace{}_{\mathbf{P}_{4\times3}} \quad \underbrace{}_{\mathbf{I}_4}$

b) Codewort $\mathbf{v} = (110\ 0110)$

c) Im Vergleich zur Aufgabe 3 ergibt sich ein anderes Codewort. Der Hamming-Code ist wieder systematisch, jedoch haben sich durch die Spaltenvertauschungen in $\mathbf{H}$ im Vergleich zu Aufgabe 3 die Prüfsummen verändert. Beide Codes sind (7,4)-Hamming-Codes aber nicht bitkompatibel.

Lösung Aufgabe 5 Erweiterter (8,4)-Hamming-Code

a) Codetabelle

Codetabelle des erweiterten (8,4)-Hamming-Codes

Nachricht	Codewort	Nachricht	Codewort
0000	0000 0000	0001	1101 0001
1000	1110 1000	1001	0011 1001
0100	1011 0100	0101	0110 0101
1100	0101 1100	1101	1000 1101
0010	0111 0010	0011	1010 0011
1010	1001 1010	1011	0100 1011
0110	1100 0110	0111	0001 0111
1110	0010 1110	1111	1111 1111

b) Die minimale Hamming-Distanz ist $d_{\min} = 4$

Die Gewichtsverteilung ist $A_0 = 1, A_1 = A_2 = A_3 = 0, A_4 = 14, A_5 = A_6 = 0, A_8 = 1$.

c) Restfehlerwahrscheinlichkeit $P_r = 14 \cdot P_e^4 \cdot (1 - P_e)^4 + P_e^8 \quad (< 15 \cdot P_e^4)$

mit $P_e = 10^{-2}$ resultiert $P_r \approx 1{,}35 \cdot 10^{-7} \quad (< 1{,}4 \cdot 10^{-7})$

4 Zyklische Codes

4.1 Einführung

Zunächst wollen wir anhand zweier Beispiele aufzeigen, warum eine Codierung auf der Basis einfacher linearer Blockcodes in typischen Anwendungen nicht attraktiv ist.

Als Erstes betrachten wir den Datenaustausch des ISDN D-Kanal-Protokolls mit dem LAPD-Format (Link Access Procedure on D-channel). Bild 4-1 zeigt den Aufbau des Rahmens mit den Längenangaben der Felder. In der Nachrichtentechnik wird häufig der Begriff Oktett (Octet) für einen Block von 8 Bit verwendet. Durch die Rahmenprüfsumme im FCS-Feld (Frame Check Sequence) werden Übertragungsfehler im A- (Address), C- (Control) und I-Feld (Information) erkennbar. Wollte man die binären Daten durch einen einfachen linearen Blockcode mit 16 Prüfbit schützen, wären eine Generatormatrix der Dimension 2112×2128 und eine Prüfmatrix der Dimension 16×2128 erforderlich.

Octet 1   2   1(2)   max. 260   2   1

| F | A | C | I | FCS | F |

Bild 4-1   LAPD-Rahmen mit Flag (F, 01111110), Adress-Feld (Address), Steuer-Feld (Control) und Informations-Feld (Information) und Rahmenprüfsumme (Frame Check Sequence)

Das zweite Beispiel betrifft das Rahmenformat des 802.3-CSMA/CD-Standards (Carrier Sense Multiple Access/Collision Detection) für lokale Netze (Local Area Network, LAN). Wie Bild 4-2 zeigt, können Rahmen mit mehr als 1534 Oktetten auftreten. Auch in diesem Fall würde der Schutz der binären Information wie in Abschnitt 3 zu überlangen Codewörtern führen.

Die beiden Beispiele zeigen, dass in wichtigen Anwendungen sehr lange Informationswörter effektiv codiert und decodiert werden müssen. Hinzu tritt die Forderung nach einer möglichst hohen Fehlererkennung. In den beiden Beispielen kommen binäre zyklische Codes zum Einsatz.

Weitere Anwendungen zyklischer Codes findet man in der Schnurlos-Telefonie nach dem DECT-Standard (Digital Enhanced Cordless Telephony), und der Mobilkommunikation nach GSM (Global System for Mobile Communications) und cdmaOne (Code Division Multiple Access). Wie später noch gezeigt wird, wird bei der ATM-Übertragung (Asynchronous Transfer Mode) mit einem zyklischen Code im HEC-Abschnitt (Header Error Control) nicht nur eine Fehlerüberprüfung, sondern auch eine Zellen-Synchronisation durchgeführt.

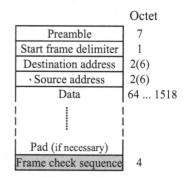

	Octet
Preamble	7
Start frame delimiter	1
Destination address	2(6)
· Source address	2(6)
Data	64 ... 1518
Pad (if necessary)	
Frame check sequence	4

Bild 4-2   Rahmen des 802.3 CSMA/CD-Standards

Anmerkungen: (i) Die folgenden Überlegungen orientieren sich an der Darstellung in [LiCo83]. Die mathematischen Grundlagen werden als Sätze eingeführt und jeweils nachfolgend bewiesen. Die Beweise sollen dabei auch als kurze Übungen verstanden werden. (ii) Die praktische Anwendung zyklischer Codes geschieht mit Hilfe integrierter Schaltungen, welche die Encoder- und Decoder-Funktionen realisieren. Aus diesem Grund ist die Theorie von vornherein „maschinenbezogen" und mag zunächst etwas ungewohnt sein. Andererseits erleichtert das Vorgehen in kleinen Schritten das Verständnis und der zunehmend sichtbare Bezug zur Anwendung belohnt für die Mühen. Nach dem Studium dieses Abschnittes sollten Sie in der Lage sein, selbst ein Computerprogramm zu erstellen, das die in den oben genannten Beispielen angesprochenen FCS- oder HEC-Felder setzt und auswertet.

4.2 Definition und grundlegende Eigenschaften binärer zyklischer Codes

Die zyklischen Codes bilden eine Untermenge der linearen Codes. Es treten neue Eigenschaften hinzu, die die Codierung und Decodierung vereinfachen. Die besondere Stärke der zyklischen Codes liegt in der hohen Fehlererkennungsquote.

Der Einfachheit halber beschränken wir uns im Weiteren auf binäre Codes. Dann sind die Rechnungen mit den Komponenten der Codewörter in der Modulo-2-Arithmetik auszuführen.

Anmerkung: Mathematisch gesprochen liegt ein linearer Vektorraum über dem Galois-Körper *GF*(2) vor, siehe Abschnitt 3.2. Es werden auch zyklische Codes über die Erweiterungskörper *GF*(p^n) definiert, was zu den wichtigen Bose-Chaudhuri-Hocquenghem-(BCH-)Codes und Reed-Solomon-(RS-)Codes führt [LiCo83], [LiCo04]. Letztere werden u. a. zum Fehlerschutz auf der CD-ROM eingesetzt [Jun95].

Ein linearer (*n,k*)-Code *C* heißt *zyklischer Code*, wenn jede zyklische Verschiebung eines Codewortes wieder ein Codewort ergibt.

Wir betrachten zunächst allgemein das *Codewort*, auch Codevektor genannt,

$$\mathbf{v} = (v_0, v_1, \ldots, v_{n-1}) \tag{4.1}$$

mit den Elementen $v_i \in \{0,1\}$. Die *zyklische Verschiebung* entspricht einer Verschiebung nach rechts, wobei das heraus geschobene Element links wieder eingefügt wird.

$$\mathbf{v}^{(1)} = (v_{n-1}, v_0, v_1, \ldots, v_{n-2}) \tag{4.2}$$

Durch *i*-fache zyklische Verschiebung erhält man

$$\mathbf{v}^{(i)} = (v_{n-i}, \ldots, v_{n-1}, v_0, v_1, \ldots, v_{n-i-1}) \tag{4.3}$$

Die zyklische Verschiebung lässt sich sehr effizient mit einem *rückgekoppelten Schieberegisters* der Länge *n* ausführen, siehe Bild 4-3.

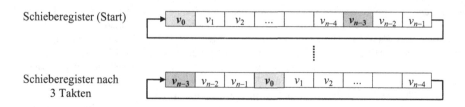

Bild 4-3 Zyklisches Schieben im rückgekoppelten Schieberegister der Länge n

Eine alternative Beschreibung liefert die *Polynomdarstellung* der Codevektoren. Mit der Polynomdarstellung können zusätzliche mathematische Eigenschaften aufgezeigt werden, die die Codierung und Decodierung erleichtern und zu Codes mit guten Fehlererkennungs- und Fehlerkorrektureigenschaften führen.

Durch die bijektive Abbildung der Codevektoren auf die *Codepolynome*

$$v(X) = v_0 X^0 + v_1 X^1 + \cdots + v_{n-1} X^{n-1} \tag{4.4}$$

entsteht eine äquivalente Beschreibung. Je nach Bedarf kann zwischen den beiden Darstellungen gewechselt werden.

Anmerkungen: (i) Mathematisch gesehen liegt ein Isomorphismus zwischen den linearen Vektorräumen der Codevektoren der Länge n und der Codepolynome von maximalem Grad $n-1$ vor. Das Rechnen mit den Codepolynomen geschieht unter Beachtung der Modulo-2-Arithmetik für die Koeffizienten ansonsten wie gewohnt. (ii) Man beachte auch, dass die Variable X nur als Platzhalter dient. Die jeweiligen Exponenten von X zeigen die Position im Codewort bzw. im Schieberegister an. Ansonsten hat die Variable X keine weitere Bedeutung.

Mit der Polynomdarstellung kann die grundlegende Operation der zyklischen Verschiebung der Codewörter dargestellt werden. Dazu dient folgende kurze Überlegung:

Stellt man das i-mal zyklisch verschobene Codewort als Polynom dar, so erhält man

$$v^{(i)}(X) = v_{n-i} + v_{n-i+1} X^1 + \cdots + v_{n-1} X^{i-1} + v_0 X^i + v_1 X^{i+1} + \cdots + v_{n-i-1} X^{n-1} \tag{4.5}$$

Zum Vergleich betrachten wir die Multiplikation des Codepolynoms mit X^i.

$$X^i \cdot v(X) = v_0 X^i + v_1 X^{i+1} + \cdots + v_{n-1} X^{n+i-1} \tag{4.6}$$

Eine genaue Betrachtung von (4.5) und (4.6) zeigt den Zusammenhang

$$v^{(i)}(X) = \underbrace{v_{n-i} + v_{n-i+1} X^1 + \cdots + v_{n-1} X^{i-1}}_{q(X)} + v_0 X^i + \cdots + v_{n-i-1} X^{n-1} \tag{4.7}$$

und

$$X^i \cdot v(X) = v_0 X^i + \cdots + v_{n-1-i} X^{n-1} + \underbrace{v_{n-i} X^n + \cdots + v_{n-1} X^{n+i-1}}_{q(X) \cdot X^n} \tag{4.8}$$

Somit kann geschrieben werden

$$X^i \cdot v(X) = q(X) \cdot (X^n + 1) + v^{(i)}(X) \tag{4.9}$$

wobei die Addition von $q(X)$ den in (4.7) überflüssigen Anteil kompensiert.

Anmerkungen: (i) Man beachte, dass bei der Modulo-2-Addition der Koeffizienten mit $1 \oplus 1 = 0$ das inverse Element der Addition zu 1 ebenfalls 1 ist. Dieser nützliche Zusammenhang gilt leider für die Erweiterungskörper $GF(p^n)$ so nicht mehr, was dort die mathematischen Beweise an manchen Stellen komplizierter werden lässt.

Satz 4-1 In jedem zyklischen Code ist das von null verschiedene *Codepolynom* $g(X)$ mit minimalem Grad r eindeutig bestimmt.

Beweis Satz 4-1

Wir addieren zwei verschiedene Codepolynome, von denen wir annehmen, sie hätten beide den minimalen Grad r und zeigen den Widerspruch. Man beachte, dass die Addition der Codepolynome für die Komponenten in der Modulo-2-Arithmetik geschieht.

$$
\begin{aligned}
g(X) &= g_0 + g_1 X + \cdots + g_r X^r \\
g'(X) &= g_0' + g_1' X + \cdots + g_r' X^r \\
g(X) + g'(X) &= (g_0 + g_0') + (g_1 + g_1') X + \cdots + \underbrace{(g_r + g_r')}_{0} X^r
\end{aligned}
\tag{4.10}
$$

Da nach Ansatz $g_r = g_r' = 1$, ergibt die Modulo-2-Addition der Komponenten von X^r den Wert 0, so dass sich der Grad erniedrigt. Wegen der Abgeschlossenheit des zugrunde gelegten linearen Vektorraums ist die Summe der Codepolynome stets wieder ein Codepolynom. Per Definition müssen diese abgesehen vom Nullpolynom einen Grad größer oder gleich r haben, was hier zum Widerspruch zur anfänglichen Behauptung führt.

_____ Ende des Beweises

Satz 4-2 Ist $g(X)$ ein *Codepolynom* mit minimalem Grad r, dann ist der Koeffizient $g_0 = 1$.

Beweis Satz 4-2

Verschiebt man das Polynom $(n-1)$-mal zyklisch, so ergibt sich

$$g^{(n-1)}(X) = g_1 + g_2 X^1 + \cdots + g_r X^{r-1} + 0 \cdot X^r + 0 + \cdots + 0 + g_0 X^{n-1} \tag{4.11}$$

Da jede zyklische Verschiebung des Codewortes wieder ein Codewort ergeben muss und der Grad des Codepolynoms mit Ausnahme des Nullpolynoms stets größer oder gleich r ist, darf der Koeffizient g_0 nicht gleich 0 sein.

_____ Ende des Beweises

Satz 4-3 $g(X)$ sei ein Codepolynom mit minimalem Grad r. Ein Polynom über $GF(2)$ ist genau dann ein *Codepolynom*, wenn es ein Vielfaches von $g(X)$ ist.

Beweis   Satz 4-3

Wir betrachten im ersten Schritt die Produktdarstellung

$$v(X) = a(X) \cdot g(X) = \left[a_0 + a_1 X^1 + \cdots + a_{n-1-r} X^{n-1-r} \right] \cdot g(X) =$$
$$= a_0 g(X) + a_1 X \cdot g(X) + \cdots + a_{n-1-r} X^{n-1-r} \cdot g(X) \tag{4.12}$$

Da der Grad des Polynoms $g(X)$ auf r und des Polynoms $a(X)$ auf $n - 1 - r$ beschränkt ist, tritt durch die Multiplikation kein Grad größer $n - 1$ auf. Demzufolge kann die Multiplikation mit X^i für $i = 0, 1, ..., n - 1 - r$ als zyklische Verschiebung gedeutet werden.

$$v(X) = a_0 + a_1 g^{(1)}(X) + \cdots + a_{n-1-r} g^{(n-1-r)}(X) \tag{4.13}$$

Da jede zyklische Verschiebung des Codepolynoms $g(X)$ wieder ein Codepolynom liefert, ist $v(X)$ als Linearkombination von Codepolynomen selbst ein Codepolynom.

Im zweiten Schritt betrachten wir die Produktdarstellung eines Codepolynoms.

$$v(X) = c(X) \cdot g(X) + b(X) \tag{4.14}$$

Darin ist $b(X)$ der eventuell vorhandene Rest. Lösen wir die Gleichung nach $b(X)$ auf

$$b(X) = c(X) \cdot g(X) + v(X) \tag{4.15}$$

erhalten wir auf der rechten Seite die Summe zweier Codepolynome, also wieder ein Codepolynom. Da $b(X)$ als Rest aber einen kleineren Grad als $g(X)$ haben muss, kommt für $b(X)$ nur das Nullpolynom in Frage.

_____Ende des Beweises

Anmerkung: Später wird (4.12) zur Codierung und (4.14) zur Fehlerprüfung genutzt.

Satz 4-4   In jedem binären zyklischen (n,k)-Code existiert genau ein Codepolynom mit minimalem Grad $r = n - k$, das *Generatorpolynom* $g(X) = g_0 + g_1 X + \cdots + g_r X^r$, und jedes Codepolynom ist Vielfaches von $g(X)$.

Für die Konstruktion der Codes, die Angabe der Generatorpolynome, ist folgende Eigenschaft wichtig:

Satz 4-5   Das *Generatorpolynom* $g(X)$ eines zyklischen Codes teilt $X^n + 1$ ohne Rest.

Beweis   Satz 4-5

Wir multiplizieren $g(X)$ mit X^k und erhalten als maximalen Grad $k + r = n$. Das Ergebnis kann auch in Form einer zyklischen Verschiebung von $g(X)$ dargestellt werden, wenn der Übertrag bei der zyklischen Verschiebung von g_r auf X^0 kompensiert und der fehlende Term $g_r X^n$ ergänzt wird.

$$X^k \cdot g(X) = g_0 X^k + \cdots + g_r X^n = g^{(k)}(X) + 1 + X^n \tag{4.16}$$

Stellen wir das Ergebnis als Produkt mit dem Faktor $X^n + 1$ dar, ergibt sich

$$X^k \cdot g(X) = 1 \cdot (X^n + 1) + g^{(k)}(X) \tag{4.17}$$

wobei $g^{(k)}(X)$ der Rest ist.

Da $g^{(k)}(X)$ als zyklische Verschiebung von $g(X)$ selbst ein Codepolynom ist, existiert die Produktdarstellung nach Satz 4-3

$$g^{(k)}(X) = a(X) \cdot g(X) \tag{4.18}$$

Einsetzen von (4.18) in (4.17) und Umstellen zeigt, dass $g(X)$ das Polynom $X^n + 1$ ohne Rest teilt.

$$X^n + 1 = [X^k + a(X)] \cdot g(X) \tag{4.19}$$

_____ Ende des Beweises

Umgekehrt gilt ebenso:

Satz 4-6   Ist $g(X)$ ein Polynom vom Grad $r = n - k$ und teilt $X^n + 1$ ohne Rest, dann erzeugt $g(X)$ einen zyklischen (n,k)-Code.

Beweis   Satz 4-6

Im Beweis prüfen wir, dass durch die Produktdarstellung mit $g(X)$ genau 2^k verschiedene Codepolynome (Codewörter) erzeugt werden, also alle möglichen, und dass jedes Codepolynom als Faktor das Generatorpolynom $g(X)$ enthält.

Wir gehen von der Produktdarstellung der Codepolynome aus.

$$v(X) = v_0 + v_1 X + \cdots + v_{n-1} X^{n-1} = \left[a_0 + a_1 X + \cdots + a_{k-1} X^{k-1} \right] \cdot g(X) \tag{4.20}$$

Für den Satz der binären Koeffizienten a_0 bis a_{k-1} existieren 2^k verschiedene Möglichkeiten, so dass wir, wie verlangt, genau die 2^k Codewörter darstellen können.

Die Multiplikation des Codepolynoms mit X ergibt mit

$$X \cdot v(X) = v_0 X + v_1 X^2 + \cdots + v_{n-2} X^{n-1} + v_{n-1} X^n = v^{(1)}(X) + v_{n-1}(X^n + 1) \qquad (4.21)$$

den Zusammenhang für die zyklische Verschiebung des Codepolynoms

$$v^{(1)}(X) = X \cdot v(X) + v_{n-1}(X^n + 1) \qquad (4.22)$$

Da $g(X)$ sowohl ein Faktor des Codepolynoms $v(X)$ als auch nach Satz 4-5 von $X^n + 1$ ist, ist $g(X)$ auch Faktor von $v^{(1)}(X)$. Damit wird das neue Codepolynom $v^{(1)}(X)$ ebenfalls durch das Generatorpolynom $g(X)$ erzeugt.

Mit den beiden Aussagen ist Satz 4-6 nachgewiesen, da sie für alle möglichen Kombinationen von Elementen der Codewörter gelten.

_____Ende des Beweises

Satz 4-6 kann als Bauanleitung für zyklische (n,k)-Codes verstanden werden. Hat man zu einer gewünschten Codewortlänge n die Faktoren von $X^n + 1$ gefunden und existiert ein Faktor $g(X)$ vom Grad $r = n - k$, so kann er als Generatorpolynom verwendet werden. Für große Zahlen n, kann $X^n + 1$ mehrere Faktoren vom Grad r haben. Dann stellt sich die Frage, welcher Faktor liefert einen „guten" Code. Auf diese Frage gibt es keine einfache Antwort. Von Standardisierungsorganisationen, wie der International Telecommunication Union (ITU), werden gute Codes vorgeschlagen, auf die man zurückgreifen kann, siehe Abschnitt 4.11, Tabelle 4-8.

Beispiel   Generatorpolynom des zyklischen (7,4)-Codes

Wir betrachten einen Code mit „handlicher" Codewortlänge 7. Um einen zyklischen $(7,k)$-Code zu erzeugen, benötigen wir ein Generatorpolynom $g(X)$ vom Grad $r = 7 - k$, das $X^7 + 1$ ohne Rest teilt. Dazu betrachten wir die Faktorisierung

$$X^7 + 1 = (1 + X) \cdot (1 + X + X^3) \cdot (1 + X^2 + X^3) \qquad (4.23)$$

Durch Ausmultiplizieren kann die Richtigkeit der Zerlegung gezeigt werden.

Wir wählen als Generatorpolynom

$$g(X) = 1 + X + X^3 \qquad (4.24)$$

und erzeugen damit den Code in Tabelle 4-1.

Tabelle 4-1 Zyklischer (7,4)-Code zum Generatorpolynom $g(X) = 1 + X + X^3$

Nachricht	Codepolynom	Codewort
0000	$v_0(X) = 0 \cdot g(X) = 0$	0000000
1000	$v_1(X) = 1 \cdot g(X) = 1 + X + X^3$	1101000
0100	$v_2(X) = X \cdot g(X) = X + X^2 + X^4$	0110100
1100	$v_3(X) = [1 + X] \cdot g(X) = 1 + X^2 + X^3 + X^4$	1011100
0010	$v_4(X) = X^2 \cdot g(X) = X^2 + X^3 + X^5$	0011010
1010	$v_5(X) = \left[1 + X^2\right] \cdot g(X) = 1 + X + X^2 + X^5$	1110010
0110	$v_6(X) = \left[X + X^2\right] \cdot g(X) = X + X^3 + X^4 + X^5$	0101110
1110	$v_7(X) = \left[1 + X + X^2\right] \cdot g(X) = 1 + X^4 + X^5$	1000110
0001	$v_8(X) = X^3 \cdot g(X) = X^3 + X^4 + X^6$	0001101
1001	$v_9(X) = \left[1 + X^3\right] \cdot g(X) = 1 + X + X^4 + X^6$	1100101
0101	$v_{10}(X) = \left[X + X^3\right] \cdot g(X) = X + X^2 + X^3 + X^6$	0111001
1101	$v_{11}(X) = \left[1 + X + X^3\right] \cdot g(X) = 1 + X^2 + X^6$	1010001
0011	$v_{12}(X) = \left[X^2 + X^3\right] \cdot g(X) = X^2 + X^4 + X^5 + X^6$	0010111
1011	$v_{13}(X) = \left[1 + X^2 + X^3\right] \cdot g(X) = 1 + X + X^2 + X^3 + X^4 + X^5 + X^6$	1111111
0111	$v_{14}(X) = \left[X + X^2 + X^3\right] \cdot g(X) = X + X^5 + X^6$	0100011
1111	$v_{15}(X) = \left[1 + X + X^2 + X^3\right] \cdot g(X) = 1 + X^3 + X^5 + X^6$	1001011

4.3 Systematischer zyklischer Code

Bei dem Beispiel in Tabelle 4-1 handelt es sich um einen nicht systematischen Code. Durch Modifikation des Codierungsalgorithmus kann jedoch auch für binäre zyklische Codes eine systematische Form angegeben werden.

Hierzu betrachten wir das Nachrichtenpolynom vom Grad $k - 1$

$$u(X) = u_0 + u_1 X + \cdots + u_{k-1} X^{k-1} \tag{4.25}$$

und seine $r = n - k$ -fache Verschiebung

$$X^r u(X) = u_0 X^r + u_1 X^{r+1} + \cdots + u_{k-1} X^{n-1} \tag{4.26}$$

Man beachte, dass sich durch Schieben um r Positionen im Schieberegister kein Überlauf einstellt, siehe Bild 4-4. Die Multiplikation mit X^r entspricht einem rechtsbündigen Laden des Schieberegisters.

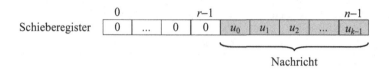

Schieberegister

Nachricht

Bild 4-4 Schieben nach rechts des Nachrichtenpolynoms um $r = n - k$ Positionen im Schieberegister der Länge n

Nach der Verschiebung liegt ein Polynom vor, das in den führenden k Stellen die Nachricht in systematischer Form enthält. Die unteren r Stellen sind mit Nullen belegt und sollen nun geeignet mit r Prüfstellen gefüllt werden.

Hierfür stellen wir die zyklisch verschobene Nachricht mit dem Generatorpolynoms als Produkt mit Rest dar.

$$X^r u(X) = a(X) \cdot g(X) + b(X) \qquad (4.27)$$

Der Rest $b(X)$ ist ein Polynom mit einem Grad kleiner oder gleich $r - 1$ und könnte somit die Prüfstellen füllen. Dies macht jedoch nur Sinn, wenn das resultierende Polynom selbst ein Codepolynom ist. Da aus (4.27) die Produktdarstellung eines Codepolynoms folgt

$$X^r u(X) + b(X) = a(X) \cdot g(X) \qquad (4.28)$$

und eine eineindeutige Abbildung der Nachricht auf ein Codepolynom vorliegt, liefert der heuristische Ansatz eine sinnvolle Codierungsvorschrift. Wir erhalten die allgemeine Darstellung eines *Codepolynoms* in *systematischer Form*

$$v(X) = \underbrace{b_0 + b_1 X + \cdots b_{r-1} X^{r-1}}_{r \text{ Prüfzeichen}} + \underbrace{u_0 X^r + u_1 X^{r+1} + \cdots + u_{k-1} X^{n-1}}_{k \text{ Nachrichtenzeichen}} \qquad (4.29)$$

Die Anwendung der Codiervorschrift in systematischer Form wird im folgenden Beispiel deutlich.

Beispiel Zyklischer (7,4)-Code in systematischer Form

Wir verwenden wieder das Generatorpolynom $g(x) = 1 + X + X^3$ aus (4.24). Für die Nachricht $\mathbf{u} = (1001)$ erhalten wir zunächst das Nachrichtenpolynom

$$u(X) = 1 + X^3 \qquad (4.30)$$

Dieses ist mit X^3 zu multiplizieren, siehe Bild 4-4,

$$X^3 u(X) = X^3 + X^6 \qquad (4.31)$$

und der zugehörige Rest $b(X)$ bzgl. des Generatorpolynoms $g(X)$ zu bestimmen. Hierzu teilen wir $X^3 \cdot u(X)$ durch $g(X)$ mit dem *euklidischen Divisionsalgorithmus* wie in Tabelle 4-2 gezeigt.

Tabelle 4-2 Bestimmung der Prüfzeichen (euklidischer Divisionsalgorithmus) mit $u(X) = 1 + X^3$ und $g(X) = 1 + X + X^3$

X^6	X^5	X^4	X^3	X^2	X	1	
1	0	0	1	0	0	0	$= X^3 u(X)$
1	0	1	1	0	0	0	$= X^3 g(X)$
-	-	1	0	0	0	0	$= X^3 u(X) + X^3 g(X)$
		1	0	1	1	0	$= X g(X)$
	-	-	1	1	0		$= b(X)$

Es ergibt sich die Darstellung mit dem Faktorpolynom $X + X^3$ und dem Rest $b(X)$

$$X^3 u(X) = \left[X + X^3 \right] g(X) + \underbrace{X + X^2}_{b(X)} \tag{4.32}$$

Als Codepolynom ergibt sich daraus

$$v(X) = b(X) + X^3 u(X) \tag{4.33}$$

bzw. als Codevektor $\mathbf{v} = (0011001)$.

Die Wiederholung der Rechnung für alle 16 möglichen Nachrichtenwörter liefert den Code in Tabelle 4-3. Der zyklische Code ist identisch mit der systematischen Form des (7,4)-Hamming-Codes in Tabelle 2-1.

Tabelle 4-3 Zyklischer (7,4)-Code zum Generatorpolynom $g(X) = 1 + X + X^3$ in systematischer Form mit der Nachricht $\mathbf{u} = (u_0, \ldots, u_3)$ und dem Codewort $\mathbf{v} = (v_0, \ldots, v_7)$

Nachricht	Codewort	Nachricht	Codewort
0000	0000000	0001	1010001
1000	1101000	1001	0111001
0100	0110100	0101	1100101
1100	1011100	1101	0001101
0010	1110010	0011	0100011
1010	0011010	1011	1001011
0110	1000110	0111	0010111
1110	0101110	1111	1111111

4.4 Generatormatrix und Prüfmatrix

Die zyklischen Codes bilden eine Untermenge der linearen Blockcodes. Damit besitzen sie deren Eigenschaften und Beschreibungsgrößen, wie die Generatormatrix, die Prüfmatrix usw.

Wir beginnen mit der Generatormatrix. Jedes Codepolynom besitzt nach Satz 4-3 die Produktdarstellung

$$v(X) = a(X) \cdot g(X) = a_0 g(X) + a_1 X g(X) + \cdots + a_{k-1} X^{k-1} g(X) \tag{4.34}$$

Mit dem Vektor aus den Koeffizienten des Generatorpolynoms

$$\mathbf{g} = (1, g_1, \ldots, g_{r-1}, 1) \tag{4.35}$$

kann der Codevektor auch als Produkt aus dem Nachrichtenvektor $\mathbf{a}$ und der *Generatormatrix* $\mathbf{G}$ geschrieben werden

$$\mathbf{v}_{1\times n} = \mathbf{a}_{1\times k} \odot \mathbf{G}_{k\times n} \tag{4.36}$$

mit der Generatormatrix

$$\mathbf{G}_{k\times n} = \begin{pmatrix} 1 & g_1 & g_2 & \cdots & g_{r-1} & 1 & 0 & 0 & \cdots & 0 \\ 0 & 1 & g_1 & g_2 & & g_{r-1} & 1 & 0 & \cdots & 0 \\ 0 & 0 & 1 & g_1 & g_2 & & g_{r-1} & 1 & & \vdots \\ \vdots & & \ddots & \ddots & \ddots & \ddots & & \ddots & \ddots & 0 \\ 0 & \cdots & & 0 & 1 & g_1 & g_2 & \cdots & g_{r-1} & 1 \end{pmatrix} \tag{4.37}$$

Beispiel Generator- und Prüfmatrix des zyklischen (7,4)-Hamming-Codes

Im Beispiel des Generatorpolynoms $g(X) = 1 + X + X^3$ aus (4.24) erhält man die Generatormatrix in nichtsystematischer Form wie für den (7,4)-Hamming-Code.

$$\mathbf{G}_{4\times 7} = \begin{pmatrix} 1 & 1 & 0 & 1 & 0 & 0 & 0 \\ 0 & 1 & 1 & 0 & 1 & 0 & 0 \\ 0 & 0 & 1 & 1 & 0 & 1 & 0 \\ 0 & 0 & 0 & 1 & 1 & 0 & 1 \end{pmatrix} \tag{4.38}$$

Da die Generatormatrix den Code charakterisiert, sind im Beispiel der zyklische Code und der Hamming-Code identisch. Man spricht deshalb vom zyklischen (7,4)-Hamming-Code.

Durch Manipulation der Generatormatrix kann eine systematische Form des Codes erzeugt werden. Da elementare Zeilenumformungen nur die Zuweisungen zwischen den Nachrichtenwörtern und den Codewörtern ändern nicht jedoch die Struktur, erhalten wir im Beispiel nach Addition der 1. Zeile der Generatormatrix zur 3. und der 1. und 2. zur 4. die systematische Form.

$$\mathbf{G}'_{4\times 7} = \begin{pmatrix} \mathbf{P}_{4\times 3} & \mathbf{I}_4 \end{pmatrix} = \begin{pmatrix} 1 & 1 & 0 & 1 & 0 & 0 & 0 \\ 0 & 1 & 1 & 0 & 1 & 0 & 0 \\ 1 & 1 & 1 & 0 & 0 & 1 & 0 \\ 1 & 0 & 1 & 0 & 0 & 0 & 1 \end{pmatrix} \tag{4.39}$$

Wir verwenden wieder den Nachrichtenvektor in $\mathbf{u} = (1001)$ und erhalten mit (4.36) für den systematischen Code, vgl. Tabelle 4-3,

$$\mathbf{v}' = \mathbf{u} \odot \mathbf{G}'_{4\times7} = (1001) \odot \begin{pmatrix} 1 & 1 & 0 & 1 & 0 & 0 & 0 \\ 0 & 1 & 1 & 0 & 1 & 0 & 0 \\ 1 & 1 & 1 & 0 & 0 & 1 & 0 \\ 1 & 0 & 1 & 0 & 0 & 0 & 1 \end{pmatrix} = (0111001) \qquad (4.40)$$

_____ Ende des Beispiels

Die Prüfmatrix wird aus der systematischen Form der Generatormatrix direkt abgeleitet. Hier wollen wir jedoch zunächst von den Eigenschaften zyklischer Codes ausgehen und die Prüfgleichungen herleiten. Den Ausgangspunkt bildet Satz 4-5, nach dem das Generatorpolynom $g(X)$ das Polynom $X^n + 1$ ohne Rest teilt; also die Produktdarstellung existiert

$$X^n + 1 = h(X) \cdot g(X) \qquad (4.41)$$

Mit dem Codepolynom

$$v(X) = a(X) \cdot g(X) \qquad (4.42)$$

und dem Ansatz $v(X) \cdot h(X)$ erhalten wir gemäß (4.41)

$$v(X) \cdot h(X) = a(X) \cdot h(X) \cdot g(X) = a(X) \cdot [1 + X^n] = a(X) + a(X)X^n \qquad (4.43)$$

Berücksichtigt man, dass der Grad des Polynoms $a(X)$ kleiner gleich $k - 1$ ist, so verschwinden auf der rechten Seite der Gleichung alle Potenzen X^k, X^{k+1} bis X^{n-1}. Daraus lassen sich $n-k$ Prüfgleichungen ableiten, indem wir die den Potenzen von X zugehörigen Produkte der Koeffizienten auf der linken Seite der Gleichung zusammenfassen.

$$\begin{array}{llll}
v_0 \odot h_k \oplus & v_1 \odot h_{k-1} \oplus \cdots & v_k \odot h_0 & = 0 \\
& v_1 \odot h_k \oplus \cdots & v_k \odot h_1 \oplus & v_{k+1} \odot h_0 & = 0 \\
& & v_2 \odot h_k \oplus \cdots & v_{k+1} \odot h_1 \oplus & v_{k+2} \odot h_0 & = 0 \\
& & \ddots & & \ddots & \vdots \; \vdots
\end{array} \qquad (4.44)$$

Die Zusammenstellung der Prüfgleichungen in Matrixform liefert die *Prüfmatrix*

$$\mathbf{H}_{n-k\times n} = \begin{pmatrix} h_k & h_{k-1} & h_{k-2} & \cdots & h_1 & h_0 & 0 & 0 & \cdots & 0 \\ 0 & h_k & h_{k-1} & h_{k-2} & & h_1 & h_0 & 0 & \cdots & 0 \\ 0 & 0 & h_k & h_{k-1} & h_{k-2} & & h_1 & h_0 & & \vdots \\ \vdots & & \ddots & \ddots & \ddots & \ddots & & & \ddots & \ddots & 0 \\ 0 & \cdots & & 0 & h_k & h_{k-1} & h_{k-2} & \cdots & h_1 & h_0 \end{pmatrix} \qquad (4.45)$$

und die aus der Syndrom-Decodierung bekannte Prüfgleichung in Matrix-Vektorform.

$$\mathbf{v} \odot \mathbf{H}^T \overset{!}{=} \mathbf{0} \qquad (4.46)$$

Satz 4-7 Gegeben sei ein zyklischer (n,k)-Code C mit dem Generatorpolynom $g(X)$ vom Grad $r = n - k$. Das Polynom $h(X)$ vom Grad k mit $X^n + 1 = g(X)\,h(X)$ heißt *Prüfpolynom*.

Das zum Prüfpolynom *reziproke Polynom* $X^k\,h(X^{-1}) = h_k + h_{k-1}X + \ldots + h_0$ ist Generatorpolynom des zu C *dualen* zyklischen $(n,n{-}k)$-Codes C_d.

Anmerkung: Die Umformung $X^k\,h(X^{-1})$ entspricht einer Spiegelung der Koeffizienten.

Beispiel   Generatorpolynom des dualen Codes zum zyklischen (7,4)-Hamming-Code

Wir betrachten wieder den Code mit dem Generatorpolynom $g(X) = 1 + X + X^3$ aus (4.24). Aus der Faktorisierung (4.23) folgt für das Prüfpolynom

$$h(X) = (1+X)\cdot(1+X^2+X^3) = 1 + X + X^2 + X^4 \tag{4.47}$$

Das Generatorpolynom des dualen Codes ist dann

$$X^4 h(X^{-1}) = X^4 + X^3 + X^2 + 1 \tag{4.48}$$

Es erzeugt einen zyklischen (7,3)-Code.

_____ Ende des Beispiels

Alternativ zur gezeigten elementaren Umformung der Generatormatrix auf die systematische Form kann die systematische Form des Codes auch über die Polynomdarstellung angegeben werden. Die Idee dabei ist, den Code durch k linear unabhängige Codepolynome so aufzuspannen, dass die Generatormatrix eine systematische Form erhält. Dazu betrachten wir den Ansatz

$$X^{r+i} = a_i(X)g(X) + b_i(X) \tag{4.49}$$

mit $i = 0, 1, \ldots, k{-}1$ und

$$b_i(X) = b_{i,0} + b_{i,1}X + \cdots + b_{i,r-1}X^{r-1} \tag{4.50}$$

Damit ergeben sich k linear unabhängige Codepolynome

$$v_i(X) = a_i(X)g(X) = X^{r+i} + b_i(X) \tag{4.51}$$

die den Code aufspannen. Der Ansatz X^{r+i} sorgt für die 1 in der Einheitsmatrix und die lineare Unabhängigkeit. Es resultiert die Generatormatrix.

$$\mathbf{G}_{k\times n} = \begin{pmatrix} \underbrace{\begin{matrix} b_{0,0} & b_{0,1} & b_{0,2} & \cdots & b_{0,r-1} \\ b_{1,0} & b_{1,1} & b_{1,2} & \cdots & b_{1,r-1} \\ \vdots & \vdots & \vdots & \ddots & \vdots \\ b_{k,0} & b_{k,0} & b_{k,0} & \cdots & b_{k,0} \end{matrix}}_{\mathbf{P}_{k\times r}} & \underbrace{\begin{matrix} 1 & 0 & \cdots & 0 \\ 0 & 1 & \cdots & 0 \\ \vdots & \vdots & \ddots & \vdots \\ 0 & 0 & \cdots & 1 \end{matrix}}_{\mathbf{I}_3} \end{pmatrix} \qquad (4.52)$$

Die Prüfmatrix ist dann

$$\mathbf{H}_{r\times n} = \left(\mathbf{I}_{r\times r} \quad \mathbf{P}^T \right) \qquad (4.53)$$

Beispiel Generatormatrix in systematischer Form des zyklischen (7,4)-Hamming-Code

Wir betrachten wieder den Code mit dem Generatorpolynom $g(X) = 1 + X + X^3$ aus (4.24) und berechnen die Generatormatrix in systematischer Form, indem wir die Polynome in (4.49) in Tabelle 4-4 faktorisieren.

Tabelle 4-4 Bestimmung der Generatormatrix in systematischer Form

X^{r+i}	Polynom nach (4.49)	Codepolynom $v_i(X)$	
$X^3 =$	$g(X) + 1 + X$	$v_0(X) =$	$1 + X + X^3$
$X^4 =$	$Xg(X) + X + X^2$	$v_1(X) =$	$X + X^2 + X^4$
$X^5 =$	$(X^2 + 1)\,g(X) + 1 + X + X^2$	$v_2(X) =$	$1 + X + X^2 + X^5$
$X^6 =$	$(X^3 + X + 1)\,g(X) + 1 + X^2$	$v_3(X) =$	$1 + X^2 + X^6$

Aus den Codepolynomen in Tabelle 4-4 wird die Generatormatrix unmittelbar in systematischer Form abgelesen. Man erhält wie in (4.40)

$$\mathbf{G}_{4\times 7} = \begin{pmatrix} \underbrace{\begin{matrix} 1 & 1 & 0 \\ 0 & 1 & 1 \\ 1 & 1 & 1 \\ 1 & 0 & 1 \end{matrix}}_{\mathbf{P}_{4\times 3}} & \underbrace{\begin{matrix} 1 & 0 & \cdots & 0 \\ 0 & 1 & \cdots & 0 \\ \vdots & \vdots & \ddots & \vdots \\ 0 & 0 & \cdots & 1 \end{matrix}}_{\mathbf{I}_4} \end{pmatrix} \qquad (4.54)$$

4.5 Encoder-Schaltung

Die Anwendung zyklischer Codes beruht unter anderem auf den einfachen Codier- und Decodierschaltungen mit rückgekoppelten Schieberegistern. Dadurch ist es möglich, auch sehr lange Nachrichten effizient zu codieren und zu decodieren.

Anmerkung: Dies gilt allgemein für zyklische Codes über Galois-Körper. Im Beispiel der binären Polynome, d. h. $GF(2)$, vereinfacht sich die Schaltung auf den hier behandelten Fall.

Da die *Polynomdivision* eine herausragende Rolle spielt, zeigen wir zuerst, wie sie durch eine Schaltung mit einem rückgekoppelten Schieberegister realisiert werden kann. Hierzu vergleichen wir für ein einfaches Beispiel den euklidischen Divisionsalgorithmus in Tabelle 4-5 mit der Schaltung in Bild **4-5**. In Tabelle 4-5 wird der Divisor $g(X)$ durch den Faktor X^2 auf den gleichen Grad wie der Dividend $f(X)$ gebracht und dann vom Dividenden abgezogen. Das sich ergebende Polynom ist vom Grad kleiner als $g(X)$, so dass bereits der Divisionsrest resultiert.

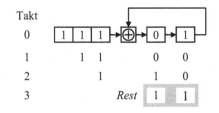

Bild 4-5 Schaltung zur Polynomdivision
$$1 + X + X^2 + X^4 : 1 + X^2$$

Tabelle 4-5 Polynomdivision (euklidischer Divisionsalgorithmus)
mit $f(X) = 1 + X + X^2 + X^4$ und $g(X) = 1 + X^2$

X^4	$+$	X^2	$+$	X	$+$	1	$f(X)$
X^4		X^2					$X^2 g(X)$
-		-		X	$+$	1	Rest

Nach dem einführenden Beispiel betrachten wir den allgemeinen Fall der Division von Polynomen über $GF(2)$ mit dem Dividenden m-ten Grades

$$f(X) = f_0 + f_1 X + f_2 X^2 + \cdots + f_m X^m \tag{4.55}$$

und dem Divisor r-ten Grades mit $r < m$.

$$g(X) = g_0 + g_1 X + g_2 X^2 + \cdots + g_r X^r \tag{4.56}$$

Nach der Division erhalten wir die Produktzerlegung

$$f(X) = a(X)g(X) + b(X) \tag{4.57}$$

mit dem Faktor $a(X)$ mit dem Grad $m - r$ und dem Rest $b(X)$ mit einem Grad kleiner oder gleich $r - 1$.

Entsprechend zu   Bild **4-5** geben wir die Schaltung in Bild 4-6 an. Anfangs wird das Schieberegister mit dem Dividenden rechtsbündig geladen. Der Schalter S1 wird geschlossen und der Schalter S2 nach oben umgelegt. Jetzt beginnt die Division. Im ersten Takt wird der Schieberegisterinhalt um eine Position nach rechts geschoben. Da $f_m = 1$ ist, findet eine Rückkopplung statt. Man erhält rechtsbündig das um einen Koeffizienten verkürzte Polynom

$$f_1(X) = f(X) + X^{m-r} g(X) \tag{4.58}$$

mit dem Grad

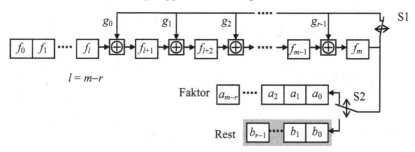

Bild 4-6 Schaltung zur Polynomdivision $f(X) : g(X)$ mit $f(X) = a(X)g(X) + b(X)$

$$\mathrm{grad}\big[f_1(X)\big] = k_1 < m \tag{4.59}$$

Über den Schalter S2 wird die 1 in das Register für das Faktorpolynom geschoben.

Ist nach dem ersten Takt der Grad k_1 größer oder gleich r wird eine weitere Rückkopplung ausgeführt. Im Schieberegister resultiert das Polynom

$$f_2(X) = f_1(X) + X^{k_1-r}g(X) = f(X) + \Big[X^{m-r} + X^{k_1-r}\Big]\cdot g(X) \tag{4.60}$$

mit dem Grad

$$\mathrm{grad}\big[f_2(X)\big] = k_2 < k_1 \tag{4.61}$$

In den nächsten $l = m - r$ Takten wird im Prinzip ebenso verfahren. Ist dabei der Grad k_i kleiner r findet keine weitere Rückkopplung mehr statt. Der Rest der Division steht in den r rechten Registerplätzen. Dann wird der Schalter S1 geöffnet, der Schalter S2 nach unten umgelegt und der Rest in das vorgesehene Register geschoben.

Nach dem Laden des Schieberegisters stehen nach insgesamt $l + 1$ Takten der Divisionsrest in den rechten r Speicherplätzen und die Koeffizienten des Faktorpolynoms in dem vorgesehenen Register darunter. Jetzt wird der Schalter S1 geöffnet und der Schalter S2 nach unten umgelegt. Danach wird der Rest in das vorgesehene Register geschoben.

In der Anwendung als Encoder wird die Schaltung in Bild 4-6 meist leicht modifiziert. Wir veranschaulichen uns das Prinzip anhand des Beispiels in Bild 4-7. Die Schaltung erspart das explizite Laden des Schieberegisters und liefert bereits nach insgesamt 5 Takten den Rest der Polynomdivision. Dabei wird die Rückkopplungen nicht sofort am Polynom $f(X)$ ausgeführt sonder als Zwischensumme in den Speichern b_0 und b_1 akkumuliert und dann an den richtigen Stellen mit $f(X)$ verrechnet.

Nach den ausführlichen Vorüberlegungen zeigen wir nun die Wirkungsweise der Codier-Schaltung, kurz *Encoder* genannt, anhand eines Beispiels. Dazu wird wieder der zyklische (7,4)-Hamming-Code in systematischer Form mit dem Generatorpolynom $g(X) = 1 + X + X^3$ aus (4.24) und die Nachricht $\mathbf{u} = (1001)$ aus 4.25 verwendet. Das systematische Codewort resultiert nach (4.34) in $\mathbf{v} = (0111001)$.

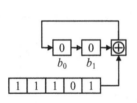

Takt	$f(X)$						b_0	b_1
0	1	1	1	0	1		0	0
1		1	1	1	0		1	0
2			1	1	1		0	1
3				1	1		0	0
4					1		1	0
5				Rest			1	1

Bild 4-7 Aufwandsgünstige Schaltung zur Polynomdivision $1 + X + X^2 + X^4 : 1 + X^2$

Die Bestimmung der Prüfstellen erfolgt in Tabelle 4-2 durch den euklidischen Divisions-algorithmus mit dem Nachrichtenpolynom $u^{(r)}(X)$ als Dividend, dem Generatorpolynom $g(X)$ als Divisor und den Prüfstellen als Rest $b(X)$.

Die Rechnung in Tabelle 4-2 wird nun durch die Schieberegister-Schaltung in Bild 4-8 ersetzt.

Beim Start der Codierung wird das Eingangsregister mit dem Nachrichtenwort geladen und die Register b_0, b_1 und b_2 werden mit 0 initialisiert. Der Schalter zum Ausgangsregister für das Codewort S2 steht auf der Stellung ①. Der Schalter für die Rückführung S1 ist in der Position ① geschlossen.

Im 1. Takt wird das Nachrichtenbit u_3 in das Ausgangsregister des Codewortes geladen. Im nach oben führenden Zweig wird u_3 zum Inhalt von Register b_2 addiert und gemäß dem Generatorpolynom in das Prüfzeichenregister eingetragen.

Das Ergebnis $u_3 \oplus b_2 = 1$ wird wie im euklidischen Divisionsalgorithmus in Tabelle 4-2 zu-rückgekoppelt. Dort wird g_1 mit u_1 und g_0 mit u_0 addiert. Das gleiche passiert hier in der Schaltung genau 2 bzw. 3 Takte später. Die Register b_0 und b_1 sind jetzt mit 1 und b_2 mit 0 besetzt.

Anmerkungen: (i) Die Additionen werden alle in Modulo-2-Arithmetik ausgeführt, was im Bild durch das Symbol für die Exor-Verknüpfung $\oplus$ hervorgehoben wird. Da in der Modulo-2-Arithmetik +1 gleich -1 ist, entspricht die Rückführung des Generatorpolynoms der Subtraktion im Divisionsalgorithmus. (ii) Die Schaltung ist bzgl. des Galois-Körpers $GF(2)$ ein lineares zeitinvariantes System. Deshalb dürfen alle weiteren in der verschobenen Nachricht enthaltenen Vielfachen des Generatorpolynoms als Zwischen-summe im Prüfzeichenregister überlagert werden.

Im 2. Takt wird das Nachrichtenbit u_2 sowohl in das Schieberegister des Codewortes geladen als auch zum Inhalt von Register b_2 addiert. Das Ergebnis $u_2 \oplus b_2 = 0$ wird zurückgekoppelt. Das Register b_0 beinhaltet nun den Wert 0 und die Register b_1 und b_2 sind mit 1 besetzt.

Im 3. Takt wird das Nachrichtenbit u_1 sowohl in das Schieberegister des Codewortes geladen als auch zum Inhalt von Register b_2 addiert. Das Ergebnis $u_1 \oplus b_2 = 1$ wird zurückgekoppelt. Die Register b_0, b_1 und b_2 beinhalten alle den Wert 1.

Im 4. Takt wird das Nachrichtenbit u_0 sowohl in das Schieberegister des Codewortes geladen als auch zum Inhalt von Register b_2 addiert. Das Ergebnis $u_0 \oplus b_2 = 0$ wird zurückgekoppelt. Der Inhalt des Registers b_0 ist nun 0 und die Register b_1 und b_2 sind mit 1 besetzt.

Die Inhalte der Register b_0, b_1 und b_2 sind nun gleich dem Rest der Polynomdivision $b(X) = b_0 + b_1 X + b_2 X^2$. Die Berechnung der Prüfstellen ist abgeschlossen.

Im 5., 6. und 7. Takt werden die Inhalte der Register b_0, b_1 und b_2 in das Codewort übertragen, siehe Bild 4-9. Dazu wird der Schalter zum Codewort S2 auf ② gelegt und der Schalter für die Rückführung S1 geöffnet ②.

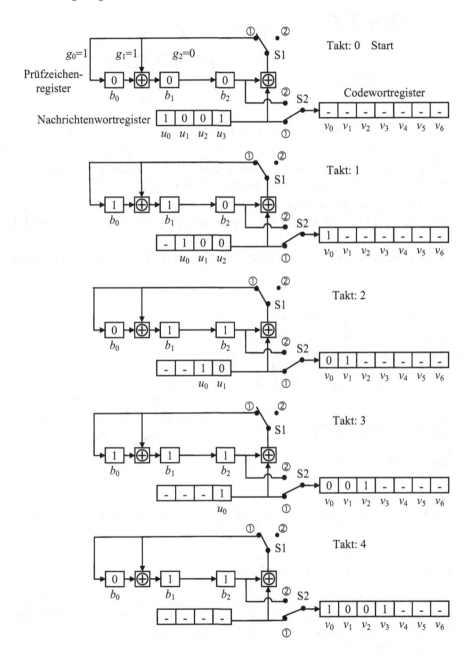

Bild 4-8 Encoder für den systematischen zyklischen (7,4)-Code mit dem Generatorpolynom $g(X) = 1 + X + X^3$

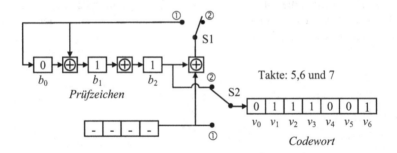

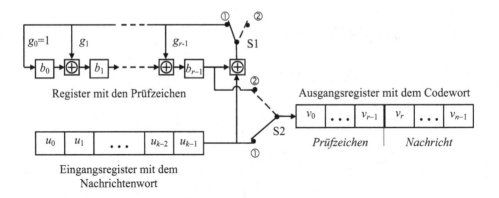

Bild 4-9 Auslesen der Prüfzeichen

Im Beispiel wurde der euklidische Divisionsalgorithmus in eine Schieberegister-Schaltung umgesetzt. Es ist deshalb nicht auf das Zahlenwertbeispiel beschränkt.

Ausgehend von einem Generatorpolynom $g(X) = 1 + g_1 X + g_2 X^2 + \ldots + g_{r-1} X^{r-1} + X^r$ eines zyklischen (binären) (n,k)-Codes kann die Codierung mit dem Encoder in Bild 4-10 ausgeführt werden.

Anmerkung: Auch aus dem Prüfpolynom kann eine Encoder-Schaltung abgeleitet werden, was u. U. eine sinnvolle Alternative sein kann.

Bild 4-10 Encoder für den systematischen binären zyklischen (n,k)-Code mit Generatorpolynom $g(X)$

4.6 Syndrom und Fehlerdetektion

Den Überlegungen zur Fehlerdetektion knüpfen wir an den digitalen Ersatzkanal in Bild 3-4 an. Wir legen entsprechend das Übertragungsmodell in Bild 4-11 zugrunde. Bei der Übertragung wird im Kanal das Codepolynom $v(X)$ durch das *Fehlerpolynom* $e(X)$ gestört. Es resultiert das *Empfangspolynom*

$$r(X) = v(X) + e(X) \tag{4.62}$$

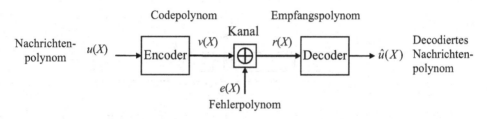

Bild 4-11 Übertragungsmodell

Schreibt man das Empfangspolynom in der Produktform

$$r(X) = a(X)g(X) + s(X) \qquad (4.63)$$

entsteht im Allgemeinen ein Rest $s(X)$, der *Syndrom* genannt wird. Ist das Empfangspolynom ein Codepolynom, so ist das Syndrom ein Nullpolynom.

Das Syndrom wird mit dem euklidischen Divisionsalgorithmus berechnet. Die Schaltung zur Syndromberechnung in Bild 4-12 ist dem systematischen Encoder in Bild 4-10 sehr ähnlich, da beide Schaltungen den Rest bzgl. des Generatorpolynoms berechnen. Zu Beginn sind im Syndromregister die Register s_0 bis s_r mit 0 besetzt und es werden die ersten r Werte des Empfangswortes geladen. Dann wird der euklidische Divisionsalgorithmus durch Rückkopplung des Generatorpolynoms durchgeführt. Wir zeigen die Berechnung anhand eines Beispiels.

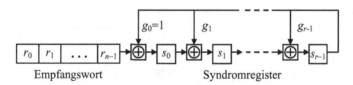

Bild 4-12   Syndromberechnung für einen systematischen binären zyklischen (n,k)-Code mit dem Generatorpolynom $g(X)$

Beispiel   Syndromberechnung für den zyklischen (7,4)-Hamming-Code

Den Ausgangspunkt bildet wieder der zyklische (7,4)-Hamming-Code aus den früheren Beispielen mit dem Generatorpolynom $g(X) = 1 + X + X^3$. Die Nachricht sei $\mathbf{u} = (1001)$, dann ist das Codewort $\mathbf{v} = (0111001)$ aus Bild 4-9 zu entnehmen.

Gehen wir zunächst von einer ungestörten Übertragung aus, d. h. $\mathbf{r} = \mathbf{v}$, erhalten wird den Rechenvorgang in Bild 4-13. Da das Empfangswort ein Codewort ist, wird das Syndrom zu $\mathbf{0}$.

Im zweiten Beispiel nehmen wir einen Übertragungsfehler in r_5 an, d. h. $\mathbf{r} = (0111011)$, und wiederholen die Syndromberechnung in Bild 4-14. Jetzt ist das Syndrom ungleich $\mathbf{0}$. Ein Übertragungsfehler wird erkannt.

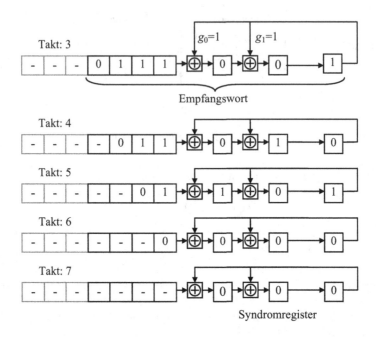

Bild 4-13 Syndromberechnung für einen systematischen binären zyklischen (n,k)-Code mit dem Generatorpolynom $g(X) = 1 + X + X^3$ und dem ungestörten Empfangswort $\mathbf{r} = (0111001)$

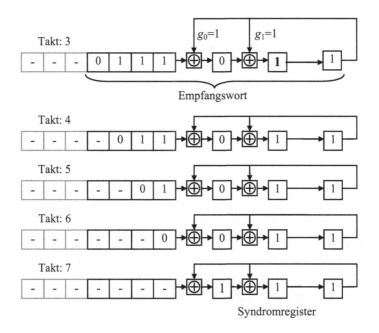

Bild 4-14 Syndromberechnung für einen systematischen binären zyklischen (n,k)-Code mit dem Generatorpolynom $g(X) = 1 + X + X^3$ und dem gestörten Empfangswort $\mathbf{r} = (0111011)$

Die besonderen Vorteile der zyklischen Codes bei der Decodierung beschränken sich nicht auf die einfache Berechnung des Syndroms. Um dies zu zeigen, untersuchen wir die Eigenschaften des Syndroms genauer.

Satz 4-8 Sei $s(X)$ das *Syndrom* zum Empfangspolynom $r(X)$ eines zyklischen (n,k)-Codes. Dann ist der Rest $s_1(X)$ der Division von $X \cdot s(X)$ durch das Generatorpolynom $g(X)$ das Syndrom von $r^{(1)}(X)$, der zyklischen Verschiebung von $r(X)$.

Beweis Satz 4-8

Wir betrachten das Empfangspolynom

$$r(X) = r_0 + r_1 X + \cdots + r_{n-1} X^{n-1} \tag{4.64}$$

seine Multiplikation mit X

$$X \cdot r(X) = r_0 X + r_1 X^2 + \cdots + r_{n-1} X^n \tag{4.65}$$

und seine zyklische Verschiebung

$$r^{(1)}(X) = r_{n-1} + r_0 X + r_1 X^2 + \cdots + r_{n-2} X^{n-1} = r_{n-1} \cdot [X^n + 1] + X \cdot r(X) \tag{4.66}$$

Dividiert man beide Seiten der Gleichung durch das Generatorpolynom $g(X)$ und benutzt die Produktdarstellung $X^n + 1 = g(X)\,h(X)$ nach Satz 4-5, so ergibt sich die Zerlegung mit den Syndromen $\tilde{s}(X)$ zu $r^{(1)}(X)$ und $s(X)$ zu $r(X)$.

$$c(X)g(X) + \tilde{s}(X) = r_{n-1}h(X)g(X) + X[a(X)g(X) + s(X)] \tag{4.67}$$

Umstellen der Gleichung liefert mit der Produktdarstellung den wichtigen Zusammenhang zwischen dem Syndrom des Empfangspolynoms $s(X)$ und dem Syndrom seiner zyklischen Verschiebung $\tilde{s}(X)$ nach Satz 4-8.

$$X s(X) = \underbrace{[c(X) + r_{n-1}h(X) + Xa(X)]}_{\text{Faktor}} \cdot g(X) + \underbrace{\tilde{s}(X)}_{\text{Rest}} \tag{4.68}$$

Beispiel Syndrome und Fehlerstellen beim zyklischen (7,4)-Hamming-Code

Wir führen das Beispiel in Bild 4-14 fort. Im Takt 7 liegt das Syndrom zu $r(X)$ mit der Fehlerstelle in der 5. Komponente vor. Der Vergleich mit der Syndromtabelle des systematischen (7,4)-Hamming-Codes, Tabelle 3-4, zeigt die Übereinstimmung.

Wir schalten nun den Eingang ab und takten das rückgekoppelte Schieberegister als autonomes System weiter, siehe Bild 4-15. Dann ergeben sich die in Tabelle 4-6 eingetragenen Syndrome. Mit der zyklischen Verschiebung des Empfangswortes verschiebt sich auch die Fehlerstelle zyklisch.

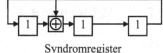

Syndromregister

Bild 4-15 Syndromberechnung

Sie wandert von der 5. Komponenten auf die 6., 0. usw. Der Vergleich mit der Syndromtabelle in Tabelle 3-4 zeigt, dass die aus der Schaltung resultierenden Syndrome mit denen aus der Prüfmatrix entnommenen übereinstimmen.

Ende des Beispiels

Tabelle 4-6 Syndrome beginnend für $\mathbf{r} = (0111011)$ des zyklischen (7,4)-Hamming-Codes mit dem Generatorpolynom $g(X) = 1 + X + X^3$

Takt	s_0	s_1	s_2	Fehlerstelle
0	1	1	1	r_5
1	1	0	1	r_6
2	1	0	0	r_0
3	0	1	0	r_1
4	0	0	1	r_2
5	1	1	0	r_3
6	0	1	1	r_4

Anmerkung: Im Beispiel wurde mit Tabelle 4-6 die Syndromtabelle des Codes generiert. Damit ist es prinzipiell möglich, automatisch Syndromtabellen zu langen Codes zu erzeugen, ohne dass die Prüfmatrix explizit angegeben werden muss.

Abschließend gehen wir der Frage nach, ob alle Fehler erkannt werden können. Mit den Polynomen aus dem Übertragungsmodell in Bild 4-11

$$r(X) = v(X) + e(X) \tag{4.69}$$

$$v(X) = c(X)g(X) = X^r u(X) + b(X) \tag{4.70}$$

und

$$r(X) = a(X)g(X) + s(X) \tag{4.71}$$

ergibt sich für das Fehlerpolynom die Produktform mit dem Syndrom als Rest

$$e(X) = [a(X) + c(X)]g(X) + s(X) \tag{4.72}$$

Vom Syndrom $s(X)$ kann nicht eindeutig auf das Fehlerpolynom geschlossen werden. Enthält das Fehlerpolynom nur einen Anteil in Form eines Vielfachen des Codepolynoms, so ist das Syndrom gleich $0(X)$ und der Fehler kann nicht erkannt werden. Es tritt ein *Restfehler* auf.

4.7　Fehlerbündel

Durch die zyklischen Eigenschaften des Codes ergibt sich eine besondere Fähigkeit, Fehlerbündel zu erkennen. Unter einem *Fehlerbündel* versteht man das Auftreten von Fehlern in einem begrenzten Abschnitt des Empfangswortes, siehe Bild 4-16.

$$\overbrace{\hspace{4cm}}^{\text{Fehlerbündel}\quad B(X) = 1 + X + X^3 + X^6}$$

$$\mathbf{e} = (0 \ldots 0\ 1101001\ 0 \ldots 0) \qquad\qquad \mathbf{e} = (\ 1001\ 0\ldots0\ 110\ )$$

$$\uparrow$$

Beginn des Fehlerbündels
in der j-ten Komponente

End-around-Fehlerbündel

Bild 4-16 Fehlervektor **e** mit Fehlerbündel der Länge 7 und End-around-Fehlerbündel

Das Fehlerbündel kann in der Polynomdarstellung so charakterisiert werden

$$e(X) = X^j \cdot B(X) \tag{4.73}$$

Für den Fall, dass das Fehlerbündel die Länge $r = n - k$ nicht überschreitet, bleibt der Grad des Polynoms $B(X)$ kleiner r. Damit ist $B(X)$ nicht durch $g(X)$ ohne Rest teilbar und führt zu einem Syndrom ungleich dem Nullpolynom. Da die zyklische Verschiebung von $B(X)$ ebenfalls zu einer zyklischen Verschiebung des Syndroms führt, wird jedes Fehlerbündel der Länge r oder kürzer erkannt. Dies gilt auch für die *End-around-Fehlerbündel*.

Satz 4-9   Bei einem zyklischen (n,k)-Code sind alle *Fehlerbündel*, einschließlich der *End-around-Fehlerbündel*, der Länge $r = n - k$ oder weniger erkennbar.

Die gute Fehlererkennung durch zyklische Codes beruht darauf, dass neben den Fehlerbündeln bis zur Länge r auch viele Fehlerbündel größerer Länge erkannt werden.

Betrachtet man Fehlerbündel der Länge $r + 1$ die bei der j-ten Komponente beginnen, so gibt es 2^{r-1} verschiedene Bündel, da jedes Bündel mit einem Fehler beginnt und endet. Von all diesen Fehlerbündeln $B(X)$ kann nur das eine Bündel nicht erkannt werden, welches ohne Rest durch das Generatorpolynom $g(X)$ geteilt wird.

$$e(X) = X^j \cdot B(X) = X^j \cdot g(X) \tag{4.74}$$

Satz 4-10   Bei einem zyklischen (n,k)-Code ist der Anteil aller nicht erkennbaren *Fehlerbündel* der Länge $l = r + 1 = n - k + 1$ genau $2^{-(r-1)}$.

Betrachtet man Fehlerbündel der Längen $l > r + 1 = n - k + 1$, die bei der j-ten Komponente beginnen, so müssen die nicht erkennbaren Fehlerbündel von der Produktform sein

$$e(X) = X^j \cdot B(X) = X^j \cdot a(X) \cdot g(X) \tag{4.75}$$

wobei das Polynom $a(X)$ die $l - r$ Koeffizienten a_0, a_1, ... , a_{l-r-1} aufweist. Da jedes Fehlerbündel mit einem Fehler beginnt und endet, sind die Koeffizienten a_0 und a_{l-r-1} stets 1. Wir schließen daraus, dass es genau 2^{l-r-2} zugehörige unterschiedliche Koeffizientensätze für ein nicht detektierbares Fehlerbündel der Länge l gibt. Andererseits existieren genau 2^{l-2} verschiedene Fehlerbündel der Länge l, so dass der Anteil der nicht detektierbaren Fehlerbündel 2^{-r} beträgt.

Satz 4-11 Bei einem zyklischen (n,k)-Code ist der Anteil nicht erkennbarer *Fehlerbündel* der Länge $l > r + 1 = n - k + 1$ genau 2^{-r}.

Beispiel Fehlerbündel-Erkennungsvermögen des zyklischen (7,4)-Hamming-Codes

Als Beispiel nehmen wir den zyklischen (7,4)-Hamming-Code aus den früheren Beispielen mit dem Generatorpolynom $g(X) = 1 + X + X^3$ aus (4.24). Als Hamming-Code sind mit $d_{min} = 3$ zunächst zwei Fehler erkennbar und ein Fehler korrigierbar.

Da der Code zusätzlich zyklisch ist, sind alle Fehlerbündel der Länge $r = 3$ erkennbar. Das schließt insbesondere den Fall dreier aufeinanderfolgender Fehler 111 ein. Fehlerbündel der Länge $r + 1 = 4$ sind bis auf einen Anteil von $2^{-(3-1)} = 1/4$ nicht erkennbar.

Von den Fehlerbündeln größerer Länge, d. h. $l > 4$, sind $2^{-3} = 1/8$ nicht erkennbar.

_____ Ende des Beispiels

Anmerkung: Für praktisch eingesetzte zyklische Codes mit vielen Prüfstellen, wie beispielsweise $r = n - k = 16$, ist der Anteil der nicht erkennbaren Fehlerbündel gering. Erkannt werden mehr als 99,9969 % der Fehlerbündel der Länge 17 und mehr als 99,9984 % der Fehlerbündel der Länge 18 oder mehr.

4.8   Decoder-Schaltung: Meggitt-Decoder

Die Decodierung zyklischer Codes geschieht wie bei den linearen Blockcodes in 3 Schritten:

- Berechnung des Syndroms
- Zuordnung des Fehlermusters
- Fehlerkorrektur und/oder Fehlermeldung.

Mit Blick auf die Komplexität der Signalverarbeitung kann die Decodierung den Flaschenhals in der Übertragungskette bilden, da sie bei langen Codes mit hohem Korrekturvermögen sehr aufwändig sein kann.

Bei zyklischen Codes ist die Berechnung des Syndroms relativ einfach. Mit der Polynomdivision in Bild 4-12 ist der Aufwand unabhängig von der Codewortlänge. Die Komplexität der Schaltung ist nur proportional zur Anzahl der Prüfzeichen.

Die Zuordnung zwischen Syndrom und Fehlermuster kann prinzipiell – wie bei einfachen linearen Blockcodes – über die Syndromtabelle durchgeführt werden. Jedoch wächst die Komplexität mit der Codewortlänge und der Anzahl der korrigierbaren Fehler exponentiell. Hier können die besonderen Eigenschaften zyklischer Codes die Decodierung spürbar vereinfachen.

In diesem Abschnitt stellen wir eine allgemeine Decoder-Schaltung für binäre zyklische (n,k)-Codes vor. Den Ausgangspunkt bildet das Übertragungsmodell in Bild 4-11 mit dem Empfangspolynom $r(X)$, dem Codepolynom $v(X)$ und dem Fehlerpolynom $e(X)$.

Zunächst wird das Syndrom $s(X)$ berechnet. Es können nun zwei Fälle auftreten:

1. Das Syndrom gehört zu einem Fehlermuster mit einer Fehlerstelle im $(n-1)$-ten Element, d. h. $e_{n-1} = 1$.

2. Das Syndrom gehört nicht zu einem solchen Fehlermuster.

Ist Letzteres der Fall, so kann der Vorgang für das zyklisch verschobene Empfangspolynom $r^{(1)}(X)$ wiederholt werden. Dazu muss das zugehörige Syndrom $s^{(1)}(X)$ nicht mehr völlig neu berechnet werden, da es nach Satz 4-8 mit der einfachen Schaltung entsprechend zu Bild 4-15 aus $s(X)$ bestimmt werden kann.

Dies kann solange wiederholt werden, bis nach n Takten wieder das ursprüngliche Empfangspolynom oder ein Fehlermuster e mit $e_{n-1} = 1$ vorliegt. Liegt im i-ten Takt ein Fehlermuster e mit $e_{n-1} = 1$ vor, wird die entsprechende Stelle im Empfangswort korrigiert.

Der Einfachheit halber betrachten wir den Fall, dass bereits im ersten Takt ein derartiges Fehlermuster vorliegt. Dann erhält man nach der Korrektur der Fehlerstelle das modifizierte Empfangspolynom.

$$r_1(X) = r_0 + r_1 X + \cdots + (r_{n-1} + e_{n-1})X^{n-1} \tag{4.76}$$

Man beachte nun, dass für die weiteren Schritte das Syndrom zum modifizierten Empfangspolynom verwendet werden muss. Dies geschieht dadurch, dass die Korrektur im Syndrom berücksichtigt wird.

Mit dem Syndrom $s(X)$ zu $r(X)$ und dem Syndrom $s_e(X)$ zu $e(X) = X^{n-1}$ resultiert das modifizierte Syndrom zu $r_1(X)$

$$s_1(X) = s(X) + s_e(X) \tag{4.77}$$

Vorteilhafterweise geschieht die Syndrom-Modifikation jedoch mit dem einmaligen zyklischen Schieben. Dadurch wird die Fehlerstelle auf die 0-te Komponente des Fehlerpolynoms abgebildet. Mit $e^{(1)}(X) = 1$ gilt für das modifizierte Syndrom nach zyklischem Schieben

$$s_1^{(1)}(X) = s^{(1)}(X) + e^{(1)}(X) = s^{(1)}(X) + 1 \tag{4.78}$$

Die Decodierung wird für alle n Komponenten durchgeführt. Eventuell auftretende Fehlerstellen werden korrigiert. Ist das Syndrom nach n Takten ungleich $\mathbf{0}$, wird ein nicht korrigierbarer Fehler angezeigt.

Das Decodierverfahren lässt sich prinzipiell auf alle zyklischen (n,k)-Codes anwenden und effizient in Form einer Decoder-Schaltung, dem *Meggitt-Decoder*, in Bild 4-17 realisieren.

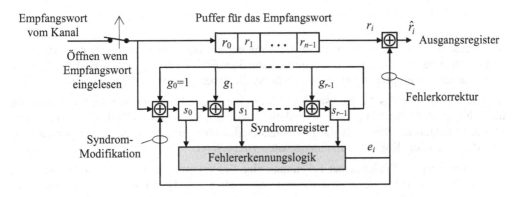

Bild 4-17 Meggitt-Decoder für einen binären zyklischen (n,k)-Code mit dem Generatorpolynom $g(X)$

Zu Beginn seien die Register im Meggitt-Decoder mit 0 belegt. Zunächst wird in n Takten das Empfangswort in den oberen Buffer geladen und im darunter liegenden Syndromregister das Syndrom berechnet. Danach wird der Eingang abgeschaltet, und es schließen sich weitere n Takte für die Fehlerkorrektur an. Zu den zyklisch verschobenen Repliken des gegebenenfalls korrigierten Empfangspolynoms wird jeweils das Syndrom bestimmt. Es wird mit den Fehlermustern mit einer Fehlerstelle bei r_{n-1} verglichen. Bei Übereinstimmung wird der Fehler korrigiert und das Syndrom entsprechend modifiziert.

Beispiel Meggitt-Decoder für den zyklischen (7,4)-Hamming-Code

Als Beispiel betrachten wir den zyklischen (7,4)-Hamming-Code aus den früheren Beispielen mit dem Generatorpolynom $g(X) = 1 + X + X^3$.

Der Hamming-Code erlaubt, genau einen Fehler eindeutig zu korrigieren. Für die Fehlererkennung kommen deshalb nur die Syndrome zu einem Einzelfehler in Tabelle 4-6 in Betracht. Für die Schaltung ist das Fehlermuster mit $e_6 = 1$ interessant. Ein einfacher Fehler mit Störung der Komponente r_6 führt auf das Syndrom $1 + X^2$, so dass sich die Decoder-Schaltung mit der Fehlermuster-Erkennung in Bild 4-18 ergibt, siehe auch Tabelle 4-6 für r_6. Die Syndromerkennung erfolgt beispielsweise mit einem UND-Gatter & mit invertiertem Eingang für s_1.

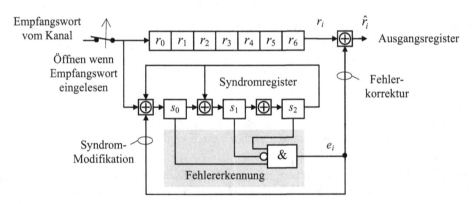

Bild 4-18 Meggitt-Decoder für den zyklischen (7,4)-Hamming-Code mit dem Generatorpolynom $g(X) = 1 + X + X^3$

Wir betrachten den Fall einer gestörten Übertragung mit dem Empfangsvektor $\mathbf{r} = (0111011)$ und erhalten nach 7 Takten den Decoder-Zustand in Bild 4-19; siehe auch Bild 4-14 unten. Das Einlesen des Empfangspolynoms und die Syndromberechnung sind damit abgeschlossen.

Im Takt 8 wird r_6 an das Ausgangsregister für das korrigierte Empfangswort weitergegeben, da die Fehlermuster-Erkennung keine Korrektur durchführt, siehe Bild 4-20. Das Syndrom wird aktualisiert. Man beachte, dass die Fehlermustererkennung eine Verzögerung um einen Takt bewirkt, so dass die Korrektur erst im nächsten Takt erfolgt.

Im Takt 9 führt die Fehlermuster-Erkennung eine Fehlerkorrektur durch. Die Aktualisierung des Syndroms setzt im Beispiel das Syndromregister auf **0**. Damit ist das korrigierte Empfangswort prinzipiell als Codewort erkannt.

In den Takten 10 bis 14 werden die restlichen Zeichen des Empfangsvektors an den Buffer für den korrigierten Empfangsvektor übertragen. Da das Syndrom stets **0** ist, wird keine Korrektur mehr durchgeführt.

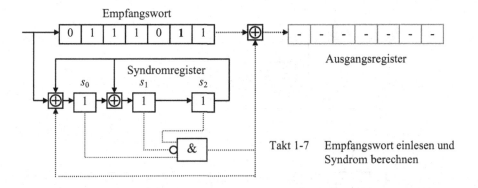

Bild 4-19 Meggitt-Decoder für den zyklischen (7,4)-Hamming-Code mit dem Generatorpolynom $g(X) = 1 + X + X^3$ und dem Empfangsvektor $\mathbf{r} = (0111011)$ nach der Eingabephase (Takt 7)

4.9 Zyklische Hamming-Codes

Eine wichtige Familie von binären zyklischen (n,k)-Codes sind die zyklischen Hamming-Codes. Die Eigenschaften der Hamming-Codes als lineare Blockcodes wurden bereits in Abschnitt 3.5 zusammengestellt. Aufgrund der zyklischen Struktur treten neue Merkmale hinzu.

Zur Definition der zyklischen Hamming-Codes werden die nachfolgend erläuterten Begriffe irreduzibles Polynom und primitives Polynom benötigt.

Ein Polynom $p(X)$ mit Grad m wird *irreduzibel* über $GF(2)$ genannt, wenn es durch kein anderes Polynom mit einem Grad größer 0 und kleiner m ohne Rest geteilt werden kann.

Ein irreduzibles Polynom $p(X)$ mit Grad m wird *primitiv* genannt, wenn die kleinste ganze Zahl n für die $p(X)$ das Polynom $X^n + 1$ ohne Rest teilt $n = 2^m - 1$ ist.

In Tabelle 4-7 sind einige primitive Polynome über $GF(2)$ zusammengestellt.

Anmerkung: Primitive Polynome spielen in der Informationstechnik eine wichtige Rolle. Das Polynom zu $m = 23$ wird beispielsweise im digitalen Teilnehmeranschluss (ISDN, xDSL) in Scrambler-Schaltungen eingesetzt. Primitive Polynome bilden die Grundlage zur Erzeugung von Pseudozufallszahlen und liefern Signaturfolgen zur Teilnehmerverschlüsselung in der Mobilkommunikation.

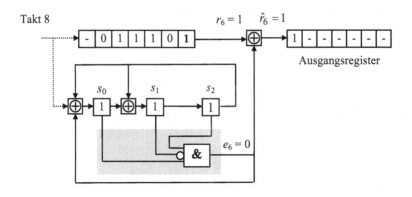

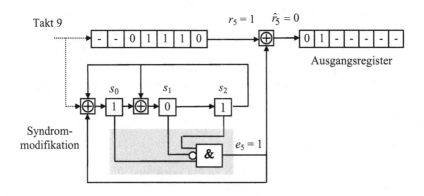

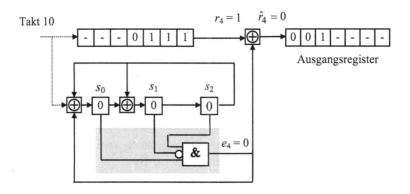

Bild 4-20 Meggitt-Decoder für den zyklischen (7,4)-Hamming-Code mit dem Generatorpolynom $g(X) = 1 + X + X^3$ und dem Empfangsvektor $\mathbf{r} = (0111011)$ in der Ausgabephase

Tabelle 4-7 Einige primitive Polynome über $GF(2)$ [LiCo83] [Kad91]

m	$p(X)$	m	$p(X)$
3	$1 + X + X^3$	11	$1 + X^2 + X^{11}$
4	$1 + X + X^4$	12	$1 + X + X^4 + X^6 + X^{12}$
5	$1 + X^2 + X^5$	13	$1 + X + X^3 + X^4 + X^{13}$
6	$1 + X + X^6$	14	$1 + X^2 + X^6 + X^{10} + X^{14}$
7	$1 + X^3 + X^7$	15	$1 + X + X^{15}$
	$1 + X^2 + X^3 + X^4 + X^5 + X^6 + X^7$		$1 + X + X^2 + X^3 + X^4 + X^{12} + X^{13} + X^{14} + X^{15}$
8	$1 + X^2 + X^3 + X^4 + X^8$	23	$1 + X^5 + X^{23}$
9	$1 + X^4 + X^9$	32	$1 + X + X^2 + X^4 + X^5 + X^7 + X^8 + X^{10} + X^{11} + X^{12} + X^{16} + X^{22} + X^{23} + X^{26} + X^{32}$
10	$1 + X^3 + X^{10}$		

Nun kann der für die zyklischen Hamming-Codes wichtige Satz formuliert werden:

> **Satz 4-12** Ein *zyklischer Hamming-Code* der Länge $2^m - 1$ mit $m \geq 3$ wird durch ein primitives Polynom $p(X)$ mit Grad m erzeugt.

Der Satz gilt auch in umgekehrter Reihenfolge. Ein primitives Polynom mit den beschriebenen Eigenschaften erzeugt einen zyklischen Hamming-Code [LiCo83].

Zyklische Hamming-Codes können mit einer relativ einfachen Schaltung decodiert werden, die alle Einzelfehler korrigiert. Dazu betrachte man den Fehler in führender Position

$$e(X) = X^{2^{m-1}-2} \tag{4.79}$$

und speise das Fehlerpolynom von rechts in das Syndromregister ein, vgl. Bild 4-17. Letzteres entspricht einer m-fachen Verschiebung.

$$X^m \cdot e(X) = X^m \cdot X^{2^{m-1}-2} \tag{4.80}$$

Die Decoderschaltung liefert den Rest zur Division mit dem Generatorpolynom $g(X)$. Für das angenommene Eingangssignal gilt die Zerlegung

$$X^m \cdot e(X) = X^{m-1} \cdot X^{2^{m-1}-1} = X^{m-1} \cdot \left(X^{2^{m-1}-1} + 1 \right) + X^{m-1} \tag{4.81}$$

Da das primitive Generatorpolynom definitionsgemäß den Ausdruck in der Klammer ohne Rest teilt, folgt

$$\left[X^m e(X) \right] \bmod g(X) = X^{m-1} \tag{4.82}$$

Das Syndrom resultiert in $\mathbf{s} = (00\ldots01)$ und somit die Fehlererkennungslogik in Bild 4-21.

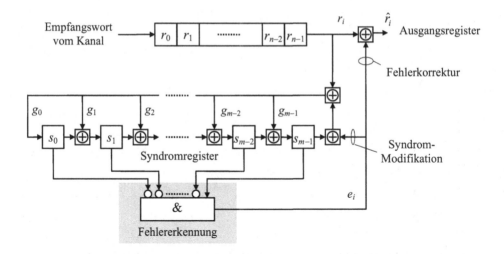

Bild 4-21 Decoder für zyklische Hamming-Codes ($m = r$)

Beispiel Zyklischer (15,11)-Hamming-Code

Als Beispiel wählen wir das primitive Polynom mit $m = 4$ in Tabelle 4-7. Es ergibt sich eine Codewortlänge $n = 2^4 - 1 = 15$. Mit dem Generatorpolynom $g(X) = p(X) = 1 + X + X^4$ resultieren bei systematischer Codierung $r = 4$ Prüfzeichen, so dass ein zyklischer (15,11)-Code vorliegt.

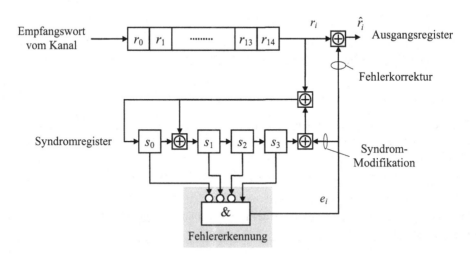

Bild 4-22 Decoder für den zyklischen (15,11)-Hamming-Codes mit $m = r = 4$ und $g(X) = 1 + X + X^4$

4.10 Golay-Codes

Der 1949 von dem Schweizer Golay entdeckte (23,12)-*Golay-Code* ist der einzig bekannte perfekte binäre Code, der alle Fehlermuster mit bis zu 3 Fehlern korrigieren kann. Wegen seiner besonderen algebraischen Struktur ist er beliebtes Studienobjekt in der mathematischen Codierungstheorie und folglich dort auch ausführlich beschrieben, z. B. [MaSl77]. Darüber hinaus wird er auch in der Nachrichtentechnik häufig verwendet. Er wurde beispielsweise zur Bildübertragung bei den Voyager-Missionen zum Jupiter und Saturn 1971 und 1989 eingesetzt [LiCo04].

Den Ausgangspunkt bildet die Produktdarstellung

$$X^{23} + 1 = (1 + X) \cdot g_1(X) \cdot g_2(X) \tag{4.83}$$

mit den beiden gleichwertigen Generator-Polynomen des Golay-Codes

$$g_1(X) = 1 + X^2 + X^4 + X^5 + X^6 + X^{10} + X^{11}$$
$$g_2(X) = 1 + X + X^5 + X^6 + X^7 + X^9 + X^{11} \tag{4.84}$$

Der Golay-Code kann der *Error-Trapping-Methode* deocdiert werden. Dabei handelt es sich um eine Decodierschaltung bei der die Syndrom-Auswertung durch eine digitale Logik, ähnlich wie in Bild 4-18, ersetzt werden kann. In [LiCo04] wird hierzu beispielhaft der Kasami-Decoder [Kas64] vorgestellt.

4.11 CRC-Codes

Eine in den Anwendungen besonders wichtige Familie von zyklischen Codes sind die *Cyclic-Redundancy-Check-(CRC-)Codes*, auch *Abramson-Codes* genannt. Die zugehörigen Prüfstellen findet man häufig in den Paket- oder Rahmenformaten der Datenkommunikation unter der Bezeichung *Frame Check Sequence* (FCS), wie beispielsweise bei der X25-Schnittstelle (HDCL), im ISDN D-Kanal-Protokoll, der schnurlosen Telefonie nach DECT, in Datenpaketen für LAN, siehe Bild 4-1 und Bild 4-2, usw.

CRC-Codes stellen eine Erweiterung zyklischer Hamming-Codes dar. Ausgehend von einem primitiven Polynom $p(X)$ vom Grad m wird das Generatorpolynom als Produkt definiert.

$$g(X) = (1 + X) \cdot p(X) \tag{4.85}$$

Man erhält einen zyklischen (n,k)-Code mit Codewortlänge $n = 2^m - 1$ und $m + 1$ Prüfstellen. Die Codewortlänge bleibt gleich, so dass ein Nachrichtenelement gegen ein Prüfelement getauscht wird.

Die minimale Hamming-Distanz ist nun $d_{min} = 4$. Es ergeben sich die fünf wichtigen Eigenschaften, z. B. [Fri95]:

① Alle Fehlermuster bis zum Hamming-Gewicht 3 werden erkannt.

② Alle Fehlermuster ungeraden Gewichts werden erkannt.

③ Alle Fehlerbündel bis zur Länge $l = m + 1$ werden erkannt.

④ Von den Fehlerbündel der Länge $l = m + 2$ wird nur eine Quote von 2^{-m} nicht erkannt.

⑤ Von den Fehlerbündel der Länge $l \geq m + 3$ wird nur eine Quote von $2^{-(m+1)}$ nicht erkannt.

Wegen der guten Fehlererkennungseigenschaften werden die CRC-Codes für ARQ-Verfahren, d. h. Protokolle mit Fehlererkennung und Wiederholungsanforderung, benutzt.

In praktischen Anwendungen sind die CRC-Codes oft als verkürzte Codes zu finden. Von der ITU und Anderen werden für verschiedene Anwendungen die folgenden Generatorpolynome empfohlen [Haa97], [KaKö99], [Sta00], vgl. auch Tabelle 4-7.

Tabelle 4-8 Generatorpolynome wichtiger CRC-Codes

Code	Generatorpolynom $g(X)$
CRC-4[1]	$1 + X + X^4$
CRC-8[2]	$(1 + X) \cdot (1 + X^2 + X^3 + X^4 + X^5 + X^6 + X^7) = 1 + X + X^2 + X^8$
CRC-12	$(1 + X) \cdot (1 + X^2 + X^{11}) = 1 + X + X^2 + X^3 + X^{11} + X^{12}$
CRC-16 (IBM[3])	$(1 + X) \cdot (1 + X + X^{15}) = 1 + X^2 + X^{15} + X^{16}$
CRC-16 (CCITT[4])	$(1 + X) \cdot (1 + X + X^2 + X^3 + X^4 + X^{12} + X^{13} + X^{14} + X^{15}) = 1 + X^5 + X^{12} + X^{16}$
CRC-32[5]	$1 + X + X^2 + X^4 + X^5 + X^7 + X^8 + X^{10} + X^{11} + X^{12} + X^{16} + X^{22} + X^{23} + X^{26} + X^{32}$

[1] ☞ Mehrfachrahmenerkennungswort der ISDN S_{2M}-Schnittstelle, nicht nach (4.85), primitives Polynom siehe Tabelle 4-7

[2] ☞ ATM Header Error Control (HEC)

[3] International Business Machines

[4] ☞ High-Level Data Link Control (HDLC), Link Access Procedure on D-Channel (LAPD), Point-to-Point Protocol (PPP), weit verbreitet

Comité Consultatif International des Télégraphes et Téléphones (CCITT), 1956 aus den Vorläuferorganisationen International Telephone Consultative Committee (CCIF, 1924) und International Telegraph Consultative Committee (CCIT, 1925) entstanden, 1993 in der International Telecommunication Union (ITU) aufgegangen.

[5] ☞ optional in HDLC, PPP, weit verbreitet

4.12   Verkürzte Codes

Der Bezug auf die primitiven Polynome schränkt die Auswahl der Codelänge und die Zahl der Nachrichtenstellen stark ein. In wichtigen Anwendungen sind die Rahmenlängen variabel. Dementsprechend flexibel muss auch die Codierung sein.

Es werden Codes angewendet, die durch *Codeverkürzung* aus zyklischen Codes hervorgehen. Als Beispiel sei das primitive Polynom mit $m = 5$ gewählt. Es ergibt sich zunächst ein zyklischer (31,26)-Hamming-Code. Durch nicht benutzen von drei Informationsstellen wird daraus ein (28,23)-Code mit den prinzipiell gleichen Eigenschaften des zyklischen (31,26)-Hamming-Codes, da man sich beim Verkürzen auf Codewörter beschränkt, die zu Nachrichtenwörtern gehören, die alle mit 000 beginnen. Im Decoder können die fehlenden Nullen wieder hinzugefügt werden, so dass die Decoder-Schaltungen prinzipiell wie mit dem unverkürzten Code betrieben werden können.

Anmerkung: Der verkürzte Code ist im Allgemeinen selbst nicht zyklisch.

Als weitere Anwendung sei auf den nach seinem Entdecker genannten *Fire-Code* in GSM-Mobilfunknetzen hingewiesen [Fri95], [Sch98]. Dabei handelt es sich um einen stark verkürzten zyklischen Code. Im Beispiel wird aus dem zyklischen Code mit der enormen Codewortlänge 3'014'633 und 40 Prüfstellen ein (224,184)-Code, der alle Fehlerbündel bis zur Länge 40 sicher detektiert. Darüber hinaus können Fehlerbündel bis zur Länge 12 korrigiert werden. Der Fire-Code wird deshalb zum Schutz der für den GSM-Funkbetrieb wichtigen Steuerinformationen im SACCH-Kanal (Slow Associated Control Channel) eingesetzt.

Für die praktische Ausführung der Decodierung stehen im Wesentlichen drei Alternativen zur Verfügung.

1. Die Decodierung kann prinzipiell wie für den unverkürzten Code in Bild 4-18 erfolgen, wenn die im Encoder weggelassenen Nullen im Decoder wieder hinzugefügt werden. Bei der Syndromberechnung können die führenden Nullen ignoriert werden, nicht jedoch bei der anschließenden Aktualisierung des Syndroms mit Korrektur, siehe Ausgabephase in Bild 4-20. Bevor die erste Korrektur vorgenommen werden kann, ist ein Decodierschritt für jedes weggelassene Codewortelement notwendig.

   Am Beispiel des verkürzten Fire-Codes in GSM ist offensichtlich, dass diese Methode nicht praktikabel ist und deshalb in den GSM-Endgeräten eine aufwandsgünstigere Decodier-Schaltung realisiert werden muss.

2. Die Decodierung berücksichtigt die Verkürzung bei der Fehlererkennung und Syndrom-Modifikation.

Beispiel   Aus dem zyklischen (7,4)-Hamming-Code abgeleiteter (6,3)-Code

Durch die Verkürzung des Codes um ein Element ist das Fehlermuster $\mathbf{e} = (000\ 0001)$ und somit die Fehlerstelle r_6 in Tabelle 4-6 nicht mehr möglich.

Für den Meggitt-Decoder ist nun die Fehlerstelle r_5 ausschlaggebend. Hierzu ist in Tabelle 4-6 das Syndrom $\mathbf{s} = (111)$ zu finden. Demgemäß ist die Fehlererkennung in Bild 4-23 einzustellen. Bei der Syndrom-Modifikation ergibt sich auch eine Änderung im Vergleich zu Bild 4-18, da bei der Fehlerkorrektur das Syndrom $\mathbf{s} = (111)$ zurückgesetzt werden muss. Wie man in der Schaltung nachvollziehen kann, wird dann im nächsten Takt das Syndrom (000).

_____ Beispiel wird fortgesetzt

Anmerkungen: (i) Wegen der Linearität der Codes und Schaltungen dürfen wir ohne Einschränkung der Allgemeinheit die Betrachtung auf die Fehlermuster reduzieren. (ii) Diese Variante kann u. U. auf eine einfache Decoder-Schaltung führen und ist deshalb auch für Anwendungen interessant. In [LiCo83] wird als Beispiel eine modifizierte Decoder-Schaltung für den auf die Codelänge 28 verkürzten (31,26)-Hamming-Code angegeben. (*iii*) Die dritte Variante ist für praktische Anwendungen besonders interessant, da bei ihr die Fehlererkennung und die Syndrom-Modifikation unabhängig vom Grad der Codeverkürzung *l* günstig eingestellt wird. Die Codeverkürzung wird im Wesentlichen durch eine Vormultiplikation des Empfangspolynoms berücksichtigt. Wir betrachten dazu ein einführendes Beispiel.

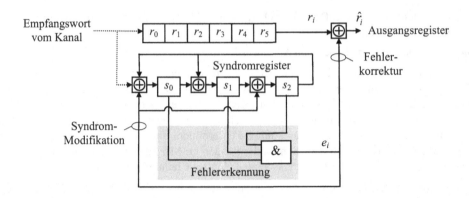

Bild 4-23 Meggitt-Decoder für den verkürzten (6,3)-Hamming-Code

Beispiel   Aus dem zyklischen (7,4)-Hamming-Code abgeleiteter (6,3)-Code (Fortsetzung)

Wir überlegen uns, wie die Fehlererkennung und Fehlerkorrektur für das erste übertragene Bit aussehen könnte.

Den einfachsten Fall der Fehlererkennung und Syndrom-Modifikation liefert das Syndrom s = (001). Aus Tabelle 4-6 entnehmen wir, dass dazu der Fehlervektor e_2 = (0010000) gehört. Er ergibt sich aus dem Fehlervektor e_5 = (0000010) durch viermaliges zyklisches Verschieben, wie sich auch das Syndrom s_2 = (001) durch viermaliges Takten der Syndrom-Schaltung aus s_5 = (101) ergibt.

Das Problem wäre somit gelöst, würden wir das Empfangswort vor der Syndromberechnung viermal zyklisch verschieben. Im Beispiel des zyklischen (7,4)-Hamming-Codes scheint das nur ein kleiner zusätzlicher Aufwand zu sein. Im Beispiel des verkürzten Fire-Codes für GSM ist das nicht praktikabel.

Wir weisen im Folgenden nach, dass dies gar nicht notwendig ist. Anschließend führen wird das Beispiel zum verkürzten (6,3)-Code weiter.

_____ Beispiel wird fortgesetzt

Wir leiten ein allgemeines aufwandgünstiges Verfahren zur Decodierung der verkürzten zyklischen Codes her. Wegen der Linearität der Codes fokussieren wir die Überlegungen auf das Fehlerpolynom mit genau einem Fehler in der führenden Nachrichtenstelle des um l Nachrichtenzeichen verkürzten zyklischen (n,k)-Codes.

$$e(X) = X^{n-1-l} \tag{4.86}$$

Dazu soll die Decoderschaltung das Syndrom mit nur einer führenden Eins liefern, d. h.

$$s_E(X) = X^{n-k-1} \tag{4.87}$$

Der Exponent im Syndrompolynom spiegelt die Tatsache wider, dass die Zahl der Speicher im Syndromregister gleich dem Grad des Generatorpolynoms $r = n - k$ ist und die Indizierung mit null beginnt.

Das gewünschte Syndrom wird als Syndrom eines Ersatzpolynoms mit genau einer Fehlerstelle aufgefasst. Da der Grad des Syndroms stets kleiner als der des Generatorpolynoms ist, sind hier Syndrompolynom und Ersatzpolynom identisch.

$$e_E(X) = X^{n-k-1} \tag{4.88}$$

Um das gewünschte Syndrom in der Schaltung zu erzeugen, ist also statt $e(X)$ das Ersatzpolynom $e_E(X)$ einzuspeisen.

Das Ersatzpolynom kann durch zyklische Verschiebung aus $e(X)$ erzeugt werden

$$e_E(X) = e^{(i)}(X) \tag{4.89}$$

mit

$$i = n - k + l \tag{4.90}$$

Hierbei berücksichtigt $l + 1$ das zyklische Schieben der Fehlerstelle von $e(X)$ über das Ende des unverkürzten Codewortes auf den Anfang des Codewortes und $n - k - 1$ das Weiterschieben auf die Position $n - k - 1$.

Nachdem die Problemstellung formuliert ist, suchen wir nach einem Zusammenhang, mit dem sich die explizite Durchführung der i-fachen zyklischen Verschiebung umgehen lässt.

Hierzu greifen wir auf den Zusammenhang von linearer und zyklischer Verschiebung (4.9) zurück

$$X^i \cdot e(X) = q(X) \cdot (X^n + 1) + e^{(i)}(X) \tag{4.91}$$

Weiter benutzen wir Satz 4-5, nämlich dass das Generatorpolynom des zyklischen Codes $g(X)$ das Polynom $X^n + 1$ ohne Rest teilt, wenn n die Codewortlänge ist. Es existiert deshalb die Produktdarstellung ohne Rest

$$(X^n + 1) = a_1(X) \cdot g(X) \tag{4.92}$$

Ebenso führen wir die Produktdarstellung für den Faktor X^i mit dem Divisionsrest $d(X)$ ein.

$$X^i = a_2(X) \cdot g(X) + d(X) \tag{4.93}$$

Beide Produktdarstellungen in (4.91) eingesetzt liefert

$$[a_2(X) \cdot g(X) + d(X)] \cdot e(X) = q(X) \cdot a_1(X) \cdot g(X) + e^{(i)}(X) \tag{4.94}$$

Wir lösen die Gleichung nach dem Ersatzpolynom auf und fassen alle Faktoren des Generatorpolynoms zusammen.

$$e^{(i)}(X) = [q(X) \cdot a_1(X) + a_2(X) \cdot e(X)] \cdot g(X) + d(X) \cdot e(X) \tag{4.95}$$

Die Gleichung sieht auf den ersten Blick komplizierter aus als der ursprüngliche Ansatz (4.91). Der Vorteil der Umformungen erschließt sich, wenn wir uns der eigentlichen Aufgabe, der

Syndromberechnung, erinnern. Da der Term in der eckigen Klammer ein Faktor des Generatorpolynoms ist, liefert er keinen Beitrag zum Syndrom. Es gilt

$$[d(X) \cdot e(X)] \bmod g(X) = \left[e^{(i)}(X) \right] \bmod g(X) = s_E(X) \tag{4.96}$$

Damit ist gezeigt, dass durch *Vormultiplikation* des Fehlerpolynoms $e(X)$ mit dem Faktorpolynom $d(X)$ das gewünschte Syndrom erzeugt wird. Da $d(X)$ vom Grad stets kleiner als das Generatorpolynom ist, kann die Vormultiplikation im Decoder relativ einfach realisiert werden. Man vergleiche hierzu die Multiplikation des Nachrichtenpolynoms mit X^{n-k} in der Encoderschaltung systematischer zyklischer Codes.

Wir veranschaulichen das gefundene Ergebnis wieder anhand des verkürzten (6,3)-Codes.

Beispiel   Aus dem zyklischen (7,4)-Hamming-Code abgeleiteter (6,3)-Code (Fortsetzung)

Im Beispiel ist eine zyklische Verschiebung um den Faktor vier notwendig, um das Fehlerpolynom (4.86) in das gewünschte Ersatzpolynom abzubilden, in Tabelle 4-6 von r_5 auf r_2.

Für das Faktorpolynom folgt daraus

$$d(X) = \left[X^4 \right] \bmod (X^3 + X + 1) = X^2 + X \tag{4.97}$$

Die Vormultiplikation des Fehlerpolynoms

$$d(X) \cdot e(X) = X^2 \cdot e(X) + X \cdot e(X) \tag{4.98}$$

entspricht der Linearkombination des einmal und des zweimal verschobenen Fehlervektors. In der Schaltung ergeben sich dementsprechend die beiden Zuführungsstellen zu s_1 bzw. s_2 in Bild 4-24. Die Syndromberechnung liefert dann das gewünschte Ergebnis. Für das Empfangswort $\mathbf{e} = (000001)$, mit genau einer Störung an der führenden Stelle, liegt nach sechs Takten das gewünschte Syndrom $\mathbf{s}_E = (001)$ vor.

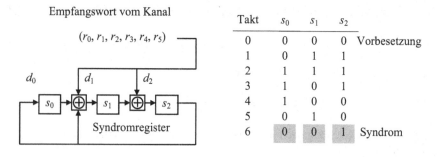

Takt	s_0	s_1	s_2	
0	0	0	0	Vorbesetzung
1	0	1	1	
2	1	1	1	
3	1	0	1	
4	1	0	0	
5	0	1	0	
6	0	0	1	Syndrom

Bild 4-24 Modifizierte Syndromberechnung mit Vormultiplikation mit $d(X) = X^2 + X$

Die modifizierte Syndromberechnung mit zugehöriger Fehlererkennung, Syndrom-Modifikation und Fehlerkorrektur, kann mit wenig Aufwand, ähnlich den Meggitt-Decodern in Bild 4-18 und Bild 4-23, realisiert werden. Das Ergebnis ist in Bild 4-25 zu sehen. Die Fehlererkennung ist darin auf das Syndrom $\mathbf{s} = (001)$ ausgelegt. Wird ein Fehler erkannt, so wird die Fehlerstelle korrigiert und der Einfluss des Fehlers auf das Syndrom bei der Rückkopplung des Syndroms gelöscht.

Wir testen die korrekte Funktion der Decoder-Schaltung anhand dreier Beispiele und beginnen zunächst mit dem ungestörten Empfangswort $\mathbf{r}_1 = (011010)$. In Tabelle 4-9 ist der Algorithmus in Tabellenform, ähnlich wie in Bild 4-24, zusammengestellt. Zu Beginn wird das Syndromregister mit $\mathbf{s} = \mathbf{0}$ besetzt. Man beachte, für den Zustand des Syndromregisters in einer Zeile (Takt) sind jeweils die Werte in der Zeile darüber maßgeblich. Nach dem Einlesen des gesamten Empfangswortes liegt das erwartete Syndrom $\mathbf{s} = \mathbf{0}$ vor.

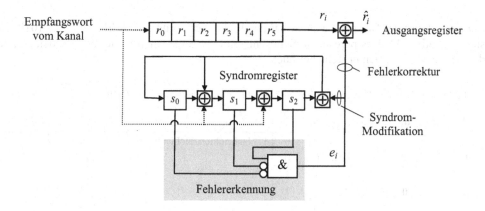

Bild 4-25 Meggitt-Decoder für den verkürzten (6,3)-Hamming-Code mit Vormultiplikation
mit $d(X) = X^2 + X$

Tabelle 4-9 Syndromberechnung für das ungestörte Empfangswort $\mathbf{r}_1 = (011010)$

Takt	d_0	d_1	d_2	s_0	s_1	s_2	
0	-	0	0	0	0	0	1. Nachrichtenzeichen in d_1 und d_2
1	-	1	1	0	0	0	
2	-	0	0	0	1	1	
3	-	1	1	1	1	1	
4	-	1	1	1	1	0	
5	-	0	0	0	0	0	
6	-	-	-	0	0	0	Syndrom zeigt keinen Fehler an

Nun bringen wir in das führende Nachrichtenzeichen eine Störung ein, $\mathbf{r}_2 = (011011)$, und wiederholen die Syndromberechnung in Tabelle 4-10. Das Syndrom zeigt, wie gefordert, nach sechs Takten den Fehler in der führenden Nachrichtenstelle an.

Tabelle 4-10 Syndromberechnung für das gestörte Empfangswort $r_2 = (011011)$

Takt	d_0	d_1	d_2	s_0	s_1	s_2	
0	-	1	1	0	0	0	1. Nachrichtenzeichen über d_1 und d_2
1	-	1	1	0	1	1	
2	-	0	0	1	0	0	
3	-	1	1	0	1	0	
4	-	1	1	0	1	0	
5	-	0	0	0	1	0	
6	-	-	-	0	0	1	Syndrom zeigt Fehler an 1. Stelle an

Zum Abschluss des Beispiels wählen wir den Fall einer Störung im 3. Element, $r_3 = (010010)$, siehe Tabelle 4-11. Das berechnete Syndrom zeigt am Ende einen Fehler an, der sich nicht an der führenden Nachrichtenstelle befindet.

Tabelle 4-11 Syndromberechnung für das gestörte Empfangswort $r_3 = (010010)$

Takt	d_0	d_1	d_2	s_0	s_1	s_2	
0	-	0	0	0	0	0	1. Nachrichtenzeichen über d_1 und d_2 vorbesetzt
1	-	1	1	0	0	0	
2	-	0	0	0	1	1	
3	-	0	0	1	1	1	
4	-	1	1	1	0	1	
5	-	0	0	1	1	1	
6	-	-	-	1	0	1	Syndrom zeigt Fehler an

Die weitere Verarbeitung wird entsprechend Bild 4-25 durchgeführt. Die Veränderungen in den Syndromregistern und die Schätzwerte für das gesendete Codewort sind in Tabelle 4-12 zu sehen. Die Decoderschaltung korrigiert den Einzelfehler und zeigt im Syndrom die erfolgreiche Korrektur an.

Tabelle 4-12 Decodierung nach Syndromberechnung für das gestörte Empfangswort $r_3 = (010010)$

Takt	Empfangs-wort	Syndromregister			decodiertes Empfangswort	Kommentar
		s_0	s_1	s_2		
0	0	1	0	1	0	
1	1	1	0	0	1	
2	0	0	1	0	0	
3	0	0	0	1	1	Fehler an führender Stelle korrigiert und Syndrom modifiziert
4	1	0	0	0	1	
5	0	0	0	0	0	Einzelfehler erfolgreich korrigiert

4.13   Anwendungen

4.13.1   ATM HEC

Ein wichtiges Beispiel für den Einsatz von CRC-Codes in der Nachrichtenübertragungstechnik liefert die Datenübertragung nach dem *ATM*-Standard (Asynchronous Transfer Mode).

Es werden *ATM-Zellen* aus 53 Oktetten als Datagramme übertragen. Davon entfallen die ersten 5 Oktette auf den Zellenkopf mit der Information zur Zellensteuerung. Die eigentliche Steuerungsinformation umfasst 32 Bit. Sie wird im *HEC-Feld* (Header Error Control) durch einen systematischen CRC-Code mit 8 Prüfstellen, den CRC-8 in Tabelle 4-8, geschützt.

Aus der Zahl der Prüfstellen des erweiterten Codes folgt, dass ein Hamming-Code mit $m = 7$ zugrunde liegt. Die Codewortlänge ist $n = 2^m - 1 = 127$. Es werden jedoch nur 40 Bit des Codewortes benutzt. Die Coderate ist somit $R = 32/40 = 0{,}8$.

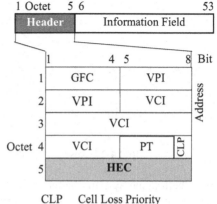

Die Verkürzung des Codes auf 40 Bit ergibt eine hohe Fehlererkennungsquote. Wir machen uns das anhand einer Abschätzung der Restfehlerwahrscheinlichkeit deutlich.

Wir beginnen mit der oberen Schranke für die Restfehlerwahrscheinlichkeit binärer linearer Blockcodes (3.30) bei unabhängigen Bitfehlern. Die mögliche Zahl von Codewörtern ist wegen der Codeverkürzung hier 2^{32}. Die minimale Hamming-Distanz ist $d_{min} = 4$. Mit der Bitfehlerwahrscheinlichkeit P_e folgt daraus die Abschätzung von oben

CLP	Cell Loss Priority	
GFC	Generic Flow Control	
HEC	Header Error Control	
PT	Payload Type	
VCI	Virtual Channel Identifier	
VPI	Virtual Path Identifier	

$$P_r < P_{r,1} = 2^{32} \cdot P_e^4 \qquad (4.99)$$

Bild 4-26 Aufbau einer ATM-Zelle

Die Formel berücksichtigt noch nicht die besondere Fähigkeit zyklischer Codes, Fehlerbündel zu entdecken. Als Abschätzung von oben dürfen wir eine Quote von höchstens $2^{-m} = 2^{-7}$ der Codewörter mit vier oder mehr Bitfehlern als nicht erkannt annehmen. Berücksichtigen wir weiter, dass alle Fehlerereignisse mit ungerader Fehlerzahl erkannt werden, so dürfen wir die Quote noch mal den Faktor zwei erniedrigen. Damit erhalten wir als Fehlerabschätzung

$$P_r < P_{r,2} = 2^{24} \cdot P_e^4 \qquad (4.100)$$

Die Abhängigkeit der Fehlerabschätzung von der Bitfehlerwahrscheinlichkeit ist in Bild 4-27 grafisch dargestellt. Für eine in der Anwendung typische Übertragung in Lichtwellenleitern mit einer Bitfehlerwahrscheinlichkeit von 10^{-9} resultiert eine Wahrscheinlichkeit, dass ein gestörter Zellenkopf nicht erkannt wird, von ca. $2 \cdot 10^{-29}$.

Wir veranschaulichen uns diese kleine Zahl, indem wir das Fehlerereignis auf die Betriebszeit beziehen. Mit einer typischen Bitrate von 622,08 Mbit/s (STM-4) werden pro Sekunde etwa $1,47 \cdot 10^6$ ATM-Zellen übertragen. Damit wird im Mittel etwa alle 10^{15} Jahre ein gestörter Zellenkopf nicht erkannt.

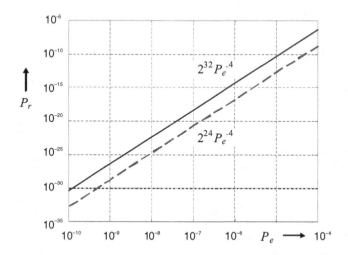

Bild 4-27 Abschätzung der Restfehlerwahrscheinlichkeit von oben

Reale Übertragungssysteme halten sich allerdings nicht immer an das vorgegebene Modell. Bei der Übertragung mit Lichtwellenleitern kann die Übertragungsqualität zeitweise merklich degradieren, was zu längeren Fehlerbündeln führt. Aus diesem Grund wird bei der ATM-Übertragung die Fehlerbehandlung durch das Zweizustandsmodell in Bild 4-28 gelöst [RaWa97], [Sta00]. Im Zustand „Einzelfehlerkorrektur" befindet sich der Empfänger, wenn vorher ein „fehlerfreies" HEC erkannt wurde, also eine gute Übertragungsqualität angenommen werden darf. Der Empfänger bleibt in diesem Zustand bis ein Fehler erkannt wird. Dann wechselt er in den Zustand „Fehlererkennung". Wird ein Einzelfehler detektiert, so wird eine Korrektur ausgeführt. Bei einem erkannten Mehrfachfehler wird die ATM-Zelle gelöscht. Im Zustand „Fehlererkennung" wird auf die Korrektur von detektierten Einzelfehlern verzichtet, da von einer Degradation der Übertragungsqualität und damit einer erhöhten Wahrscheinlichkeit für eine Fehlentscheidung ausgegangen wird. Alle fehlerhaft erkannten ATM-Zellen werden gelöscht. Wird wieder eine ATM-Zelle als fehlerfrei detektiert, so wechselt der Empfänger in den Zustand „Einzelfehlerkorrektur".

Anmerkung: Im Empfänger wird durch das Kommunikationsprotokoll mit Flusskontrolle in der Regel das Fehlen einer Zelle erkannt und die erneute Übertragung der Zelle angefordert.

Zum Schluss wird eine weitere interessante Anwendung der HEC-Fehlererkennung vorgestellt. Die prinzipiell hohe Fehlererkennungsquote macht es in Verbindung mit den speziellen Übertragungseigenschaften möglich, die HEC-Fehlererkennung auch zur Synchronisation im zellenbasierten Übertragungsmodus einzusetzen. Das Verfahren wird wieder mit einem Zustandsdiagramm beschrieben [RaWa97], [Sta00].

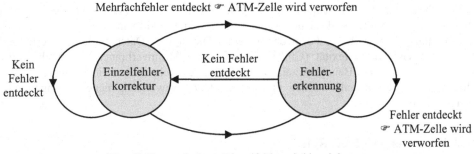

Bild 4-28 2-Zustandsmodell für die HEC-Fehlerbehandlung für die ATM-Übertragung

Zu Beginn wird im HUNT-Zustand der ankommende Bitstrom bitweise wie ein ATM-Zellen-kopf mit HEC decodiert. Zeigt das Syndrom einen scheinbar korrekten Zellenkopf an, wechselt die Synchronisationseinrichtung in den Modus PRESYNC. Vom scheinbar richtig erkannten ATM-Zellkopf beginnend, werden dem Bitstrom ATM-Zellen zugeordnet. Die angenommenen Zellköpfe werden mit den jeweils zugehörigen HEC-Feldern dekodiert. Wird dabei ein fehlerhafter Zellkopf erkannt, findet ein Wechsel zurück in den HUNT-Zustand statt. Nach δ als korrekt erkannten Zellköpfen wechselt die Synchronisationseinrichtung in den SYNC-Zustand. Erst dann beginnt die ATM-Übertragung mit der Fehlerbehandlung, wie sie in Bild 4-28 skizziert ist. Durch Übertragungsfehler kann die Synchronisation verloren gehen. Dies wird dadurch berücksichtigt, dass nach α fehlerhaft erkannten Zellköpfen ein Übergang in den HUNT-Zustand stattfindet.

Anmerkung: Von der ITU werden die Parameterwerte $\alpha = 7$ und $\delta = 6$ empfohlen [RaWa97].

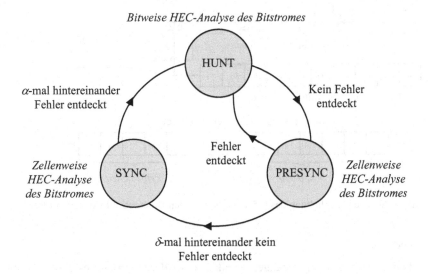

Bild 4-29 3-Zustandsmodell für die Zellensynchronisation für die zellenorientierte ATM-Übertragung

Das Beispiel der ATM-Übertragung zeigt, dass die Bedeutung der Codierung zum Schutz gegen Übertragungsfehler über die reine Fehlererkennung bzw. Fehlerkorrektur hinausgeht. Die Codierung beeinflusst die Übertragungseigenschaften und kann sich deshalb kritisch auf das Gesamtsystem, z. B. in Form der erzielten Dienstgüte (Datendurchsatz, Verfügbarkeit usw.) oder Gerätekomplexität (Größe, Gewicht, und Stromverbrauch von Mobiltelefonen usw.) auswirken. Die Beispiele zeigen insbesondere auch, dass solides Wissen über die Möglichkeiten der Kanalcodierung und die geplante Anwendung neue Lösungen hervorbringen kann.

4.13.2   Bluetooth FEC Rate 2/3

Bluetooth ist ein Standard für die Funkkommunikation über kurze Distanzen von etwa 1 bis 10 m [Mor02]. Ursprünglich als Ersatz von Kabeln in typischen Büroanwendungen gedacht, hat sich Bluetooth zu einem Standard für Kleinzellenfunknetze entwickelt.

Encoderschaltung

Der Bluetooth-Standard sieht für die Datenübertragung eine optionale FEC-Codierung mit dem Rate-2/3-Code vor, wobei jeweils 10 Nachrichtenbits durch 5 Prüfbits geschützt werden.

Es wird ein CRC-Code benutzt. Ausgehend vom Generatorpolynom des (15,11)-Hamming-Codes mit $m = 4$ in Tabelle 4-7 und der Erweiterung (4.85), ist das Generatorpolynom

$$g(X) = (1 + X) \cdot (1 + X + X^4) = 1 + X^2 + X^4 + X^5 \tag{4.101}$$

Die Encoderschaltung in Bild 4-30 folgt entsprechend zu Bild 4-10.

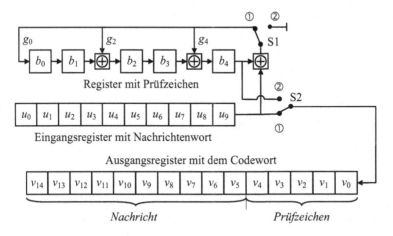

Bild 4-30 Encoderschaltung des (15,10)-Code für den Bluetooth FEC Code mit Rate 2/3

Decoderschaltung

Der Standard schreibt keine Empfängertechnik vor, sondern überlässt es den Wettbewerbern, wie sie die nachzuweisenden Qualitätskriterien erreichen. Wir wollen deshalb im Folgenden in einer Art Fallstudie die Decoderschaltung entwickeln und die Übertragung in Software realisieren.

Der CRC-Code mit $m = 4$ ermöglicht die Korrektur der Einzelfehler und das sichere Erkennen aller Doppelfehler. Für die Decodierung setzen wir einen Meggitt-Decoder mit angepasster Fehlererkennung ein. Dazu benötigen wir das Syndrom zur Fehlerstelle r_{14}

$$s_{14}(X) = \left[X^{14} \right] \mathrm{mod} \left(1 + X^2 + X^4 + X^5 \right) = X + X^2 + X^4 \qquad (4.102)$$

Das Syndrom ist $\mathbf{s}_{14} = (01011)$, was in der Fehlererkennung im Decoder in Bild 4-31 berücksichtigt wird. Nach Fehlerkorrektur wird das Syndrom gelöscht.

Anmerkungen: (i) Wird das Syndrom gelöscht, so kann die Schaltung die restlichen Zyklen ohne Unterbrechung abarbeiten. Alternativ kann darauf verzichtet werden, wenn die Decodierung mit der Ausgabe der verbleibenden Elemente im Empfangswortspeicher abgeschlossen wird. (ii) Die Fehlererkennung kann zusätzlich eine Fehleranzeige liefern, mit der Information, ob eine Korrektur durchgeführt oder ein Mehrfachfehler erkannt wurde. Diese Angabe kann als Indikator für die Empfangsqualität benutzt werden.

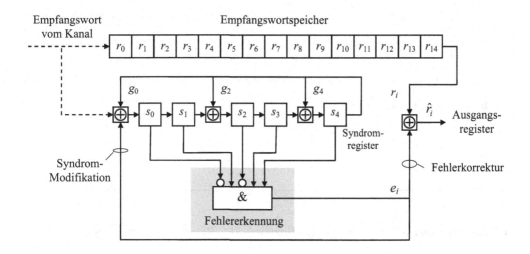

Bild 4-31 Meggitt-Decoder für den erweiterten (15,10)-Hamming-Code für Bluetooth mit angepasster Fehlererkennung $\mathbf{s}_{14} = (01011)$

MATLAB-Realisierung

Weil die Überprüfung der Schaltungen anhand von Einzelbeispielen für Nachrichten, Codewörter usw. von Hand mühsam ist, implementieren wir die Schaltungen in MATLAB zu Testzwecken. Dabei nutzen wir gleich die Gelegenheit, die MATLAB-Bit-Befehle anzuwenden.

Das Programmbeispiel 4-1 realisiert die Encoderschaltung als MATLAB-Funktion.

```
function v = cycEnc_f(g,r,u,k)
```

Es werden das Generatorpolynom $\mathbf{g}$, sein Grad r, die Nachricht $\mathbf{u}$ und ihre Länge k übergeben. Die Funktion bestimmt daraus das Codewort $\mathbf{v}$ der Länge $r + k$.

Das Programm ist allgemein gehalten und folgt der Schaltung nach Bild 4-10. Wegen der Beschränkung auf das Format uint64 (Unsigned 64-bit integer) werden zyklische Codes nur bis zur Codewortlänge 64 unterstützt. Eine Codeverkürzung ist implizit in k erfasst.

Die Decodierung übernimmt die Funktion

$$\text{function [u,F] = BT\_15\_10\_MDecS\_f(v)}$$

Sie ist speziell auf die Schaltung in Bild 4-31 für den verkürzten (15,10)-Hamming-Code abgestellt. Es wird das Empfangswort **v** übergeben und die decodierte Nachricht **u** sowie die Fehleranzeige F werden zurückgegeben.

Programmbeispiel 4-1   Encoder für systematische zyklische Codes

```
function v = cycEnc_f(g,r,u,k)
% Cyclic code - systematic encoder
%   c = cycEnc_f(g,r,u,k)
%   g, r : generator polynomial (uint64) of order r
%   u, k : message (uint64) of length k
%   v    : codeword (uint64)
% cycEnc_f.m * mw * 01/01/2008
v = bitshift(u,r);                      % systematic code with message bits
b = uint64(0);                                           % parity bits
for m = 0:k-1                                     % compute parity bits
   feedback = bitxor(bitget(b,r),bitget(u,k-m));
   for n = r:-1:2
     bit = bitand(bitget(g,n),feedback);
     bit = bitxor(bitget(b,n-1),bit);
     b = bitset(b,n,bit);
   end
   b = bitset(b,1,feedback);
end
for m = r:-1:1                              % move parity bits to codeword
    v = bitset(v,m,bitget(b,m));
end
```

Programmbeispiel 4-2   Decoder für den Bluetooth FEC Rate 2/3 – Syndromanpassung

```
function [u,F] = BT_15_10_MDecS_f(v)
% Meggitt decoder for Bluetooth FEC Rate 2/3
% using syndrome adjustment, s14 = (01011)
%   function [u,F] = BT_15_10_MDec_f(v)
%   v : received word
%   u : decoded message
%   F : error flag (F = 1,...,15 single error, F = 16 multiple error)
% BT_15_10_MDecS_f.m * mw * 01/01/2008
%% Initialization
g = uint64(hex2dec('35'));                       % g(X) = 1+X^2+X^4+X^5
r = 5; k = 10;
%% Syndrome computation
s = uint64(0);
for m = k+r:-1:1
    s = syndrome(g,r,s,bitget(v,m));             % syndrome register update
end
```

```
%% Syndrome check
F = 0;                                              % no error detected
if s ~= 0
F = 16;                                             % error(s) detected
% Meggitt decoder - single error correction
    for m = k+r:-1:1
        if s == hex2dec('1A')                       % single error correction
            F = m;
            v = bitset(v,m,bitxor(bitget(v,m),1));
            break
        end
        s = syndrome(g,r,s,0);                      % syndrome register update
    end
end
%% Decoded message
u = bitshift(v,-r);
%% subfunction
function s = syndrome(g,r,s,b)
feedback = bitget(s,r);
for n = r:-1:2
    bit = bitand(bitget(g,n),feedback);
    bit = bitxor(bitget(s,n-1),bit);
    s   = bitset(s,n,bit);
end
bit = bitxor(b,feedback);
s   = bitset(s,1,bit);
```

4.14 Übungen zu Abschnitt 4

4.14.1 Aufgaben

Aufgabe 4-1 CRC-Code

Ein CRC-4-Code entsteht durch Erweiterung des zyklischen (7,4)-Hamming-Codes. Mit (4.85) gilt

$$g(X) = (1+X) \cdot \left[1+X+X^3\right] = 1+X^2+X^3+X^4 \tag{4.103}$$

a) Bestimmen Sie die Codetabelle und die minimale Hamming-Distanz.

b) Geben Sie die Generatormatrix an.

c) Geben Sie die Generatormatrix zum systematischen Code an.

d) Vergleichen Sie den CRC-4-Code mit den erweiterten Hamming-Codes in Abschnitt 3.5.5.

Aufgabe 4-2 Zyklischer (15,11)-Hamming-Code

a) Geben Sie das Generatorpolynom des zyklischen (15,11)-Hamming-Codes an.

b) Skizzieren Sie die Encoderschaltung in systematischer Form.

c) Codieren Sie die Nachricht **u** = (0100 0100 000) in systematischer Form mit der Encoderschaltung. Geben Sie die Registerinhalte in Tabellenform an.

d) Kontrollieren Sie Ihr Ergebnis aus (c) durch Rechnung mit den zugehörigen Polynomen.

e) Der Code soll zur Fehlerentdeckung mit Wiederholungsanforderung der Nachricht benutzt
   werden. Wie wird ein Fehler erkannt? Geben Sie die Decoderschaltung zur bestmöglichen
   Fehlerentdeckung an.

f) Prüfen Sie das Empfangswort **r** = (0011 1100 0100 000) auf Übertragungsfehler mit der
   Decoderschaltung.

g) Prüfen Sie das Empfangswort aus (f) auch anhand der zugehörigen Polynome.

Aufgabe 4-3 Verkürzter (12,8)-Hamming-Code

Gehen Sie vom zyklischen (15,11)-Hamming-Code aus und verkürzen Sie den Code zum
(12,8)-Code. Skizzieren Sie die Decoder-Schaltung mit Vormultiplikation, die einen Fehler
korrigiert.

Aufgabe 4-4 Bluetooth FEC Rate 2/3

a) Geben Sie für den Bluetooth Rate 2/3 Code die Decoderschaltung mit Vormultiplikation
   an.

b) Skizzieren Sie die Decoderschaltung. (Setzen Sie die Schaltung in ein Programm um.)

c) Bis zu welcher Länge können Fehlerbündel sicher erkannt werden?

d) Geben Sie ein End-around-Fehlerbündel mit maximaler Länge nach (c) an.

4.14.2 Lösungen

Lösung Aufgabe 4-1 CRC-4-Code

a) Codetabelle

Tabelle 4-13 Codetabelle zum Generatorpolynom $g(X) = 1 + X^2 + X^3 + X^4$ für den erweiterten
zyklischen Hamming-Code mit der Nachricht (u_0, u_1, u_2) und dem Codewort
$(v_0, v_1, v_2, v_3, v_4, v_5, v_6)$

Nachricht	Codewort	Nachricht	Codewort
000	0000 000	001	0010 111
100	1011 100	101	1001 011
010	0101 110	011	0111 001
110	1110 010	111	1100 101

Das minimale Hamming-Gewicht, den Nullvektor ausgenommen, ist 4. Somit ist die minimale Hamming-Distanz des Codes 4.

b) Generatormatrix – nicht systematisch

$$\mathbf{G}_{3\times7} = \begin{pmatrix} 1 & 0 & 1 & 1 & 1 & 0 & 0 \\ 0 & 1 & 0 & 1 & 1 & 1 & 0 \\ 0 & 0 & 1 & 0 & 1 & 1 & 1 \end{pmatrix} \tag{4.104}$$

Die Generatormatrix hat die Codevektoren zu den Nachrichten (100), (010) und (001) als Zeilen, die Codevektoren bilden die Basis des Codes, siehe Tabelle 4-13.

c) Generatormatrix – systematisch

Wir wählen die Codevektoren als Basis, die auf eine Einheitsmatrix führen, siehe Tabelle 4-13; also zu den Nachrichten (100), (110) und (011).

$$\mathbf{G}_{3\times7} = \begin{pmatrix} 1 & 0 & 1 & 1 & 1 & 0 & 0 \\ 1 & 1 & 1 & 0 & 0 & 1 & 0 \\ 0 & 1 & 1 & 1 & 0 & 0 & 1 \end{pmatrix} \tag{4.105}$$

d) Bei den erweiterten Hamming-Codes in Abschnitt 3.5.5 wird das Codewort um eine weitere Prüfstelle verlängert, die Zahl der Nachrichtenstellen bleibt unverändert. Aus dem (7,4)-Hamming-Code wird ein (8,4)-Code. Hier in der Aufgabe wird aus dem zyklischen (7,4)-Hamming-Code ein erweiterter (7,3)-Code. Eine Nachrichtenstelle wird gegen eine Prüfstelle getauscht.

Lösung Aufgabe 4-2 Zyklischer (15,11)-Hamming-Code

a) Generatorpolynom des zyklischen (15,11)-Hamming-Codes, siehe Tabelle 4-7:

$$g(X) = 1 + X + X^4$$

b)

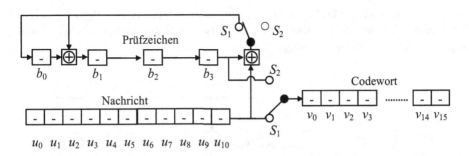

Bild 4-32 Encoder-Schaltung des (15,11)-Hamming-Codes in systematischer Form

c) Codierung von **u** = (0100 0100 000) mit Encoder-Schaltung

Tabelle 4-14 Berechnung der Prüfzeichen durch die Encoder-Schaltung

Takt	Nachricht	Prüfzeichen-Register				Kommentar
		b_0	b_1	b_2	b_3	
0	0100 0100 000	0	0	0	0	Initialisierung
...	...	0	0	0	0	
5	0100 01	0	0	0	0	
6	0100 0	1	1	0	0	
7	0100	0	1	1	0	
8	010	0	0	1	1	
9	01	1	1	0	1	
10	0	0	1	1	0	
11	-	**0**	**0**	**1**	**1**	Prüfzeichen

Das Codewort ist **v** = (0011 0100 0100 000).

d) Codierung von **u** = (0100 0100 000) mit der Polynomdarstellung in systematischer Form

$$u(X) = X + X^5$$

$$b(X) = [X^4 \cdot u(X)]\ \mathrm{mod}\ g(X) = [X^4 + X^9]\ \mathrm{mod}\ (1 + X + X^4) = X^2 + X^3$$

$$V(X) = X^2 + X^3 + X^5 + X^9$$

damit **v** = (0011 0100 0100 000) wie in (c).

e) Da es sich um einen zyklischen Code handelt, muss jedes zulässige Empfangswort ohne Rest durch das Generatorpolynom teilbar sein. Ist das Syndrom (Rest) ungleich null, so liegt mit Sicherheit ein Übertragungsfehler vor.

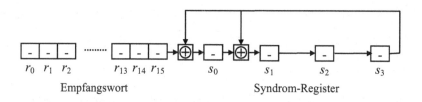

Bild 4-33 Schaltung zur Syndromberechnung für den (15,11)-Hamming-Code

f) Decodierung des Empfangswortes $\mathbf{r}$ = (0011 1100 0100 000)

Tabelle 4-15 Berechnung des Syndroms durch die Decoder-Schaltung

Takt	Empfangswort	Syndrom-Register				Kommentar
		s_0	s_1	s_2	s_3	
4	0011 1100 010	0	0	0	0	Initialisierung
5	0011 1100 01	0	0	0	0	
6	0011 1100 0	1	0	0	0	
7	0011 1100	0	1	0	0	
8	0011 110	0	0	1	0	
9	0011 11	0	0	0	1	
10	0011 1	0	1	0	0	
11	0011	1	0	1	0	
12	001	1	1	0	1	
13	00	0	0	1	0	
14	0	0	0	0	1	
15	-	1	1	0	0	Syndrom, Fehler!

g) Decodierung des Empfangswortes

$$s(X) = [r(X)] \bmod g(X) = [X^2 + X^3 + X^4 + X^5 + X^9] \bmod (1 + X + X^4) = 1 + X$$

Es ergibt sich das gleiche Syndrom wie in Tabelle 4-15.

Lösung Aufgabe 4-3 Verkürzter (12,8)-Hamming-Code

a) Als Lösung wird ein Decoder mit Vormultiplikation gewählt. Dann ist das Produktpolynom für die Vormultiplikation gegeben durch

$$d(X) = [X^i] \bmod g(X) = [X^7] \bmod (1 + X + X^4) = 1 + X + X^3$$

mit

$$i = n - k + 1 = 15 - 11 + 3 = 7$$

Damit kann die Encoderschaltung angegeben werden.

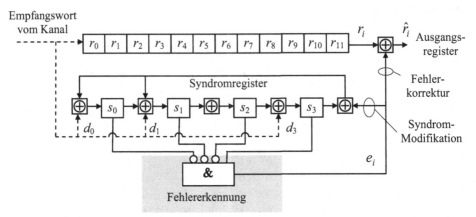

Bild 4-34 Meggitt-Decoder für den verkürzten (12,8)-Hamming-Code mit Vormultiplikation
mit $d(X) = X^3 + X + 1$

Lösung Aufgabe 4-4 Bluetooth FEC Rate 2/3

a) Produktpolynom für die Vormultiplikation mit $i = n - k + 1 = 15 - 11 + 1 = 5$

$$d(X) = [X^i] \bmod g(X) = [X^5] \bmod (1 + X^2 + X^4 + X^5) = 1 + X^2 + X^4$$

b)

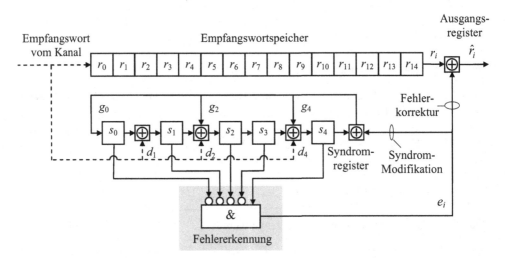

Bild 4-35 Decoder für den Bluetooth FEC mit Rate 2/3 mit Vormultiplikation mit $d(X) = 1 + X^2 + X^4$

c) Da es sich um einen CRC mit einem Generatorpolynom mit Grad 5 handelt, können Fehlerbündel bis einschließlich der Länge 5 sicher erkannt werden.

d) Ein mögliches End-around-Fehlerbündel der Länge 5 ist **e** = (1010 0000 0000 011).

Programmbeispiel 4-3 Decoder für den Bluetooth FEC Rate 2/3 – Vormultiplikation

```
function [u,F] = BT_15_10_MDecP_f(v)
% Meggitt decoder for Bluetooth FEC Rate 2/3
% using pre-multiplication
%   function [u,F] = BT_15_10_MDecP_f(v)
%   v : received word
%   u : decoded message
%   F : error flag (F = 1,...,15 single error, F = 16 multiple error)
% BT_15_10_MDecP_f.m * mw * 01/01/2008
%% Initialization
g = uint64(hex2dec('35'));  % g(X) = 1+X^2+X^4+X^5 generator polynomial
k = 10; r = 5;
d = uint64(hex2dec('15'));  % d(X) = 1+X^2+X^4 pre-multiplication polyn.
%% Syndrome computation
s = uint64(0);
for m = k+r:-1:1
    feedback = bitget(s,r);
    input    = bitget(v,m);
    for n = r:-1:2
        bit_g = bitand(bitget(g,n),feedback);        % feedback bit
        bit_d = bitand(bitget(d,n),input);      % pre-multiplication bit
        bit   = bitxor(bit_d,bit_g);
        bit   = bitxor(bitget(s,n-1),bit);
        s     = bitset(s,n,bit);                   % set syndrome bit
    end
    bit_d = bitand(bitget(d,1),input);         % pre-multiplication bit
    bit   = bitxor(bit_d,feedback);                    % feedback bit
    s     = bitset(s,1,bit);                       % set syndrome bit
end
%% Syndrome check
F = 0;                                          % no error detected
if s ~= 0
    F = 16;                                        % error detected
% Meggitt decoder - single error correction
    for m = k+r:-1:1
        if s == hex2dec('10')               % single error correction
            e = 1; F = m;
            v = bitset(v,m,bitxor(bitget(v,m),e));
        else
            e = 0;
        end
        % syndrome register update
        feedback = bitxor(bitget(s,r),e);
        for n = r:-1:2
            bit = bitand(bitget(g,n),feedback);
            bit = bitxor(bitget(s,n-1),bit);
            s   = bitset(s,n,bit);
        end
        s   = bitset(s,1,feedback);
    end
end
%% Decoded message
u = bitshift(v,-r);
```

5   Faltungscodes

5.1   Einführung

Die Faltungscodes spielen in der Informationstechnik heute eine ebenso wichtige Rolle wie die Blockcodes. Frühe Arbeiten zu Faltungscodes wurden in den Jahren 1955, 1961 und 1963 von P. Elias, J. M. Wozencraft und B. Reiffen bzw. J. L. Massey vorgestellt. Während Blockcodes in den 1950er Jahren schnell wichtige Anwendungen fanden, blieben Faltungscodes im Hintergrund, bis 1967 von A. J. Viterbi ein effizienter Decodieralgorithmus vorgestellt wurde. Weiterentwicklungen ermöglichen einen effizienten Umgang mit Zuverlässigkeitsinformationen [HaHö89]. Heute spielen Faltungscodes besonders in der Funkübertragung eine herausragende Rolle. Das Prinzip der Faltungscodierung kann auch zur Entzerrung von Echokanälen eingesetzt werden.

Anfang der 1990er Jahre wurde die Faltungscodierung von C. Berrou und A. Glavieux [BeGl96] zur besonders fehlerrobusten Turbo-Codierung weiterentwickelt [Hag97], die schließlich Eingang in den neuen Mobilfunkstandard UMTS (Universal Mobile Telecommunications System) fand.

Als wesentliche Unterschiede zu den Blockcodes sind zu nennen:

- Faltungscodes erlauben eine fortlaufende Codierung und Decodierung eines kontinuierlichen Datenstroms.
- Die Decodierung von Faltungscodes benötigt keine Blocksynchronisation.
- Die Decodierung von Faltungscodes kann effizient Zuverlässigkeitsinformation verarbeiten und bereitstellen.
- Gute Faltungscodes werden durch Computersuche gefunden.

Eine ausführliche Darstellung der theoretischen Grundlagen und Anwendungsmöglichkeiten der Faltungscodierung würde den Rahmen dieses Buches sprengen. Der folgende Text beschränkt sich deshalb auf eine Einführung notwendiger Grundlagen und einige typische Beispiele. Weiterführende Darstellungen und Literaturhinweise findet man z. B. in [Fri95], [Hub92], [LiCo04].

5.2   Encoderschaltung und Impulsantworten

Der Name *Faltungscodes* stellt die aus der Systemtheorie bekannte Rechenoperation der Faltung als charakteristisches Merkmal in den Vordergrund. Tatsächlich wird die Codierung als Abbildung des Zeichenstroms durch ein zeitdiskretes *LTI-System* (Linear Time Invariant) beschrieben. Bild 5-1 veranschaulicht die Überlegung anhand des *Encoders*. Der Zeichenstrom der Nachrichtenfolge wird gegebenenfalls durch eine Demultiplex-Einrichtung (DEMUX) in k Teilfolgen als Eingangssignale aufgespalten. Es können auch k unabhängige Zeichenströme gemeinsam codiert werden. Der Kern des Encoders ist ein zeitdiskretes LTI-System mit allgemein k Eingängen und n Ausgängen. Er wird durch das Zahlentripel (n, k, m) charakterisiert, wobei m – wie noch gezeigt wird – vom inneren Aufbau des Encoders abhängt.

In den praktischen Anwendungen werden in der Regel binäre Faltungscodes eingesetzt. Typischerweise besitzt das LTI-System einen Eingang und 2 oder 3 Ausgänge; der Codeparameter m ist 3 ...8.

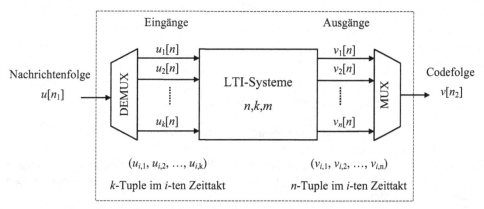

Bild 5-1 (n,k,m)-Faltungsencoder mit einem linearen zeitinvarianten System mit k Ein- und n Ausgängen

Wir gehen der Einfachheit halber im Weiteren von Bitströmen als Nachrichten- und Codefolgen aus. Dann bedeutet die Linearität, dass die Rechenoperationen im Encoder über den Galois-Körper $GF(2)$ definiert werden, also in Modulo-2-Arithmetik ausgeführt werden.

Mit der Einschränkung auf binäre Signale und den Rechenoperationen über den Galois-Körper $GF(2)$ liegt der Encoder als ein digitales LTI-System vor. Für seine Beschreibung werden die Methoden der *digitalen Signalverarbeitung* herangezogen [Wer08]. Konsequenterweise sprechen wir von Eingangsfolgen, Ausgangsfolgen, Nachrichtenfolgen, Codefolgen und Impulsantworten.

Die Ausgangsfolgen des LTI-Systems werden in einem Multiplexer (MUX) zur Codefolge verschränkt. Die hinzugefügte Redundanz macht sich am Encoderausgang in Form eines zum Encodereingang höheren Taktes bemerkbar.

Wir vereinbaren im Weiteren, die Ausgangsfolgen in den Encoderschaltungen von oben nach unten zu nummerieren und in gleicher Reihenfolge zu verschränken.

Um die Zusammenhänge kompakt darzustellen und dabei Verwechslungen vorzubeugen, verwenden wir eine einheitliche Schreibweise. Die geschweiften Klammern stehen für die Mengenschreibweise der Folgen. Die Indizes bezeichnen die Ein- bzw. Ausgänge. Bei den Impulsantworten, die Ein- und Ausgänge miteinander verbinden, wird zusätzlich der Eingang als Index angegeben.

– *Eingangsfolgen* $u_j[n] = \left\{u_{j,0}, u_{j,1}, u_{j,2}, ...\right\}$ für $j = 1, ...,k$

– *Ausgangsfolgen* $v_j[n] = \left\{v_{j,0}, v_{j,1}, v_{j,2}, ...\right\}$ für $j = 1, ...,n$

– Nachrichtenfolge

$$u[n] = \left\{ \underbrace{u_{1,0}, u_{2,0}, \ldots, u_{k,0}}_{k-Tupel}, \underbrace{u_{1,1}, u_{2,1}, \ldots, u_{k,1}}_{k-Tupel}, \ldots \right\}$$

– Codefolge

$$v[n] = \left\{ \underbrace{v_{1,0}, v_{2,0}, \ldots, v_{n,0}}_{n-Tupel}, \underbrace{v_{1,1}, v_{2,1}, \ldots, v_{n,1}}_{n-Tupel}, \ldots \right\}$$

– Impulsantworten

$$g_{ji}[n] = \left\{ g_{ji,0}, g_{ji,1}, \ldots, g_{ji,m_i} \right\}$$

vom i-ten Eingang zum j-ten Ausgang

Wie der Name bereits ankündigt, geschieht die Codierung durch die *Faltung* der Eingangs-folgen mit den Impulsantworten, wobei prinzipiell alle Eingangsfolgen auf einen Ausgang abgebildet werden können.

$$v_j[n] = \sum_{i=1}^{k} g_{ji}[n] * u_i[n] = \sum_{i=1}^{k} \sum_{m=0}^{m_i} g_{ji}[m] \cdot u_i[n-m] \qquad (5.1)$$

In den eckigen Klammern stehen die normierten Zeitvariablen. Sie zeigen die Positionen der Elemente in den Folgen an. Die Zeitvariablen beginnen in der Regel bei null. $u_2[5]$ steht dann für das 6. Element am zweiten Eingang. Falls rechentechnisch notwendig, werden die Folgen für negative Zeitvariablen mit null fortgesetzt.

Anmerkung: Wenn keine Verwechslungsgefahr besteht, z. B. bei nur einem Eingang, wird im Weiteren der Einfachheit halber auf die Angabe von Indizes in den Formeln verzichtet.

Beispiel Faltung für binäre Folgen

Wir wählen für das Beispiel die Impulsantwort $g[n] = \{1,0,1,1\}$ und die Eingangsfolge $u[n] = \{1,0,1\}$. Dann liefert die Faltungssumme (5.1) die Folgenelemente

$$
\begin{aligned}
v[0] &= g[0] \odot u[0] = 1 \odot 1 = 1 \\
v[1] &= (g[0] \odot u[1]) \oplus (g[1] \odot u[0]) = (1 \odot 0) \oplus (0 \odot 1) = 0 \oplus 0 = 0 \\
v[2] &= (g[0] \odot u[2]) \oplus (g[1] \odot u[1]) \oplus g[2] \odot u[0] = \\
     &= (1 \odot 1) \oplus (0 \odot 0) \oplus (1 \odot 1) = 1 \oplus 0 \oplus 1 = 0 \\
v[3] &= (g[1] \odot u[2]) \oplus (g[2] \odot u[1]) \oplus (g[3] \odot u[2]) = \\
     &= (0 \odot 1) \oplus (1 \odot 0) \oplus (1 \odot 1) = 0 \oplus 0 \oplus 1 = 1 \\
v[4] &= (g[2] \odot u[2]) \oplus (g[3] \odot u[1]) = (1 \odot 1) \oplus (1 \odot 0) = 1 \oplus 0 = 1 \\
v[5] &= g[3] \odot u[2] = 1 \odot 1 = 1
\end{aligned}
\qquad (5.2)
$$

Man beachte die ausführliche Schreibweise für die Modulo-2-Arithmetik. Im Weiteren wird darauf verzichtet, wenn aus dem Zusammenhang die Form der Rechenoperationen folgt.

Beispiel Encoder für den GSM-Rate-1/2-Code

Die eingeführten Signale und ihr Zusammenwirken lassen sich an einem Beispiel gut demonstrieren. Bild 5-2 zeigt den Encoder des GSM-Rate-1/2-Codes in der Schieberegisterform (Shift register, SR). Der Encoder des $(2,1,4)$-Faltungscodes besitzt $n = 2$ Ausgänge, $k = 1$ Eingänge und $m = 4$ innere Speicher s_1, s_2, s_3 und s_4. Im Sinne der digitalen Signalverarbeitung handelt es sich um ein *nichtrekursives System* mit nur Vorwärtszweigen.

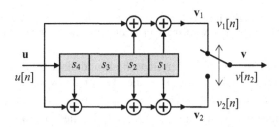

Bild 5-2 Encoder des $(2,1,4)$-Faltungscodes für die GSM-Rate-1/2-Codierung in Schieberegister-Darstellung

Die Eingangsfolge $u[n]$ wird durch die Impulsantworten $g_1[n]$ und $g_2[n]$ auf die Ausgänge $v_1[n_2]$ bzw. $v_2[n_2]$ abgebildet. Aus der Schaltung können die Impulsantworten direkt abgelesen werden. Fehlt eine Verbindung vom Eingang bzw. einem Speicherausgang zum Encoderausgang ist der zugehörige Koeffizient der Impulsantwort null.

$$g_1[n] = \{1,0,0,1,1\} \quad \text{und} \quad g_2[n] = \{1,1,0,1,1\} \tag{5.3}$$

Die maximale Ordnung der Impulsantworten beträgt 4. Dementsprechend umfasst die Verzögerungskette, das Schieberegister, 4 Speicher.

Am Ausgang des Encoders werden die Ausgangsfolgen $v_1[n]$ und $v_2[n]$ ineinander zur Codefolge $v[n_2]$ verschränkt. Da hier keine Bits verloren gehen sollen, wird die Ausgangsfolge doppelt so schnell getaktet wie die Eingangsfolge. Deshalb auch die beiden normierten Zeitvariablen n und n_2 im Bild.

Die Funktion der Schaltung machen wir uns anhand eines Zahlenwertbeispiels deutlich. Für die Eingangsfolge $u[n] = \{1,0,1,1\}$ erhalten wir für die 1. Teilfolge am Ausgang $v_1[n] = \{1,0,1,0,1,1,0,1\}$ und für die 2. Teilfolge am Ausgang $v_2[n] = \{1,1,1,1,0,1,0,1\}$. Aus dem Verschränken der Teilfolgen resultiert die Codefolge $v[n_2] = \{1,1,\ 0,1,\ 1,1,\ 0,1,\ 1,0,\ 1,1,\ 0,0,\ 1,1\}$.

_____ Ende des Beispiels

Wenden wir uns wieder der Encoder-Schaltung im Allgemeinen zu, so lassen sich für Faltungscodes wichtige Kenngrößen ablesen. Durch die Faltung der Eingangsfolge, im Encoder an den Speichern sichtbar, beeinflusst ein Bit der Eingangsfolge typischer Weise mehrere Bits der Ausgangsfolge. Man spricht hier anschaulich von einem Gedächtnis und einer Einflusslänge.

Da die Encoder mehrere Eingänge haben können, definiert man als *Encoder-Gedächtnis* die Zahl der Speicher in der längsten Verzögerungskette.

$$m = \max_{i=1,\dots,k} m_i \qquad (5.4)$$

Die *Einflusslänge* gibt die maximale Spannweite von Codebits an, die von einem Eingangsbit beeinflusst werden.

$$n_c = n \cdot (m + 1) \qquad (5.5)$$

Anmerkungen: (i) In der englischsprachigen Literatur werden die Begriffe Encoder memory bzw. Constraint length verwendet. (ii) n_c wird manchmal auch als Zahl der Speicherelemente im Encoder definiert.

Wie später gezeigt wird, sind das Encoder-Gedächtnis und die Einflusslänge für das Fehlerkorrekturvermögen und die Komplexität der Decodieralgorithmen von entscheidender Bedeutung.

Ein weiterer, für die Anwendung von Codes wichtiger Parameter ist die Coderate. Da pro k Bits am Eingang n Bits am Ausgang erzeugt werden, folgt die *Coderate*

$$R = \frac{k}{n} \qquad (5.6)$$

Die Zahl der Eingänge k ist in der Regel klein. Typisch sind Coderaten von 1/3 bis 7/8.

Der Nachrichtenaustausch in der Informationstechnik findet immer in gewissen Rahmenstrukturen statt. Deshalb besitzen reale Nachrichtenfolgen eine endliche Länge. In diesem Fall kann sich u. U. die tatsächliche Coderate stark verringern. Grund dafür ist, wie auch im Beispiel des (2,1,4)-Faltungscodes beobachtbar, dass durch das Encoder-Gedächtnis die Nachrichtenbits eine gewisse Zeit nachwirken. In den Anwendungen werden meist die Nachrichtenfolgen jeweils um m Nullen – oder andere bekannte Bitmuster – verlängert, so dass nach zusätzlichen m Takten das letzte Nachrichtenbit aus dem Encoder-Gedächtnis verschwunden ist. In Anlehnung an den englischen Begriff tail für Schweif, Schluss, Schleppe usw. spricht man von *Tail-Bits* oder *Schluss-Bits*.

Im Vergleich zur Länge einer Nachrichtenfolge L erhöht sich die Länge der Codefolge auf $L + m$. Dieser Effekt wird in der *Block-Coderate*

$$R_B = \frac{kL}{n \cdot (L + m)} \approx R \quad \text{für} \quad L \gg m \qquad (5.7)$$

berücksichtigt. Offensichtlich resultiert für sehr lange Nachrichtenfolgen näherungsweise die Coderate.

Der *relative Ratenverlust* (Fractional rate loss) ist demgemäß

$$\frac{m}{L + m} \qquad (5.8)$$

Anmerkung: In Anwendungen mit relativ kurzen Nachrichtenfolgen werden manchmal Tail-biting Codes eingesetzt, bei denen auf die Schluss-Bits verzichtet wird.

5.3   Polynomdarstellung

Ähnlich wie für die Blockcodes in Abschnitt 4 lassen sich Polynome zur Beschreibung der Faltungscodes heranziehen. Dabei werden Ähnlichkeiten, aber auch Unterschiede zwischen den beiden Codefamilien deutlich.

Die Impulsantworten charakterisieren die Codierung. Ihnen zugeordnet werden die *Generatorpolynome* mit Grad m_i

$$g_{ji}(X) = g_{ji,0} + g_{ji,1}X + \cdots + g_{ji,m_i} X^{m_i} \tag{5.9}$$

Die Variable X nimmt keinen Wert an, sondern ihr Exponent dient als Indikator für die Zahl der Verschiebungen. X^n zeigt die n-fache Verschiebung bzgl. eines Bezugspunktes an, in der Regel der Beginn der Eingangsfolge.

Anmerkung: In der Literatur wird statt der Variablen X manchmal auch D für Delay verwendet. In der digitalen Signalverarbeitung entspricht das dem Verzögerungsoperator im Zeitbereich bzw. im Bildbereich der z-Transformation dem Faktor z^{-1}.

Handelt es sich um die üblichen binären Codes, so sind die Polynome, wie in Abschnitt 4, über den Galois-Körper $GF(2)$ definiert. Alle Rechenoperationen der Polynomkoeffizienten beziehen sich wieder auf die Modulo-2-Arithmetik.

Die Codierung kann mit den Polynomen ähnlich wie bei den Blockcodes dargestellt werden. Wenn die Eingangsfolge eine begrenzte Länge besitzt, liegt tatsächlich ein Blockcode vor. Man spricht dann von geblockten Faltungscodes.

Die Polynomdarstellung führt die Faltung der Folgen im Zeitbereich in Produkte der Polynome im Bildbereich über. Aus der Faltung endlich langer Eingangsfolgen ergeben sich Polynome endlicher Ordnung für die Ausgangsfolgen. Wirken mehrere Eingänge auf einen Ausgang, so werden die Polynome addiert.

$$v_j(X) = \sum_{i=1}^{k} g_{ji}(X) \cdot u_i(X) \qquad \text{für den } j\text{-ten Ausgang} \tag{5.10}$$

Die n Ausgangssignale werden in einem *Multiplex* der Teilfolgen

$$v(X) = \sum_{j=1}^{n} X^{j-1} v_j(X^n) \tag{5.11}$$

zum *Codepolynom* verschränkt.

$$v(X) = \sum_{j=1}^{n} X^{j-1} \cdot \sum_{i=1}^{k} g_{ji}(X^n) u_i(X^n) \tag{5.12}$$

Beispiel   Polynomdarstellung zum (2,1,4)-Faltungscodes für GSM

Wir veranschaulichen die Definitionen anhand des (2,1,4)-Faltungscodes. Aus der Encoder-schaltung in Bild 5-2 ergeben sich die Generatorpolynome

$$g_1(X) = 1 + X^3 + X^4 \quad \text{und} \quad g_2(X) = 1 + X + X^3 + X^4 \tag{5.13}$$

Als Nachrichtenfolge wählen wir $u[n] = \{1,0,1,1\}$ und damit das Nachrichtenpolynom

$$u(X) = u_0 + u_1 X + u_2 X^2 + \cdots = 1 + X^2 + X^3 \tag{5.14}$$

Ebenso, wie in der digitalen Signalverarbeitung die Faltung der Zeitsignale im Bildbereich der z-Transformierten als Multiplikation der z-Transformierten gedeutet wird [Wer08], ist hier äquivalent zu der Faltung der Nachrichtenfolge mit den Impulsantworten die Multiplikation des Nachrichtenpolynoms mit den Generatorpolynomen. Wir erhalten unter Berücksichtigung der Modulo-2-Arithmetik

$$v_1(X) = u(X) \cdot g_1(X) = \left(1 + X^2 + X^3\right) \cdot \left(1 + X^3 + X^4\right) =$$
$$= 1 + X^2 + X^4 + X^5 + X^7 \tag{5.15}$$

$$v_2(X) = u(X) \cdot g_2(X) = 1 + X + X^2 + X^3 + X^5 + X^7 \tag{5.16}$$

Das Codepolynom resultiert durch Verschränken der Teilfolgen.

$$v(X) = v_1(X^2) + X \cdot v_2(X^2) =$$
$$= 1 + X + X^3 + X^4 + X^5 + X^7 + X^8 + X^{10} + X^{11} + X^{14} + X^{15} \tag{5.16}$$

bzw. die Codefolge

$$v[n_2] = \{1,1, 0,1, 1,1, 0,1, 1,0, 1,1, 0,0, 1,1\} \tag{5.17}$$

Beispiel   Rate-1/3-Code für GSM

Der Rate-1/3-Code in GSM wird durch die drei Generatorpolynome definiert.

$$g_1(X) = 1 + X + X^3 + X^4 \tag{5.18}$$
$$g_2(X) = 1 + X^2 + X^4$$
$$g_3(X) = 1 + X + X^2 + X^3 + X^4$$

Der maximale Grad der Polynome ist 4, so dass ein (3,1,4)-Faltungscode vorliegt. Mit $m = 4$ ergeben sich 4 Speicherelemente in der Encoderschaltung, siehe Bild 5-3. Die Einflusslänge ist $n_c = 15$ und die Coderate $R = 1/3$.

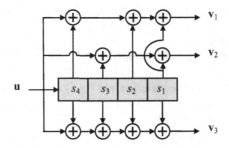

Bild 5-3 Encoder des (3,1,4)-Faltungscodes für die GSM-Rate-1/3-Codierung in Schieberegister-Darstellung

5.4   Zustandsbeschreibung

Aus der Struktur der Encoderschaltung mit der endlichen Zahl von Speichern für die Nachrichtenelemente und der Tatsache, dass die digitalen Nachrichtenelemente nur eine endliche Zahl von Werten annehmen können, folgt: Die Encoderschaltung kann ebenfalls nur eine endliche Zahl von Zuständen erreichen. Als alternative Beschreibung der Codierung bietet sich deshalb an, sie als Abfolge von Zuständen aufzufassen. Wie noch gezeigt wird, liefert diese Idee den Schlüssel zum tieferen Verständnis der Eigenschaften von Faltungscodes und führt insbesondere auf effiziente Algorithmen zu deren Decodierung.

Wir entwickeln das Konzept der Zustandsbeschreibung anhand eines Beispiels.

Beispiel   Zustandsbeschreibung des (2,1,3)-Faltungscodes

Die Nähe zur digitalen Signalverarbeitung betonen wir, indem wir die Encoderschaltung in Schieberegisterform, siehe Bild 5-2, in den Signalflussgraphen (Signal flow graph) umzeichnen [Wer08]. Der Kürze halber verwenden wir im Beispiel den (2,1,3)-Faltungscode mit den Generatorpolynomen $g_1(X) = 1 + X^2 + X^3$ und $g_2(X) = 1 + X + X^2 + X^3$.

Zusätzlich eingetragen sind die inneren Größen, die Zustandsgrößen s_1, s_2 und s_3, die Größen, die Ausgänge der Speicher repräsentieren.

Anmerkung: Das Gewicht X steht für die Verzögerung des Signals um einen Takt (Verzögerungsoperator). Führen Kanten auseinander, wird das Signal jeweils kopiert; vereinigen sich Kanten, werden die Signale gemäß der Modulo-2-Arithmetik addiert. Das Gewicht 1 wird der Einfachheit halber weggelassen.

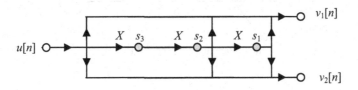

Bild 5-4 Encoder des (2,1,3)-Faltungscodes als Signalflussgraph

Mit drei Zustandsgrößen existieren bei einer binären Nachrichtenfolge genau $2^3 = 8$ verschiedene Zustände im Encoder. Wir ordnen den Werten der Zustandsgrößen in Tabelle 5-1 die Zustände S_0, S_1 bis S_7 zu. Die Nummerierung der Zustandsgrößen und Zustände ist prinzipiell beliebig, jedoch hat sich das hier verwendete System bei der Software-Implementierung der Codier- und Decodieralgorithmen als hilfreich bewährt.

Tabelle 5-1 Zuordnung von Zustandsgrößen und Zuständen

Zustandsgrößen			Zustände S_i
s_3	s_2	s_1	$i = s_3 + s_2 \cdot 2 + s_1 \cdot 2^2$
0	0	0	0
1	0	0	1
0	1	0	2
1	1	0	3
0	0	1	4
1	0	1	5
0	1	1	6
1	1	1	7

Es wird bei der Codierung nach Bild 5-4 pro Takt jeweils ein neues Nachrichtenbit in die Zustandsgröße s_3 geladen. Die Werte der Zustandsgrößen s_2 und s_1 gehen aus den vorhergehenden Werten der Zustandgrößen s_3 bzw. s_2 hervor. Damit hat jeder Zustand genau zwei Nachfolger, je nachdem ob 0 oder 1 aus der Nachrichtenfolge nachgeschoben wird.

Die möglichen Zustandswechsel, ihre Abhängigkeiten von der Nachrichtenfolge und ihre Einflüsse auf die Codefolge lassen sich grafisch anschaulich darstellen. Bild 5-5 zeigt das *Zustandsdiagramm* für den (2,1,3)-Faltungscode. Das Zustandsdiagramm entwickelt sich von links beginnend aus dem Nullzustand S_0, d. h. zunächst sind alle Zustandsgrößen null.

1. Wird das Nachrichtenbit 0 eingespeist, verbleibt der Encoder im Nullzustand. Am Ausgang erscheint dabei das Bitpaar 00. Eingangs- und Ausgangsbits werden an der den Zustandsübergang symbolisierenden Kante durch 0/00 kenntlich gemacht.

2. Wird das Nachrichtenbit 1 eingespeist, wechselt der Encoder in den Zustand S_1, siehe Tabelle 5-1. Am Ausgang erscheint das Bitpaar 11.

Ganz entsprechend lässt sich der Rest des Zustandsdiagramms entwickeln.

_____ Ende des Beispiels

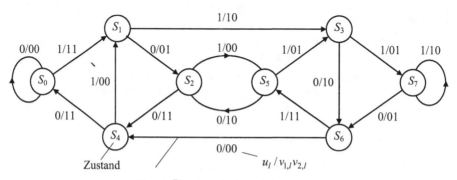

Bild 5-5 Zustandsdiagramm zum (2,1,3)-Faltungscode

Das Zustandsdiagramm enthält die vollständige Information über den Code. Das Codieren einer Nachrichtenfolge ist äquivalent zum Durchlaufen des zugeordneten Weges im Zustandsdiagramm. Alternativ kann deshalb die Codierung auch im Zustandsdiagramm durchgeführt werden. Dies bietet sich beispielsweise für Software-Realisierungen an, wenn es auf eine rechenzeiteffiziente Implementierung ankommt. Wir machen uns das an einem Beispiel klar.

Beispiel Codierung des (2,1,3)-Faltungscodes mit der Zustandsübergangstabelle

Zur eindeutigen Codierung des (2,1,3)-Faltungscodes genügt es, zu jedem Zustand in Abhängigkeit vom zu übertragenden Nachrichtenbit den jeweiligen Nachfolgezustand und das dabei abgegebene Bitpaar zu kennen. Wir führen diese Information in der *Zustandsübergangstabelle*, Tabelle 5-2, zusammen.

Tabelle 5-2 Zustandsübergangstabelle für den (2,1,3)-Faltungscode

alter Zustand $S_i[n]$	neuer Zustand $S_i[n+1]$, wenn Nachrichtenbit gleich		Bitpaar in der Codefolge, wenn Nachrichtenbit gleich	
	0	1	0	1
0	0	1	0 0	1 1
1	2	3	0 1	1 0
2	4	5	1 1	0 0
3	6	7	1 0	0 1
4	0	1	1 1	0 0
5	2	3	1 0	0 1
6	4	5	0 0	1 1
7	6	7	0 1	1 0

Anhand Tabelle 5-2 codieren wir die Nachricht $u[n] = \{1,0,1,1,1\}$. Wir vereinbaren, im Nullzustand zu beginnen und auch wieder zu enden. Wir hängen dazu an die Nachricht die notwendigen drei Schluss-Bits 000 an.

Dann ergibt sich die Folge der Zustände $S[n] = \{S_0, S_1, S_2, S_5, S_3, S_7, S_6, S_4, S_0\}$ und der Codebits $v[n] = \{1,1,0,1,0,0,0,1,0,1,0,1,0,0,1,1\}$.

———————————————————————————————— Ende des Beispiels

An der Zustandsübergangstabelle Tabelle 5-2 lässt sich eine Voraussetzung für einen guten Code entdecken. Dazu vergleichen wir die Bitpaare im Code der paarweise alternativen Übergänge. Pro Übergang wird der Unterschied in den Bits der Codefolgen, die Hamming-Distanz, zwischen den beiden Alternativen um jeweils zwei erhöht. Damit nimmt die Robustheit gegen Fehler ebenfalls zu. Gute Codes vergrößern in jedem Zustandsübergang die Hamming-Distanzen der alternativen Codefolgen so weit wie möglich. Später wird noch deutlich, dass es nicht nur auf den einzelnen Übergang ankommt, sondern auf die Entwicklung der unterschiedlichen Pfade im Zustandsdiagramm.

Ein Blick ins Zustandsdiagramm in Bild 5-5 macht deutlich, dass die Komplexität der Codierung – und damit ebenso der Decodierung – mit der Zahl der Zustände wächst. Letztere ergibt sich aus der Anzahl der Speicher in der Encoderschaltung.

Ein (n,k,m)-Faltungscode besitzt genau

$$M = \sum_{i=1}^{k} m_i \qquad (5.19)$$

Speicher. Man bezeichnet die Größe M als das *vollständige Encodergedächtnis*. Damit können maximal M gespeicherte Nachrichtenelemente ein Code-n-Tupel am Encoderausgang beeinflussen. Bei binären Nachrichten gibt es in den M Speichern genau 2^M verschiedene Encoderzustände.

Beispiel (3,1,2)-Faltungscode

Wir betrachten ein weiteres Beispiel in Form einer Aufgabe.

Gegeben sind die Generatorpolynome $g_1(X) = 1 + X$, $g_2(X) = 1 + X^2$ und $g_3(X) = 1 + X + X^2$ und die Nachrichtenfolge $u[n] = \{1,1,0,0,1\}$.

Geben Sie

a) die Encoderschaltung in der Darstellung als Schieberegister und als Signalflussgraph an,

b) das Encoderzustandsdiagramm,

c) die Zustandsübergangstabelle und

d) die Codefolge zu $u[n]$ an, wenn die Codierung im Nullzustand beginnen und enden soll.

Lösung

a) Encoderschaltung

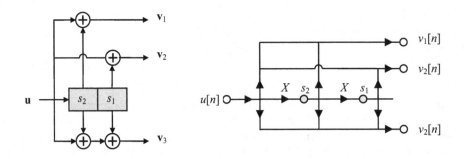

Bild 5-6 Encoder des (3,1,2)-Faltungscodes in Schieberegister-Darstellung (links) und als Signalflussgraph (rechts)

b) Zustandsdiagramm

Tabelle 5-3 Zuordnung von Zustandsgrößen und Zuständen

Zustandsgrößen		Zustand S_i
s_2	s_1	$i = s_2 + s_1 \cdot 2$
0	0	0
1	0	1
0	1	2
1	1	3

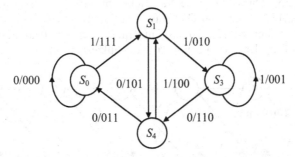

Bild 5-7 Zustandsdiagramm zum (3,1,2)-Faltungscode

c) Zustandsübergangstabelle

Tabelle 5-4 Zustandsübergangstabelle für den (3,1,2)-Faltungscode

alter Zustand $S_i[n]$	neuer Zustand $S_i[n+1]$, wenn Nachrichtenbit gleich		Bit-Trippel in der Codefolge, wenn Nachrichtenbit gleich	
	0	1	0	1
0	0	1	0 0 0	1 1 1
1	2	3	1 0 1	0 1 0
2	0	1	0 1 1	1 0 0
3	2	3	1 1 0	0 0 1

d) Damit die Codierung im Nullzustand endet, sind 2 Schluss-Bits mit den Werten null erforderlich. Es ergibt sich $v[n]$ = {1,1,1, 0,1,0, 1,1,0, 0,1,1, 1,1,1, 1,0,1, 0,1,1}.

Ende des Beispiels

Die Zustandsdarstellung des Codes eröffnet die Möglichkeit, die Codierung über der Zeit in Form des *Netzdiagramms*, auch *Trellis-Diagramm* genannt, grafisch abzubilden. Der Codiervorgang im letzten Beispiel lässt das anschaulich werden.

Beispiel Netzdiagramm der Codierung des (3,1,2)-Faltungscodes

Im Netzdiagramm in Bild 5-8 werden zunächst alle möglichen Zustände in ihrer zeitlichen Abfolge aufgetragen. Die zu den Übergängen gehörenden Nachrichten- und Codefolgebits werden als Kantengewichte eingetragen. Im Beispiel mit einer binären Eingangsfolge, $k = 1$, ergeben sich jeweils $2^k = 2$ Kanten, die von jedem Zustand weggehen bzw. in jedem Zustand münden.

Anmerkung: Im Beispiel wurde der Übersichtlichkeit halber die vertikale Anordnung der Zustände so gewählt, dass die von einem Bit 0 induzierten Übergänge, im Bild strichliniert angezeigt, nicht nach oben gerichtet sind.

Die Codierung der Nachrichtenfolge $u[n] = \{1,1,0,0,1\}$ bildet sich wie in Bild 5-8 ab. Sie beginnt im Nullzustand S_0. Durch das erste Nachrichtenbit $u[0] = 1$ wird ein Übergang in den Zustand S_1 ausgelöst. Dabei wird am Codeausgang das Bit-Tripel 111 erzeugt. Das zweite Nachrichtenbit $u[1] = 1$ führt zum Zustand S_3 mit dem Bit-Tripel 010 am Encoderausgang usw. Schließlich endet der Encoder – wie vereinbart – im Nullzustand S_0.

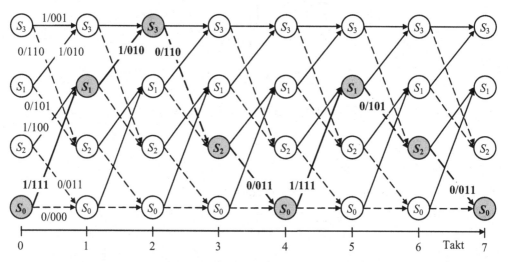

Bild 5-8 Netzdiagramm zur Codierung der Nachricht $u[n] = \{1,1,0,0,1\}$ mit dem (3,1,2)-Faltungscode

5.5   Maximum-Likelihood-Decodierung

5.5.1   Viterbi-Algorithmus

Für die Decodierung von Faltungscodes stehen im Wesentlichen zwei Alternativen zur Verfügung: die sequentielle Decodierung und der Viterbi-Algorithmus.

Die *sequentielle Decodierung*, z. B. mit dem Fano- oder dem Stack-Algorithmus, orientiert sich an den sich baumartig entwickelnden alternativen Codefolgen. Sie kann für manche Anwendungen interessant sein. Für eine kurze Einführung in die sequentielle Decodierung und weitere Literaturhinweise siehe z. B. [LiCo04], [Pro00].

Üblicherweise wird heute der *Viterbi-Algorithmus* (VA) eingesetzt. Er ist ein Sonderfall der dynamischen Programmierung aus der mathematischen Optimierung, wie sie beispielsweise in den Wirtschaftswissenschaften zur Streckenplanung verwendet wird. Die Aufgabe dort ist es, die Folge der angefahrenen Orte so zu wählen, dass die Gesamtstrecke am kürzesten wird.

Ganz ähnlich ist auch die Anwendung in der Nachrichtentechnik. Die Rolle der Orte übernehmen die Zustände im Netzdiagramm und die Gesamtstrecke wird, statt in Kilometern, durch eine an die Anwendung angepasste Metrik bestimmt.

Die Idee des Viterbi-Algorithmus folgt intuitiv aus dem Netzdiagramm. Es wird deshalb zunächst ein Beispiel vorgestellt. Danach werden die theoretischen Zusammenhänge behandelt.

Beispiel   Decodierung im Netzdiagramm für den (3,1,2)-Faltungscode

Der Startpunkt für das Beispiel ist das Netzdiagramm in Bild 5-8. Da wir voraussetzen, dass die Codierung im Zustand S_0 beginnt und endet, können die alternativen Codefolgen – bildlich die alternativen Wege im Netzdiagramm – auf die Wege reduziert werden, die in S_0 starten und nach 7 Takten in S_0 ankommen.

Wir nehmen an, dass die Codefolge ohne Übertragungsfehler am Decoder ankommt. Dann ist die Empfangsfolge gleich der Codefolge, $r[n] = v[n] = \{1,1,1,\ 0,1,0,\ 1,1,0,\ 0,1,1,\ 1,1,1,\ 1,0,1,$ $0,1,1\}$.

Wie kann nun der Decoder herausfinden, welche der möglichen Codefolgen gesendet wurde?

Indem er die Bits der Empfangsfolge mit den Bits der möglichen Codefolgen vergleicht und diejenige Codefolge auswählt, die der Empfangsfolge am ähnlichsten ist. Dabei bietet sich an, im Falle unabhängiger Einzelfehler die Hamming-Distanz als Maß für die Ähnlichkeit zu verwenden: je größer die Hamming-Distanz, umso geringer die Ähnlichkeit.

Der Vergleich der Hamming-Distanzen aller Codefolgen kann im Netzdiagramm effizient realisiert werden. Bild 5-9 zeigt den Algorithmus und sein Ergebnis.

Im ersten Schritt, Takt oder Übergang, sind zwei Wege aus dem Nullzustand möglich. Der Decoder vergleicht das zuerst empfangene Bit-Tripel mit den Bit-Tripeln der beiden möglichen Wege. Wir machen das deutlich, indem wir die resultierenden Hamming-Distanzen an die Kanten notieren. Zur Erinnerung sind ebenfalls die Gewichte der Kanten im Encoder angegeben. Die beiden Wege münden in die Zustände S_0 bzw. S_1. Dort wird im *Metrikspeicher* die bis dahin aufgesammelte Hamming-Distanz zwischen der Empfangsfolge und dem Weg im Netzdiagramm festgehalten. Im *Wegspeicher* hinterlegt der Decoder die zu diesem Weg gehörende Folge von Nachrichtenbits.

Im zweiten Schritt sind jeweils wieder zwei Übergänge pro Zustand möglich. Der Decoder addiert die Hamming-Distanzen der Übergänge zu den Inhalten der Metrikspeicher der Vorläufer-Zustände und schreibt die Ergebnisse in die Metrikspeicher der Nachfolger-Zustände. Ebenso werden die zugehörigen Nachrichtenbits in den Wegspeichern gemerkt. Am Ende des zweiten Schrittes sind alle 4 möglichen Zustände im Netzdiagramm erreicht.

Im dritten Schritt wird ähnlich wie vorher verfahren. Es münden jedoch erstmals je zwei Wege in einen neuen Zustand. Hier wird nun der besondere Vorteil der dynamischen Programmierung deutlich.

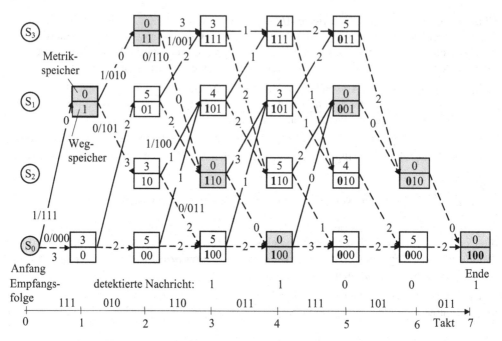

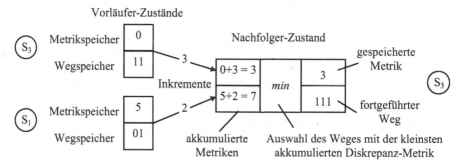

Bild 5-9 Decodierung im Netzdiagramm

Am Beispiel des Zustandes S_3 oben in Bild 5-9 wird das Verfahren demonstriert. Dazu wird die Situation in Bild 5-10 vergrößert gezeigt. Im Zustand S_3 vereinigen sich die beiden Wege über die Vorläufer-Zustände S_1 oder S_3. Im Übergang werden ihnen die Hamming-Distanzen 3 bzw. 2 als Inkremente zugewiesen. Die bis hierhin akkumulierten Metriken sind demzufolge die in den Vorläufer-Zuständen gespeicherten Metriken zuzüglich der Metrikinkremente.

Weil im weiteren Decodierungsprozess die noch hinzukommenden Metrikinkremente unabhängig von den bis hierhin akkumulierten Metriken sind, und somit gleichermaßen für beide Alternativen gelten, wird der Weg über S_1 stets eine größere akkumulierte Metrik aufweisen als der Weg von S_3 kommend. Da am Schluss der Weg mit der geringsten Hamming-Distanz – der kleinsten Unstimmigkeit (Diskrepanz), der größten Ähnlichkeit mit einer möglichen Nachricht – ausgewählt wird, kommt der Weg über S_1 nicht mehr in Frage. Er kann deshalb bereits jetzt verworfen werden. Nur der Weg über S_3 muss als potentieller Kandidat weiterverfolgt werden.

Bild 5-10 Auswahl des fortgeführten Weges

Ganz entsprechend wird für die anderen Zustände verfahren. Pro Zustand muss nur ein Weg mit Metrik- und Wegspeicher weiter geführt werden.

Für die praktische Anwendung ergibt sich noch eine wichtige Vereinfachung. Da am Ende des dritten Schrittes alle Wegspeicher als erstes Nachrichtenbit 1 anzeigen, kann das Nachrichtenbit als decodiert ausgegeben werden. Dadurch reduzieren sich die notwendige Tiefe der Wegspeicher und die Codierverzögerung.

Die weitere Decodierung wird entsprechend den bisherigen Überlegungen vorgenommen. Am Schluss wird der Inhalt des Wegspeichers von S_0 als decodiert ausgegeben.

_____ Ende des Beispiels

Nach dem einführenden Beispiel wird der theoretische Hintergrund des Viterbi-Algorithmus dargestellt. Die Aufgabenstellung für den Decoder ist in Bild 5-11 zusammengefasst. Um etwas übersichtlichere Formeln zu erhalten, verwenden wir die Vektorschreibweise, z. B. $\mathbf{v} = (v_0, v_1, v_2, \ldots)$ für die Codefolge.

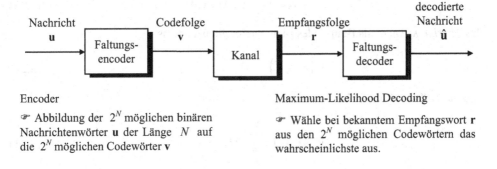

Encoder

☞ Abbildung der 2^N möglichen binären Nachrichtenwörter $\mathbf{u}$ der Länge N auf die 2^N möglichen Codewörter $\mathbf{v}$

Maximum-Likelihood Decoding

☞ Wähle bei bekanntem Empfangswort $\mathbf{r}$ aus den 2^N möglichen Codewörtern das wahrscheinlichste aus.

Bild 5-11 Aufgabe des Maximum-likelihood Decoders (MLD)

Die Aufgabe des Encoders bei der *Maximum-Likelihood-Decodierung* (MLD) ist es, aus der erhaltenen Empfangsfolge die als am wahrscheinlichsten gesendete Codefolge zu identifizieren und die dazugehörige Nachrichtenfolge auszugeben. Die Aufgabe formuliert sich mathematisch so: Es wir von allen möglichen Codefolgen $\mathbf{v} \in Code$ diejenige Codefolge $\hat{\mathbf{v}}$ ausgewählt, für die die bedingte Wahrscheinlichkeit $P(\mathbf{r}/\mathbf{v})$ maximal wird.

$$P(\mathbf{r}/\hat{\mathbf{v}}) = \max_{\mathbf{v} \in Code} P(\mathbf{r}/\mathbf{v}) \tag{5.20}$$

Die Lösung der Aufgabe MLD hängt vom zugrundeliegenden Kanalmodell ab. Im Falle gedächtnisloser Quellen und gedächtnisloser Kanäle, wie beispielsweise dem AWGN-Kanal, wird die Aufgabe einfacher. Dann geschieht die Übertragung der einzelnen Bits der Codefolge der Länge J unabhängig voneinander. Statt die Folge insgesamt betrachten zu müssen, resultiert das Produkt der bedingten Wahrscheinlichkeiten der einzelnen Bits.

$$P(\mathbf{r}/\mathbf{v}) = \prod_{j=0}^{J-1} P(r_j/v_j) \tag{5.21}$$

Es stellt sich als günstig heraus, das Produkt mit der Logarithmusfunktion in eine Summe aufzuspalten. Da die Logarithmusfunktion monoton ist, ändert sie die Größenverhältnisse zwischen den bedingten Wahrscheinlichkeiten der Codefolgen nicht. Wie in der mathematischen Statistik spricht man hier von der *Log-likelihood-Funktion*

$$\log P(\mathbf{r}\,/\,\hat{\mathbf{v}}) = \max_{\mathbf{v}\in Code} \sum_{j=0}^{J-1} \log P(r_j\,/\,v_j) \tag{5.22}$$

Mit der Anwendung der Log-likelihood-Funktion geht die MLD zu einer schrittweisen Decodierung über.

Für den Fall der gedächtnislosen Übertragung kann die MLD mit dem Viterbi-Algorithmus im Netzdiagramm aufwandsgünstig realisiert werden. Wir führen dazu die folgenden Hilfsgrößen ein:

- die *Metrik* der Folge $\mathbf{v}_i$

$$M(\mathbf{r}, \mathbf{v}_i) = \log P(\mathbf{r}\,/\,\mathbf{v}_i) \tag{5.23}$$

- das *Metrikinkrement* als Beitrag des j-ten Nachrichtenzeichens

$$M(r_j, v_{i,j}) = \log P(r_j\,/\,v_{i,j}) \tag{5.24}$$

- und die *Teilmetrik* als Zwischensumme

$$M_k(\mathbf{r}, \mathbf{v}_i) = \sum_{j=0}^{k-1} M(r_j\,/\,v_{i,j}) \tag{5.25}$$

Der Viterbi-Algorithmus funktioniert so wie in Bild 5-10 illustriert. Zu jedem Zustand werden die Teilmetriken aller ankommenden Wege berechnet. Die Berechnung der Metrikinkremente hängt vom Kanalmodell ab. Zwei Beispiele hierfür werden nachfolgend vorgestellt. Da die zukünftigen Metrikinkremente unabhängig von den bisherigen Wegen sind, betreffen sie alle weiterführenden Wege gleich. Es muss demnach in jedem Zustand nur der Weg mit der größten Metrik weiterverfolgt werden.

Nachdem der Viterbi-Algorithmus soweit skizziert ist, kann seine *Komplexität* grob abgeschätzt werden:

- Bei einem vollständigen Encodergedächtnis M und einem binären Code existieren 2^M Zustände.

- Pro Zeitschritt sind 2^{M+1} Metrikinkremente zu bestimmen, Teilmetriken zu aktualisieren und zu vergleichen.

- Pro Zeitschritt sind 2^M Wege mit den zugehörigen Teilmetriken und Wegangaben zu speichern.

Man beachte, die Komplexität des Viterbi-Decoders wächst exponentiell mit dem vollständigen Encodergedächtnis.

Beispiel Metrik für die Übertragung in symmetrischen Binärkanälen (BSC)

Bei der Übertragung der Nachricht einer binären Quelle im BSC, siehe Übergangsdiagramm in Bild **5-12**, liegt definitionsgemäß ein gedächtnisloser Kanal vor, der die übertragenen Bits mit der Wahrscheinlichkeit ε stört.

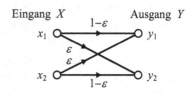

Für die MLD sind die bedingten Wahrscheinlichkeiten der am Kanaleingang X gesendeten und am Kanalausgang Y empfangenen Bits (5.20) zu vergleichen. Die bedingte Wahrscheinlichkeit, d. h. die Wahrscheinlichkeit bei gesendeter Nachricht $\mathbf{v}_i$ das Empfangswort $\mathbf{r}$ zu erhalten, hängt wegen der gedächtnislosen Übertragung im Wesentlichen von der Zahl der unterschiedlichen

Bild 5-12 Übergangsdiagramm des symmetrischen Binärkanals

Bits, der Hamming-Distanz $d_H(\mathbf{r},\mathbf{v}_i)$, ab. Mit der Länge J der Codefolge ergibt sich die bedingte Wahrscheinlichkeit aus dem Produkt der Wahrscheinlichkeiten für genau $d_H(\mathbf{r},\mathbf{v}_i)$ gestörte und $J - d_H(\mathbf{r},\mathbf{v}_i)$ ungestörte Bits. Für die Log-likelihood-Funktion folgt

$$\log P\left(\mathbf{r}/\mathbf{v}_i\right) = \log\left(\varepsilon^{d_H(\mathbf{r},\mathbf{v}_i)} \cdot (1-\varepsilon)^{J-d_H(\mathbf{r},\mathbf{v}_i)}\right) =$$
$$= d_H(\mathbf{r},\mathbf{v}_i) \cdot \log\frac{\varepsilon}{1-\varepsilon} + J \cdot \log(1-\varepsilon) \tag{5.26}$$

Das Ergebnis kann wesentlich vereinfacht werden. Die Parameter J und ε sind unabhängig von den möglichen Nachrichten und haben deshalb keinen Einfluss auf die Entscheidung des Decoders. Der zweite Summand in (5.26) kann deshalb weggelassen werden. Bei der Logarithmusfunktion, dem konstanten Faktor der Hamming-Distanz, ist Vorsicht geboten. Sie liefert einen negativen Wert. Lässt man sie weg, so muss statt nach dem Maximum nach dem Minimum gesucht werden.

Damit lässt sich die Entscheidungsregel für das MLD-Kriterium in sehr einfacher Form angeben.

$$d_H(\mathbf{r},\hat{\mathbf{v}}) \leq d_H(\mathbf{r},\mathbf{v}) \quad \forall \quad \mathbf{v} \in Code \tag{5.27}$$

Es wird die Codefolge $\hat{\mathbf{v}}$ decodiert, deren Hamming-Distanz zur Empfangsfolge am kleinsten ist, die kleinste Unstimmigkeit aufweist. Gibt es zwei oder mehrere solche Codefolgen, wird eine davon beliebig ausgewählt.

Anmerkung: Das haben wir zwar vorher schon geahnt, siehe einführendes Beispiel, aber jetzt wissen wir, dass das auch die MLD-optimale Lösung ist. Mit der MLD besitzen wir ein objektives Kriterium, welches auch in weniger offensichtlichen Fällen zuverlässig angewendet werden kann.

Beispiel Viterbi-Decodierung des (3,1,2)-Faltungscodes bei Übertragung im BSC

Wir zeigen die Anwendung der MLD mit dem Viterbi-Algorithmus, indem wir das einführende Beispiel – diesmal mit Übertragungsfehler – wiederholen.

Die MLD-Decodierung der gestörten Empfangsfolge mit dem Viterbi-Algorithmus wird in Bild 5-13 gezeigt. Die Empfangsfolge, unten im Bild, ist in den 5 fettgedruckten Bits gestört. Die Decodierung geschieht wie im einführenden Beispiel. Anders als dort, wird im dritten

Zeitschritt im Zustand S_1 der von S_0 kommende Weg weiterverfolgt. Deshalb stimmen jetzt die ersten Nachrichtenbits in den Wegspeichern der vier Zustände nicht überein, so dass kein Nachrichtenbit ausgegeben werden kann. Durch die Störung verzögert sich die Decodierung im Allgemeinen. Erst am Ende kann das letzte Nachrichtenbit decodiert werden. Trotz der 5 Übertragungsfehler – also mehr als 14 % gestörte Bits in der Empfangsfolge – wird die Nachricht fehlerfrei erkannt.

Man beachte auch, dass bei richtiger Decodierung die Metrik die Zahl der Bitfehler in der Empfangsfolge anzeigt. Diese Information kann zusätzlich benutzt werden, um die Vertrauenswürdigkeit der detektierten Nachricht zu bewerten. Sie kann auch als Qualitätsindikator für die Übertragung selbst verwendet werden, um beispielsweise die Verschlechterung des Kanals rechtzeitig zu erkennen und Gegenmaßnamen einzuleiten.

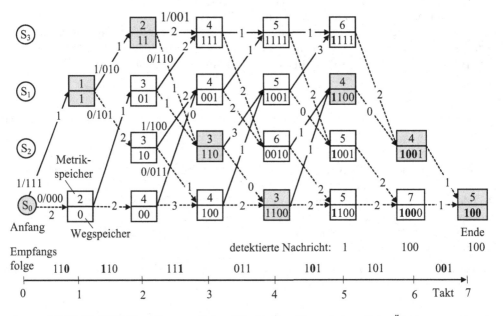

Bild 5-13 MLD-Decodierung mit dem Viterbi-Algorithmus bei gestörter Übertragung

---

Beispiel   Metrik für die Übertragung in AWGN-Kanälen

Bei der Übertragung bipolarer Signale in AWGN-Kanälen mit Matched-Filterempfang liegt grundsätzlich die in   Bild **5-14** gezeigte Situation für die *Detektionsvariablen* vor [Wer08], siehe auch Teil I, Abschnitt 8.5.2.

Ein Codewortbit 1 oder 0 wird durch die Übertragung im ungestörten Fall auf die Werte r_0 bzw. $-r_0$ abgebildet. Durch die additive Rauschstörung mit normalverteilter Amplitude wird die Detektionsvariable r im Empfänger

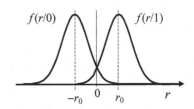

Bild 5-14 Bedingte Wahrscheinlichkeitsdichtefunktionen der Detektionsvariablen r

eine kontinuierliche stochastische Variable mit den bedingten Wahrscheinlichkeitsdichtefunktionen

$$f(r/0) = \frac{1}{\sqrt{2\pi\sigma^2}} \cdot \exp\left(-\frac{(r+r_0)^2}{2\sigma^2}\right)$$

$$f(r/1) = \frac{1}{\sqrt{2\pi\sigma^2}} \cdot \exp\left(-\frac{(r-r_0)^2}{2\sigma^2}\right)$$

(5.28)

Anmerkung: Der Wert r_0 und die Varianz der Rauschstörung σ^2 hängen von der Übertragungsstrecke ab. Die im Beispiel vorgestellten Überlegungen gelten prinzipiell für die allgemein *M*-stufige Übertragung, so dass das vorgestellte Verfahren auch auf diese angewendet werden kann.

Als Nachrichtenquelle wird eine binäre Quelle mit gleichwahrscheinlichen Zeichen angenommen. Der AWGN-Kanal ist gedächtnislos. Damit sind die Voraussetzungen für die MLD bei Verwendung der Log-likelihood-Funktion (5.22) mit den Metrikinkrementen

$$\tilde{M}\left(r_j, v_j\right) = \log P\left(r_j / v_j\right) = \log\left[\frac{1}{\sqrt{2\pi\sigma^2}} \cdot \exp\left(-\frac{(r_j \pm r_0)^2}{2\sigma^2}\right)\right]$$

(5.29)

mit $+r_0$ für $v_j = 0$ und $-r_0$ für $v_j = 1$ gegeben. Die Logarithmusfunktion vereinfacht die Rechnung

$$\tilde{M}\left(r_j, v_j\right) = -\frac{(r_j \pm r_0)^2}{2\sigma^2} \log e - \frac{1}{2}\log 2\pi\sigma^2$$

(5.30)

Für die Decodierung sind die für alle Alternativen konstanten Anteile unerheblich. Sie dürfen deshalb weggelassen werden. Wir vereinfachen die Metrikinkremente ohne Verlust der Optimalität zum euklidischen Abstand zwischen den Detektionsvariablen und den Referenzwerten.

$$\tilde{\tilde{M}}\left(r_j, v_j\right) = -\left(r_j \pm r_0\right)^2$$

(5.31)

Durch Ausmultiplizieren kann nochmals eine Vereinfachung erzielt werden

$$\left(r_j \pm r_0\right)^2 = r_j^2 \pm 2r_0 r_j + r_0^2$$

(5.32)

so dass sich das Metrikinkrement auf das Produkt aus empfangenem Wert der Detektionsvariablen mit dem Referenzwert reduziert.

$$M\left(r_j, v_j\right) = \begin{cases} -r_j & \text{für } v_j = 0 \\ +r_j & \text{für } v_j = 1 \end{cases}$$

(5.33)

Zur Berechnung des Metrikinkrements ist also gegebenenfalls nur eine Vorzeichenumkehrung notwendig.

5.5.2   Soft-input Viterbi-Algorithmus

Man beachte, die Detektionsvariable ist bei der Übertragung in AWGN-Kanälen als kontinu-ierlicher Wert in die Decodierung einzubeziehen. Man spricht dann vom *Soft-input Viterbi-Algorithmus* im Gegensatz zum Hard-input Viterbi-Algorithmus bei dem die binär quantisier-ten Werte zugrunde gelegt werden.

Im Folgenden wird das Prinzip des Soft-input Viterbi-Algorithmus an einem praktischen Bei-spiel vorgestellt. Dabei sollen auch Realisierungsaspekte berücksichtigt werden. Bei vielen Anwendungen, z. B. bei Mobiltelefonen, wird eine besonders kostengünstige effiziente Imple-mentierung des Decoders verlangt. Die Decodierung wird deshalb oft als integrierte Schaltung auf einem Chip realisiert. Hierbei spielen z. B. die Ausbeute bei der Herstellung und die Leistungsaufnahme im Betrieb wichtige Rollen. Ziel einer effizienten Realisierung ist deshalb, die Komplexität der Schaltung möglichst klein zu halten. Ein Beitrag hierzu ist die Zahlen-darstellung und die arithmetischen Operationen so einfach wie möglich zu gestalten.

Die Vereinfachungen in der Decodierung liefern nur eine sub-optimale Lösung. In vielen An-wendungen wird ein guter Kompromiss zwischen der Komplexität und der Leistungsfähigkeit des Soft-input Viterbi-Algorithmus angestrebt und erreicht.

Beispiel   Soft-input Viterbi-Algorithmus mit reduzierter Komplexität bei Übertragung in AWGN-Kanälen

Wir gehen von einer Übertragung in einem AWGN-Kanal aus. Der Matched-Filterempfänger liefert für jedes Codebit eine normalverteilte Detektionsariable r mit den bedingten Wahr-scheinlichkeiten in   Bild **5-14**. Statt einer harten Entscheidung auf die Bits 0 oder 1 wird eine weiche Entscheidung durchgeführt.

Der simplen technischen Realisierung wegen, wird die Detektionsvariable r wie in Bild 5-15 mit nur 2-Bit Wortlänge quantisiert. Es lassen sich mehr und weniger vertrauenswürdige Bits unterscheiden. Nimmt die Detektionsvariable beispielsweise einen positiven Wert nahe null an, so ist die Wahrscheinlichkeit, dass das Bit 1 statt 0 gesendet wurde nur etwas größer als umgekehrt. Hier ist es sinnvoll von einer relativ unsicheren 1 zu reden. Ist die Detektions-variable größer r_0, so ist die Wahrscheinlichkeit für das Sendebit 1 fast eins.

Die Einteilung der Quantisierungsintervalle beeinflusst die Fehlerwahrscheinlichkeit und ist von dem Verhältnis von Signalleitung und Rauschleistung, dem SNR, abhängig. Die Berech-nung der Schwelle R_{th} (threshold) für die Wortlänge $w = 2$ bit erfolgt durch ein suboptimales Verfahren auf der Basis des *Bhattaryya Parameters* [LiCo04]. Es ergeben sich die gerundeten Werte in Tabelle 5-5. Für das Beispiel wird ein SNR von 3 dB zugrunde gelegt.

Tabelle 5-5 Schwellen für die Quantisierungsintervalle

SNR	0 dB	3 dB	6 dB	9 dB	12 dB
Schwelle R_{th}/A	1	0,73	0,54	0,42	0,34

Anmerkung: Mit zunehmendem SNR werden die Detektionsvariablen vertrauenswürdiger; die Schwelle R_{th} nähert sich 0. Im Grenzfall der ungestörten Übertragung resultiert die harte Entscheidung der binären Detektion.

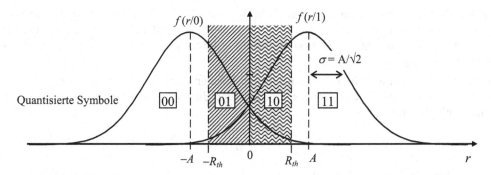

Bild 5-15 Quantisierungsintervalle der Detektionsvariablen r für $SNR_{dB} = 3$ dB

Die Quantisierung der Detektionsvariablen mit 2 Bit führt zu einem erweiterten Modell des diskreten gedächtnislosen Kanals mit zwei Eingängen und vier Ausgängen in   Bild **5-16**. Der Übersichtlichkeit und Einfachheit halber verwenden wir die vereinfachte Schreibweise für die Eingangssymbole 0 und 1 und für die Ausgangssymbole 0_m, 0_w, 1_w und 1_m für die mehr bzw. weniger zuverlässigen Detektionsvariablen.

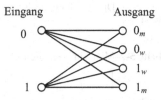

Bild 5-16 Übergangsdiagramm des diskreten gedächtnislosen Ersatzkanals

Für die MLD werden die Übergangswahrscheinlichkeiten benötigt. Im Falle, dass 0 gesendet wird, ergeben sich die vier Übergangswahrscheinlichkeiten

$$
\begin{aligned}
P(0_m / 0) &= P(r < -R_{th} / 0) \\
P(0_w / 0) &= P(r < 0 / 0) - P(0_m / 0) \\
P(1_w / 0) &= P(r < R_{th} / 0) - P(0_w / 0) - P(0_m / 0) \\
P(1_m / 0) &= 1 - P(0_w / 0) - P(0_m / 0) - P(0_m / 0)
\end{aligned}
\tag{5.34}
$$

Entsprechendes gilt für das Senden von 1. Im Beispiel resultieren die gerundeten Zahlenwerte in Tabelle 5-6. Wird beispielsweise das Bit 0 gesendet, so ist die Wahrscheinlichkeit, dass 1_w empfangen wird gleich $P(1_w/0) = 0{,}0715$.

Die Anwendung der Logarithmusfunktion (5.24) auf die Übergangswahrscheinlichkeiten führt auf die negativen reellen Zahlen für die Metrikinkremente in den beiden unteren Zeilen in Tabelle 5-6.

Tabelle 5-6 Übergangswahrscheinlichkeiten und Metrikinkremente

Sendebits	Empfangssymbole				
	0_m	0_w	1_w	1_m	
0	0,6487	0,2726	0,0715	0,0072	Übergangswahr-
1	0,0072	0,0715	0,2726	0,6487	scheinlichkeiten
0	−0,4328	−1,2997	−2,6831	−4,9337	Metrikinkremente
1	−4,9337	−2,6831	−1,2997	−0,4328	

Die Überlegungen zur Quantisierung der Detektionsvariablen können ebenso dazu verwendet werden, auch die Metrikberechnungen aufwandsgünstig zu gestalten. Für die Realisierung des Decoders ist es vorteilhaft die Metrikberechnung in Integerarithmetik mit möglichst geringer Wortlänge vorzugeben.

Grundsätzlich behält die MLD-Metrik nach einer linearen Abbildung ihre Optimalität bei. Das heißt, es darf zur Metrik eine Konstante addiert und die Metrik mit einer (positiven) Konstanten multipliziert werden.

$$\tilde{M}(r_j, v_j) = c \cdot \left[M(r_j, v_j) + b \right] \qquad (5.35)$$

Wir wählen deshalb vereinfachend als Metrikinkremente die Einträge in der Metriktabelle in Tabelle 5-7 mit $b = 4{,}9337$ und $c = 7/(4{,}9337-0{,}4328)$. Sie lassen sich näherungsweise mit zwei Bits darstellen und unterstützen so eine einfache Integerarithmetik.

Anmerkung: Die Rundung auf Integerzahlen führt auf eine gewisse Degradation der Bitfehlerwahrscheinlichkeit.

Tabelle 5-7 Metrikinkremente für die Integerarithmetik

Sendebits	Empfangssymbole				
	0_m	0_w	1_w	1_m	
0	7	5,65	3,57	0	Modifizierte
1	0	5,65	3,57	0	Metrikinkremente
0	7	5	3	0	Metrikinkremente in
1	0	3	5	7	integer Arithmetik

Damit sind die Vorbereitungen abgeschlossen und wir können mit einem Zahlenwertbeispiel aus einer Computersimulation fortfahren. Wie in den vorhergehenden Beispielen benutzen wir den (3,1,2)-Faltungscode mit den Generatorpolynomen $g_1(X) = 1 + X$, $g_2(X) = 1 + X^2$ und $g_3(X) = 1 + X + X^2$ und die Nachrichtenfolge $u[n] = \{1,1,0,0,1\}$.

Die Codefolge $\{v_j\}$ wurde entsprechend dem AWGN-Kanalmodell mit $SNR = 3$ dB durch einen Zufallszahlengenerator gestört, so dass die Empfangsfolge $\{r_j\}$ in Tabelle 5-8 resultierte.

Tabelle 5-8 Simulationsbeispiel für die Codefolge $\{v_j\}$ und Empfangsfolge $\{r_j\}$ bei Übertragung im AWGN-Kanal mit $SNR = 3$ dB – Bitfehler bei binärer Entscheidung grau unterlegt

Takt j	0	1	2	3	4	5	6	7	8	9	10
v_j	1	1	1	0	1	0	1	1	0	0	1
r_j	0,25	2,00	0,43	0,37	1,16	−0,65	−0,53	0,96	−0,72	0,44	1,36
$[r_j]_Q$	1_w	1_m	1_w	1_w	1_m	0_w	0_w	1_m	0_w	1_w	1_m

Takt j	11	12	13	14	15	16	17	18	19	20	
v_j	1	1	1	1	1	0	1	0	1	1	
r_j	2,20	1,42	0,55	1,27	0,29	−0,01	0,97	0,00	0,78	1,77	
$[r_j]_Q$	1_m	1_m	1_w	1_m	1_w	0_w	1_m	1_w	1_m	1_m	

Bei der binären Quantisierung würden 4 Fehler auftreten, die in Tabelle 5-8 grau hinterlegt sind. Bei der Soft-input-Quantisierung mit $w = 2$, $[r_j]_Q$, werden die Bits zwar ebenfalls falsch entschieden, aber sie werden als weniger vertrauenswürdig gekennzeichnet.

Der Decodierungsprozess im Netzdiagramm ist in Bild 5-17 zu sehen. Die Soft-input-Folge wird elementweise mit den Codebits der Wegalternativen verglichen und die Metrikinkremente anhand der Metriktabelle Tabelle 5-7 bestimmt.

Für die Soft-input-Werte $1_w1_m1_w$ wir für die Referenzfolge 000 das Metrikinkrement $3 + 0 + 3$ $= 6$ und für 111 das Metrikinkrement $5 + 7 + 5 = 17$ bestimmt. Je größer das Metrikinkrement, desto größer die Übereinstimmung. Es wird jeweils der Weg weiterverfolgt bzw. decodiert, der die größte Metrik aufweist.

_____ Ende des Beispiels

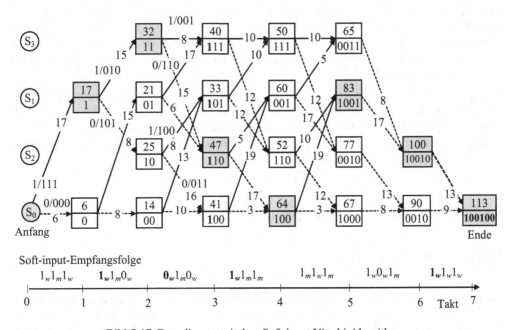

Bild 5-17 Decodierung mit dem Soft-input Viterbi-Algorithmus

Das letzte Beispiel zeigt, wie einfach Soft-input-Information durch den Viterbi-Algorithmus verarbeitet werden kann. Anwendungsbeispiele mit Wortlängen von drei Bits, d. h. $2^3 = 8$ Quantisierungsstufen, zeigen, dass damit bereits der wesentliche Gewinn durch Soft-input mit ca. 2,5 dB, von theoretisch 3 dB, im SNR realisiert werden kann.

In [LiCo04] und [Pro00] sind Simulationsergebnisse zusammengestellt, die den Zusammenhang zwischen der Leistungsfähigkeit der Decodierung und vereinfachenden Realisierungen des Viterbi-Algorithmus aufzeigen.

Eine weitere wichtige Größe für den Decodieraufwand ist die Tiefe der Wegspeicher. In der Regel werden feste Längen für die Wegspeicher vorgegeben. Meist das 3- bis 5-fache der Einflusslänge des Faltungscodes. Sind die Wegspeicher voll, so wird das älteste Bit durch eine *Zwangsentscheidung* bestimmt. Beispielsweise kann eine Mehrheitsentscheidung über alle

Zustände durchgeführt werden oder es wird der Zustand mit der besten Metrik ausgewählt. Im letzten Beispiel mit einer Einflusslänge von $n_c = 3$ sind Wegspeicher mit einer Tiefe 9 bis 15 Bits ausreichend, um eine starke Degradation der Störfestigkeit zu vermeiden.

Der Viterbi-Algorithmus erlaubt es ferner, einzelne Codebits aus der Decodierung auszulassen, indem für sie keine Metrikinkremente bestimmt werden. Dies nutzt man bei den *punktierten Faltungscodes* gezielt aus. Im Encoder werden nach einem bestimmten Muster, der Punktierungstabelle, Codebits entfernt und nicht übertragen. Der Decoder kennt die Fehlstellen und nimmt in der Berechnung der Metrikinkremente darauf Rücksicht. Spezielle *ratenkompatible Faltungscodes* (Rate-compatible Punctured Convolutional Codes, RCPC) ermöglichen einen dynamisch angepassten ungleichgewichtigen Fehlerschutz, siehe Abschnitt 5.7.

Fast ebenso einfach, wie Soft-input-Information im Viterbi-Algorithmus verarbeitet werden kann, lässt sich auch Soft-output-Information gewinnen. Da alle Decoderentscheidungen über die Nachrichtenbits von Metrikwerten abgeleitet werden, kann den decodierten Bits auch Zuverlässigkeitsinformation mitgegeben werden. Man spricht dann vom Soft-output Viterbi-Algorithmus (SOVA) [HaHö89]. Bei mehrstufigen Codierverfahren kann die Zuverlässigkeitsinformation abermals als Soft-input-Information für nachfolgende Decoder verwendet werden. Ein spezielles sehr leistungsfähiges iteratives Verfahren auf dieser Basis ist die *Turbo-Codierung*, siehe Abschnitt 5.7.

Zum Schluss sei auf die *trelliscodierte Modulation* (TCM) hingewiesen, die Anfang der 1980er Jahre von Ungerböck vorgestellt wurde [Ung82]. Sie wendet das Konzept der Faltungscodes im Signalraum digitaler Modulationsverfahren an. Statt Hamming-Distanzen zu optimieren, wird – und damit die eigentlichen Problemstellung in der Übertragungstechnik – die Folge der Symbole im Signalraum betrachtet [Pro00], [LiCo04].

5.6   Struktur der Faltungscodes

5.6.1   Gewichtsfunktion

Im Abschnitt 5.4 wurde die Beschreibung von Faltungscodes mit dem Zustandsdiagramm und dem Netzdiagramm eingeführt. In beiden Diagrammen ist die vollständige Information über den Code enthalten ist. Im Folgenden wird gezeigt, wie die Beschreibung des Faltungscodes durch die Zustände und die Zustandswechsel die Möglichkeit eröffnet, einen vertieften Einblick in die Struktur der Faltungscodes zu gewinnen.

Anhand des Netzdiagramms in Bild 5-8 wird die Anforderung an einen guten Code erkennbar: Jede Codefolge entspricht einem Weg im Netzdiagramm. Die Codefolgen lassen sich deshalb an ihren Wegen unterscheiden. Je unterschiedlicher die Wege sind, umso geringer ist die Verwechslungsgefahr.

Wie misst man den Unterschied zwischen den Wegen?

Bei den binären linearen Blockcodes in den Abschnitten 3 und 4 war die Zahl der unterschied-
lichen Bits im Codewort, die Hamming-Distanz, ausschlaggebend. Für die Robustheit gegen
Fehler spielte die minimale Hamming-Distanz d_{min} eine besondere Rolle. Aber auch die
Gewichtsverteilung des Codes war wichtig. Bei diesen Überlegungen durfte bei den linearen
Blockcodes ohne Beschränkung der Allgemeinheit als Referenz das Codewort mit lauter Null-
Bits, der Nullvektor, herangezogen werden.

Bei den Faltungscodes mit Eingangsfolgen endlicher Länge handelt es sich ebenfalls um lineare Blockcodes, weshalb die Überlegungen aus Abschnitt 3 und 4 prinzipiell auch für die
Faltungscodes gelten.

Wir messen den Unterschied zwischen den Codefolgen, und damit den Wegen im Netzdiagramm, durch die Hamming-Distanz der Codefolgen. Als Referenz gehen wir von der Nullfolge aus, also im Netzdiagramm von der Folge der Nullzustände. Ohne Beschränkung der
Allgemeinheit setzen wir voraus, dass die Codierung stets im Nullzustand beginnt und endet.
Dann besitzen alle Codefolgen, die ungleich der Nullfolge sind, im Netzdiagramm Wege, die
vom Weg der Nullfolge abzweigen und sich wieder mit ihm vereinigen.

Ein Beispiel hierfür liefert die Codefolge in Bild 5-8. Sie besitzt genau zwei Wegstücke, die
vom Weg der Nullfolge abweichen. Man nennt die Teilstücke *Fundamentalwege*. Die Analyse
der Fundamentalwege liefert die Struktur des Faltungscodes. Wir zeigen die Methode am
konkreten Beispiel.

Beispiel Erweitertes Zustandsdiagramm des (3,1,2)-Faltungscode

Wir betrachten den (3,1,2)-Faltungscode mit den Generatorpolynomen $g_1(X) = 1 + X$, $g_2(X) = 1 + X^2$ und $g_3(X) = 1 + X + X^2$ aus Abschnitt 5.4. Den Ausgangspunkt für die weiteren
Überlegungen bildet das Zustandsdiagramm des (3,1,2)-Faltungscodes in Bild 5-7. Wir gehen
davon aus, dass die Codierung im Nullzustand beginnt und endet. Aus diesem Grund mo-
difizieren wir das Zustandsdiagramm in Bild 5-18, indem wir den Nullzustand in Anfang und
Ende auftrennen.

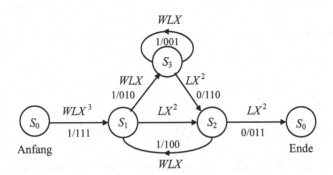

Bild 5-18 Erweitertes Zustandsdiagramm zum (3,1,2)-Faltungscode

Für die weitere Analyse werden die Zuwächse an Hamming-Gewicht der Informationsfolge
und der Codefolge sowie die Kantenlänge im Zustandsdiagramm durch Zählvariablen markiert. Jeder Übergang, der durch das Bit 1 in der Nachrichtenfolge induziert wird, bekommt als
Indikator die Zählvariable W zugewiesen. Die Zahl l der beim Übergang in der Codefolge ent-

stehenden Bits mit dem Wert 1 wird durch X^l angezeigt. Somit gibt l den Zuwachs an Hamming-Gewicht im Codewort wider. Schließlich wird jeder Übergang mit der Zählvariablen L markiert.

Beim Durchlaufen eines Pfades im erweiterten Zustandsdiagramm werden die Gewichte der Kanten miteinander multipliziert. Die Nachrichtenfolge

$$u[n] = \{1,0,0\} \tag{5.36}$$

induziert einen Fundamentalweg mit der Zustandsfolge

$$S[n] = \{S_0, S_1, S_2, S_0\} \tag{5.37}$$

Ihr wird somit als Gewicht

$$A_u(W,L,X) = WLX^3 \cdot LX^2 \cdot LX^2 = WL^3 X^7 \tag{5.38}$$

zugeordnet.

Anmerkung: In [LiCo04] wird der zur Nachricht **u** entstehende Gewichtsausdruck als Codeword Input-output Weight Enumerating Function (IOWEF) $A_u(W,L,X)$ bezeichnet.

—— Beispiel wird fortgesetzt

Aus dem Beispiel lässt sich folgern:

Betrachten wir die *Fundamentalwege* durch das erweiterte Zustandsdiagramm, die im Nullzustand (Anfang) beginnen und im Nullzustand (Ende) enden, so lassen sich aus dem Gesamtgewicht zum Fundamentalweg die Größen

– das Hamming-Gewicht der Nachrichtenfolge am Exponenten der Zählvariablen W,

– das Hamming-Gewicht der Codefolge am Exponenten der Zählvariablen X und

– die Zahl der Kanten (Übergänge) am Exponenten der Zählvariablen L

ablesen.

Fasst man alle Fundamentalwege zusammen, ergibt sich die *Gewichtsfunktion* des Faltungscodes.

$$A(W,L,X) = \sum_{d=d_f}^{\infty} \sum_{i=1}^{\infty} \sum_{j=m+1}^{\infty} t(i,j,d) \cdot W^i L^j X^d \tag{5.39}$$

Der Koeffizient $t(i,j,d)$ gibt an, wie viele Fundamentalwege mit entsprechenden Parametern existieren.

Die Gewichtsfunktion berücksichtigt alle Fundamentalwege, so dass sich ein vollständiges Bild der Distanzeigenschaften des Codes ergibt. Insbesondere kann das minimale Hamming-Gewicht der Codefolgen abgelesen werden. Man spricht von der *freien Distanz* des Faltungscodes d_f. Die freie Distanz spielt für die Robustheit des Codes gegen Übertragungsfehler eine ähnliche Rolle wie die minimale Hamming-Distanz für die Blockcodes in Abschnitt 3 und 4. Sie wird später noch ausführlicher erläutert.

Beispiel   Fundamentalwege und Gewichte des (3,1,2)-Faltungscode

Im Beispiel des (3,1,2)-Faltungscodes sind die vier kürzesten Fundamentalwege mit ihren Gewichten in Tabelle 5-9 eingetragen.

Tabelle 5-9 Fundamentalwege mit ihren Gesamtgewichten

Zustandsfolge $S[n]$	Gesamtgewicht		$w_H(\mathbf{u})$	$w_H(\mathbf{v})$	Zahl d. Kanten
S_0, S_1, S_2, S_0	$WLX^3 \cdot LX^2 \cdot LX^2$	$= WL^3X^7$	1	7	3
S_0, S_1, S_3, S_2, S_0	$WLX^3 \cdot WLX \cdot LX^2 \cdot LX^2$	$= W^2L^4X^8$	2	8	4
$S_0, S_1, S_3, S_3, S_2, S_0$	$WLX^3 \cdot WLX \cdot WLX \cdot LX^2 \cdot LX^2$	$= W^3L^5X^9$	3	9	5
$S_0, S_1, S_2, S_1, S_2, S_0$	$WLX^3 \cdot LX^2 \cdot WLX \cdot LX^2 \cdot LX^2$	$= W^2L^5X^{10}$	2	10	5

usw.

Der kürzeste Fundamentalweg besitzt ein Hamming-Gewicht $w_H(\mathbf{u})$ von 7. Das heißt, die zugehörige Codefolge unterscheidet sich in 7 Bits von der Nullfolge. Mit zunehmender Länge des Fundamentalweges scheint das Hamming-Gewicht ebenfalls zuzunehmen.

Ist das für den (3,1,2)-Faltungscode immer so?

Zur Beantwortung der Frage betrachten wir nochmals das erweiterte Zustandsdiagramm in Bild 5-18. Eine Verlängerung des Fundamentalweges geschieht nur durch Durchlaufen einer Schleife. Da sich in jeder Schleife mindestens eine Kante mit Gewicht X^d mit $d = 1$ oder größer befindet, wächst das Hamming-Gewicht mit zunehmender Weglänge. Damit gibt es insbesondere keine Codefolge ungleich der Nullfolge mit geringerem Hamming-Gewicht als 7.

_____ Beispiel wird fortgesetzt

Die im Beispiel in Tabelle 5-9 praktizierte Methode, die Fundamentalwege einzeln anzugeben, wird für komplexere Codes schnell umständlich und liefert keine zusammenfassende Lösung. Zur Analyse des Codes wird deshalb auf die mathematische Grafentheorie, der Topologie, wie sie auch in der Systemtheorie verwendet wird, zurückgegriffen. Dazu fassen wir jeden Zustand im Grafen als Zustandsgröße auf mit den Zuständen s_e, s_1, s_2, s_3 und s_a. Die numerischen Indizes entsprechen denen in Bild 5-18 und e und a stehen für Eingang bzw. Ausgang.

Nun bestimmen wir die *Gewichtsfunktion* als *Übertragungsfunktion* vom Eingang zum Ausgang in Abhängigkeit der Kantengewichte.

$$A(W,L,X) = \frac{s_a(W,L,X)}{s_e(W,L,X)}$$

(5.40)

Beispiel   Gewichtsfunktion des (3,1,2)-Faltungscode

Im Beispiel des (3,1,2)-Faltungscodes mit dem modifizierten Zustandsdiagramm Bild 5-18 gilt für die Zustände

$$s_1 = WLX^3 \cdot s_e + WLX \cdot s_2$$

$$s_2 = LX^2 \cdot s_1 + LX^2 \cdot s_3$$

$$s_3 = WLX \cdot s_1 + WLX \cdot s_3 \tag{5.41}$$

$$s_a = LX^2 \cdot s_2$$

Zur Auflösung des Gleichungssystems sind einige Zwischenschritte notwendig. Aus der dritten Zeile in (5.41) folgt

$$s_3 = \frac{WLX}{1 - WLX} \cdot s_1 \tag{5.42}$$

Damit in die zweite Zeile liefert

$$s_2 = LX^2 \cdot \left(1 + \frac{WLX}{1 - WLX}\right) \cdot s_1 = \frac{LX^2}{1 - WLX} \cdot s_1 \tag{5.43}$$

bzw.

$$s_1 = \frac{1 - WLX}{LX^2} \cdot s_2 \tag{5.44}$$

Nun kann in die erste Zeile in (5.41) eingesetzt werden

$$\frac{1 - IWLX}{LX^2} \cdot s_2 = WLX^3 \cdot s_e + WLX \cdot s_2 \tag{5.45}$$

was auf

$$s_2 = \frac{WL^2 X^5}{1 - WLX - WL^2 X^3} \cdot s_e \tag{5.46}$$

führt.

Jetzt ist alles soweit vorbereitet, dass Eingangs- und Ausgangsgrößen direkt verbunden werden können

$$s_a = LX^2 \cdot \frac{WL^2 X^5}{1 - WLX - WL^2 X^3} \cdot s_e = WL^3 X^7 \cdot \frac{1}{1 - WLX(1 + LX^2)} \cdot s_e \tag{5.47}$$

und sich die Übertragungsfunktion ergibt.

$$A(W, L, X) = \frac{s_a(W, L, X)}{s_e(W, L, X)} = WL^3 X^7 \cdot \frac{1}{1 - WLX(1 + LX^2)} \tag{5.48}$$

Mit der Potenzreihe [BSMM99]

$$\frac{1}{1-x} = 1 + x + x^2 + x^3 + \cdots \quad \text{für } |x| < 1 \tag{5.49}$$

gilt

$$A(W, L, X) = WL^3 X^7 \cdot \left(1 + WLX(1 + LX^2) + W^2 L^2 X^2 (1 + LX^2)^2 + \cdots\right) = \\ = WL^3 X^7 + W^2 L^4 X^8 + W^2 L^5 X^{10} + W^3 L^5 X^9 + W^3 L^6 X^{11} + \cdots \tag{5.50}$$

Aus der Übertragungsfunktion können gliedweise die Eigenschaften der Fundamentalwege abgelesen werden, siehe auch Tabelle 5-9. Im Gegensatz zur Tabelle 5-9 berücksichtigt die Übertragungsfunktion alle Fundamentalwege, so dass ein vollständiges Bild der Distanzeigenschaften des Faltungscodes entsteht.

Anmerkung: Im Englischen wird die Übertragungsfunktion Transfer function genannt, weshalb in der Literatur auch der Formelbuchstabe T statt A zu finden ist.

Beispiel Masonsche Regel zur Berechnung der Gewichtsfunktion beim (3,1,2)-Faltungscode

Alternativ zum Rechengang oben kann die *masonsche Regel* (*Mason's Rule*) angewendet werden [MaZi60], [LiCo04]. Sie formalisiert die Vorgehensweise und eignet sich deshalb auch für komplexere Codes. Die masonsche Regel besteht aus 4 Schritten die im Folgenden an einem Beispiel erläutert werden.

① Es werden alle Fundamentalwege im modifizierten Zustandsdiagramm mit ihren Gewichten F_i bestimmt.

Tabelle 5-10 Masonsche Regel – Fundamentalwege

Wege	Zustandsfolgen	Gewichte
1	S_0, S_1, S_3, S_2, S_0	$F_1 = WLX^3 \cdot WLX \cdot LX^2 \cdot LX^2 = W^2 L^4 X^8$
2	S_0, S_1, S_2, S_0	$F_2 = WLX^3 \cdot LX^2 \cdot LX^2 = WL^3 X^7$

② Es werden alle Schleifen im modifizierten Zustandsdiagramm mit ihren Gewichten C_i bestimmt.

Tabelle 5-11 Masonsche Regel – Schleifen

Wege	Zustandsfolgen	Gewichte
1	S_1, S_3, S_2, S_1	$C_1 = WLX \cdot LX^2 \cdot WLX = W^2 L^3 X^4$
2	S_1, S_2, S_1	$C_2 = LX^2 \cdot WLX = WL^2 X^3$
3	S_3, S_3	$C_3 = WLX$

③ Es werden die Hilfsgewichte für alle nichtberührenden Schleifen bestimmt.

Tabelle 5-12 Masonsche Regel – Hilfsgewichte

i	Gewichte
0	$\begin{aligned}\Delta \quad &= 1 - (C_1 + C_2 + C_3) + C_2 C_3 = \\ &= 1 - W^2 L^3 X^4 - WL^2 X^3 - WLX + WL^2 X^3 \cdot WLX = \\ &= 1 - WLX \cdot (1 + LX^3)\end{aligned}$
1	$\Delta_1 = 1$
2	$\Delta_2 = 1 - C_3 = 1 - WLX$

④ Berechnung der Gewichtsfunktion

$$A(W, L, X) = \frac{F_1 \cdot \Delta_1 + F_2 \cdot \Delta_2}{\Delta} =$$

$$= \frac{W^2 L^4 X^8 + WL^3 X^7 \cdot (1 - WLX)}{1 - WLX \cdot (1 + LX^2)} = \frac{WL^3 X^7}{1 - WLX \cdot (1 + LX^2)} \tag{5.51}$$

5.6.2   Freie Distanz

Die Gewichtsfunktion berücksichtigt alle Fundamentalwege. Sie liefert ein vollständiges Bild der Distanzeigenschaften des Codes. Insbesondere kann das minimale Hamming-Gewicht der Codefolgen abgelesen werden. Man spricht von der *freien Distanz* des Faltungscodes d_f. Die freie Distanz spielt für die Robustheit des Codes gegen Übertragungsfehler eine ähnliche Rolle wie die minimale Hamming-Distanz für die Blockcodes in Abschnitt 3 und 4.

$$d_f = \min_{\substack{\text{alle Nachrichten} \\ \mathbf{u}' \neq \mathbf{u}''}} \{d_H(\mathbf{v}', \mathbf{v}'')\} = \min_{\text{alle Nachrichten}\backslash\{0\}} \{w_H(\mathbf{v})\} =$$

$$= \min_{\text{alle Nachrichten}\backslash\{0\}} \{w_H(\mathbf{uG})\} \tag{5.52}$$

Anmerkung: In der Literatur findet man auch die Formelzeichen d_{frei}, d_{free} oder d_∞.

Für die betrachteten Faltungscodes gilt

$$d_f = \min \text{Exponent} \left\{ A(W, L, X) \big|_{W=L=1} \right\} \tag{5.53}$$

Die freie Distanz bestimmt die Bitfehlerwahrscheinlichkeit. Je größer die freie Distanz, umso robuster der Code gegen Übertragungsfehler.

Beispiel Freie Distanz des (3,1,2)-Faltungscodes

Aus (5.52) folgt mit (5.51)

$$
\begin{aligned}
A(W,L,X)\big|_{W=L=1} &= \frac{X^7}{1-X\cdot(1+X^2)} = \\
&= X^7\cdot\left(1+X\cdot(1+X^2)+X^2\cdot(1+X^2)^2+X^3\cdot(1+X^3)^3+\cdots\right) = \\
&= X^7+X^8+X^9+4X^{10}+\cdots
\end{aligned}
\tag{5.54}
$$

die freie Distanz $d_f = 7$.

_____ Ende des Beispiels

Man bezeichnet einen Faltungscode als *optimal*, wenn bei vorgegebener Coderate und vorgegebenem Gedächtnis seine freie Distanz maximal ist. Häufig existieren mehrere optimale Codes. Zu diesen Codes gibt es keine analytischen Konstruktionsverfahren. Sie werden durch Computersuche bestimmt. In der Literatur finden sich umfangreiche Tabellen mit Impulsantworten (Generatorpolynomen) für optimale Codes, wie z. B. in [Fri95], [LiCo83], [Pro00] und [LiCo04].

In Tabelle 5-13 findet sich eine Zusammenstellung optimaler Faltungscodes für die Rate 1/2. Die Generatorpolynome sind allgemein von der Form $g(X) = g_0 + g_1 X + \ldots + g_{m-1}X^{m-1}+ g_m X^m$. Die Polynomkoeffizienten sind in oktaler Schreibweise angegeben, siehe Beispiele.

Die freie Distanz beginnt in der Tabelle bei $m = 1$ mit $d_f = 3$ und wächst bis $m = 12$ auf $d_f = 16$ an.

Tabelle 5-13 Optimale Faltungscodes mit Rate $R = 1/2$

m	$g_1(X)$	$g_2(X)$	d_f	m	$g_1(X)$	$g_2(X)$	d_f
1	3_{oct}	1_{oct}	3	7	247_{oct}	371_{oct}	10
2	5_{oct}	7_{oct}	5	8	561_{oct}	753_{oct}	12
3	13_{oct} 15_{oct}	17_{oct} 17_{oct}	6	9	$1\,131_{oct}$ $1\,167_{oct}$	1537_{oct} 1545_{oct}	12
4	27_{oct} 23_{oct}	31_{oct} 35_{oct}	7	10	$2\,473_{oct}$ $2\,335_{oct}$	$3\,217_{oct}$ $3\,661_{oct}$	14
5	53_{oct}	75_{oct}	8	11	$4\,325_{oct}$ $4\,335_{oct}$	$6\,747_{oct}$ $5\,723_{oct}$	15
6	117_{oct} 133_{oct}	155_{oct} 171_{oct}	10	12	$10\,627_{oct}$	$16\,765_{oct}$	16

Beispiel (2,1,4)-Faltungscode für GSM

Aus Tabelle 5-13 folgt für den optimalen (2,1,4)-Code mit $23_{oct} = 010'011_b$ für das erste Generatorpolynom $g_1(X) = 1 + X^3 + X^4$. Das zweite ergibt sich mit $35_{oct} = 011'101_b$ zu $g_2(X) = 1 + X + X^2 + X^4$. Die Encoderschaltung ist in Bild 5-2 zu sehen.

Beispiel (2,1,6)-Faltungscode für DVB-S

Für die Übertragung von digitalen Fersehsignalen über Satellit (DVB-S, Digital Video Broadcasting – Satellite) wird nach ETSI EN 300 744 der (2,1,6)-Faltungscode mit den beiden Generatorpolynomen

$$171_{oct} = 1111001_b \quad \text{☞} \quad g_1(X) = 1 + X + X^2 + X^3 + X^6$$
$$133_{oct} = 1011011_b \quad \text{☞} \quad g_2(X) = 1 + X^2 + X^3 + X^5 + X^6$$

empfohlen [Rei05]. Auch eine Punktierung ist vorgesehen, siehe Abschnitt 5.7.2.

Anmerkung: Siehe auch IEEE 802.16a/b/g und WiMAX.

Beispiel (2,1,8)-Faltungscode für UMTS

Aus Tabelle 5-13 folgt für den optimalen (2,1,8)-Code mit $561_{oct} = 101'110'001_b$ für das erste Generatorpolynom $g_1(X) = 1 + X^2 + X^3 + X^4 + X^8$. Das zweite ergibt sich aus $753_{oct} = 111'101'011_b$ zu $g_2(X) = 1 + X + X^2 + X^3 + X^5 + X^7 + X^8$. Die Encoderschaltung wird in Bild 5-19 gezeigt.

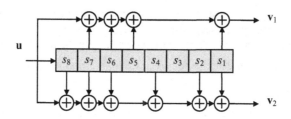

Bild 5-19 Encoderschaltung für den (2,1,8)-Faltungscode für UMTS

Anmerkung: Man beachte den Sprung des Encodergedächtnis von $m = 4$ bei GSM auf $m = 8$ bei UMTS. GSM, das weltweit führende Mobilfunkverfahren der 2. Generation, wurde 1991 kommerziell eingeführt. Die 3. Generation, UMTS, etwa 10 Jahre später. Da die Komplexität des Viterbi-Algorithmus quadratisch mit dem Encodergedächtnis m wächst, harmoniert die Entwicklung mit dem moorschen Gesetz (Moor's Law), nachdem sich etwa alle 2 Jahre die Leistungsfähigkeit mikroelektronischer Schaltkreise verdoppelt.

_____ Ende des Beispiels

Eine Zusammenstellung optimaler Faltungscodes für die Rate 1/3 findet sich in Tabelle 5-14. Die Generatorpolynome sind allgemein von der Form $g(X) = g_0 + g_1 X + \ldots + g_{m-1} X^{m-1} + g_m X^m$. Die Polynomkoeffizienten sind in oktaler Schreibweise angegeben, siehe Beispiel.

Die freie Distanz beginnt in der Tabelle bei $m = 1$ mit $d_f = 5$ und wächst bis $m = 13$ auf $d_f = 26$ an.

Tabelle 5-14 Optimale Faltungscodes mit Rate $R = 1/3$

m	$g_1(X)$	$g_2(X)$	$g_3(X)$	d_f	m	$g_1(X)$	$g_2(X)$	$g_3(X)$	d_f
1	1_{oct}	3_{oct}	3_{oct}	5	8	575_{oct} 557_{oct}	623_{oct} 663_{oct}	727_{oct} 711_{oct}	18
2	5_{oct}	7_{oct}	7_{oct}	8	9	$1\,167_{oct}$ $1\,117_{oct}$	$1\,375_{oct}$ $1\,365_{oct}$	$1\,545_{oct}$ $1\,633_{oct}$	20
3	13_{oct}	15_{oct}	17_{oct}	10	10	$2\,325_{oct}$ $2\,353_{oct}$	$2\,731_{oct}$ $2\,671_{oct}$	$3\,747_{oct}$ $3\,175_{oct}$	22
4	25_{oct}	33_{oct}	37_{oct}	12	11	$5\,745_{oct}$ $4\,767_{oct}$	$6\,471_{oct}$ $5\,723_{oct}$	$7\,553_{oct}$ $6\,265_{oct}$	24
5	47_{oct}	53_{oct}	75_{oct}	13	12	$2\,371_{oct}$ $10\,533_{oct}$	$13\,725_{oct}$ $10\,675_{oct}$	$14\,733_{oct}$ $17\,661_{oct}$	24
6	117_{oct} 133_{oct}	127_{oct} 145_{oct}	155_{oct} 175_{oct}	15	13	$21\,645_{oct}$	$35\,661_{oct}$	$37\,133_{oct}$	26
7	225_{oct}	331_{oct}	367_{oct}	16					

Beispiel (3,1,8)-Faltungscode für UMTS

Aus der Tabelle 5-14 werden die drei Generatorpolynome 8. Grades entnommen:

$$557_{oct} = 101'101'111_b \quad ☞ \quad g_1(X) = 1 + X^2 + X^3 + X^5 + X^6 + X^7 + X^8$$

$$663_{oct} = 110'110'011_b \quad ☞ \quad g_2(X) = 1 + X + X^3 + X^4 + X^7 + X^8$$

$$711_{oct} = 111'001'001_b \quad ☞ \quad g_3(X) = 1 + X + X^2 + X^5 + X^8$$

Die zugehörige Encoderschaltung zeigt Bild 5-20.

Ende des Beispiels

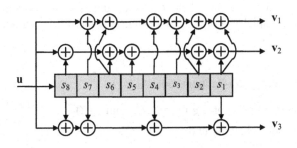

Bild 5-20 Encoderschaltung für den (3,1,8)-Faltungscode für UMTS

Eine Auswertung der freien Distanzen von optimalen Codes in der Literatur ([Pro00], Tab. 8.2-1 bis 8.2-3), ([LiCo83] Tab. 11.1) und [LiCo04] Tab. 12.1) zeigt Bild 5-21. Die freie Distanz nimmt – mit zwei Ausnahmen – zu, wenn die Einflusslänge zunimmt. Um den Preis größerer Komplexität kann die freie Distanz vergrößert werden. Die freie Distanz wächst ebenfalls, wenn die Coderate reduziert wird. Hier ist jedoch in der Anwendung, wie in Abschnitt 3.4.3 ausgeführt, auf den tatsächlichen Codierungsgewinn zu achten.

Anmerkung: In der Literatur, z. B. [LiCo04], sind zusätzliche Angaben für die SNR-Gewinne zu finden. Sie zeigen, dass trotz steigender freier Distanzen bei niedrigeren Coderaten die SNR-Gewinne in etwa gleich bleiben, wenn die Sendeleistung konstant ist, da sich dann die Energie pro Bit reduziert. So halbiert sich bei Übergang von $R = 1/2$ auf $1/4$ die Energie pro Bit und die Störung in den Detektionsvariablen nimmt zu.

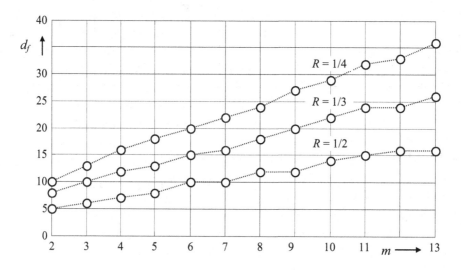

Bild 5-21 Freie Distanz d_f optimaler Faltungscodes bei Encoergedächtnis m

5.6.3   Katastrophale Faltungscodes

Ein besonderes Phänomen stellen die *katastrophalen Codes* dar. Sie sind für die Anwendung untauglich, da es bei ihnen zu einer Fehlerfortpflanzung kommen kann. Wir studieren das Phänomen an einem Beispiel in Form einer Übungsaufgabe. Dabei lernen wir, katastrophale Codes einfach zu erkennen.

Beispiel Katastrophaler (2,1,2)-Faltungscode

Gegeben sind die Generatorpolynome $g_1(X) = 1 + X$ und $g_2(X) = 1 + X^2$.

a) Geben Sie die Encoderschaltung und

b) das Encoderzustandsdiagramm an.

c) Codieren Sie die Nullfolge, d. h. $u[n] = \{0,0,0,...\}$.

d) Codieren Sie die Einsfolge, d. h. $u[n] = \{1,1,1,...\}$.

e) Nehmen Sie an bei der Übertragung der Einsfolge in (d) werden das 1., das 2. und das 4. Bit falsch decodiert. Wie viele Bitfehler ergeben sich in der decodierten Nachricht?

f) Woran kann man im Zustandsdiagramm erkennen, dass ein Code mit katastrophaler Fehlerfortpflanzung vorliegt?

Lösung

a) Encoderschaltung als Signalflussgraph

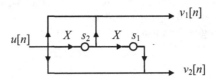

Bild 5-22 Encoder-Schaltung zum (2,1,2)-Faltungscode

b) Zustandsdiagramm

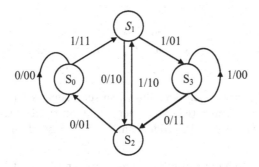

Bild 5-23 Zustandsdiagramm zum (2,1,2)-Faltungscode

c) Für die Nullfolge als Nachrichtenfolge ergibt sich die Nullfolge als Codewort.

d) Für die Einsfolge als Nachrichtenfolge ergibt sich zunächst die Zustandsfolge $S[n] = \{S_0, S_1, S_3, S_3, \ldots\}$ und daraus die Codefolge $v[n_2] = \{1, 1, 0, 1, 0, 0, \ldots\}$.

e) Werden das 1., 2. und 4. Bit als 0 empfangen, decodiert der Decoder die Nullfolge als gesendete Nachricht. Da jedoch die Einsfolge gesendet wurde, wird jedes Bit falsch empfangen. Es ergeben sich als Grenzfall unendlich viele Bitfehler.

f) Katastrophale Codes können im modifizierten Zustandsdiagramm dadurch erkannt werden, dass sie eine Schleife aufweisen, in der das Hamming-Gewicht der Codefolge nicht zunimmt. Im Beispiel ist es die Schleife, die von S_3 direkt wieder auf S_3 zurück führt.

5.6.4   Generatormatrix

Um weitere wichtige Aussagen zu Faltungscodes zu gewinnen, wird die Generatormatrix
eingeführt. Damit wird auch die Verbindung
zu den linearen Blockcodes in den Abschnitten
3 und 4 hergestellt.

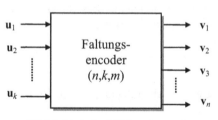

Bild 5-24 (n,k,m)-Faltungsencoder

Wir gehen von einem Faltungsencoder mit k
Eingängen und n Ausgängen sowie einem
Encodergedächtnis m aus, siehe Bild 5-24. Der
Encoder wird durch die Generatorpolynome
vom j-ten Eingang zum i-ten Ausgang mit den
Koeffizienten der jeweiligen Impulsantwort g_l
mit $l = 0, ..., m$ beschrieben.

$$g_{i,j}(X) = \sum_{l=0}^{m} g_{i,j,l} X^l \tag{5.55}$$

Wir geben die Codierungsvorschrift als lineare Abbildung des Nachrichtenvektors $\mathbf{u} = (u_1, u_2, u_3, ...)$ an der *Generatormatrix* $\mathbf{G}$ an.

$$\mathbf{v} = \mathbf{u} \odot \mathbf{G} = \mathbf{u} \begin{pmatrix} \mathbf{G}_0 & \mathbf{G}_1 & \cdots & \mathbf{G}_m & \mathbf{0} & \mathbf{0} & \cdots \\ \mathbf{0} & \mathbf{G}_0 & \mathbf{G}_1 & \cdots & \mathbf{G}_m & \mathbf{0} & \ddots \\ \mathbf{0} & \mathbf{0} & \mathbf{G}_0 & \mathbf{G}_1 & \cdots & \mathbf{G}_m & \ddots \\ \vdots & \ddots & \ddots & \ddots & \ddots & \ddots & \ddots \end{pmatrix} \tag{5.56}$$

Weil die Nachrichtenfolge prinzipiell unendlich lang sein kann, ist die Generatormatrix nach
rechts unten nicht begrenzt. Man spricht von einer semiinfiniten Matrix. Ist die Eingangsfolge
von endlicher Länge – wie in den Anwendungen üblich – entsteht ein gewöhnlicher linearer
Blockcode.

Die Generatormatrix setzt sich in regelmäßiger Form aus den Untermatrizen $\mathbf{G}_0$, $\mathbf{G}_1$, ..., $\mathbf{G}_m$ zusammen, die durch die Impulsantworten bestimmt sind.

$$\mathbf{G}_l = \begin{pmatrix} g_{1,1,l} & g_{2,1,l} & \cdots & g_{n,1,l} \\ g_{1,2,l} & g_{2,1,l} & \cdots & g_{n,2,l} \\ \vdots & \vdots & \ddots & \vdots \\ g_{1,k,l} & g_{2,k,l} & \cdots & g_{n,k,l} \end{pmatrix} \quad \text{für } l = 0, 1, .., m \tag{5.57}$$

Wir machen uns die Zusammenhänge am Beispiel des $(2,1,3)$-Faltungscodes klar.

Beispiel   Generatormatrix zum $(2,1,3)$-Faltungscode

Mit den beiden Impulsantworten $g_1[n] = \{1, 0, 1, 1\}$ und $g_2[n] = \{1, 1, 1, 1\}$ sowie den
Codeparametern $n = 2$ für die Zahl der Ausgänge, $k = 1$ für die Zahl der Eingänge sowie $m = 3$,
der Zahl der inneren Speicher, setzen sich die $m + 1 = 4$ Untermatrizen wie folgt zusammen

$$
\begin{aligned}
\mathbf{G}_0 &= \begin{pmatrix} g_{1,1,0} & g_{2,1,0} \end{pmatrix} = \begin{pmatrix} 1 & 1 \end{pmatrix} \\
\mathbf{G}_1 &= \begin{pmatrix} g_{1,1,1} & g_{2,1,1} \end{pmatrix} = \begin{pmatrix} 0 & 1 \end{pmatrix} \\
\mathbf{G}_2 &= \begin{pmatrix} g_{1,1,2} & g_{2,1,2} \end{pmatrix} = \begin{pmatrix} 1 & 1 \end{pmatrix} \\
\mathbf{G}_3 &= \begin{pmatrix} g_{1,1,3} & g_{2,1,3} \end{pmatrix} = \begin{pmatrix} 1 & 1 \end{pmatrix}
\end{aligned}
\tag{5.58}
$$

Die Generatormatrix ist demnach

$$
\mathbf{G} = \begin{pmatrix}
1 & 1 & 0 & 1 & 1 & 1 & 1 & 1 & 0 & 0 & 0 & 0 & \cdots \\
0 & 0 & 1 & 1 & 0 & 1 & 1 & 1 & 1 & 1 & 0 & 0 & \cdots \\
0 & 0 & 0 & 0 & 1 & 1 & 0 & 1 & 1 & 1 & 1 & 1 & \\
\vdots & \vdots & \vdots & \vdots & & & & & & & & & \ddots
\end{pmatrix}
\tag{5.59}
$$

Eine einfache Kontrolle der Einträge ergibt sich aus der Anwendung der Codierung der Impulsfolge. Denn dann müssen die beiden verschränkten Impulsantworten im Codevektor sichtbar werden.

$$
(100\cdots) \odot \begin{pmatrix}
1 & 1 & 0 & 1 & 1 & 1 & 1 & 1 & 0 & 0 & 0 & 0 & \cdots \\
0 & 0 & 1 & 1 & 0 & 1 & 1 & 1 & 1 & 1 & 0 & 0 & \cdots \\
0 & 0 & 0 & 0 & 1 & 1 & 0 & 1 & 1 & 1 & 1 & 1 & \\
\vdots & \vdots & \vdots & \vdots & & & & & & & & & \ddots
\end{pmatrix} = (110111110\cdots)
\tag{5.60}
$$

Mit prinzipiell gleichen Überlegungen folgt aus der Linearität und Zeitinvarianz der Encoder-Schaltung, dass die Zeilen der Generatormatrix jeweils um n Spalten verschobene Kopien der Vorgängerzeile sind.

Beispiel Rate-1/2-Code für GSM

Der GSM $(2,1,4)$-Code wird durch die Generatorpolynome $g_1(X) = 1 + X^3 + X^4$ und $g_2(X) = 1 + X + X^3 + X^4$ beschrieben. Die Generatormatrix für eine Nachricht $\mathbf{u}$ der Länge 7 ist demzufolge

$$
\mathbf{G} = \begin{pmatrix}
11 & 01 & 00 & 11 & 11 & & & & & \\
& 11 & 01 & 00 & 11 & 11 & & & & \\
& & 11 & 01 & 00 & 11 & 11 & & & \\
& & & 11 & 01 & 00 & 11 & 11 & & \\
& & & & 11 & 01 & 00 & 11 & 11 & \\
& & & & & 11 & 01 & 00 & 11 & 11 \\
& & & & & & 11 & 01 & 00 & 11 & 11
\end{pmatrix}
\tag{5.61}
$$

Mit $\mathbf{u} = (1010100)$ ergibt sich das Codewort

$$\mathbf{v} = \mathbf{u} \odot \mathbf{G} = \big(11,01,11,10,00,10,11,11,11,00,00\big) \qquad (5.62)$$

Anmerkungen: (i) Die Bit-Tupel im Codewort werden zur besseren Verdeutlichung mit Kommas getrennt. (ii) Es wurden implizit 4 Schluss-Bits hinzugefügt.

Wir prüfen das Ergebnis, indem wir die Codierung in der Encoderschaltung Bild 5-25, siehe auch Bild 5-2, nachvollziehen.

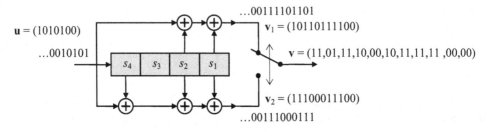

Bild 5-25   Encoder des (2,1,4)-Faltungscodes für die GSM-Rate-1/2-Codierung in Schieberegister-Darstellung

Anmerkungen: (i) Man beachte die Reihenfolge der Bits bei der Einspeisung. Um Verwechslungen vorzubeugen und den Fluss der Bits von links nach rechts hervorzuheben, hat sich das Anhängen von „…" als nützlich erwiesen. (ii) Es wurden implizit 4 Schluss-Bits hinzugefügt, so dass das Encoderschieberegister auf den Nullzustand zurückgesetzt wird.

_____ Beispiel wird fortgesetzt

Die Codierung kann auch im Bildbereich der Polynomdarstellung durchgeführt werden. Wir zeigen das am Beispiel des Rate-1/2-Codes für GSM.

Beispiel   Rate-1/2-Code für GSM

Dazu geben wir die Generatormatrix im Bildbereich als Zeilenvektor mit den Generatorpolynomen als Elemente an.

$$\mathbf{G}(X) = \big(g_1(X) \quad g_2(X)\big) = \big(1 + X^3 + X^4 \quad 1 + X + X^3 + X^4\big) \qquad (5.63)$$

Der Vektor der Polynome an den Ausgängen ergibt sich dann aus

$$\begin{aligned} \mathbf{V}(X) = \mathbf{U}(X) \cdot \mathbf{G}(X) &= \big(v_1(X) \quad v_2(X)\big) = \\ &= \big(1 + X^2 + X^3 + X^5 + X^6 + X^7 + X^8 \quad 1 + X + X^2 + X^6 + X^7 + X^8\big) \end{aligned} \qquad (5.64)$$

und schließlich das Codepolynom durch Verschränken

$$v(X) = v_1\left(X^2\right) + X \cdot v_2\left(X^2\right) =$$
$$= 1 + X + X^3 + X^4 + X^5 + X^6 + X^{10} + X^{12} + X^{13} + X^{14} + X^{15} + X^{16} + X^{17} \tag{5.65}$$

_____ Ende des Beispiels

Das letzte Beispiel lässt sich verallgemeinern. Wir stellen die eingeführten Größen und Beziehungen im Bildbereich zusammen:

– Vektor der Nachrichtenpolynome für die k Eingänge

$$\mathbf{U}(X) = (\, u_1(X) \quad u_2(X) \quad \dots \quad u_k(X) \,) \tag{5.66}$$

– Generatormatrix im Bildbereich

$$\mathbf{G}(X) = \begin{pmatrix} g_{1,1}(X) & g_{2,1}(X) & \cdots & g_{n,1}(X) \\ g_{1,2}(X) & \ddots & & \\ \vdots & & & \\ g_{1,k}(X) & & & g_{n,k}(X) \end{pmatrix} \tag{5.67}$$

– Vektor der Teilcodepolynome für die n Ausgänge

$$\mathbf{V}(X) = \mathbf{U}(X) \cdot \mathbf{G}(X) = (\, v_1(X) \quad v_2(X) \quad \dots \quad v_n(X) \,) \tag{5.68}$$

– Codepolynom (Verschränkung)

$$v(X) = \sum_{i=1}^{n} v_i(X^n) \cdot X^{i-1} \tag{5.69}$$

Mit der Darstellung der Generatormatrix im Bildbereich liegen die benötigten Werkzeuge bereit, um die Fragen nach den systematischen Faltungscodes und schließlich auch den Turbo-Codes anzugehen.

5.6.5 Systematischer nichtrekursiver Encoder

Es ist bemerkenswert, dass von allen optimalen Codes in Tabelle 5-13 und Tabelle 5-14 keiner systematisch ist. Die Einschränkung auf einen _systematischen Faltungscode_ bedeutet meist, dass nicht die optimal erreichbare freie Distanz realisiert wird. In manchen Anwendungen, wie z. B. der trelliscodierten Modulation (TCM) oder den Turbo-Codes, sind systematische Faltungscodes jedoch wünschenswert.

Wir beschäftigen uns deshalb in diesem und dem folgenden Abschnitt mit systematischen Faltungscodes. Dazu gehen wir exemplarisch vor und zeigen die Zusammenhänge an konkreten Beispielen.

Generatormatrix

Beispiel   Systematischer Encoder für einen (2,1,3)-Faltungscode

Wir betrachten Encoder für den (2,1,3)-Faltungscode mit den Generatorpolynomen $g_1(X) = 1$, $g_2(X) = 1 + X + X^3$ in Bild 5-26.

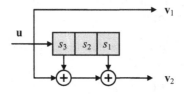

Bild 5-26 Encoder des systematischen (2,1,3)-Faltungscodes

Die zugehörige semiinfinite Generatormatrix ist

$$
\mathbf{G} = \begin{pmatrix}
1 & 1 & 0 & 1 & 0 & 0 & & 0 & 1 & & \\
  &   & 1 & 1 & 0 & 1 & 0 & 0 & 0 & 1 & \\
  &   &   &   & 1 & 1 & 0 & 1 & 0 & 0 & 0 & 1 \\
  &   &   &   &   & \ddots & & & & & \ddots
\end{pmatrix}
\tag{5.70}
$$

und im Bildbereich erhalten wir mit den Generatorpolynomen

$$
\mathbf{G}(X) = (1 \quad 1 + X + X^3)
\tag{5.71}
$$

_____ Beispiel wird fortgesetzt

Systematische Encoder führen die k Eingangsfolgen direkt auf k Ausgänge. Wie bei den linearen Blockcodes, entstehen in der Generatormatrix Einheitsmatrizen als Untermatrizen. Für die Generatormatrix des systematischen Faltungscodes gilt

$$
\mathbf{G} = \begin{pmatrix}
\mathbf{I} & \mathbf{P_0} & \mathbf{0} & \mathbf{P_1} & \mathbf{0} & \mathbf{P_2} & & \mathbf{0} & \mathbf{P}_m & & & \\
 & \mathbf{I} & \mathbf{P_0} & \mathbf{0} & \mathbf{P_1} & & & \mathbf{0} & \mathbf{P}_{m-1} & \mathbf{0} & \mathbf{P}_m & \\
 & & \mathbf{I} & \mathbf{P_0} & & & \mathbf{0} & \mathbf{P}_{m-2} & \mathbf{0} & \mathbf{P}_{m-1} & \mathbf{0} & \mathbf{P}_m \\
 & & & \ddots & & & & & & & & \ddots
\end{pmatrix}
\tag{5.72}
$$

mit der $(k{\times}k)$-dimensionalen Einheitsmatrix $\mathbf{I}$, der $(k{\times}k)$-dimensionalen Nullmatrix $\mathbf{0}$ und den $k{\times}(n{-}k)$-dimensionalen Untermatrizen

$$
\mathbf{P}_l = \begin{pmatrix}
g_{k+1,1,l} & g_{k+2,1,l} & \cdots & g_{n,1,l} \\
g_{k+1,2,l} & g_{k+2,2,l} & & \\
\vdots & & \ddots & \\
g_{k+1,k,l} & & & g_{n,k,l}
\end{pmatrix}_{k\times(n-k)}
\quad \text{für } l = 0, 1, \ldots, m
\tag{5.73}
$$

Beispiel Systematischer Encoder für einen (2,1,3)-Faltungscode (Fortsetzung)

Im Beispiel des (2,1,3)-Faltungscodes mit nur einem Eingang und zwei Ausgängen vereinfacht sich die Beschreibung. Die Untermatrizen werden zu Skalaren, mit insbesondere $P_0 = g_{2,1,0} = 1$, $P_1 = g_{2,1,1} = 1$, $P_2 = g_{2,1,2} = 0$ und $P_3 = g_{2,1,3} = 1$.

_____ Ende des Beispiels

Prüfmatrix

Betrachten wir die Syndromdecodierung bei linearen Blockcodes mit der Paritätsmatrix, so können wir die Zusammenhänge übertragen – für jede Nachricht endlicher Länge liegt ja ein linearer Blockcode vor.

Die Prüfgleichung

$$\mathbf{v}\,\mathbf{H}^T = \mathbf{s} = \mathbf{0} \tag{5.74}$$

liefert das Syndrom gleich dem Nullvektor für jedes empfangene Codewort. Die Prüfmatrix resultiert aus den Untermatrizen der Generatormatrix.

$$\mathbf{H}^T = \begin{pmatrix} \mathbf{P}_0^T & \mathbf{I} & & & & & & & & \\ \mathbf{P}_1^T & \mathbf{0} & \mathbf{P}_0^T & \mathbf{I} & & & & & & \\ \mathbf{P}_2^T & \mathbf{0} & \mathbf{P}_1^T & \mathbf{0} & \mathbf{P}_0^T & \mathbf{I} & & & & \\ \vdots & & & & & \ddots & & & & \\ \mathbf{P}_m^T & \mathbf{0} & \mathbf{P}_{m-1}^T & \mathbf{0} & \cdots & & \mathbf{P}_1^T & \mathbf{0} & \mathbf{P}_0^T & \mathbf{I} \\ & & \mathbf{P}_m^T & \mathbf{0} & & & \mathbf{P}_2^T & \mathbf{0} & \mathbf{P}_1^T & \mathbf{0} & \mathbf{P}_0^T & \mathbf{I} \\ & & & \ddots & & & & & & & & \ddots \end{pmatrix}^T \tag{5.75}$$

mit der $(n-k)\times(n-k)$-dimensionalen Einheitsmatrix $\mathbf{I}$ und $(n-k)\times(n-k)$-dimensionalen Nullmatrix $\mathbf{0}$. Im Bildbereich erhält man für die Polynome

$$\mathbf{V}(X)\,\mathbf{H}^T(X) = \mathbf{S}(X) = \mathbf{0}(X) \tag{5.76}$$

Beispiel Systematischer Encoder für einen (3,2,2)-Faltungscode

Gegeben ist die Generatormatrix des systematischen Codes mit der Rate 2/3 im Bildbereich

$$\mathbf{G}(X) = \begin{pmatrix} 1 & 0 & 1+X+X^2 \\ 0 & 1 & 1+X \end{pmatrix} \tag{5.77}$$

Daraus bestimmen wir die Prüfmatrix im Bildbereich

$$\mathbf{H}^T(X) = \begin{pmatrix} 1 + X + X^2 & 1 + X & 1 \end{pmatrix}^T \tag{5.78}$$

Beispiel wird fortgesetzt

Encoderschaltung

Aus der Generatormatrix lässt sich die Encoderschaltung herleiten. Wir führen das am Beispiel des (3,2,2)-Faltungscodes vor.

Beispiel Systematischer Encoder für einen (3,2,2)-Faltungscode

Die Nachrichten am 1. und 2. Eingang werden an den 1. bzw. 2. Ausgang geführt. Der 3. Ausgang wird entsprechend den Generatorpolynomen $g_{3,1}(X) = 1 + X + X^2$ und $g_{3,2}(X) = 1 + X$ mit dem 1. bzw. 2. Eingang verbunden. Es entsteht die Encoderschaltung in Bild 5-27 links.

Die Encoderschaltung enthält nur Vorwärtszweige und stellt ein nichtrekursives LTI-System dar, siehe FIR-Systeme in der digitalen Signalverarbeitung. Man spricht auch von der Steuerungsform, da alle Speicher (Zustände) von außen angesteuert werden. Der Encoder hat 3 Speicher und damit $2^3 = 8$ Zustände.

Aus der digitalen Signalverarbeitung ist bekannt, dass LTI-Systeme mit identischem Eingangs-Ausgangsverhalten, d. h. Übertragungsfunktion, unterschiedliche Strukturen aufweisen können. Dies ist auch hier der Fall. Ausgehend von der Differenzengleichung für $v_3[n]$ kann der Encoder in die Beobachtungsform in Bild 5-27 rechts umgeformt werden. Das System hat nunmehr nur noch 2 Speicher und somit 4 Zustände.

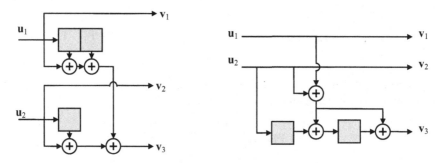

Bild 5-27 Encoderschaltung des systematischen (3,2,2)-Faltungscodes in der Steuerungsform (links) und der Beobachtungsform (rechts)

5.6.6   Systematischer rekursiver Encoder

Um einen rekursiven Encoder zu erhalten, also einen Encoder mit Signalrückführung, erinnern wir uns an die Schieberegisterschaltungen für die Polynomdivision für zyklische Codes in Bild 4-6. Die Polynomdivision durch ein lineares rückgekoppeltes Schieberegister realisiert genau die Signalrückführung, wie sie aus der digitalen Signalverarbeitung für rekursive Systeme bekannt ist.

Wir machen uns das zunutze und zeigen das Verfahren am Beispiel des Rate-1/2-Codes für UMTS.

Beispiel Systematischer Rate-1/2-Encoder mit Rückführung für UMTS

Den Ausgangspunkt liefert der nichtsystematische Code mit der Generatormatrix im Bildbereich

$$\mathbf{G}(X) = (\; 1 + X^2 + X^3 \quad 1 + X + X^3)$$ (5.79)

und der Encoderschaltung in Bild 5-28.

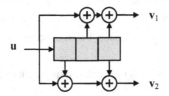

Bild 5-28 Encoderschaltung des nichtsystematischen Rate-1/2-Codes für UMTS

Die Codierungsvorschrift ist

$$\mathbf{v}(X) = \mathbf{u}(X)\;\mathbf{G}(X)$$ (5.80)

Nun dividieren wir die Generatormatrix im Bildbereich durch das erste Generatorpolynom.

$$\mathbf{G}_{rek}(X) = \frac{1}{X^3 + X^2 + 1}\cdot\mathbf{G}(X) = \left(1 \quad \frac{X^3 + X +1}{X^3 + X^2 +1}\right)$$ (5.81)

Wir erhalten für die Übertragung der Nachricht zum ersten Ausgang für den systematischen Anteil im Code

$$g_{1,1}(X) = 1$$ (5.82)

Übertragung der Nachricht zum zweiten Ausgang ergibt sich die rationale Übertragungsfunktion eines rekursiven Systems

$$g_{2,1}(X) = \frac{X^3 + X +1}{X^3 + X^2 +1}$$ (5.83)

Aus der digitalen Signalverarbeitung sind Signalflussgraphen für rationale Übertragungsfunktionen bekannt. Mit der Direktform II erhält man die Encoderschaltung in Bild 5-29.

_____ Beispiel wird fortgesetzt

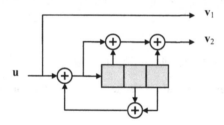

Bild 5-29 Encoderschaltung für den systematischen Encoder mit Rückführung

Das Beispiel zeigt, dass die Division (5.81) einen systematischen Code mit rekursiver Encoderschaltung erzeugt. Und, die Vorgehensweise ist nicht auf das Beispiel beschränkt.

Es stellt sich die Frage, welche Eigenschaften hat der so erzeugte Code. Ist der neue Code brauchbar?

Die Antwort darauf ist: Die Matrix $\mathbf{G}_{rek}(X)$ generiert den gleichen Code wie $\mathbf{G}(X)$.

Beispiel Systematischer Rate-1/2-Encoder mit Rückführung für UMTS (Fortsetzung)

Mit der Vormultiplikation

$$\mathbf{u}_{rek}(X) = (X^3 + X^2 + 1) \cdot \mathbf{u}(X) \tag{5.84}$$

gilt die Codiervorschrift im Bildbereich

$$\mathbf{u}_{rek}(X)\,\mathbf{G}_{rek}(X) = \mathbf{u}(X)\,\mathbf{G}(X) = \mathbf{v}(X) \tag{5.85}$$

Man erhält somit wieder das identische Codewort.

_____ Ende des Beispiels

Erweitert man den systematischen Encoder durch die Vormultiplikation, entsteht das ursprüngliche Codewort am Ausgang.

Da die Nachricht $\mathbf{u}(X)$ irgendeine binäre Folge sein kann, kann $\mathbf{u}_{rek}(X)$ ebenfalls eine beliebige binäre Folge sein.

Lässt man die Vormultiplikation weg, erzeugt der Encoder in Bild 5-29 immer ein eineindeutiges Codewort – jedoch nicht das gleiche wie der nichtrekursive Encoder in Bild 5-28. $\mathbf{u}_{rek}(X)$ und $\mathbf{u}(X)$ stimmen im Allgemeinen nicht überein.

Die rekursive Encoderschaltung in Bild 5-29 erzeugt einen _rekursiven systematischen Faltungscode_ (RSCC, _Recursive systematic convolutional code_) der äquivalent zum Code des nichtrekursiven Encoders ist.

5.7 Fortgeschrittene Verfahren

5.7.1 Turbo-Codes

Turbo-Codes wurden 1993 von erstmals vorgestellt und sorgten zunächst für Überraschung, da sie eine Übertragung mit Datenraten nahen der Shannon-Grenze versprachen [BeGl96]. Heute sind Turbo-Codes eine bewährte Option in der Nachrichtenübertragungstechnik und haben z. B. Eingang in den Mobilfunkstandard der 3. Generation UMTS (Universal Mobile Telecommunication System) und dem drahtlosen Internetzugang WiMAX (World Wide Microwave Access) gefunden.

Die detaillierte Erläuterung des Verfahrens würde den Rahmen dieses Buches sprengen, weshalb hier nur eine Einführung gegeben werden soll, die die Idee des Verfahrens erklärt und eine spätere Einarbeitung in die Details erleichtert. Wir stellen Beispielhaft den Encoder für den Rate-1/3-Turbo-Code für UMTS vor. Danach sprechen wird das Turbo-Prinzip im Decoder an. Zum Schluss stellen wir Ergebnisse zur Robustheit von Turbo-Codes vor.

Die Decodierung von Faltungscodes mit dem Viterbi-Algorithmus ermöglicht es in relativ einfacher Weise, Zuverlässigkeitsinformation zu verarbeiten. Ein ausführliches Beispiel hierzu wurde in Abschnitt 5.2 mit dem Soft-input-Viterbi-Algorithmus (SIVA) vorgestellt. Dabei werden die Entscheidungen für die Bits aufgrund von Wahrscheinlichkeitsaussagen mithilfe von Pfadmetriken getroffen. Es ist deshalb naheliegend zu den harten Entscheidungen der Bits Informationen über die zugrundeliegenden Wahrscheinlichkeiten oder den Metrikwerten mit auszugeben. Man spricht dann von einem *Soft-output Viterbi-Algorithmus* (SOVA) [HaHö89]. DieZuverlässigkeitsinformationen können dann prinzipiell, z. B. bei verketteten Codes, von einem nachfolgenden Decoder als Soft-input verwendet werden.

Die Idee bei der Anwendung von *Turbo-Codes* ist, die bei der Decodierung des Faltungscodes erzeugte Zuverlässigkeitsinformation als Soft-input für eine erneute Decodierung zurückzuführen – ähnlich einem Turbomotor, bei dem eine Verdichtung des Gasgemisches, und damit eine Leistungssteigerung, durch Zurückführen eines Teils der Motorleistung erreicht wird. Die Decodierung wird damit zu einem iterativen Prozess, an dessen Ende möglichst zuverlässige Aussagen über die Bits vorliegen sollen, vgl. auch das „Turbo-Prinzip" [Hag97].

Wir machen uns die Anwendung am Beispiel des Encoders für den UMTS Rate 1/3 Turbo Code deutlich. Ihm liegt der systematische, rekursive Faltungscode in Bild 5-29 zugrunde. Mit dem relativ geringem Encodergedächtnis, $m = 3$, wird die Komplexität der späteren Decodierung in tolerierbaren Grenzen gehalten.

Wegen der systematischen Codierung kann prinzipiell bei der Decodierung die verbesserte Zuverlässigkeitsinformation – ähnlich den korrigierten Bits – zurückgeführt werden. Eine Verbesserung ist allerdings nur möglich, wenn im ersten Decodierschritt nicht bereits alle verfügbare Zuverlässigkeitsinformation optimal verwendet wurde.

Ein Decodieralgorithmus, der die Wahrscheinlichkeit für jedes Bit maximiert, das MAP-Kriterium (Maximum A-posteriori Probability) erfüllt und die gewünschte Zuverlässigkeitsinformation liefert, ist der *BCJR-Algorithmus* [BCJR74], [LiCo04]. Für seine sinnvolle Anwendung ist demzufolge eine Erweiterung des Verfahrens erforderlich, die für den zweiten Decodierungsschritt eine unabhängige Zuverlässigkeitsinformation liefert.

Das leistet der Turbo-Code-Encoder in Bild 5-30: Durch einen zweiten, identischen Encoder wird eine zweite Folge von Prüfbits erzeugt. Die Nachricht braucht nicht noch einmal übertragen zu werden, so dass die Coderate gleich 1/3 ist.

Die Unabhängigkeit der Zuverlässigkeitsinformationen wird durch den Interleaver gewährleistet, der die Nachrichtenfolge in definierter Weise verschachtelt. Dabei ist die Interleavertiefe, die Länge des Blocks über die die Bits verschachtelt werden, wichtig. In UMTS werden Blöcke ab der Länge 40 bzw. 320 verwendet. Die maximale Blocklänge wurde auf 5114 beschränkt, weil darüber hinaus keine signifikanten Verbesserungen mehr beobachtet werden konnten [HoTo04] und der Aufwand und die Signalverzögerung mit der Blocklänge steigen.

Für die praktische Durchführung ist wichtig, die Endzustände für jeden Block mit zu übertragen, siehe Schalter und Seiteninformation in Bild 5-30.

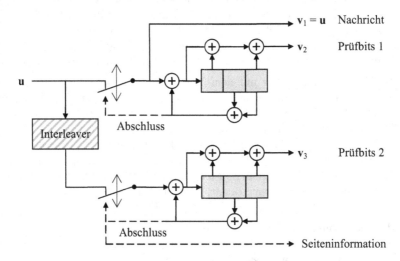

Bild 5-30 Encoderschaltung für den UMTS Rate 1/3 Turbo Code

Die Decodierung geschieht nach dem oben bereits angedeuteten Konzept in Bild 5-31. Aus dem Empfangssignal wird die Soft-input-Information zur Nachrichtenfolge und den beiden Folgen der Prüfbits gewonnen.

Im Decoder 1 wird zunächst die Decodierung anhand der Soft-input-Information (SI) für die Nachricht und die Prüfbits 1 durchgeführt. Es wird Soft-output (SO) für die Nachricht, die so genannte *extrinsische Information* der ersten Stufe $L_{e,1}$, generiert.

Anmerkung: Eine aufwandsgünstige Realisierung könnte durch den *Soft-input Soft-output Viterbi Algorithmus* geschehen [HaHö].

Die extrinsische Information wird nach Interleaving dem Decoder 2 als Soft-input-Information für die Nachricht zusammen mit der Soft-input-Information für die Prüfbits 2 zugeführt. Die Decodierung liefert wieder Soft-output für die Nachricht, die extrinsische Information $L_{e,2}$.

Nun beginnt die Anwendung des Turbo-Prinzips. Die extrinsische Information $L_{e,2}$ wird, nach Deinterleaving, als Soft-input für den Decoder 1 benutzt usw.

Nach 4 bis 8 Iterationen ist typischerweise ein Zustand erreicht, bei dem keine wesentliche Verbesserung mehr erzielt werden kann, so dass die Iteration mit der Ausgabe der extrinsischen Information beendet wird.

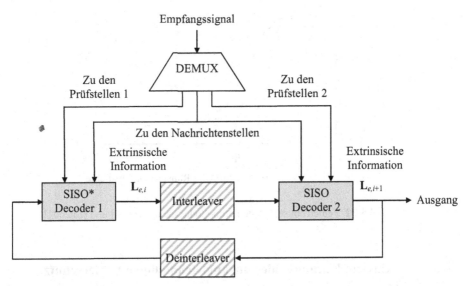

Bild 5-31 Decoder mit Turbo-Prinzip

Die Wirkung der iterativen Decodierung verdeutlichen Simulationsergebnisse für die Bitfehlerquoten. In [PrSa04], Abbildung 9.42, und [LiCo04], Fig. 16.20, werden Beispiele gezeigt. Bild 5-32 gibt das prinzipielle Verhalten wieder. Aufgetragen ist die Bitfehlerquote über dem Verhältnis von Bitenergie zur Rauschleistungsdichte, E_b/N_0, in dB.

Nach der 1. Iteration erhält man eine relativ hohe Bitfehlerquote von 0,1 bis 0,01, die mit wachsendem E_b/N_0 etwas fällt.

Anmerkung: Mann beachte auch, dass der Einfachheit halber Faltungscodes mit relativ geringem Gedächtnis und damit relativ geringer Fehlerrobustheit verwendet werden.

Die 2. Iteration verringert die Bitfehlerquote in der Regel deutlich. Weitere Iterationen reduzieren die Bitfehlerquote weiter, wobei sich ein Sättigungseffekt einstellt. Nach 10 Iterationen ist der wesentliche Gewinn erreicht. Zu beobachten ist insbesondere, dass der Gewinn bei geringem E_b/N_0 erbracht werden kann. Also typisch in stark gestörten Kanälen bzw. bei geringer Sendeleistung, was z. B. für den Einsatz der Turbo-Codierung in der Mobilfunkübertragung und bei interplanetarischen Sonden spricht.

Man beachte auch den Fehlerboden bei relativ kleinen Bitfehlerquoten. Er ist typisch für die Trubo-Codes und in den Distanzeigenschaften, der relativ geringen Minimaldistanz, der Codes begründet.

Anmerkung: Für eine Alternative zu den Turbo-Codes siehe Low-Density Parity-Check Codes (LDPC) [LiCo04].

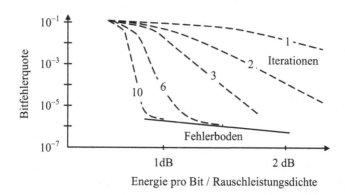

Bild 5-32 Fehlerrobustheit der Turbo-Codes nach [PrSa04] und [LiCo04]

5.7.2   Punktierte Faltungscodes für ungleichmäßigen Fehlerschutz

Will man Faltungscodes praktisch einsetzen, stellt man fest, dass die Codierungsvorschrift nur Coderaten R gleich 1/2, 1/3, 1/4 usw. zulässt; allgemein bei k Eingängen und n Ausgängen das rational Verhältnis $R = k / n$. Dies kann u. U. eine unerwünschte Einschränkung sein, weshalb nach Abhilfe gesucht wurde: den *punktierten Faltungscodes*. Darüber hinaus ermöglichen die punktierten Faltungscodes, auf effiziente Weise auch einen ungleichmäßigen Fehlerschutz zu realisieren, und haben somit Eingang in Anwendungen wie die Mobilkommunikation gefunden.

Zum Einstieg in die punktierten Faltungscodes betrachten wir nochmals den Soft-input Viterbi-Algorithmus mit den bedingten Wahrscheinlichkeiten der Detektionsvariablen in Bild 5-15. Liegt für eine Bitübertragung die Detektionsvariable nahe bei null, ist die Übergangswahrscheinlichkeit für das Sendebit 0 näherungsweise so groß wie für 1. Der Beitrag der Bitübertragung zur Metrik, das Metrikinkrement, ist dann für alle Übergänge im Netzdiagramm annähernd gleich. Man spricht von einem durch den Kanal ausgelöschten Bit.

Bei der Decodierung spielt ein ausgelöschtes Bit keine Rolle, sein Beitrag zur Metrikberechnung kann weggelassen werden.

Die *Bitauslöschung* durch die Kanalstörung ist zufällig und nicht vorhersehbar. Anders ist es, wenn ein Code-Bit nach definierten Regeln im Sender aus dem Bitstrom entfernt wird. Dann kann seine Position auch dem Empfänger bekannt gemacht und das Code-Bit wie ausgelöscht behandelt werden. Die praktische Umsetzung der Idee wird im folgenden Beispiel erläutert.

Beispiel   Punktierter (2,1,2)-Faltungscode

Für das Beispiel betrachten wir den (2,1,2)-Code mit den Generatorpolynomen $g_1(X) = 1 + X^2$ und $g_2(X) = 1 + X + X^2$. Die Encoderschaltung ist in Bild 5-33 zu sehen. Der Encoder liefert einen Rate-1/2-Code.

Wie bisher, werden die Teilcodefolgen $\mathbf{v}_1$ und $\mathbf{v}_2$ zu Codefolge $\mathbf{v}$ verschränkt. Jedoch anders als bisher werden dabei nicht alle Bits weitergereicht. Die *Punktierungsmatrix* definiert die Abbildung.

$$P = \begin{pmatrix} 1 & 1 \\ 1 & 0 \end{pmatrix} \qquad (5.86)$$

Im Beispiel wird jedes 2. Bit der unteren Teil-Codefolge v_2 ausgelassen. Es entsteht ein Rate-2/3-Code.

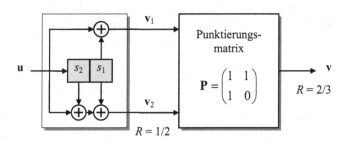

Bild 5-33 Encoderschaltung für den punktierten (2,1,2)-Faltungscode

In der Codefolge entspricht das dem periodischen Entfernen, auch Lochen oder Punktieren genannt, jedes 4. Bit. Man spricht vom *Mutter-Code* (Mother Code) und *punktiertem Faltungscode* (PCC, Punctured Convolutional Code).

Für die Decodierung im Netzdiagramm folgt, dass die Metrikzuwächse zu jedem 4. Bit weggelassen werden, siehe Bild 5-34. Der Decodieralgorithmus ändert sich dadurch nur wenig. Im Beispiel des Soft-input Viterbi-Algorithmus in Abschnitt 5.5 könnte, ohne Verlust an Vertrauenswürdigkeit der Detektion, der Einfachheit halber das Metrikinkrement null für alle punktierten Bits X verwendet werden.

_____ Ende des Beispiels

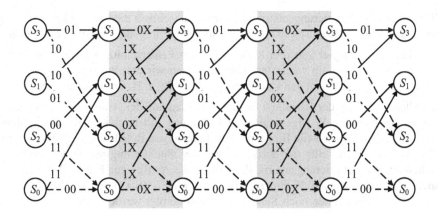

Bild 5-34 Netzdiagramm für den punktierten (2,1,2)-Faltungscode

Das Beispiel zeigt, wie einfach die Punktierung praktisch umgesetzt werden kann. Man beachte jedoch, dass mit jedem punktierten Bit die Robustheit gegen Übertragungsfehler vermindert wird; ein Metrikbeitrag einer Detektionsvariblen weniger zur Verfügung steht, um den optimalen Pfad zu detektieren.

Die Punktierung kann auch dynamisch eingesetzt werden. Die Punktierungsmatrix lässt sich während der Übertragung umschalten. Ein Beispiel ist in Tabelle 5-15 zu finden. Ausgehend von einem (3,1,3)-Mutter-Code kann durch Punktierung umgeschaltet werden von der Rate 1/3 mit hohem Fehlerschutz bis zur Rate 8/9 mit niedrigem Fehlerschutz. Dabei brauchen weder Encoder noch Decoder wesentlich verändert zu werden. Man spricht deshalb auch von einem *ratenkompatiblen punktierten Faltungscode* (*Rate-compatible Punctured Convolutional (RCPC) Code*).

Tabelle 5-15 Punktierungsmatrizen **P** für einen (3,1,3)-Mutter-Code [Hag88]

Rate	Punktierungsmatrix	Rate	Punktierungsmatrix
1 / 3	11111111 11111111 11111111	1 / 2	11111111 11111111 00000000
4 / 11	11111111 11111111 11101110	4 / 7	11111111 11101110 00000000
2 / 5	11111111 11111111 10101010	4 / 6	11111111 10101010 00000000
4 / 9	11111111 11111111 10001000	4 / 5	11111111 10001000 00000000
		8 / 9	11111111 10000000 00000000

Die Möglichkeit, die Punktierungsmatrix umzuschalten, schließt die Möglichkeit ein, *ungleichmäßigen Fehlerschutz*, wie beispielsweise in der Sprachübertragung sinnvoll, bereitzustellen.

Wir betrachten das Beispiel von drei Klassen für den Fehlerschutz: Klasse 1 bis 3, von am stärksten geschützt bis zu am wenigsten. Hierfür nutzen wir drei Punktierungsmatrizen eines RCPC-Codes P_1, P_2 und P_3 mit den Coderaten $R_1 < R_2 < R_3$, z. B. aus Tabelle 5-15.

Die zu codierenden Bits der Klassen 1, 2 und 3 werden aus der Anwendung in Blöcken mit den Längen N_1, N_2 bzw. N_3 angeliefert. Die Codierung mit ungleichmäßigem Fehlerschutz kann jetzt so geschehen, dass die Bits zu einem Rahmen wie in Bild 5-35 angeordnet werden. Zunächst werden die N_3 Bits der Klasse 3 mit der Punktierungsmatrix P_3 codiert. Nach Umschalten auf die Punktierungsmatrix P_2, werden die N_2 Bits zur Klasse 2 in den Encoder eingespeist. Danach wird auf P_1 umgeschaltet und die N_1 Bits der Klasse 1 werden nachgeschoben. Am Ende können noch Schluss-Bits hinzugefügt werden, um den Codiervorgang im Nullzustand abzuschließen.

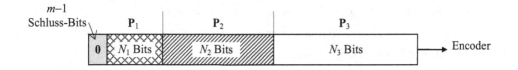

Bild 5-35 Bit-Rahmen für ungleichmäßigen Fehlerschutz

Die Übertragung mit punktierten Faltungscodes bietet darüber hinaus einen weiteren Vorteil. Wird ein *Typ-II-hybrides ARQ-Verfahren* eingesetzt, bietet es sich an, bei erkannten fehlerhaften Rahmen im Empfänger nur die punktierten Bits nachzusenden – mit der Hoffung, dass die zusätzliche Information bereits ausreicht, die Detektion der Nutz-Information im Rahmen zu ermöglichen.

5.7.3 Tail-biting Codes

Bei der Faltungscodierung kurzer Blöcke kann durch Anfügen der Schluss-Bits eine unerwünschte Verlängerung des Codewortes entstehen, siehe auch Block-Coderate. Lässt man jedoch die Schluss-Bits einfach weg, ist prinzipiell jeder Endzustand möglich. Die damit verbundene Ungewissheit erhöht die Fehlerwahrscheinlichkeit speziell der letzten Bits der Nachricht.

Anmerkungen: (i) Bei ungleichmäßigem Fehlerschutz könnten in diesem Fall die weniger zu schützenden Bits am Ende übertragen werden, anders wie in Bild 5-35. Bei der Datenübertragung ist jedoch in der Regel ein gleichmäßiger Fehlerschutz erwünscht. (ii) Durch den Verzicht auf einen einzigen Anfangs- und Endzustand nimmt der Fehlerschutz ab. (iii) Wir beschränken uns hier auf den Fall nichtrekursiver Codes. Tail-biting Codes mit rekursiven Encodern sind möglich, erfordern allerdings einen größeren Aufwand in Theorie und Praxis [LiCo04].

Eine Möglichkeit, alle Bits gleichermaßen zu schützen, ohne die Block-Coderate durch Schluss-Bits zu reduzieren, liefern die *Tail-biting Codes*. Wir zeigen die Idee am Beispiel der nichtrekursiven Tail-biting Codes exemplarisch in Form einer gelösten Aufgabe.

Beispiel Geblockter (2,1,2)-Faltungscode mit Tail-biting

Gegeben ist die Generatormatrix für einen nichtrekursiven Tail-biting-Code.

$$G = \begin{pmatrix} 11 & 10 & 11 & 00 & 00 & 00 \\ 00 & 11 & 10 & 11 & 00 & 00 \\ 00 & 00 & 11 & 10 & 11 & 00 \\ 00 & 00 & 00 & 11 & 10 & 11 \\ 11 & 00 & 00 & 00 & 11 & 10 \\ 10 & 11 & 00 & 00 & 00 & 11 \end{pmatrix} \tag{5.87}$$

a) Geben Sie zur Nachricht $\mathbf{u} = (10100111)$ das Codewort an.

b) Bestimmen Sie die Generatorpolynome des unterlegten nichtrekursiven Faltungscodes.

c) Skizzieren Sie die Encoderschaltung.

d) Codieren Sie die Nachricht in (a) mit der Encoderschaltung. Wie ist das Schieberegister vorzubesetzen, damit das gleiche Codewort wie in (a) entsteht?

e) Geben Sie zu (d) den Start und End-Zustand im Schieberegister an.

f) Führen Sie eine Dekodierung im Netzdiagramm durch.

Lösung

a) Codewort

$$\mathbf{v} = \mathbf{u} \odot \mathbf{G} = (101110) \odot \begin{pmatrix} 11 & 10 & 11 & 00 & 00 & 00 \\ 00 & 11 & 10 & 11 & 00 & 00 \\ 00 & 00 & 11 & 10 & 11 & 00 \\ 00 & 00 & 00 & 11 & 10 & 11 \\ 11 & 00 & 00 & 00 & 11 & 10 \\ 10 & 11 & 00 & 00 & 00 & 11 \end{pmatrix} = (00\,10\,00\,01\,10\,01) \qquad (5.88)$$

b) Generatorpolynome

$$g_1(X) = 1 + X + X^2 \quad \text{und} \quad g_2(X) = 1 + X^2 \qquad (5.89)$$

c) Encoderschaltung, siehe (d)

d) Codierung mit dem Startzustand S_2, d. h. $s_2 = u_4$ und $s_1 = u_5$

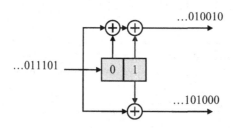

Bild 5-36 Codierung der Nachricht mit vorbesetztem Schieberegister

e) Start- und End-Zustand sind gleich.

f) Decodierung

Die Bedingung, im gleichen Zustand zu starten und zu enden, wird nur in den Zuständen S_0 und S_2 erfüllt.

Es wird die Folge (der Pfad durch das Netzdiagramm) detektiert, die die kleinste Diskrepanz (Hamming-Distanz) zur Empfangsfolge $\mathbf{r}$ hat.

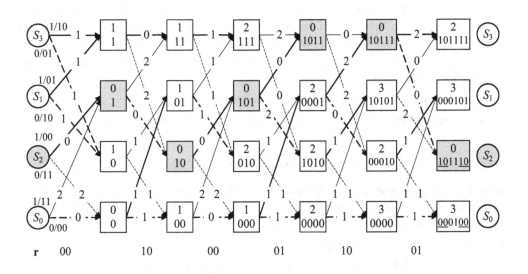

Bild 5-37 Decodierung im Netzdiagramm für den Tail-biting Code

5.8 Aufgaben zu Abschnitt 5

5.8.1 Aufgaben

Aufgabe 5-1 Systematischer (2,1,1)-Faltungscode

Das Generatorpolynompaar $g_1(X) = 1$ und $g_2(X) = 1 + X$ liefert einen systematischen Faltungscode.

a) Geben Sie die Encoder-Schaltung und

b) das Encoder-Zustandsdiagramm an.

c) Berechnen Sie die freie Distanz des Codes mit der Gewichtsfunktion.

d) Liegt ein katastrophaler Code vor?

Aufgabe 5-2 Faltungscode

a) Geben Sie die Generatorpolynome des binären Faltungscodes mit maximaler freier Distanz zur Einflusslänge 3 an.

b) Skizzieren Sie zu a) die Encoder-Schaltung.

c) Skizzieren Sie zu a) das Zustandsdiagramm.

d) Codieren Sie die Nachrichtenfolge $u[n_1] = \{1,0,0,1,1,0,1\}$ mit Hilfe des Zustands-diagramms. Geben Sie zunächst die Abfolge der Zustände an. Starten Sie dabei im Null-zustand und ergänzen Sie die Nachricht so, dass die Übertragung im Nullzustand endet.

e) Es wird die Folge $r[n_2] = \{11,01,11,01,10,10,10,01,11\}$ empfangen. Decodieren Sie die Folge im Netzdiagramm.

   Hinweis: Die Codierung beginnt und endet im Nullzustand.

f) Wie kann die Metrik der decodierten Nachricht interpretiert werden?

Aufgabe 5-3 Faltungscode für die Full-rate-Übertragung in GSM

Bei der GSM-Sprachübertragung im Full-rate-Modus wird ein speziell optimierter Faltungs-code mit den Generatorpolynomen $g_1(X) = 1 + X^3 + X^4$ und $g_2(X) = 1 + X + X^3 + X^4$ mit der freien Distanz $d_{\text{frei}} = 7$ eingesetzt [Fri95].

a) Skizzieren Sie den Signalflussgraphen des Encoders.

b) Pro Sprachblock der Dauer 20 ms werden 185 Bits mit dem Faltungscode codiert. Wie lang ist die Nullfolge, die an die Nachrichtenbits anzuhängen ist (Schluss-Bits), damit der Encoder die Codierung im Nullzustand beendet?

c) Geben Sie die folgenden Codekenngrößen an: Encodergedächtnis, Einflusslänge, Block-Coderate, relativer Ratenverlust und vollständiges Encodergedächtnis.

d) Schätzen Sie die Komplexität eines zur Decodierung geeigneten Viterbi-Decoders ab.

Aufgabe 5-4 Faltungscode für die Datenübertragung in GSM

Bei der GSM Datenübertragung für 4,8 kbit/s im TCH/F4.8-Kanal wird ein binärer Faltungs-code mit den Generatorpolynomen $g_1(X) = 1 + X + X^3 + X^4$, $g_2(X) = 1 + X^2 + X^4$ und $g_3(X) = 1 + X + X^2 + X^3 + X^4$ mit der freien Distanz $d_{\text{frei}} = 12$ eingesetzt [Fri95].

a) Skizzieren Sie den Signalflussgraphen des Encoders.

b) Aus Gründen der Kompatibilität zur Daten- und Luftschnittstelle werden jeweils 60 Daten-bits zu einem Codewort der Länge 228 Bits codiert. Um wie viele Nullbits muss dazu die Datenfolge verlängert werden? In welchem Zustand endet die Decodierung?

c) Geben Sie die folgenden Codekenngrößen an: Encoder-Gedächtnis, Einflusslänge, Block-Coderate, relativer Ratenverlust und vollständiges Encodergedächtnis.

d) Schätzen Sie die Komplexität eines zur Decodierung geeigneten Viterbi-Decoders ab.

5.8.2 Lösungen

Lösung zu Aufgabe 5-1 Systematischer (2,1,1)-Faltungscode

a) b)

Bild 5-38 Encoder-Schaltung (Signalflussgraph, links) und Zustandsdiagramm (rechts)

c) Berechnung der freien Distanz mit der Gewichtsfunktion

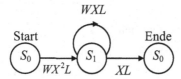

Bild 5-39 Erweitertes Zustandsdiagramm zum systematischen (2,1,1)-Faltungscode

Für die Zustände gelten an den Knoten die beiden Gleichungen

$$Z_1 = W X^2 L \cdot Z_e + W X L \cdot Z_1$$
$$Z_a = X L \cdot Z_1$$

Daraus ergibt sich die Eingangs-Ausgangsgleichung

$$Z_a = XL \cdot \frac{WX^2L}{1 - WXL} \cdot Z_e$$

und weiter die Gewichtsfunktion

$$A(W, L, X) = WX^3L^2 \cdot \left(1 + WXL + W^2X^2L^2 + W^3X^3L^3 + \cdots\right) =$$
$$= WX^3L^2 + W^2X^4L^3 + W^3X^5L^4 + W^4X^6L^5 + \cdots$$

In der Gewichtsfunktion zeigt der kleinste Exponent von D die freie Distanz an.

$$d_f = 3$$

d) Der Code ist nicht katastrophal, weil die einzige Schleife im erweiterten Zustandsdiagramm das Kantengewicht IDJ besitzt und somit das Hamming-Gewicht der Codefolge im Übergang um eins erhöht.

Lösung zu Aufgabe 5-2 Faltungscode

a) Generatorpolynome aus der Tabelle

$$g_1(X) = 1 + X^2 \quad \text{und} \quad g_2(X) = 1 + X + X^2$$

b) c) Encoder-Schaltung und Encoder-Zustandsdiagramm

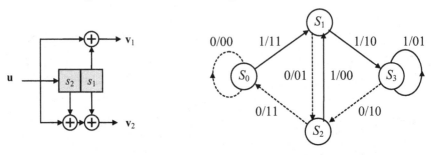

Bild 5-40 Encoder-Schaltung (links) und Encoder-Zustandsdiagramm (rechts)

d) Codierte Nachricht

Aus dem Zustandsdiagramm ergibt sich

– Zustandsfolge $\quad$ (Start S_0) – S_1 – S_2 – S_0 – S_1 – S_3 – S_2 – S_1 (– S_2 – S_0 Tail)

– Codewort $\qquad v[n] = \{11,01,11,11,10,10,00,01,11\}$

e) Decodierung im Netzdiagramm (Hamming-Distanz)

– Empfangswort $r[n] = \{11,01,11,01,10,10,10,01,11\}$

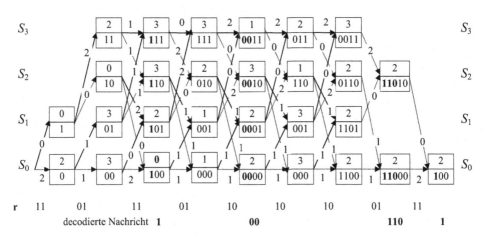

Bild 5-41 Decodierung im Netzdiagramm

f) Mit der Annahme, dass die Nachricht richtig decodiert wurde, kann die Metrik des decodierten Weges als die Zahl der aufgetretenen Bitfehler interpretiert werden. Die resultierende Metrik liefert einen Schätzwert für die Qualität des Übertragungskanals ($\rightarrow$ Kanalzustandsinformation).

Lösung zu Aufgabe 5-3 Faltungscode für die Full-rate-Übertragung in GSM

a)

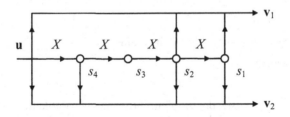

Bild 5-42 Signalflussgraph des Encoders

b) Es sind 4 Nullbits anzuhängen, so dass alle Encoder-Speicherelemente mit Nullbits besetzt sind (Nullzustand).

c) Encodergedächtnis $m = 4$

   Einflusslänge $n_c = 10$

   Block-Coderate $185 / (2 \cdot [185+4]) = 0{,}489$

   relativer Ratenverlust $4 / (185+4) = 2{,}11 \cdot 10^{-2}$

   vollst. Encodergedächtnis $M = 4$

d) Es existieren $2^M = 16$ Zustände; pro Zeitschritt sind 32 Metrikzuwächse zu berechnen, Teilmetriken zu aktualisieren und zu vergleichen; es sind jeweils 16 Pfade weiterzuverfolgen und ihre Teilmetriken zu speichern.

Lösung zu Aufgabe 5-4 Faltungscode für die Datenübertragung in GSM

a)

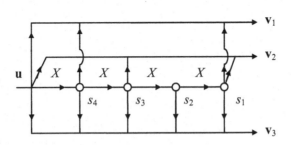

Bild 5-43 Signalflussgraph des Encoders

b) Aus $3 \cdot (60 + x) = 228$ folgt $x = 16$, d. h., es werden 16 Nullbits eingefügt und der Codiervorgang endet im Nullzustand.

c) Encodergedächtnis $m = 4$

   Einflusslänge $n_c = 3 \cdot (4+1)$

   Block-Coderate $60 / (3 \cdot [60+4]) = 0{,}3125$

   – unter Berücksichtigung der 16 Nullbits ergibt sich $60 / 228 = 0{,}263$

   relativer Ratenverlust $4 / 64 = 6{,}25 \cdot 10^{-2}$

   – unter Berücksichtigung der 16 Nullbits ergibt sich $16 / 76 = 0{,}211$

   vollst. Encodergedächtnis $M = 4$

d) Es existieren $2^M = 16$ Zustände; pro Zeitschritt sind 32 Metrikzuwächse zu berechnen, Teilmetriken zu aktualisieren und zu vergleichen; es sind jeweils 16 Wege weiterzuführen und ihre Teilmetriken zu speichern.

6 Viterbi-Entzerrer

6.1 Zeitdiskretes äquivalentes Kanalmodell

Das Prinzip der Decodierung mit dem Viterbi-Algorithmus lässt sich vorteilhaft auf bandbegrenzte Kanäle der Nachrichtenübertragungstechnik, wie z. B. in der digitalen Mobilfunkübertragung und der digitalen Magnetbandaufzeichnung, anwenden. Den Übertragungskanälen ist gemeinsam, dass sie als zeitdiskrete nichtrekursive Systeme modelliert werden können.

Anmerkung: Im Folgenden werden grundlegende Kenntnisse zu Signalen und Systemen verwendet [Wer08].

6.1.1 Übertragungsmodell

Wir beginnen mit den nachrichtentechnischen Grundlagen, dem Übertragungsmodell in Bild 6-1, und leiten daraus das zeitdiskrete äquivalentes Kanalmodell in mehreren Schritten ab.

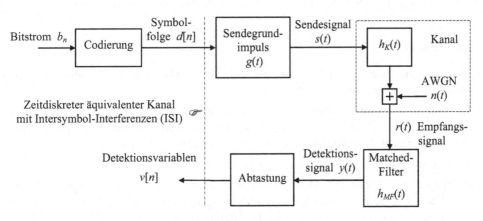

Bild 6-1 Übertragungsmodell

Die Bits b_n des Bitstroms werden durch Codierung auf die *Symbolfolge d[n]* abgebildet. Bei unipolarer und bipolarer Übertragung werden die Symbole aus dem Alphabet $\{0,1\}$ bzw. $\{-1,1\}$ entnommen. Danach wird die Folge der Symbole zur Übertragung mit dem *Sendegrundimpuls g(t)* auf das analoge Sendeformat gebracht.

$$s(t) = \sum_{n=0}^{\infty} d[n] \cdot g(t - nT_b) \tag{6.1}$$

In diesem Fall spricht man von einer *linearen Modulation*, weil sich das Sendesignal als Linearkombination der einzelnen Beiträge der Symbolfolge ergibt. Typischerweise ist die Dauer des Sendegrundimpulses gleich der Dauer eines Symbols T_s, so dass sich die Beiträge der Symbole nicht zeitlich überlappen.

Die Übertragung des Sendesignals im Kanal wird durch ein LTI-System mit zeitlich auf T_{max} begrenzter Impulsantwort, der *Kanalimpulsantwort* $h_K(t)$, und additives weißes gaußsches Rauschen (AWGN, Additive White Gaussian Noise) $n(t)$ dargestellt.

Im Empfänger wird ein *Matched-Filter* eingesetzt, welches auf den Sendegrundimpuls und die Kanalimpulsantwort angepasst ist.

$$h_{MF}(t) = g\left(T_s - t\right) * h_K\left(T_{\max} - t\right) \tag{6.2}$$

Das Detektionssignal $y(t)$ stellt somit eine Überlagerung von gewichteten und verschobenen Repliken des *Detektionsgrundimpulses* $f(t)$ dar.

$$y(t) = \sum_{n=0}^{\infty} d[n] \cdot \underbrace{g(t - nT_s) * h_K(t) * h_{MF}(t)}_{f(t-nT_s)} = \sum_{n=0}^{\infty} d[n] \cdot f(t - nT_s) \tag{6.3}$$

Erstreckt sich der Detektionsgrundimpuls über mehr als ein Symbolintervall, liegt eine gegenseitige Beeinflussung der Symbole vor. Man spricht von *Intersymbol-Interferenzen* (ISI)

Beispiel Kanalmodell

Die Überlegungen veranschaulicht das Beispiel in Bild 6-2. Als Sendegrundimpuls $g(t)$ wählen wir einen Rechteckimpuls der Dauer T_s.

In Anlehnung an die Mobilfunkübertragung nehmen wir einen Echokanal mit drei Echos an, $h_K(t) = \delta(t) - 0{,}5\delta(t-T_s) + 0{,}5\delta(t-2T_s)$. Im Kanal wird der Sendegrundimpuls mit der Kanalimpulsantwort gefaltet. Es resultiert der Empfangsgrundimpuls $r(t) = g(t)*h_K(t)$.

Die Rauschstörung beachten wir erst im nächsten Unterabschnitt.

Die Impulsantwort des kausalen Matched-Filters ergibt sich aus dem Empfangsgrundimpuls durch zeitliche Spiegelung und Verschiebung (Verzögerung) $h_{MF}(t) = r(3T_s-t)$. Aus der Faltung des Empfangsgrundimpulses und der Impulsantwort des Matched Filters entsteht der Detektionsgrundimpuls $f(t) = r(t) * h_{MF}(t)$. Schließlich liefert seine Abtastung, den zeitdiskreten Detektionsgrundimpuls $f[n]$ der Länge N.

Anmerkungen: (i) In Bild 6-2 können die Intersymbol-Interferenzen gut beobachtet werden. (ii) Die Trägermodulation wurde im Beispiel weggelassen. Die Betrachtungen beziehen sich o. B. d. A. auf die äquivalenten Tiefpass-Signale.

_____ Beispiel wird fortgesetzt

(a) Sendegrundimpuls

(b) Kanalimpulsantwort

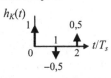

(c) Empfangsgrundimpuls

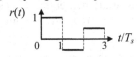

(d) MF-Impulsantwort

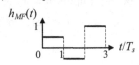

e) Detektionsgrundimpuls – zeitkontinuierlich

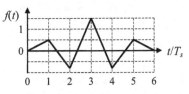

f) Detektionsgrundimpuls – zeitdiskret

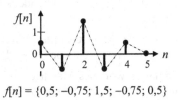

$f[n] = \{0{,}5;\ -0{,}75;\ 1{,}5;\ -0{,}75;\ 0{,}5\}$

Bild 6-2 Zeitdiskreter Detektionsgrundimpuls $f[n]$

Ist das Modulationsverfahren linear und treten im Übertragungsmodell nur lineare Systeme auf, erhält man im Empfänger zum m-ten Datensymbol die mit $d[m]$ gewichtete und um mT_s verschobene Version des zeitdiskreten Detektionsgrundimpulses. Die Überlagerung aller Beiträge liefert die *Detektionsvariablen* $v[n]$ ohne AWGN.

$$v[n] = \sum_{m=0}^{\infty} d[m] \cdot f(n - mT_b) \qquad (6.4)$$

Als Kanalmodell resultiert ein FIR-Filter mit der Impulsantwort $f[n]$ der Länge L. Seine Struktur zeigt der Signalflussgraph in Bild 6-3 mit den Verzögerungselementen D (Delay). Es liegt ein *Transversalfilter* vor, das einem Encoder eines Faltungscodes mit einem Ein- und Ausgang entspricht.

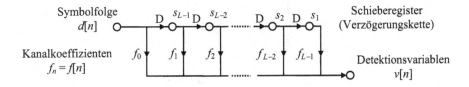

Bild 6-3 Signalflussgraph des zeitdiskreten Übertragungsmodells (Transversalfilter) ohne AWGN

6.1.2   Dekorrelationsfilter

Das Übertragungsmodell in Bild 6-3 stellt bereits einen anschaulichen Bezug zu den Faltungscodes her. Bevor wir jedoch daraus weitere Schlüsse ziehen, ist ein wichtiger Punkt zu beachten: Die in Bild 6-3 noch fehlende Rauschstörung der Detektionsvariablen ist farbig. Sie ergibt sich aus dem AWGN im Kanal nach Filterung mit dem zeitdiskreten Modell des Matched-Filters, siehe Bild 6-1.

$$\tilde{n}[n] = n[n] * h_{MF}[n] \tag{6.5}$$

Das Problem des farbigen Rauschens – der Viterbi-Entzerrer arbeitet nicht mehr optimal – kann durch eine Nachverarbeitung mit einem *Dekorrelationsfilter*, auch *Whitening-Filter* genannt, umgangen werden. Es trägt seinen Namen, weil es die Korrelation im Rauschsignal beseitigt, also die Rauschstörung vor der Detektion zu weißem Rauschen entfärbt. Zusätzlich wird auch die Ordnung des Ersatzmodells reduziert, was für die praktische Anwendung ebenfalls wichtig ist.

Um die Wirkung des Matched-Filters auf die Korrelation des Rauschens aufzuheben, muss zunächst das inverse System entworfen werden. Wir setzen dazu bei der Impulsantwort an.

Weil die Impulsantwort des Matched-Filters zeitlich begrenzt ist, gehen wir von einer *Autokorrelationsfolge* (AKF) der Länge $2L - 1$ aus.

$$R_{\tilde{n}\tilde{n}}[l] = h_{MF}[l] * h_{MF}[-l] \quad \text{mit} \quad R_{\tilde{n}\tilde{n}}[l] = 0 \quad \text{für} \; |l| \geq L \tag{6.6}$$

Die z-Transformation der AKF liefert im Bildbereich ein Polynom, das durch seine Nullstellen z_{0k} dargestellt werden kann.

$$\Phi_{\tilde{n}\tilde{n}}(z) = \sum_{l=-L+1}^{+L-1} R_{\tilde{n}\tilde{n}}[l] \cdot z^{-l} = c \cdot \prod_{k=1}^{2(L-1)} (z - z_{0k}) \tag{6.7}$$

Die AKF ist eine reelle und gerade Folge. Somit existiert zu jeder komplexen Nullstelle z_{0k} eine konjugiert komplexe und eine reziproke Partner-Nullstelle z_{0k}^* bzw. z_{0k}^{-1}, wie in Bild 6-4 illustriert wird. Die Partner lassen sich jeweils zu Quartetten gruppieren. Gegebenenfalls existieren auch reelle und mehrfache Nullstellen.

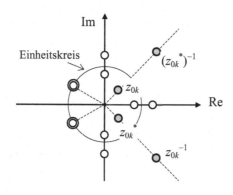

Bild 6-4 Nullstellen der z-Transformierten der AKF (schematisch)

Die Symmetrie der Nullstellenverteilung ermöglicht es, das Matched-Filter als minimalphasiges System mit nur Nullstellen innerhalb des Einheitskreises anzugeben.

$$H_{MF}(z) \cdot H_{MF}(z^{-1}) = c \cdot \prod_{k=1}^{2(L-1)} (z - z_{0k}) \tag{6.8}$$

Damit ist das inverse Filter als stabiles System darstellbar. Die Nullstellen innerhalb des Einheitskreises werden zu den Polen des Whitening-Filters. Es resultiert ein Filter mit nur Polen, das stabiles *All-pole Filter*

$$H_W(z) = c_2 \cdot \prod_{\substack{k=1 \\ |z_{0k}|<1}}^{2(L-1)} \frac{1}{z - z_{0k}} \tag{6.9}$$

Mit dem Whitening-Filter ergibt sich das erweiterte Übertragungsmodell in Bild 6-5. Es liegt eine gedächtnislose lineare Modulation mit linearem zeitinvarianten Kanal und additivem weißen gaußschen Rauschen vor.

Anmerkung: Auch Pole auf dem Einheitskreis können berücksichtigt werden, siehe approximative inverse Filterung [Kam04].

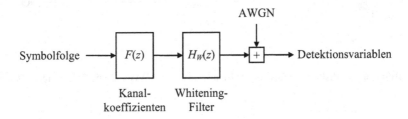

Bild 6-5 Zeitdiskretes Übertragungsmodell mit Whitening-Filter und AWGN

Beispiel Kanalmodell (Fortsetzung) – Maximalphasige Lösung

Durch den Entwurf des Whitening-Filters aus dem Detektionsgrundimpuls ergeben sich Vereinfachungen, die im Folgenden exemplarisch mit MATLAB aufgezeigt werden. Zunächst wird der Detektionsgrundimpuls eingegeben. Die Nullstellen (Wurzeln) des Polynoms werden mit dem Befehl `roots` berechnet.

```
f = [0.5 -0.75 1.5 -0.75 0.5];
z = roots(f)
z =   0.5000 + 1.3229i
      0.5000 - 1.3229i
      0.2500 + 0.6614i
      0.2500 - 0.6614i
```

Die Nullstellen im Inneren des Einheitskreises werden als Pole des Whitening-Filters aufgefasst und das zugehörige Nennerpolynom mit dem Befehl `poly` berechnet.

```
a = poly(z(3:4))
a =   1.0000   -0.5000   0.5000
```

Nun können die Wirkungen der beiden Systeme zusammengefasst werden. Dazu wird die Folge der Kanalkoeffizienten, der Detektionsgrundimpuls, über das Whitening-Filter mit dem Befehl `filter` übertragen, siehe Bild 6-5.

```
fv = filter(1,a,f)
fv = 0.5000   -0.5000    1.0000   -0.0000   -0.0000
```

Die minimalphasigen Nullstellen des Detektionsgrundimpulses löschen dabei die Pole des Whitening-Filters, so dass sich der verkürzte Detektionsgrundimpuls $f_v[n] = \{0{,}5;\ -0{,}5;\ 1\}$ ergibt, siehe Bild 6-6. Die verbleibenden Nullstellen des Detektionsgrundimpulses liegen außerhalb des Einheitskreises, weshalb von der *maximalphasigen Lösung* gesprochen wird.

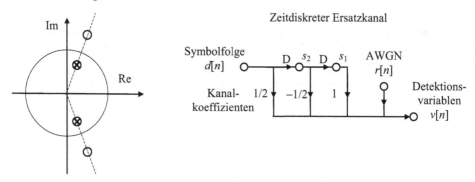

Bild 6-6 Zeitdiskreter äquivalenter Ersatzkanal mit AWGN (Maximalphasige Lösung)

Beispiel Kanalmodell (Fortsetzung) – Minimalphasige Lösung

Für die praktische Anwendung ist eine alternative Implementierung des Whitening-Filters von Interesse. Wir demonstrieren das Verfahren exemplarisch. Dazu gehen wir vom All-pole Filter aus und bestimmen seine Impulsantwort.

Anmerkung: Obwohl die Impulsantwort des rekursiven Systems prinzipiell zeitlich nicht beschränkt ist, kann sie in brauchbarer Näherung auf eine geeignete Länge verkürzt werden. Im Beispiel werden nur die ersten 11 Koeffizienten weiterverarbeitet.

```
a = [1 -0.5 0.5];
h = impz(1,a,11);
```

Die auf 11 Elemente beschränkte Impulsantwort wird nun zeitlich gespiegelt, was einer antikausalen Darstellung entspricht. Die angezeigten Zahlenwerte lassen vermuten, dass die Impulsantwort im Wesentlichen erfasst wird.

```
h = flipud(h)
h = 0.0225 -0.0215 -0.0664 -0.0234 0.1094 0.1563
   -0.0625 -0.3750 -0.2500  0.5000 1.0000
```

Die Impulsantwort ermöglicht eine Approximation des Whitening-Filters durch ein FIR-Filter. Nun kann der Detektionsgrundimpuls mit der Impulsantwort des FIR-Filters gefaltet werden. Es resultiert die Approximation des Detektionsgrundimpulses mit Whitening-Filter.

```
f = [0.5 -0.75 1.5 -0.75 0.5];
fw = conv(h,d)
fw = 0.0112 -0.0276 0.0166 -0.0110 -0.0000 -0.0000
     -0.0000 0.0000 0.0000 -0.0000 -0.0000 -0.0000
     1.0000 -0.5000 0.5000
```

Die Folge $f_w[n]$ zeigt an ihrem Ende im Wesentlichen 3 Elemente. Sie bilden die Koeffizienten der *minimalphasigen Lösung* (Approximation) des zeitdiskreten äquivalenten Ersatzkanals mit AWGN.

Anmerkung: Dass die restlichen Werte näherungsweise null sind, zeigt die Güte der Approximation.

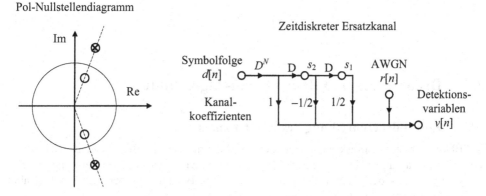

Bild 6-7 Zeitdiskreter äquivalenter Ersatzkanal mit AWGN (Minimalphasige Lösung)

6.1.3 Zeitdiskretes äquivalentes Kanalmodell mit AWGN

Das obige Beispiel kann verallgemeinert werden. Der Detektionsgrundimpuls und das dekorrelierende Whitening-Filter lassen sich zu dem *zeitdiskreten äquivalenten Ersatzkanal* zusammenfassen. Dabei entsteht ein FIR-System, dessen Koeffizienten gleich den Elementen des verkürzten Detektionsgrundimpulses sind, siehe Bild 6-8.

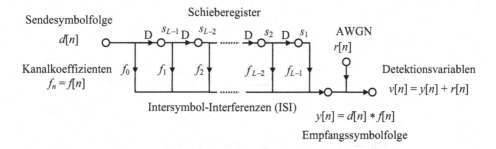

Bild 6-8 Zeitdiskreter äquivalenter Ersatzkanal mit AWGN

Die diskrete Nachrichtenfolge, die Folge der Symbole $d[n]$, wird im Schieberegister jeweils um eine Symboldauer verzögert und bestimmt die Werte der Zustandsgrößen $s_i[n]$. Die Zustandsgrößen werden jeweils mit den Kanalkoeffizienten f_{N-i} gewichtet, summiert.

Da die Elemente der Symbolfolge am Systemeingang aus einem diskreten Alphabet entnommen werden, entsteht am Systemausgang eine ebenfalls Folge mit diskreten Elementen, die *Empfangssymbolfolge*.

$$y[n] = d[n] * f[n] = \sum_{k=0}^{n} f[k] \cdot d[n-k] \tag{6.10}$$

Die praktisch immer vorhandene Rauschstörung wird als AWGN am Kanalausgang berücksichtigt. Schließlich liegen für die Decodierung die Detektionsvariablen als Überlagerung der Empfangsfolge und der AWGN-Störung vor.

$$v[n] = y[n] + r[n] \tag{6.11}$$

6.2 Decodierung mit dem Viterbi-Algorithmus

6.2.1 Zustandsbeschreibung des Ersatzkanals

Das FIR-System des zeitdiskreten äquivalenten Kanalmodells in Bild 6-8 entspricht einem Encoder eines Faltungscodes mit einem Eingang und einem Ausgang. Am Ausgang des FIR-Systems liegt eine Überlagerung der mit den Kanalkoeffizienten gewichteten Sendesymbole vor. Es treten Intersymbol-Interferenzen auf.

Da die Elemente der Sendesymbolfolge aus einem diskreten Alphabet entnommen werden, setzt sich auch die Empfangssymbolfolge aus diskreten Elementen zusammen. Wir zeigen den Zusammenhang an einem Beispiel auf.

Beispiel Kanalmodell (Fortsetzung) – Zustandsbeschreibung

Wir setzen das Beispiel aus Bild 6-7 fort. Auf die Verzögerung um N Takte kann o. B. d. A. verzichtet werden. Wir erhalten den zeitdiskreten äquivalenten Ersatzkanal mit allen Signalen und Größen in Bild 6-9.

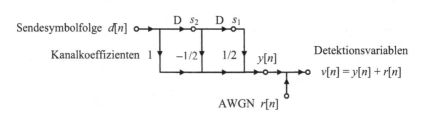

Bild 6-9 Zeitdiskreter äquivalenter Ersatzkanal mit AWGN

Für die Sendesymbolfolge nehmen wir eine bipolare Übertragung mit $d[n] \in \{-1, 1\}$ an. Wie für die Faltungscodes führen wir eine Zustandsbeschreibung durch. Mit den beiden Zustandsgrößen s_1 und s_2 und bipolarer Übertragung sind vier Zustände möglich. Für sie stellen wir die Zustandsübergangstabelle in Tabelle 6-1 zusammen, vgl. auch Tabelle 5-2. Exemplarisch betrachten wir dort den Zustand S_0 mit $s_1 = -1$ und $s_2 = -1$. Dann resultiert beim Sendesymbol 1 das Empfangssymbol $1 = 1 - 1/2 + 1/2$. Und der neue Zustand ist S_1 mit $s_1 = -1$ und $s_2 = 1$.

Betrachten wir alle möglichen Sendesymbolfolgen $d[n]$ und die zugehörigen Empfangssymbolfolgen $y[n]$, so ergibt sich für die Empfangssymbole der diskrete *Symbolraum* $y[n] \in \{-2,-1,0,1,2\}$.

Anmerkung: Im Allgemeinen sind bei drei Kanalkoeffizienten und bipolarer Übertragung $2^3 = 8$ Empfangssymbole möglich.

Eine anschauliche, vollständige Charakterisierung des Ersatzkanals liefert das *Kanalzustandsdiagramm* in Bild 6-10.

Beispiel wird fortgesetzt

Tabelle 6-1 Zustandsübergangstabelle zum Kanal in Bild 6-9

Alter Zustand S_i	Neuer Zustand S_i, wenn das Sendesymbol gleich		Empfangssymbol y, wenn das Sendesymbol gleich	
i	-1	$+1$	-1	$+1$
0	0	1	-1	1
1	2	3	-2	0
2	0	1	0	2
3	2	3	-1	1

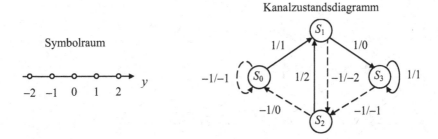

Bild 6-10 Symbolraum und Kanalzustandsdiagramm zum Kanal in Bild 6-9

Durch die Kette aus Verzögerungselementen in Bild 6-9 kommt es am Kanalausgang zur Überlagerung mehrerer Symbole, den Intersymbol-Interferenzen (ISI). Da sich die ISI durch gegenseitiges Auslöschen störend bemerkbar machen, spricht man hier auch von *Nachbarzeichenstörungen*.

Der Nachrichtenempfang kann wesentlich verbessert werden, wenn die ISI in der Detektion berücksichtigt wird. Voraussetzung ist, dass das Kanalmodell mit den Kanalkoeffizienten im Empfänger bekannt ist.

Anmerkungen: (i) Beispielsweise wird in der GSM-Funkübertragung durch das regelmäßige Senden einer bekannten Bitfolge, der Midambel, eine Kanalmessung möglich [Wer06]. (ii) In den Anwendungen, wie der Mobilfunkübertragung, sind die Kanalkoeffizienten zwar meist über längere Zeitabschnitte als Realisierungen stochastischer Prozesse anzusehen, während einiger Symboldauern, z. B. der Übertragung eines Rahmens, aber näherungsweise konstant, so dass eine Blockverarbeitung vorgenommen werden kann. (iii) In der Nachrichtenübertragungstechnik werden die Symbole oft geometrisch dargestellt. Die ISI führen dann zu Empfangssymbolen deren Lage zu der der Sendesymbole verzerrt ist. Man bezeichnet deshalb einen Algorithmus oder eine Schaltung die die Verzerrungen durch den Kanal kompensiert als Entzerrer. (iv) In [Wer91] und [Wer93] werden die aus der Mobilkommunikation bekannten GSM-Testkanäle als stochastische Faltungscodes aufgefasst und ihre Übertragungseigenschaften, wie z. B. die Verteilung der freien Distanzen, analysiert.

6.2.2   Decodierung im Netzdiagramm

Im Weiteren soll die Anwendung des *Viterbi-Algorithmus* zur *Entzerrung*, d. h. Berücksichtigung der ISI, an einem Beispiel demonstriert werden.

Beispiel   Kanalmodell (Fortsetzung) – Netzdiagramm

Wir nehmen dazu die Nachricht $b_n = \{1, 1, 0, 0, 1, \ldots\}$ an. Bei der bipolarer Übertragung folgt daraus die Folge der Sendesymbole $d[n] = \{1, 1, -1, -1, 1, \ldots\}$. Mit den Sendesymbolen in das Kanalzustandsdiagramm Bild 6-10 eingesetzt, erhalten wir das Netzdiagramm in Bild 6-11.

_____ Beispiel wird fortgesetzt

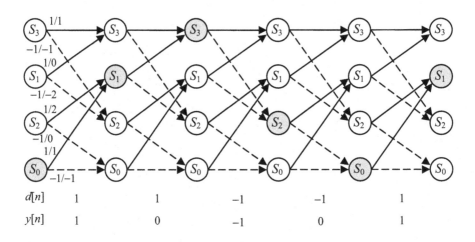

Bild 6-11 Netzdiagramm zum Kanal in Bild 6-9

Kennt der Empfänger das Kanalmodell, das Netzdiagramm, so kann er die Detektionsvariablen $v[n] = y[n] + r[n]$ mit den möglichen Empfangssymbolen vergleichen und das Wissen über die zulässigen Übergänge nutzen.

Aus den Überlegungen zur Maximum-Likelihood Detektion (MLD) in Abschnitt 5.5 ergeben sich bei der AWGN-Störung im n-ten Zeitschritt die Metrikzuwächse aus (5.24) mit (5.31): In jedem Zeitschritt werden die Abweichungen der Detektionsvariablen v von den möglichen Empfangssymbolen y_i aufgrund des gaußschen Rauschens durch den geometrischen Abstand zum Quadrat im Symbolraum als Metrikinkremente erfasst.

$$\lambda_i = (v - y_i)^2 \qquad (6.12)$$

Je größer die Metrik, umso größer die Abweichung und damit unwahrscheinlicher die zugehörige Sendesymbolfolge.

Beispiel Kanalmodell (Fortsetzung) – Metrikinkremente und Decodierung

Im Beispiel gibt es 5 Empfangssymbole, so dass die 5 unterschiedlichen Metrikinkremente in Tabelle 6-2 zu berücksichtigen sind. Die Anwendung der Metrikinkremente in den Übergängen zeigt Bild **6-12** im Netzdiagramm.

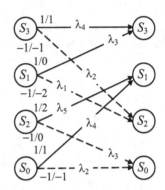

Tabelle 6-2 Metrikinkremente λ_i

i	1	2	3	4	5
λ_i	$(v{+}2)^2$	$(v{+}1)^2$	v^2	$(v{-}1)^2$	$(v{-}2)^2$

Wir setzen das Beispiel mit Zahlenwerten aus einer Simulation fort. Tabelle 6-3 listet die Ergebnisse für die Bitfolge b_n, die Sendesymbolfolge $d[n]$, die Zustandsfolge $S[n]$, die Empfangssymbolfolge $y[n]$, das Rauschen $r[n]$ und schließlich die jeweils resultierenden Detektionsvariablen $v[n]$ auf.

Bild 6-12 Netzdiagramm mit Metrikinkrementen zum Kanal in Bild 6-9

Tabelle 6-3 Simulationsbeispiel zum Kanal in Bild 6-9 (Zahlenwerte gerundet, Startzustand S_0)

Zyklus n	0	1	2	3	4	5	6
Bitfolge b_n	1	1	0	0	1	0	1
Sendesymbolfolge $d[n]$	1	1	−1	−1	1	−1	1
Zustand $S[n]$	0	1	3	2	0	1	2
Empfangssymbolfolge $y[n]$	1	0	−1	0	1	−2	2
AWGN $r[n]$	−0,43	−1,67	0,13	0,29	−1,15	1,19	1,19
Detektionsvariable $v[n]$	0,57	−1,67	−0,87	0,29	−0,15	−0,81	3,19

Mit den Zahlenwerten in Tabelle 6-3 und den Angaben zum Netzdiagramm in Tabelle 6-2 kann nun die Detektion durchgeführt werden. Bild 6-13 zeigt den Prozess der Decodierung im Netzdiagramm. Es werden jeweils die Metrikinkremente in den Übergängen und die Teilmetriken und Pfadgedächtnisse in den Zuständen angegeben.

Die Decodierung im Netzdiagramm führt nach 5 Takten zur Ausgabe von 100 für die ersten 3 Bit. Es resultiert ein fehlerhaftes 2. Bit, da das Rauschen mit dem Wert −1,67 stark stört.

Anmerkungen: (i) Für die Programmierung ist es einfacher, den Start im Zustand S_0 durch geeignete Vorbesetzungen der Teilmetriken zu erzwingen. (ii) In das Pfadgedächtnis wurden die Bitfolgen eingetragen.

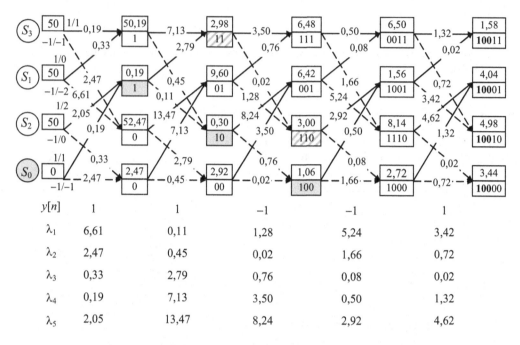

$y[n]$	1	1	-1	-1	1
λ_1	6,61	0,11	1,28	5,24	3,42
λ_2	2,47	0,45	0,02	1,66	0,72
λ_3	0,33	2,79	0,76	0,08	0,02
λ_4	0,19	7,13	3,50	0,50	1,32
λ_5	2,05	13,47	8,24	2,92	4,62

Bild 6-13 Netzdiagramm mit Metrikinkrementen zum Kanal in Bild 6-9

6.2.3 Viterbi-Coprozessor

Die große praktische Bedeutung des Viterbi-Entzerrers wird daran deutlich, dass heute Mikrocontroller angeboten werden, die den Viterbi-Algorithmus unterstützen.

Wie das Beispiel in Bild 6-13 zeigt, sind bei der üblichen binären Übertragung, beim Übergang jeweils zwei Paare von Zuständen betroffen, so dass dazu vier Metrikinkremente zu berechnen sind. Dies ist unabhängig von der tatsächlichen Anzahl der Zustände, die z. B. bei der Mobilfunkübertragung in GSM bis zu 32 betragen kann. Man spricht deshalb von der Basisoperation des Viterbi-Algorithmus. Bild 6-14 veranschaulicht die Basisoperation. Wegen der Schmetter-

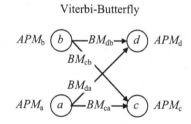

Bild 6-14 Basisoperation des Viterbi-Algorithmus

lings-Form wird auch vom *Viterbi-Butterfly* gesprochen. Ausgehend von den beiden Zuständen *a* und *b* und den Teilmetriken der zugeordneten Pfade (APM, Accumulated Path Metrics), werden die Teilmetriken nach den Übergängen in den Zuständen *c* und *d* berechnet. Dazu werden für jeden Übergang die Metrikinkremente (BM, Branch Metrics) bestimmt, zu den jeweiligen Teilmetriken addiert, die neuen Teilmetriken der sich vereinigenden Pfad verglichen und jeweils ein Pfad ausgewählt: kurz die Operationen Addieren, Vergleichen und Selektieren ausgeführt. Das Herzstück des *Viterbi-Coprozessors* ist deshalb die effiziente Umsetzung des *ACS-Algorithmus* (Add Compare Select) in Bild 6-15.

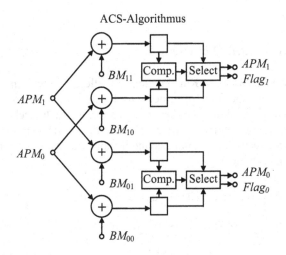

Bild 6-15 ACS-Algorithmus für den Viterbi-Coprozessor

6.3 Aufgaben zu Abschnitt 6

6.3.1 Aufgaben

Aufgabe 6-1 Viterbi-Entzerrer

Den Ausgangspunkt bildet das Modell des zeitdiskreten äquivalenten Kanals mit AWGN. Der Einfachheit halber beschränken wir das Beispiel auf ein Verzögerungsglied und damit auf eine Zustandsgröße. Die beiden Kanalkoeffizienten werden als konstant angenommen mit $f_0 = 0{,}7$ und $f_1 = 0{,}3$. Es wird eine bipolare Symbolfolge $d[n] \in \{-1, 1\}$ übertragen.

a) Geben Sie die Zustandsübergangstabelle an.

b) Welche Metrikinkremente werden benötigt? Tragen Sie die Metrikinkremente in das Netzdiagramm ein.

c) Führen Sie die Decodierung für die Folge der Detektionsvariablen

$$v[n] = \{0{,}7;\ 1{,}1;\ 0{,}1;\ -0{,}2;\ -0{,}1;\ -0{,}4;\ \dots\}$$

durch, wenn das Symbol -1 als Präambel gesendet wird. Geben Sie die detektierte Bitfolge an.

Aufgabe 6-2 Viterbi-Entzerrer mit Betragsmetrik

Wiederholen Sie das Beispiel des Viterbi-Entzerrers in Aufgabe 6-1 mit der sub-optimalen *Betragsmetrik* $\lambda_i = |v - y_i|$.

6.3.2   Lösungen

Lösung zu Aufgabe 6-1 Viterbi-Entzerrer

a) Es gibt genau zwei Zustände im Kanalmodell. Tabelle 6-4 zeigt den Zusammenhang zwischen der bipolaren Symbolfolge $d[n]$, den Zuständen $S_i[n]$ und den daraus resultierenden Empfangssymbolen $y[n]$ mit den möglichen Datenniveaus y_j. Je nachdem, welches Symbol am Kanaleingang anliegt und welches Symbol in der Zustandsgröße gespeichert ist, ist eines von 4 Datenniveaus als Empfangssymbol möglich. Damit ergibt sich die Zustandsübergangstabelle in Tabelle 6-5.

Tabelle 6-4 Zustände und Datenniveaus für den diskreten Ersatzkanal

Eingangssymbol $d[n]$	Zustandsgröße $s[n]$	Zustand $S[n]$	Datenniveau $y[n]$
−1	−1	S_0	$-0{,}7 - 0{,}3 = -1{,}0 = y_0$
+1			$0{,}7 - 0{,}3 = 0{,}4 = y_1$
−1	1	S_1	$-0{,}7 + 0{,}3 = -0{,}4 = y_2$
+1			$0{,}7 + 0{,}3 = 1{,}0 = y_3$

Tabelle 6-5 Zustandsübergangstabelle zum Kanal in Bild 6-9

Alter Zustand S_i	Neuer Zustand S_i, wenn das Sendesymbol gleich		Empfangssymbol y, wenn das Sendesymbol gleich	
i	−1	+1	−1	+1
0	0	1	$y_0 = -1$	$y_1 = 0{,}4$
1	0	1	$y_2 = -0{,}4$	$y_3 = 1$

b) Da 4 Datenniveaus y_0 bis y_3 vorliegen, resultieren auch 4 Metrikinkremente.

$$\lambda_0 = (v+1)^2 \ , \quad \lambda_1 = (v-0{,}4)^2 \ , \quad \lambda_2 = (v+0{,}4)^2 \ \text{ und } \ \lambda_3 = (v-1)^2$$

Bild 6-16 zeigt die Zuordnung im Netzdiagramm.

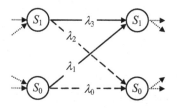

Bild 6-16 Netzdiagramm mit Metrikinkrementen

c) Das Netzdiagramm in Bild 6-17 zeigt die Zuordnung der Zustände, der Übergänge und der Metrikinkremente.

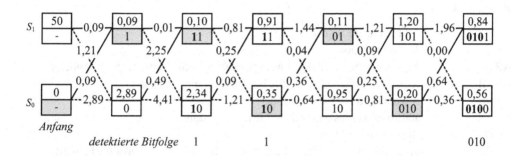

Bild 6-17 Viterbi-Entzerrer im Netzdiagramm

Lösung zu Aufgabe 6-2 Viterbi-Entzerrer mit Betragsmetrik

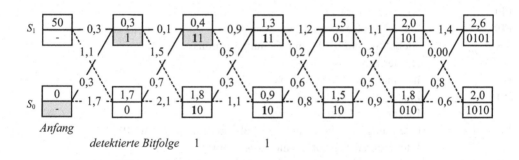

Bild 6-18 Viterbi-Entzerrer mit Betragsmetrik im Netzdiagramm

Abkürzungen und Formelzeichen

Abkürzungen

ACS	Add Compare Select
AKF	Autokorrelation
ARQ	Automatische Wiederholungsanforderung (Automatic Repeat Request)
ASCII	American Standard Code for Information Interchange
ATM	Asynchronous Transfer Mode
AWGN	additives weißes gaußsches Rauschen (Additive White Gaussian Noise)
BCD	Binary Coded Decimal
BEC	symmetrischer Binärkanal mit Auslöschung (Binary Erasure Channel)
BER	Bitfehlerquote/Bitfehlerwahrscheinlichkeit (Bit Error Rate)
BSC	symmetrischer Binärkanal (Binary Symmetric Channel)
CCITT	Comité Consultatif International des Télégraphes et Téléphones
CRC	Cyclic Redundancy-check Code
EAN	European Article Number
EXOR	Exclusiv-Oder-Funktion
FCS	Frame Check Sequence
FEC	Forward Error Correction
FIR	Finite Impulse Response
GSM	Global System for Mobile Communications
HEC	Header Error Control
ISBN	International Standard Book Number
ISI	Intersymbol-Interferenz
LTI	Linear Time Invariant
LZ77, LZ78	Codierungsverfahren nach Lempel und Ziv, 1977 bzw. 1978
ITU	International Telecommunications Union
MLD	Maximum-likelihood-Detektion (Maximum-likelihood Detection)
PCC	Punctured Convolutional Code
PCM	Pulse Code Modulation
QCIF	Quarter Common Intermediate Format
RCPC	Rate-compatible Punctured Convolutional Code
RSCC	Recursive Systematic Convolutional Code
SNR	Signal-Geräusch-Verhältnis, S/N-Verhältnis (Signal-to-Noise Ratio)
SIVA	Soft-input Viterbi-Algorithmus
SOVA	Soft-output Viterbi-Algorithmus
SV	stochastische Variable
VA	Viterbi-Algorithmus
WDF	Wahrscheinlichkeitsdichtefunktion

Formelzeichen

ε	Fehlerwahrscheinlichkeit
$\pi_{n_2,n_1}(j/i)$	Übergangswahrscheinlichkeit vom Zustand i im Takt n_1 auf Zustand j im Takt n_2
$\Phi_{xx}(z)$	z-Transformierte der AKF $R_{xx}[l]$
$\mathbf{\Pi}, \mathbf{\Pi}_\infty$	Übergangsmatrix bzw. Grenzmatrix
$b(X)$	Polynom der Prüfzeichen
bit	Dimension des Informationsgehaltes bzgl. des Logarithmus Dualis ld
d_f, d_{frei}, d_∞	freie Distanz von Faltungscodes
d_{min}	minimale Hamming-Distanz
$d(\mathbf{v}_k, \mathbf{v}_l)$	Hamming-Distanz
$d[n]$	Symbolfolge
$\mathbf{e}, e(X)$	Fehlervektor, Fehlerwort bzw. Fehlerpolynom
f_n	Kanalkoeffizient
$f(t), f[n]$	Detektionsgrundimpuls
$f_X(x)$	Wahrscheinlichkeitsdichtefunktion
$f(x,y)$	Verbundwahrscheinlichkeitsdichtefunktion
$f(y/x)$	bedingte Wahrscheinlichkeitsdichtefunktion
$g(t)$	Sendegrundimpuls
$g(X)$	Generatorpolynom
$g_{ji}[n]$	Impulsantwort des Faltungsencoders vom i-ten Eingang zum j-ten Ausgang
$h(X)$	Prüfpolynom
$h_K(t)$	Kanalimpulsantwort
$h_{MF}(t)$	Impulsantwort des Matched-Filters
k	Zahl der Nachrichtenstellen, Zahl der Eingänge des Faltungsencoders
l	Länge des Fehlerbündels
lb, ld	Binary Logarithm, Logarithmus Dualis, Zweierlogarithmus
log	Logarithmus
nat	Dimension des Informationsgehaltes bzgl. des Logarithmus Naturalis ln
m	Encoder-Gedächtnis
n	Länge des Codewortes, Zahl der Ausgänge des Faltungsencoders
$\bar{n}$	mittlere Codewortlänge pro Zeichen
n_c	Einflusslänge
$n(t)$	Rauschsignal
$p, P(x)$	Wahrscheinlichkeit
$p(x,y)$	Verbundwahrscheinlichkeit
$p(x/y)$	bedingte Wahrscheinlichkeit
$p(X)$	primitives Polynom
$\mathbf{p}_n$	Zustandsverteilung im n-ten Schritt

$\mathbf{p}_0$, $\mathbf{p}_\infty$	Startverteilung bzw. Grenzverteilung
r	relative Redundanz, Grad der Rückwirkung, Grad des Generatorpolynoms
$\mathbf{r}$, $r(X)$	Empfangsvektor, Empfangswort bzw. Empfangspolynom
$r(t)$	Empfangssignal
$r[n]$	Rauschfolge (AWGN)
s_1, s_2, s_3 ,...	Zustandsgrößen, -speicher
$\mathbf{s}$, $s(X)$	Syndromvektor bzw. Syndrompolynom
$\mathbf{u}$, $u(X)$	Nachrichtenvektor, Nachrichtenwort bzw. Nachrichtenpolynom
$u[n]$	Nachrichtenfolge
$\mathbf{v}$, $v(X)$	Codevektor, Codewort bzw. Codepolynom
$\mathbf{v}^{(i)}$	i-fache zyklische Verschiebung von $\mathbf{v}$
v, $v[n]$	Detektionsvariable, Folge der Detektionsvariablen
$w_H(\mathbf{v})$	Hamming-Gewicht
x_i, y_j	Zeichen aus dem Alphabeten X bzw. Y
$y(t)$	Detektionssignal
$y[n]$	Empfangssymbolfolge
$z[n]$	Empfangsfolge, Detektionsvariablen
B	Bandbreite des Tiefpass-Kanals
C	Kanalkapazität, Code
C_d	dualer Code
C_∞	Shannon-Grenze
D	Verzögerungsglied (Delay)
$E(I)$	Erwartungswert der SV I
$\mathbf{G}_{k \times n}$	Generatormatrix mit k Zeilen und n Spalten
G_K	Kompressionsgrad
$GF(2)$	Galois-Körper der Ordnung 2
$\mathbf{H}_{n-k \times k}$	Prüfmatrix mit $n-k$ Zeilen und k Spalten
$H_{MF}(z)$, $H_W(z)$	Übertragungsfunktion des Matched-Filters bzw. des Whitening-Filters
$H(X)$	Entropie der Quelle X
$H(X,Y)$	Verbundentropie
$H(Y/X)$	bedingte Entropie
H_0	Entscheidungsgehalt
$H_\infty(X)$	Entropie einer stationären diskreten Quelle, Entropie einer Markov-Quelle
$H_b(p)$	Entropie der Binärquelle, Shannon-Funktion
$H_L(X)$	Verbundentropie pro Zeichen für L Zeichen
$\mathbf{I}_k$	Einheitsmatrix der Dimension $k \times k$
$I(p)$	Informationsgehalt
$I(x;y)$	wechselseitige Information
$I(x/y)$	bedingter Informationsgehalt
$I(X;Y)$	Transinformation
M	vollständiges Encodergedächtnis

$M(\mathbf{r}, \mathbf{v}_i)$	Metrik der Folge $v_i[n]$
$M_k(\mathbf{r}, \mathbf{v}_i)$	Teilmetrik der Folge $v_i[n]$
$M(r_j, v_{i,j})$	Metrikinkrement der Folge $v_i[n]$ für das j-te Zeichen
N	Zahl der Zeichen, Rauschleistung
P_e	(Einzel-)Fehlerwahrscheinlichkeit
P_r	Restfehlerwahrscheinlichkeit
$\mathbf{P}_{k \times n-k}$	Prüfmatrix mit k Zeilen und $n-k$ Spalten
$\mathbf{P}_{Y/X}$	Kanal(übergangs)matrix
R	Redundanz, Bitrate, Coderate
R_B	Blockcoderate
$R_{xx}[l]$	Autokorrelationsfolge
S	Signalleistung
$S[n]$	Zustandsfolge
S_i	Zustand
$\mathbf{S}$	Zustandsmenge
T_b, T_s	Bitdauer, Symboldauer
$A(W, L, X)$	Gewichtsfunktion mit den Zählvariablen W, L und X
X, Y	Quelle, Alphabet
X	Platzhalter für die Polynomdarstellung, Verzögerung

Literaturverzeichnis

[BeGl96]   C. Berrou, A. Glavieux: „Near Optimum Error-Correcting Coding and Decoding: Turbo Codes." *IEEE Transactions on Communications*, Vol. 44, 1996, 1261-1271

[Bei95]   F. Beichelt: *Stochastik für Ingenieure*. Stuttgart: B. G. Teubner Verlag, 1995

[Bei97]   F. Beichelt: *Stochastische Prozesse für Ingenieure*. Stuttgart: B. G. Teubner Verlag, 1997

[BeSt02]   Th. Benkner, Ch. Stepping: *UMTS Universal Mobile Communications System*. Weil der Stadt: J. Schlembach Fachverlag, 2002

[BeZs02]   A. Beutelspacher, M.-A. Zschiegner: *Diskrete Mathematik für Einsteiger. Mit Anwendungen in Technik und Information*. Braunschweig/Wiesbaden: Vieweg Verlag, 2002

[BGT93]   C. Berrou, A. Glavieux, P. Thitimajshima: „Near Shannon Limit Error-Correcting Coding and Decoding: Turbo Codes." *Proc. IEEE Int. Conf. Communications*, May 1993, 1064-1070

[Bla87]   R. E. Blahut: *Principles and practice of information theory*. Reading, Mass.: Addison-Wesley Publishing Company, 1987

[Bos98]   M. Bossert: *Kanalcodierung*. 2. Aufl. Stuttgart: B. G. Teubner Verlag, 1998

[BSMM99]   I. N. Bronstein, K. A. Semendjajew, G. Musiol, H. Mühlig: *Taschenbuch der Mathematik*. 4. Aufl. Frankfurt a. M.; Thun: Verlag Harri Deutsch, 1999

[CoTh91]   Th. M. Cover, J. A. Thomas: *Elements of Information Theory*. New York: John Wiley & Sons, 1991

[Fan49]   R. M. Fano: „The transmission of information." Research Laboratory for Electronics, Massachusetts Institute of Technology, Technical Report, No. 65, 1949

[For72]   G. D. Forney: „Maximum-Likelihood Sequence Estimation of Digital Sequences in the Presence of Intersymbol Interference." *IEEE Trans. Inform. Theory*, IT-18, 1972, 363-378

[For73]   G. D. Forney: "The Viterbi Algorithm." *Proc. IEEE*, Vol. 61, 1973, 268-278

[Fre97a]   U. G. P. Freyer: *DAB – Digitaler Hörrundfunk*. Berlin: Verlag Technik, 1997

[Fre97b]   U. G. P. Freyer: *DVB – Digitales Fernsehen*. Berlin: Verlag Technik, 1997

[Fri95]   B. Friedrichs: *Kanalcodierung: Grundlagen und Anwendungen in modernen Kommunikationssystemen*. Berlin: Springer Verlag, 1995

[Gal68]   R. G. Gallager: *Information Theory and reliable Communication*. New York: John Wiley & Sons Inc., 1968

[Gla01]   W. Glaser: *Von Handy, Glasfaser und Internet. So funktioniert moderne Kommunikation*. Braunschweig/Wiesbaden: Vieweg Verlag, 2001

[Göb07]   J. Göbel: *Informationstheorie und Codierungsverfahren. Grundlagen und An-wendungen.* Berlin: VDE Verlag, 2007

[Gol66]   S. W. Golomb: "Run-Length Encodings." *IEEE Transactions on Information Theory*, Vol. 12, September 1966, 399-401

[Gra86]   T. Grams: *Codierungsverfahren.* Mannheim: Bibliographisches Institut.

[Haa97]   W.-D. Haaß: *Handbuch der Kommunikationsnetze. Einführung in die Grund-lagen und Methoden der Kommunikationsnetze.* Berlin: Springer Verlag, 1997

[Hag97]   J. Hagenauer: „The Turbo Principle: Tutorial Introduction and State of the Art." *Proc. 1st Intl. Symp. Turbo Codes*, Brest France, September 1997, 1-11

[Ham86]   R. W. Hamming: *Coding and Information Theory.* Englewood Cliffs, NJ: Prentice-Hall Inc., 1986

[HaHö89]   J. Hagenauer, P. Höher: „A Viterbi Algorithm with Soft-Decision Outputs and Ist Applications." *Proc. IEEE GlobeCom. Conf.*, Dallas, Tex. S. 1680-86, November 1989

[Hen03]   N. Henze: *Stochastik für Einsteiger. Eine Einführung in die faszinierende Welt des Zufalls.* 4. Aufl. Braunschweig/Wiesbaden: Vieweg Verlag, 2003

[HoTo04]   H. Holma, A. Toskala (Hrsg.): WCDMA for UMTS. Radio Access For Third Generation Mobile Communications. 3. Aufl. Chichester: John Wiley & Sons, 2004

[Hüb03]   G. Hübner: *Stochastik. Eine anwendungsorientierte Einführung für Informatiker, Ingenieure und Mathematiker.* 4. Aufl. Braunschweig/Wiesbaden: Vieweg Verlag, 2003

[Hub92]   J. Huber: *Trelliscodierung.* Berlin: Springer Verlag, 1992

[Huf52]   D. A. Huffman: „A Method for the Construction of Minimum Redundancy Codes." *Proc. IRE*, vol. 40, 1952, 1098-1101

[Huf07]   M. Hufschmid: *Information und Kommunikation: Grundlagen und Verfahren der Informationsübertragung.* Wiesbaden: Vieweg + Teubner Verlag, 2007

[Ine02]   R. Ineichen: Würfel, Zufall und Wahrscheinlichkeit. Ein Bild auf die Vorge-schichte der Stochastik. 2002

[Jun95]   D. Jungnickel: *Codierungstheorie.* Heidelberg: Spektrum Akademischer Verlag, 1995

[JuWa98]   V. Jung, H-J. Warnecke (Hrsg.): *Handbuch für die Telekommunikation.* Berlin: Springer Verlag, 1998

[Kad91]   F. Kaderaldi: *Digitale Kommunikationstechnik I: Netze – Dienste – Infor-mationstheorie – Codierung.* Braunschweig/Wiesbaden: Vieweg Verlag, 1991

[KaKö99]   A. Kanbach, A. Körber: *ISDN – Die Technik. Schnittstellen – Protokolle – Dienste – Endsysteme.* 3. Aufl. Heidelberg: Hüthig Verlag, 1999

[Kas64]   T. Kasami: „A Decoding Procedure For Multiple-Error-Correction Cyclic Codes". *IEEE Transactions on Information Theory*, IT-10, 1964, 134-139

[KPS06]   H. Klimant, R. Piotraschke, D. Schönfeld: *Informations- und Kodierungstheorie.* 3. Aufl. Wiesbaden: B. G. Teubner Verlag, 2006

[Küp54] K. Küpfmüller: „Die Entropie der deutschen Sprache." *Fernmeldetechnische Zeitschrift (FTZ)*, Bd. 7, 1954, 265-272

[LiCo83] S. Lin, D. J. Costello: *Error Control Coding: Fundamentals and Applications*. Englewood Cliffs, NJ: Prentice-Hall Inc., 1983

[LiCo04] S. Lin, D. J. Costello: *Error Control Coding: Fundamentals and Applications*. 2. Aufl. Upper Saddle River, NJ: Pearson Prentice-Hall, 2004

[Loc02] D. Lochman: *Digitale Nachrichtentechnik: Signale, Codierung, Übertragungssysteme, Netze*. 3. Aufl. Berlin: Verlag Technik, 2002

[MaSl77] F. J. MacWilliams, N. J. Sloane: *The Theory of Error-Correcting Codes*. Amsterdam: North-Holland, 1977

[Mil92] O. Mildenberger: *Informationstheorie und Codierung*. 2. Aufl. Braunschweig/ Wiesbaden: Vieweg Verlag, 1992

[Mil99] O. Mildenberger (Hrsg.): *Informationstechnik kompakt*. Braunschweig/Wiesbaden: Vieweg Verlag, 1999

[Mor02] R. Morrow: *Bluetooth Operation and Use*. New York: McGraw-Hill, 2002

[Neu06] A. Neubauer: *Kanalcodierung. Eine Einführung für Ingenieure, Informatiker und Naturwissenschaftler*. Weil der Stadt: J. Schlembach Fachverlag, 2006

[Obe82] R. Oberliesen: *Information, Daten und Signale: Geschichte technischer Informationsverarbeitung*. Reinbeck bei Hamburg: Rowohlt Taschenbuch Verlag, 1982

[Pap65] A. Papoulis: *Probability, Random Variables, and Stochastic Processes*. New York: McGraw-Hill, 1965

[PeWe72] W. W. Peterson, E. J. Weldon: *Error-Correcting Codes*. 2. Aufl. Cambridge, Mass.: MIT Press, 1972

[Pro00] J. G. Proakis: *Digital Communications*. 4. Aufl. New York: McGraw-Hill, 2000

[PrSa04] J. G. Proakis, M. Salehi: *Grundlagen der Kommunikationstechnik*. 2. Aufl. München: Pearson Studium, 2004

[Rei05] U. Reimers (Hrsg.): *Digitale Fernsehtechnik. Datenkompression und Übertragung für DVB*. 3. Aufl. Berlin: Springer Verlag, 2005

[Ric79] R. F. Rice: "Some Practical Universal Noiseless Coding Techniques. Part I-III" *Technical Reports JPL-79-22, JPL-83-17, JPL-91-3*. Jet Propulsion Laboratory, Pasadena, CA, March 1979, March 1983, November 1991.

[Roh95] H. Rohling: *Einführung in die Informations- und Codierungstheorie*. Stuttgart: Teubner Verlag, 1995

[SCS00] T. Starr, J. Cioffi, P. Silverman: *xDSL: Eine Einführung*. München: Addison-Wesley Verlag, 2000

[Sch98] H. Schneider-Obermann: *Kanalcodierung: Theorie und Praxis fehlerkorrigierender Codes*. Braunschweig/Wiesbaden: Vieweg Verlag, 1998

[Sch03] R.-H. Schulz: *Codierungstheorie. Eine Einführung*. 2. Aufl. Wiesbaden: Vieweg Verlag, 2003

[Sha48] C. E. Shannon: „A mathematical theory of communication." *Bell Sys. Tech. J.*, Vol. 30, 1951, 379-423 und 623-656

[Sha51]   C. E. Shannon: „Prediction and entropy of printed English." *Bell Sys. Tech. J.*, Vol. 27, 1948, 50-64

[Sta00]   W. Stallings: *Data and Computer Communications*. 6. Aufl. Upper Saddle River, N. J.: Prentice-Hall, 2000

[Str05]   T. Strutz: *Bilddatenkompression. Grundlagen, Codierung, Wavelets, JPEG, MPEG, H.264*. 3. Aufl. Wiesbaden: Vieweg Verlag, 2005

[Ung82]   G. Ungerböck: "Channel Coding with Multilevel/Phase Signals." *IEEE Trans. Inform. Theory*, IT-28, 1982, 55-67

[VHH98]   P. Vary, U. Heute, W. Hess: *Digitale Sprachsignalverarbeitung*. Stuttgart: B. G. Teubner Verlag, 1998

[Wel84]   T. Welch: "A technique for high-performance data compression." *Computer*, Vol. 17, June, 1984, 8-19

[Wer91]   M. Werner: „*Modellierung und Bewertung von Mobilfunkkanälen.*" Dissertation an der Technischen Fakultät der Universität Erlangen-Nürnberg, Erlangen, Juni 1991

[Wer93]   M. Werner: „Bitfehlerwahrscheinlichkeiten bei Maximum-Likelihood-Sequenz-Detektion in zeitdiskreten GWSSUS-Mobilfunkkanälen." *Frequenz*, Bd. 47, Mai/ Juni 1993, 120-128

[Wer06]   M. Werner: *Nachrichtentechnik: Eine Einführung für alle Studiengänge*. 5. Aufl., Wiesbaden: Vieweg Verlag, 2006

[Wer08]   M. Werner: *Signale und Systeme. Lehr- und Arbeitsbuch*. 3. Aufl., Wiesbaden: Vieweg+Teubner Verlag, 2008

[Wie48]   N. Wiener: *Cybernetics or Control and Communication in the Animal and the Machine*. Paris: Hermann, 1948

           N. Wiener: *Regelung und Nachrichtenübertragung in Lebewesen und in der Maschine*. Düsseldorf/Wien: Econ Verlag, 1963

[WNC87]   I. H. Witten, R. M. Neal, J. G. Cleary: „Arithmetic coding for data compression." *Communications of the ACM*. Vol. 30, 1987, 520-540

[ZiLe77]   J. Ziv, A. Lempel: „A Universal Algorithm for Sequential Data Compression." *IEEE Transaction on Information Theory*, Vol. 23, No. 3, 1977, 337-343

[ZiLe78]   J. Ziv, A. Lempel: „Compression of individual sequences via variable-rate coding." *IEEE Transaction on Information Theory*, Vol. 24, No. 5, 1978, 530-53

Sachwortverzeichnis

Informationstechnik

Fricke, Klaus
Digitaltechnik
Lehr- und Übungsbuch für
Elektrotechniker und Informatiker
5., verb. u. akt. Aufl. 2007. XII, 318 S.
mit 210 Abb. u. 103 Tab. Br. EUR 26,90
ISBN 978-3-8348-0241-5

Kark, Klaus W.
Antennen und Strahlungsfelder
Elektromagnetische Wellen auf
Leitungen, im Freiraum und ihre
Abstrahlung
2., überarb. u. erw. Aufl. 2006. XVI,
424 S. mit 253 Abb. u. 79 Tab.
u. 125 Übungsaufg.
(Studium Technik) Br. EUR 35,90
ISBN 978-3-8348-0216-3

Küveler, Gerd / Schwoch, Dietrich
**Informatik für Ingenieure und
Naturwissenschaftler 2**
PC- und Mikrocomputertechnik,
Rechnernetze
5., vollst. überarb. u. akt. Aufl. 2007.
XII, 322 S. Br. EUR 29,90
ISBN 978-3-8348-0187-6

Meyer, Martin
Signalverarbeitung
Analoge und digitale Signale, Systeme
und Filter
4., überarb. u. erw. Aufl. 2006. X,
324 S. mit 161 Abb. u. 23 Tab.
(Studium Technik) Br. EUR 27,90
ISBN 978-3-8348-0243-9

Kammeyer, Karl Dirk /
Kroschel, Kristian
Digitale Signalverarbeitung
Filterung und Spektralanalyse
mit MATLAB-Übungen
6., korr. und erg. Aufl. 2006. XIV,
533 S. mit 312 Abb. u. 33 Tab.
Br. EUR 39,90
ISBN 978-3-8351-0072-5

Werner, Martin
**Digitale Signalverarbeitung mit
MATLAB**
Grundkurs mit 16 ausführlichen
Versuchen
3., vollst. überarb. u. akt. Aufl. 2006.
XII, 263 S. mit 159 Abb. u. 67 Tab.
(Studium Technik) Br. EUR 24,90
ISBN 978-3-8348-0043-5

**VIEWEG+
TEUBNER**
Abraham-Lincoln-Straße 46
65189 Wiesbaden
Fax 0611.7878-400
www.viewegteubner.de

Stand Juli 2008.
Änderungen vorbehalten.
Erhältlich im Buchhandel oder im Verlag.

Informationstechnik

Frey, Thomas / Bossert, Martin
Signal- und Systemtheorie
2., korr. Aufl. 2008. XII, 360 S. mit 117 Abb. u. 26 Tab. Br. EUR 34,90
ISBN 978-3-8351-0249-1

Kammeyer, Karl Dirk
Nachrichtenübertragung
4., neu bearb. und erg. Aufl. 2008. XVI, 845 S. mit 468 Abb. u. 35 Tab.
(Informationstechnik) Br. EUR 59,90
ISBN 978-3-8351-0179-1

Girod, Bernd / Rabenstein, Rudolf / Stenger, Alexander K. E.
Einführung in die Systemtheorie
Signale und Systeme in der Elektrotechnik und Informationstechnik
4., durchges. und akt. Aufl. 2007. XII, 433 S. mit 388 Abb. u. 113 Beisp.
sowie über 200 Übungsaufg. Br. EUR 41,90
ISBN 978-3-8351-0176-0

Werner, Martin
Digitale Signalverarbeitung mit MATLAB-Praktikum
Zustandsraumdarstellung, Lattice-Strukturen, Prädiktion und adaptive Filter
2008. X, 222 S. mit 118 Abb., 29 Tab. u. zahlr. Praxisbeisp.
(Studium Technik) Br. EUR 19,90
ISBN 978-3-8348-0393-1

**VIEWEG+
TEUBNER**

Abraham-Lincoln-Straße 46
65189 Wiesbaden
Fax 0611.7878-400
www.viewegteubner.de

Stand Juli 2008.
Änderungen vorbehalten.
Erhältlich im Buchhandel oder im Verlag.

Informationstechnik

Mrozynski, Gerd
Elektromagnetische Feldtheorie
Eine Aufgabensammlung
2003. XIV, 306 S. Br. EUR 28,90
ISBN 978-3-519-00439-4

Strassacker, Gottlieb / Süße, Roland
Rotation, Divergenz und Gradient
Einführung in die elektromagnetische Feldtheorie
6., überarb. und erg. Aufl. 2006. X, 292 S.
mit 151 Abb. u. 17 Tab. Br. EUR 27,90
ISBN 978-3-8351-0048-0

Werner, Martin
Nachrichtentechnik
Eine Einführung für alle Studiengänge
5., vollst. überarb. u. erw. Aufl. 2006. X, 314 S. mit 235 Abb. u. 40 Tab.
(Studium Technik) Br. EUR 24,90
ISBN 978-3-8348-0132-6

Werner, Martin
Signale und Systeme
Lehr- und Arbeitsbuch mit MATLAB®-Übungen und Lösungen
3., vollst. überarb. u. erw. Aufl. 2008. XII, 386 S. mit 256 Abb. u. 48 Tab., zahlr.
Beisp. sowie integr. Online-Übungsteil mit 118 gel. Aufg. u. MATLAB®-Übungen und
Online-Service. mit OnlinePlus Br. EUR 29,90
ISBN 978-3-8348-0233-0

**VIEWEG+
TEUBNER**
Abraham-Lincoln-Straße 46
65189 Wiesbaden
Fax 0611.7878-400
www.viewegteubner.de
Stand Juli 2008.
Änderungen vorbehalten.
Erhältlich im Buchhandel oder im Verlag.